住房城乡建设部土建类学科专业"十三五"规划教材
全国高校园林与风景园林专业规划推荐教材

A HISTORY OF FOREIGN GARDENS

外国古代园林史

王 蔚 ◎等编著

U0368818

中国建筑工业出版社

图书在版编目（CIP）数据

外国古代园林史/王蔚等编著. —北京：中国建筑工业出版社，2011.10（2022.8重印）

住房城乡建设部土建类学科专业"十三五"规划教材. 全国高校园林与风景园林专业规划推荐教材

ISBN 978-7-112-13730-5

Ⅰ.①外… Ⅱ.①王… Ⅲ.①园林建筑-建筑史-外国 Ⅳ.①TU-098.4

中国版本图书馆 CIP 数据核字（2011）第 222196 号

责任编辑：陈　桦
责任设计：陈　旭
责任校对：张　颖　王雪竹

住房城乡建设部土建类学科专业"十三五"规划教材
全国高校园林与风景园林专业规划推荐教材

A HISTORY OF FOREIGN GARDENS

外国古代园林史

王　蔚　等编著

*

中国建筑工业出版社出版、发行（北京海淀三里河路9号）
各地新华书店、建筑书店经销
北京天成排版公司制版
北京市密东印刷有限公司印刷

*

开本：787×1092毫米　1/16　印张：26½　字数：674千字
2011年11月第一版　2022年8月第六次印刷
定价：**49.00**元
ISBN 978-7-112-13730-5
（21514）

园林是人类文明环境的重要组成部分，有史以来长期伴随着人们的创造，满足多种精神和行为需求。古代历史上各文明区域的园林，在长期传承与阶段变革中演绎出丰富多彩的艺术；近现代城市和文化艺术的发展，更使园林艺术同其他艺术相互借鉴，渗透到生活环境的每一个角落。

在我国高等教育中，建筑、城市规划和农林院校长期设有多种角度的园林艺术课程，有的设有园林艺术专业，各具所长。近年来，随着国际上"风景建筑学"（或景观建筑学、风景设计学等，Landscape Architecture)作为一门园林、建筑与城市规划交叉学科的发展，我国也确立了对应的"风景园林"专业学科，许多高校据此整合或新建了风景园林教学体系。借鉴完整风景建筑学教育先行国家的经验，自身园林文化的悠久传统，多年教学积累以及当代学科建设，我国的风景园林教育必将得到迅速发展。同时，这一学科体系的完善，对建筑学、城市规划、农林及其他相关学科的园林艺术教学，也将起到很大的推动作用。

在艺术和园林、建筑、城市规划等许多紧密联系于艺术的高等教育中，各领域的国内外发展史一直是一项基础教学内容。其最直接的意义是联系历史把握艺术。了解相关领域艺术发展、变革进程与历史上各阶段、各区域或国家特点，可使学生更深入、全面、细致地把握各种艺术，进而提高理解、思考与创造实践能力。另一方面，人类文明是在不断积累、交流中进步的。在日益广泛深入的国际交流中，较深厚的历史与艺术修养，是展示自己民族和深入了解他人的必要条件，也是结合现实、面对未来，促进发展的重要基础。

本书正是在这种情况下，作为主要针对教学需要的教材而编著的，并面向更广泛的园林历史和艺术爱好者。下面谨对本书的编著加以简单介绍。

在本书以前，国内已有一些前辈和同代人的先行者完成了数本外国园林通史或类似著（译）作。主要有：陈志华先生2001年的《外国造园艺术》，郦芷若、朱建宁先生2002年的《西方园林》，张祖刚先生2003年的《世界园林发展概论——走向自然的世界园林史图说》，杨滨章先生2003年的《外国园林史》，以及邹洪灿先生1999年的译著《西方造园变迁史——从伊甸园到天然公园》等。另一些译著，如韩炳越等先生2005年的《世界景观设计——文化与建筑的历史》，刘滨谊等先生2006年的《图解人类景观——环境塑造史论》等，很大程度上也可用于了解园林艺术通史。这些著作在近10年来大大促进了国人对外国园林的了解，对本书的编著具有重要启发和参考作用，本书编著者在此对作者和译者深表敬意。

通过广泛参考国内外相关历史著作，本书编著者认为，在现有资料和研究深度、广度条件下，如何阐释国外园林的发展、演变进程，特别是借助这个进程使读者较全面、深入了解园林艺术，是本书要面对的主要问题。

首先，本书借鉴多数相关历史著作，采用了依据时序和大文化圈分野的历史阐述方式，以重要历史阶段、著名艺术风格及其代表性区域或国家串联了园林发展、变革的梗概或主线。

以联系历史把握艺术为主要目标，本书力图突出历史文化与园林艺术的关联，又尽可能明晰地展示历史上各种园林艺术的特征，即，在不同环境追求和景观意识下，各种园林要素具有典型意义的组织形式。在这个目标下，编著者深感全面反映众多国家，特别是一些同文化圈国家的历史与园林艺术细节，将规模过大，并需要有待深入的大量研究工作。许多历史与艺术情况，尚难依据现有资料简单梳理就能说清，并使之明确实现教学价值。

作为通史性的教材，以主线方式阐释历史的优点在于，可以比较清晰地集中展示历史和园林艺术在某个阶段的最重要特征，进而把它们串起来，说明一个大的沿革历程。为此，在讨论各阶段代表性国家文化背景的时候，本书注意了它们在整个历史发展进程中的一般意义；在讨论园林艺术的时候，则尽可能让它们的形式特征和变革要点都尽量清晰。

其次，本书以相对较大的篇幅阐述了各种园林发展阶段的历史背景，并把重点放在重要社会文化问题上。

就本书面对的主要读者群来讲，比较准确地了解中国以外的世界历史基本进程，进而结合历史文化去理解一种艺术在当时的出现、流行和发展，对知识积累与充实一般文化修养非常重要。特别是，历史进程与社会文化现象是复杂的，对许多习惯的历史与文化命题，不能僵化地从字面来理解。比如，封建社会这个习惯概念，在欧洲特指一个国家分裂成大小封建领地的割据状态，其后又有一个资产阶级革命前的君主制民族国家形成过程，这与中国的历史大不相同；文艺复兴的人文主义并不意味着彻底反宗教，而是适应欧洲封建时代后期以来的社会发展，使古希腊与基督教两个文明源流合一，它们对人与自然的观念有其共性一面，等等。

第三，对于同时代或同地域的园林形式和景观，本书在注意一般性的同时，也特别关注了差异。

这方面的内容涉及三个层次：一是各时代或地域的一般园林特征。这个层次的内容有时比较模糊，由于一些时代或国家有多种宽泛意义上的园林，只能在注意共性的时候加以分类阐述。二是同时代、同文化圈内同类园林的特征。这些特征中有共性也有差异，有的差异还具有艺术形式上的特殊意义。在结合历史背景、注意艺术共性的同时，本书尽力发掘了差异。是共性中的差异体现了艺术的活力，并在艺术形式方面带来更大的启发性。三是实例介绍。在可能条件下，本书的实例选择尽量依据代表性与差异性原则，并力求把放在"实例"标题下的园林构架介绍清楚，使读者能比较真切地了解它们的具体形式与景观组织，并反过来联系前面两个层次的内容。

第四，本书的园林描述和景观分析，较多注重了空间关系。

园林艺术的构成要素多种多样，其组织关系通常必须依据平面来描述。然而，园林景观是立体的，在游赏中还会有时间、心理等更多在当代被视为空间维度的因素。各种景观要素构成的空间有不同的界面质感、限定感和方向、距离感，带来特定的视觉、行为与心理感受。深入了解园林艺术，需要带着空间意识去看园林组织。

第五，在园林植物方面，本书尽力发掘了它们在园林平面形式、空间组织方面的作用。

自然植物本身是一个丰富的世界，并且是园林艺术之所以成为独特艺术门类的根本。一些国别园林专史或艺术研究著作的植物品种罗列很详细，不过，目前所见多数园林通史的植物品种介绍，一般因资料限制或阐释艺术的必要性，对一些国家或园林详细一些，另一些则可能很粗略。总的来讲，要在本书中全面介绍各种园林的植物品种仍然很难。

本书的植物描述借鉴了目前常见的通史写法，未把品种罗列当做特定内容，重点放在植物对园林空间和景观组织的作用上。结合各种参考书的园林植物介绍，以及植物类型和空间构图、视觉效果等知识，本书注重了各种植物组织在高大遮挡、围合，低平扩展、延伸，以及层次、视廊、底景等各方面的效果，尽力使植物在园林艺术形式中的作用得以清晰。

以上有关本书目标和内容的解释，反映了结合教学经验的编著初衷和不断思考、改进中的追求，限于知识、时间和写作水平，还有许多有待完善和补充的地方。盼本书带来的知识、启发和缺憾、问题能引发进一步的思考，促进外国园林史和园林艺术教学、研究的更全面、深入发展，使园林艺术知识传播水平不断提高。

本书的外文参考书主要为英文，书中人名、地名尽量采用了通行的译法，但仍难免有异。至于园名和专业术语，则会与一些既有出版物出现更多的不同。目前相关著作的许多名词译法仍存在很大差异，本书只能从中选取或联系对原文所涉情况的理解来翻译。附录的中英词汇、术语对照（日语为汉字对英语常见音译或意译，其他语言为英语著作中常直接使用者）可以使读者核对原文和本书对它们的应用。

本书由天津大学建筑学院数位同事合作完成，除王蔚外，参与编著的有：

第 9 章，戴路

第 10 章，青木信夫（日籍）、徐苏斌

第 11 章，陈春红

第 12 章，张春彦、张威（分别）

他（她）们撰写了上述各章的初稿，青木信夫还为在英语参考书中未能见到的一些日本名词作了注音。

终稿由王其亨审阅，并参照他的意见和建议，作了进一步修改。

本书引用了许多来源不同的图片，但很难一一联系原作者。我们在此对他们深表谢意，并在书后列出了图片出处。

本书配教学课件 ppt，开课教师可发邮件至 cabp-yuan@163.com 索取。

目录 >01
contents

目录 >03
contents

绪　　论

自公元前 2500 多年前的古埃及墓室铭文记载以来，人类的园林已经至少有近 5000 年的历史。各种植物的栽植和修剪组织出不同的关系，加上掘池理水、筑台堆山，并结合建筑与其他人为要素，这种环境与自然相关的美及其对生活的意义，还使古代传说把它们上溯到更久远的时候，即神话和宗教中的创世之初，神把人类放在特意为他们造就的园林中。

在犹太教—基督教，以及大部分继承了其历史传说的伊斯兰教中，人类始祖生活在伊甸园里，周围是优美的花草、树木、河流，环境悦目，果实可随手采来当做食物。其他地区和民族也多有一个想象中的史前"黄金时代"，一个"大道废，有仁义"以前的天真烂漫时代。这个时代对应的是原始公社和狩猎、采集的文明。在私有制产生、农业生产艰辛、国家逐渐生成的时候，人们把传承在模糊记忆中的过去理想化：那时，人和自然还未分开，人类社会是简单的，自然环境和"神"是友好的，人类拥有自然这个"大园林"。

基督教等传说中的始祖偷食智慧果及被逐出伊甸园，很具有隐喻意义。农业文明的人类，开始与自然这个"大园林"渐行渐远了。大片农田、建筑密集的村庄和城市，成了人类文明的主要领地。但是，生活的需要，使上层富裕阶级有可能把居住场所造就成一个更宜人的环境，既实用又舒适；人类同大自然间以农耕为媒介的亲缘关系，使人关注自然天地与山水的意义；哲学、宗教之类的思辨，设想着各种现实与理想的世界模式，以及它们同人类精神的联系；艺术和审美能力的发展，越来越丰富的游赏、娱乐、消闲之类追求，更使人们创造出适应多种需要的优美场所。凡此种种，人类造就了自己的园林，在时间演进中不断发展，也在文明区域分野中呈现出差异。

关于中国以外的古代园林历史发展，可以沿着一个同社会历史对应的主要线索来看(表 1)。

由古埃及到古罗马(约公元前 2700 年前后到公元 5 世纪，中国大致从夏到南北朝)，是一个早期古代文明的园林艺术多样化时代，各种传统形式追求仍未明确定型。在环地中海文明区域(北非、西亚和南欧)，几何式或规则式显得比较突出一些；东亚文明地区的园林，则在中国园林的发展、影响下走向自然式。

自西罗马灭亡到欧洲新的君主制民族国家成长壮大(公元 5 世纪到 17 世纪末，中国南北朝到清康熙年间)，可以称为中古时期。这一时期比较发达的文明，习惯上常被分为基督教的欧洲、儒学和佛教的东亚，以及这之间以西亚和北非为主，并一度包括欧洲西南角的伊斯兰教区域。园林艺术也在这三个区域文化圈内走上各自发展成熟的道路，相互间的影响远不如近现代时期。其中，欧洲经历了中世纪早期的"黑暗年代"，几何式园林一步步发展，到 16 世纪盛期文艺复兴的意大利进入其经典阶段，17 世纪的法国更把这种园林带入一种壮阔的境界；自 8 世纪阿拉伯帝国到 10 世纪后的众多伊斯兰国家，伊斯兰教地区走了一条有别于欧洲的几何式园林道路，在 16～17 世纪也显得最为辉煌；日本园林作为中国以外东亚自然式园林的代表，自 5 世纪的大和国家后一步步发展，不同时期形成的各种园林艺术，到 16～17 世纪达到了兼收并蓄的丰富(清代康熙时期的中国园林艺术也可说

外国古代园林的历史发展　　　　　　　　　　　　　　　　　　表1

时期	公元前	北非	西亚		欧洲			东亚
	2700—2500	早期埃及古代文明	早期西亚两河流域与西南亚印度等古代文明		早期爱琴海古代文明			早期中国古代文明
	—2000							
	—1000	古埃及园林						
	—900		亚述园林		古希腊园林与希腊化时期的园林			
	—800							
	—700							
	—600		新巴比伦园林					
上古或古代早期	—500			古波斯园林				
	—400					古罗马园林		
	—300							
	—200							
	—100							
	—公元元年							
	—500							
	—600							
	—700	伊斯兰教地区出现与阿拉伯帝国园林			欧洲中世纪初黑暗年代			日本古代园林
	—800							
	—900							
中古或古代中期	—1100				欧洲中世纪园林与西班牙伊斯兰园林			
	—1200							日本中世园林
	—1400							
	—1500	北非伊斯兰园林	西亚（波斯）地区伊斯兰园林		意大利文艺复兴园林		意、法、英园林相继对欧洲各国的影响至折中的园林	
	—1600							
	—1700			印度伊斯兰园林	巴洛克园林	法国古典园林		日本近世园林
近古或近代时期	—1800				英国自然式园林	洛可可园林艺术与中国风		
	—1900				欧美城市公园、国家公园、风景建筑学等			

注：起止年代反映本书中各时期、国家、风格园林所在世纪大致段落，详细年代请阅正文。

已经集古代传统之大成)。

　　18 世纪与 19 世纪是世界历史自中古以后凸显发展不平衡的时代,各国关于近古、近代、现代的划分有很大差异。此时,常被称为西方的欧洲开始了向现代社会迈进的进程,东亚、伊斯兰教地区国家多数还基本延续着古代文明传统,但在西方扩张面前不得不逐渐面对革新或衰亡的抉择。18 世纪出现的英国自然式园林,以激变的特征体现了一种迎接近现代文明的新追求,也反映了更多接触东方文明所得到的启迪,在这一时期的欧洲形成广泛传播的热潮。同时,旧的传统、新的时尚,以及东方的情趣,又使 19 世纪欧洲园林常呈现多样折中的情况。也就在 19 世纪,园林史上一些更能反映现代社会情况的变革在欧洲和新生的美国发生了,出现了为公民建设的公园,产生了使园林艺术涵盖面更广的风景建筑学,等等,但这些变革的社会文化意义超过形式文化意义。园林艺术形式真正进入现代发展历程,主要发生在 19 世纪末以后。

　　人类园林的概念,可以有不同的层次,甚至可以联系于不同的范畴。本书所介绍的"园林",主要联系于艺术和审美范畴,其基本内涵是形式、景观,外延是环境与游乐行为。然而,即使是从这样的角度看,园林也有广义和狭义的层次之分。

　　就最广泛的意义来讲,人类可以通过行为的介入,把一处自然环境当做自己的园林,在其中进行各种游乐、畅神活动,用审美的眼光来欣赏,或者联系于各种世界观、自然观和人生观,把它视为具有某种神圣意义的场所。在古代,许多自然环境被王公贵族圈为他们的园林。对历史上的这种天然园林(在英语中通常称为 Park),可以借用汉语的"苑"称之为林苑。林苑一词在许多时候也用于一些特定形式的人为园林,富于特别的景观、环境含义,这将在一些章节里看到。在现代社会中,天然园林也是人类游赏、娱乐环境的重要组成部分,它们的天然色彩得到保留,仅加入了适当的道路、休憩设施。

　　最狭义的人类园林是被围起来的,以欣赏和消闲、游乐为主要目标,通过艺术手法突出某种形式组织关系,迎合某种审美习惯和精神追求,造就特定景观的人为绿色环境(在英语中常是 Garden)。一般现代公园(英语也通常用 Park)、动物园、植物园也可归类于这种园林。历史上的不同民族创造了各具特色的传统园林艺术,特别是其形式、景观,以及同特定文化含义的联系,无论从欣赏和借鉴的角度,在今天仍然有很高的价值。

　　历史上,这种被围起来的人为艺术园林,以房屋、围墙、篱笆等各种方式同外面的环境区隔开,成为特定的"园"(具体园名在英文中可有某某 Garden 或某某 Park 等,本书依汉语习惯多未特别区分)。即使 18 世纪英国自然风景园要"打破藩篱",实现景观的连续,这里也有造园家以艺术来加工的范围,以及游赏、视野中的内外、远近关系。由于艺术创造的目标明确,这类园林往往反映了古代园林艺术的最高成就。

　　介于这之间,人类的园林还有另外一些类型。如古代某些陵墓、宗教、公共活动建筑的园林,甚至果园、菜园等一些实用性园林。在古代历史上,对于一些特定建筑,人们常会通过审美的眼光和园林艺术的方法,强化其外部空间的场所感。它们中有些考虑建造基地的选择,注重建筑配合自然风景所产生的意义;有些进行场地绿化加工,使人为组织的自然要素同建筑一起,构成突出特定意义的环境。或者两者兼有。此时,园林是以建筑性质为主的整体环境的一部分,有时候甚至可当做附加次要部分(例如建筑史谈古希腊圣地,可以经常不提及它们的园林化环境)。在一些古代民族中,这类园林也呈现出具有典型意义的园林形式。

进入现代社会以来，这种情况下的园林更加广泛。配合各种建筑与城市空间，基于各种场所需要，联系各种艺术手法，园林化的环境类型越来越多样化。

实用性园林也经常有游赏价值。即使纯粹出于实用，各种种植方法与丰富的植物形态也会带来形式与色彩的美，何况人们还能在这里更专注地欣赏各种实用植物及其花果本身。古代和当代人都有到果园、菜园、花圃之类环境中游赏的行为，为了迎合这种行为，人们还会在实用园中加入必要的园林设施。

一般古代园林史书在介绍从古埃及到古希腊的园林时，涉及面都比较广，自此以后就一步步向最狭义的园林集中。这些园林多为王公贵族私有，造园场所主要是宫殿、府邸之类建筑的外部空间或相关地带。这或许体现了园林创造从一般环境追求逐渐成为一种特定环境艺术的实际情况，如前面所说，这类园林往往反映了古代园林艺术的最高成就。

从狭义又向广义回归，近代以来的园林发展又带来一种园林概念的扩展。18世纪后期，伴随启蒙运动与资产阶级革命，西方由贵族社会走向平民化公民社会，各种城乡公共、居住环境园林化都逐渐成为艺术家关切的对象，带来了产生于19世纪中叶美国的"风景建筑学"（英语 Landscape Architecture）。当时，风景建筑学既借助了18世纪英国风景园的自然式艺术时尚，又突破了人们已经习惯的狭义园林概念。

联系于英语中建筑学一词的更广泛含义，把风景建筑学理解为"风景设计学"、"风景组织学"或"风景建构学"更确切一些。风景建筑学最初的实际重点就是广义的园林设计，进而，在20世纪发展成在建筑、城市等各种环境设计中突出自然景观要素及其组织的设计学科。这一学科的研究、设计者，应该具备园林、建筑和城市规划的综合知识与技能。

上下几千年、纵横众多地区和民族的古代园林艺术沿革，造就了各种各样的园林形式。最常见的园林基本形式划分，是几何式或规则式（英语 geometrical，formal）与自然式（英语 landscape）两大类，在这之下，又有许多具体形式和手法。几何式与自然式应有其最初的人类劳动与观察实践基础。比如参照农业生产与灌溉工程，园林很容易是几何式的；注意天然山水景观，园林很容易是自然式的。但在关注古代园林形式的进一步发展时，应该注意大自然在人类心目中的意义。人类如何理解世界、面对自然，或世界的规律、自然的美在人们心目中是怎样的；人类的思维、创造力如何加工自然要素，或让它们更好地实现一种理想价值，是古代园林艺术形式的重要基础。

在西方历史上，几何式是成熟园林艺术的重要特征，特别是从15世纪到18世纪初，几何式园林得到非常突出的发展，几乎成了西方传统园林艺术的代名词。近代以来的思想发展，通常认为几何式园林艺术是"反自然"的。但是，几何式也反映了历史上一种对理想自然环境的特定思维方式与观念。

从柏拉图的哲学和基督教这两个源头出发，西方人多认为世界有一个抽象的本原模式，在基督教中就是神的创世意志。各种自然现象的规律皆出于这类本原，自然界（按西方传统观念，自然界是人类以外的现实世界）各种事物和现象的"杂多"对它的反映并不很清晰，而人类思维（传统西方观念中的天赋能力或神的启示）却可以接近它，使它得以明确认知。依据这种世界观，人类按照自己的能力去认识与变革自然界是合理的。人类思维最能方便地把握，并发现其中奇妙规律的形式是几何形，基本的几何关系因而被当成世界本原模式的反映，以及形式美的根本依据。通过艺术把自然要素配置在几何关系中，"顺理成章"地把人类审美同世界本原模式连在了一起，这样的园林便使自然界的杂多形象在艺术中得到规律性的理想升华。

　　然而，人类的观念随着社会文化的变革而改变。在西方，17 世纪以来的科学发展，突出了通过广泛了解具体自然事物来归纳世界规律的认识方法，产生了以培根等人为代表的经验哲学。这种哲学大大提升了自然美在西方人心目中的价值，同时，宗教中未来天堂追求的弱化，工业革命前后的城市环境，也使人更关心身在真实自然中的生存现实。这种现实使人盼望回到那逝去的"黄金时代"，伊甸园、阿尔卡狄亚之类景象成了自然界与人类联系的理想模式，自然式园林也随之在 18 世纪的英国出现，进而影响了整个西方的园林情趣。

　　伊斯兰园林体现了同西方园林相似的情况，特别是长期把园林同宗教中的未来世界连在一起，其几何关系的明确模式性甚至超过西方园林。以中国、日本等国为代表的东方园林，则呈现了面对自然的另一种观念，长期传承了所谓自然式园林艺术。在中国园林以外，从日本园林中也可明显感到，东方人更能从直接的自然美中得到丰富的精神启迪。世界的模式就在于自然界自身所展现的各种关系，艺术也把它的美加以强化，体现到了园林中。

　　相对来说，自然式园林有比几何式园林更多样的形式，更丰富的景观。因为，西方人曾认为不能完美体现世界本原的自然"杂多"就是这样。东方世界观认为人与自然界是一体的，自然事物及其属性的差异共存，体现了世界上各种力量的交织，产生勃勃生机。人们可以从中采集各种景观，加以适当提炼，进一步突出自然要素的多样差异，通过各种自然要素形象、关系之间天然对比、共存的和谐，得到可以"安适"地生活、欣赏的环境，并比征、迎合、促进人类精神的各个方面。18世纪的英国自然风景园明显带有西方文化自身变革的印记，可实际上也接受了东方观念和艺术的启迪。

　　上面关于几何式与自然式园林的阐述，实际还要提醒读者在了解园林史时注意各种周围文化的关联和影响。各种形式的园林在不同民族中的形成、某些时代的特定发展方向，以及整个园林艺术进程的沿革，广泛涉及不同时代的园林艺术服务对象，人们要在园林环境中寻找的感觉，园林拥有者对其地位、精神的展示，城市、乡村、建筑环境的特征，其他艺术领域对园林艺术的作用，国家民族间的相互影响，等等。

　　回到园林的形式。像其他许多园林史著作一样，本书各章题目多数直接联系于时代、国家或区域文化，同时，都同一些所谓特定艺术风格联系在一起，特别是自第 5 章以后。

　　当代艺术的丰富性，以及人们随时以各种艺术形式去适应生活、服务生活，已经使"风格"概念在现实中逐渐淡化了。不过，在了解古代艺术发展时，人们还是难以摆脱历史风格的概念。这是一种实际现象：在不同的古代历史阶段、不同的国家，曾有大致相同的、最能体现当时主流文化的流行艺术。这在建筑及其姊妹艺术，如绘画、雕塑中非常明显，当然也体现在园林艺术中。通过古代园林史来了解园林艺术，要尽可能深入各种园林风格的形式特征。

　　艺术风格中的形式，是反映各种相关要素关系的基本图形。园林环境的创造利用了众多自然要素，人为的加工和一些人为要素的补充，使它们被组织在各种平面与空间关系中，其意图和效果还会同时间与行为相关。在"阅读"古代园林、学习园林艺术的时候，要把眼光投向它们都有什么要素，以及是按几何还是自然形式组织的。但更关键的是，这些要素是怎样具体组织起来的。要注意各种园林的基本骨架是怎样的，在这个骨架的支撑下，各种要素以什么特征构成怎样的平面、立体图形关系，结合质感、色彩带来怎样的景观，并且可能因游赏一时间的作用产生怎样的感觉。这些感觉还会在园林空间的尺度、立体性程度等方面发生变化。举一些后面将见到的例子：

从早期意大利文艺复兴到法国古典园林，园林形式都为几何式，并有基本的中轴线。意大利文艺复兴园林围合性强、尺度较小，由早期到盛期的台地中央大阶梯强化过程，意味着提高了园林空间的立体程度，并强化了不同植物、水景的区域感；巴洛克园林除了建构和植物修剪图案的变化外，"园外"或大型园区的轴线伸延是超越文艺复兴的重要特征之一；在意大利巴洛克与同巴洛克有千丝万缕联系的法国古典园林间，轴线视域的宽窄又明显不一样，而且前者突出轴线尽端的点景，后者更注重一种天水绿树的广阔画面。

在英国自然风景园的发展阶段上，几乎同一时期的罗沙姆园、斯托海德园和李骚斯园之间有明显差异。罗沙姆园的平面关系可通俗地说成串糖葫芦，路径串起一个个相对独立的绿色视廊，并在底景处加以建筑、雕塑处理，只是中间的棍儿常是曲线，糖葫芦成了有特殊端头的直线，各景点有时间中的转折突变效果。斯托海德园以中心湖面和湖边环路组织景观，在面积同罗沙姆园相仿的情况下，有浓密树木围合中的较大园景空间尺度，并突出了联系于时间的视野、景观连续感。李骚斯园以线的连接把点、面关系组织得更丰富：线性的绿谷中有过程中的点景，如路径旁的喷泉、坐凳、树根屋等，也有从一端看向另一面瀑布、神庙的底景式处理。另一些地方，李骚斯园让人沿路观赏在其两侧展开的农庄绿地，又有让人在高处驻足，把视野撒向更广远范围的点。

这些例子还要表明，在貌似景观格调相似的同类风格里，也要注意一些具体园林间的形式差异。这类差异有时甚至很大，而且对深入了解园林艺术的丰富性非常重要。

综上所述，希望读者在参考本书，联系历史了解、把握园林艺术的过程中，一方面要把视野放宽、放远，注重社会发展一般过程及其各阶段、各区域的关键特征，以及各种周围文化因素同园林艺术的关系，沿着传统文化沿革的历史脉络，尽量把握各类园林和园林艺术在历史上的深层文化意义；另一方面，除了了解植物、水、地形、建筑、雕塑等各种要素的基本情况外，要联系有关构图、空间、行为、视觉等方面的知识，让眼光更细致，深入到园林形式与景观的各种组织关系中去。这样，无论对于把握园林艺术和欣赏园林艺术，都能得到较大的收获。

第 1 章　古 埃 及 园 林

北非的古代埃及是人类文明最早的发祥地之一，很可能也拥有人类历史上最古老的园林。

记载中的古埃及园林，可以上溯到公元前 2659 年至前 2500 年间，也就是吉萨大金字塔群的建造年代。当时，一位叫做迈特恩的高级祭司和大臣，在其墓室铭文中描述了自己住宅的园林。这个园林被 1000 米见方的围墙所环绕，里面种着棕榈、无花果和洋槐，绿树环绕着数个放养水禽的池塘，还有葡萄园出产美味的葡萄酒。❶

由于同处在地中海文明圈，古希腊人曾到这里游历，被尊为西方史学之父的希罗多德公元前 5 世纪撰写的《历史》，有许多关于古埃及的记载。公元前 4 世纪的亚历山大大帝，把古埃及融入泛希腊文明地区。公元前 1 世纪末，罗马帝国把古埃及并入自己的版图。因此，古埃及常被人当作比古希腊更早的欧洲文明源头之一，其建筑、雕塑、绘画，以及许多技艺都可以溯源到这里，园林艺术也是如此。

1.1　历史与园林文化背景

古埃及是尼罗河的赠礼。尼罗河自南向北流过非洲东北角，中上游是两侧群山绵延的谷地，到地中海附近形成河口三角洲，联系着东北方的阿拉伯半岛和西面的北非旷野。这一地区雨量稀少，是定期泛滥的尼罗河为狭长的流域带来肥沃的土壤。大约在 9000 年前，这里就出现了定居的农业文明。公元前 3000 年前后，统一的古埃及国家形成，为人类带来一段繁荣一时又最终消弭的古代文明。

自然的孕育和人类的劳作，共同造就了尼罗河谷生机盎然的风景：在河边的湿地、池塘中生长着纸莎草、芦苇和荷花，高一些的地方有埃及榕、棕榈、椰枣树丛。随着农业文明的发展，人们在它们之间开垦出农田，并修建了许多水渠来灌溉。

古埃及一般被分为三个历史时期，即公元前 3000 年到公元前 22 世纪的古王国，公元前 21 世纪到公元前 18 世纪的中王国，以及公元前 16 世纪到前 11 世纪的新王国。每个时期又分为多个王朝，各王朝有着自己的数代国王。公元前 11 世纪后，古埃及陷于长期动乱，进而是古西亚帝国亚述和波斯的入侵和统治，其后还有希腊化王国托勒密王朝。它们带来文化的冲突与交融，但古埃及传统仍然顽强地延续。公元前 30 年左右，罗马帝国吞并了埃及地区，罗马帝国灭亡后又有公元 7 世纪伊斯兰教崛起的影响，久远的古埃及文明逐渐淡出了历史舞台。

古埃及国家大体以氏族公社为基础，在古王国时期已经分化出富有的上层贵族。随着时间的推移，在家务和各种生产活动中逐渐拥有了越来越多的奴隶劳动。古埃及的最高统治者是被称为法老

---

❶　参见 John & Ray Oldham, GARDENS IN TIME, Sydney, Lansdowne Press, 1980, 第 14 页。

的国王，在古王国时期国王还可能是最高祭司，世俗权力和神权合一。中王国以后，随着宗教的发展，祭司阶层壮大起来，世俗权力和宗教权力有了比较多的冲突，国王的统治需要更多借助宗教势力。除了历史记载外，这还体现在法老的陵墓曾在古王国到中王国建筑中占有至高地位，而自中王国起，神庙越来越重要，并在新王国达到极盛。

来自古王国时期开始不久的记载表明，园林艺术几乎伴随着整个古埃及国家的环境创造过程，并且，在国王和贵族的宫殿、住宅园林之外，陵墓园林和神庙园林可能在社会文化意义上具有更重要的地位。

在生活中，古埃及人显然具有对宜人自然环境的高度敏感，并把它们移植到了自己创造的生活与宗教环境里。

许多在墓穴内保存下来的壁画和浮雕，反映了古埃及人在自然和田园中生活的场景。他们在尼罗河湿地上打鱼、捕鸟，在果树和葡萄架下采摘，在农田里耕作，以至在树荫下宴饮、嬉戏（图 1-1）。

图 1-1　古埃及壁画中人们在尼罗河湿地劳作的场景

从种植的角度说，古埃及已经有了果园、葡萄园、菜园和花卉园等。它们可以是独立的，也可以是同一片园地的各个区域，结合人工水池或水渠，形成具有景观综合性的园林。国王和富有贵族、官僚、祭司结合宫殿和住宅营造的园林，既方便地提供日常生活的蔬果、禽肉，又带来住房边凉爽优美的消闲环境（图 1-2）。

还有一些壁画表达了古埃及宗教神话在生活中的意义。在泛神论的古埃及神话中，有代表各种自然事物和力量的神灵。在反映人神关系的许多壁画场景中，往往也有树木、花草、水体，体现古埃及人同诸神的交往经常是在自然环境里实现的。

古埃及人相信，人死以后灵魂会进入另一个世界，认为墓地同灵魂将进入的那个世界息息相关，把陵墓看得非常重要。许多墓室壁画和铭文表明，古埃及人期待一个另一世界的园林，这个园林在想象中可能比人间的园林更美。

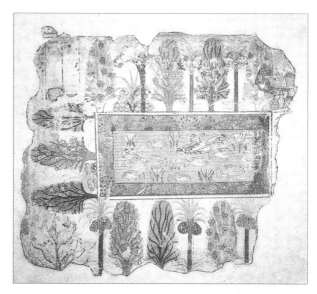

图 1-2　古埃及壁画中环绕水池的果园，右上角可见采摘或酿酒者

在古埃及人充满着神灵的世界中，生命是周而复始地循环的。东方是生命的起始，西方是它的终结，但终结又意味着新的开始。神话中天穹女神努特站在尼罗河东边，俯下身去跨越苍穹把运行到西天的太阳吞入口中，运转到东方再生。人类的死亡意味着进入了西方的世界，灵魂延续着生命在冥间的另一个漫长经历。他们把遗体制成长期保存的木乃伊，相信三千年后复活的灵魂会回到原来的肉体。

古埃及人把陵墓建在尼罗河西侧下游的旷野，以及中游接近山岭的高地上。除了新王国中后期国王谷那样的密葬外，在很长时间里，国王陵墓的地面建筑宏伟壮观，并耗用人工引入河水和泥土，种上树木，造就意味着可在另一个世界享用的园林。富人们也尽可能为自己的墓地栽上树丛，掘出水池，并更多在墓穴壁画上刻画出自己死后的理想园林。

除了这层意义外，陵墓园林还联系着奥西里斯的神话。奥西里斯是传说中的远古国王、冥间之王及代表生命周而复始的神。他曾被弟弟害死，尸体被肢解成碎片扔到各地。妻子伊西斯历经艰辛找到这些碎片，拼合起来，使他复活并成为冥间的统治者。奥西里斯信仰是古埃及人对复活、轮回和灵魂冥间经历的信仰，古埃及法老在人间有至高的地位，并认为死后可以同奥西里斯合一。在国王到达西方世界时，努特女神会在水塘旁的自然树丛中现身，接纳和庇佑高贵的来者。

传说留下了奥西里斯的墓葬形式，由一个土丘覆盖墓穴，上面或旁边长着柽柳。

古埃及人的宗教是泛神论的宗教。这种宗教同更古老的图腾崇拜相关，把许多自然生物神化了。除此之外，在古埃及已经发展出了创世故事，以及代表天空、大地、日月等更强大自然事物和力量的神灵。传说人们生存的世界来自混沌的水，水中冒出了一个山丘，山丘上出现的巨卵孵化出最初的天地诸神。这些神的继续繁衍和创造，演化出更多的神和大地万物。作为大自然最伟大的力量，天、地、日、月诸神有规律地运作，但也会以人们想象出的各种形象在人前出没。

泛神论宗教往往有祭祀与偶像崇拜活动。自中王国期间开始，古埃及人用石头为他们的诸神建起了大量神庙，高墙巨柱形成巨大的体量，并在新王国时期达到极盛。特定节日要抬出神像，在神庙及其具有象征意义的周围环境中巡游，为神献上的祭品中有许多是果木、花草和水禽。这就从仪典上要求神庙环境的一部分模仿理想的自然，从功能上要求生产祭品的园地。

在神庙建筑发达的中王国和新王国，最受崇拜的是太阳神赖，以及后来与之并列或取代他的阿蒙。在神庙附近，埃及人营造了丰富的园林化环境，有便于巡游仪式的林荫道、提供物产的实用园，进行宗教活动的圣园等。

1.2 住宅园林

由于历史久远，文明被替代，古埃及的园林艺术没有直接的传承。人们只能从壁画、文字记载，以及考古中领略古埃及园林的面貌。

关于世俗生活中的富家住宅园林，人们知道的最基本情况是平面呈矩形的几何布局。园林以围墙环绕，有多种植物，并常有人工的水池。大量古埃及壁画描绘了这类园林，其中最细致的平面与景观展示，来自新王国时期阿蒙赫特普三世时期一位大臣的墓穴壁画(图 1-3)。

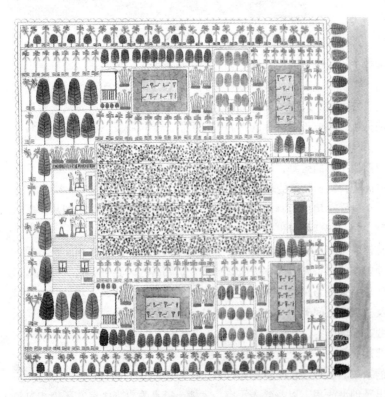

图 1-3 古埃及壁画中的住宅园林

在这幅壁画中，可以看到一个墙体环绕下的矩形院子，形成对外封闭的园地。围墙顶上可能覆盖着瓦，尺度不很清楚，但依据关于古埃及建筑的基本知识，应该相当高大。入口是一个更高的大门，具有古埃及建筑常见的方正实体感，以及上面的檐部。院外横着一条笔直的水流，应该是人工水渠或运河，院门就开在渠边的林荫道上。

进入院门，正面是一片沿进深方向排列的葡萄架，在院内形成一个完整的中心区域。葡萄架左右的主要路径旁，种着成排的棕榈类树木。在这些树木的外侧，四个矩形水池里面生长着荷花或睡莲，并有方位的转折，形成四个园林局部核心。路径和水池间除了可能有包括埃及榕的更多种树木外，还有池边的纸莎草或芦苇。在葡萄架后面，一座房屋正对院门，主人可能在这里居住，奴仆们也可能在这里加工葡萄酒。房屋两侧前方对着两个水池处，还各有一座凉亭可以消闲赏景(图1-4)。

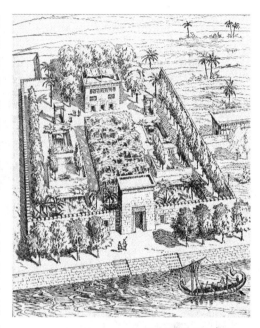

另外一些壁画中的园林也许没有这样规整，有的显示了住宅和园林相结合的更多空间层次，以及更明显的生产和消闲赏景环境区分。例如，主要宅院有两进，前一进可能是树木环绕下的主人住房庭院，后一进是以水池为中心，周围栽种着更多树木的园林。在住房庭院的外围，也会有树木众多的地段，还有饲养牲畜的围栏和可能是作坊、仓库的房屋。

图1-4 对图1-3平面的复原想象

这些壁画表明，古埃及富人常用高墙把自己的住宅房屋围起来，墙内留有相当大的面积，营造绿树、花草和水池结合的环境，既有基本的生产目的，又明显使人赏心悦目，可以消闲游赏。各种树木，以及葡萄、荷花、纸莎草等植物在壁画中比较明显，但据记载，古埃及的园林植物还常有蔷薇、矢车菊、银莲花等花卉和各种香草。除了在园中的土地上直接栽植之外，许多花草，甚至在一些时候包括树木，也会种在陶制的花盆中。

从另一些壁画中，也可看到古埃及人在绿树、葡萄架下和水池旁劳作、活动的情景，可能反映了大型住宅园林的实用性(图1-2)。

1.3　陵墓园林与戴尔—埃尔—巴哈利的陵庙

古埃及宗教非常关心死后的西方世界，许多壁画刻画了陵墓的园林化环境，以及其中的人神交往。一些画展示的还很可能是举行葬礼或祭仪的情景：死者的灵柩或雕像立在水池里的船中，被成排的人牵引着渡往另一面的陵墓建筑，水池里有荷花，岸边有各种园林树木(图1-5)。

从古王国起，古埃及陵墓周围就可能常有园林，或至少是有意栽植的树丛，模仿传说中的奥西里斯墓。如果壁画反映的园林不仅是一种愿望，也存在于现实之中的话，应该同住宅园林很相像。

图1-5 古埃及壁画中的富人葬礼或祭仪情景

图 1-6 哈夫拉金字塔河谷庙旁很可能有园林

图 1-7 戴尔—埃尔—巴哈利遗迹全景

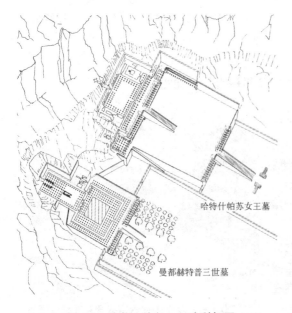

哈特什帕苏女王墓

曼都赫特普三世墓

图 1-8 戴尔—埃尔—巴哈利复原

古王国时期，古埃及行政中心在接近尼罗河三角洲的孟菲斯，此时的国王陵墓造型，是像抽象的山峰一样的金字塔。在孟菲斯附近的尼罗河西侧高地上，有大小几十座金字塔。按照古埃及传统，国王的遗体要用圣船经尼罗河送到安葬地。成熟的金字塔陵墓，如吉萨的三座大金字塔，整体上包括内设墓穴的塔体，塔体东侧脚下中央的祭殿，以及由长长的幽暗甬道连接的仪典性入口建筑——后人有时称之为河谷庙。作为进入另一个世界的象征性起点，河谷庙位于当年适于植物生长的尼罗河岸边，很可能被植物所围绕，这符合奥西里斯墓的传说。在吉萨的哈夫拉金字塔伴着狮身人面像的河谷庙旁边，考古发现了水渠的遗迹。在另外一些金字塔的河谷庙处，发现了植树的坑。它们很可能是园林的一部分，此处的园林也可以被当作一种圣园(图 1-6)。

最可靠地考据出拥有成片园林的国王陵墓，是建在尼罗河中段戴尔—埃尔—巴哈利的两座紧挨山崖的陵墓(图 1-7，图 1-8)。一座是中王国时期的曼都赫特普三世墓，一座是新王国初期的哈特什帕苏女王墓。这两座墓也可以被称为庙堂陵，因为它们改变了古王国以高大金字塔为造型主体的形制，把墓穴挖到山崖中，在前面建起了巨大的平台，上面的主体建筑是祭殿。

从现存的遗址和发掘看，两座陵墓建筑前都有圣园陪衬，或者说，园林是这里庙堂陵整体环境的一个明确组成部分。

1.3.1 曼都赫特普三世墓

曼都赫特普三世墓大约建于公元前 2000 年左右。来自东面尼罗河附近的大道形成一条轴线，导向西端高耸的山崖和它下面的建筑。以一个小型金字塔为核心的祭殿建在紧贴山崖的平台上，祭殿和台体都有柱廊，面对一个宽阔的矩形围院。傍着登上平台的中央坡道，围院中曾有一片刻意栽植的绿树。

这座陵墓建造在远离尼罗河的区域，多石地表不适于植物生长，但在坡道两侧及向前伸延的一段距离内，考古发现了规则布局的成排巨大凹坑，填着泥土，留有植物的残根。据此复原的想象一般是中央两行埃及榕形成林荫道，外侧是柽柳形成的树林，在林荫道上还有国王的雕像。

在这个平台、祭殿和园林的组合中，台体、埃及榕和柽柳树迎合了神的接引以及奥西里斯墓的传说。

1.3.2 哈特什帕苏女王墓

公元前 15 世纪，新王国的一位女王哈特什帕苏把自己的陵墓建在了曼都赫特普三世墓旁。她基本上延续了前辈的建筑模式，但建造得更加壮观。

哈特什帕苏墓完全取消了金字塔的造型，使山崖的意义更加突出。这座庙堂陵有两层柱廊平台，并比前一座更宽、更高。台下的围院和来自尼罗河的大道，强化了台体纵向的上升与横向的舒展感 (图 1-9)。

祭殿前的下层台体表面大致有 80 米见方，在台下坡道起点处，发现了一对里面还留有纸莎草痕迹的 T 形水池，以及周围的树坑遗迹，表明了同曼都赫特普三世墓异曲同工的处理 (图 1-10)。

图 1-9　哈特什帕苏墓遗迹正面景象

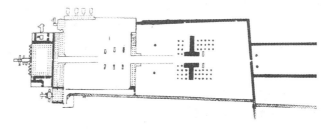

图 1-10　进一步显示台体前水池与树木位置的哈特什帕苏墓平面复原

T 形水池多见于古埃及同宗教、丧葬相关的场所。池中常有荷花、旁边有纸莎草，周围栽植各种树木。这种形式及相关园林环境，应在拜祭神和死者的活动中具有重要意义。

哈特什帕苏是古埃及一位有为的女王，或许为了借助宗教突出自己统治的正当性，她把自己的陵墓轴线越过尼罗河，在东方同古埃及最宏伟的神庙——卡纳克的太阳神阿蒙神庙连成了一道完整的风景线(图 1-11)，使其陵墓环境有可能渗透更多的宗教意义。

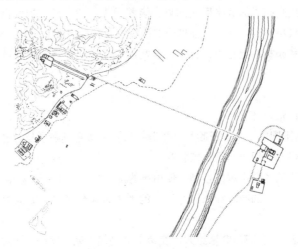

图 1-11　哈特什帕苏墓与卡纳克神庙穿越尼罗河的轴线对应

在高耸山崖和宏伟建筑前的坚硬土地上，戴尔—埃尔—巴哈利的陵墓园林不可能是一片林海。曼都赫特普三世墓的园林深广也就五六十米，哈特什帕苏墓围绕一对 T 形水池的种植范围更小。但是，一般认为通往陵区围院的大道是树木茂密的林荫道，联系着远处的尼罗河。小小的陵墓圣园让绿色环境得以延续，形成一个最终通向西方世界的入口。这个西方世界在现实中显得很荒芜，但在人们的希冀中有着理想的繁茂生命景象。

1.4　卡纳克的神庙园林

许多壁画和文字记载表明，神庙园林可能是古埃及园林中面积最大的，涉及神的世界在人们心目中的景观，以及宗教仪式和供奉的需要。

古埃及的神庙是人们为神而建的居所，诸神代表着生命世界的形成与延续。在建造神庙时，古埃及人通常选择尼罗河东岸的绿洲，这里既是生命发生的方位，又可以充分营造出需要的环境。

水和植物是大自然生机的体现，在神庙环境及其宗教活动中也非常重要。依据神话，植物从水面中央覆盖着泥土的一个高丘上生长出来，世界逐渐生机盎然；在跨越天穹前，太阳神要在水中沐浴；旭日之神荷鲁斯出生在水边纸莎草丛中，水中荷花、睡莲等象征新的生命；❶尼罗河水的枯丰相间，也是神圣世界运转的体现。

在祭仪中，人类向诸神贡献水禽、牛只，还有椰枣、葡萄等果实和纸莎草、睡莲等花束。一些壁画把采集和供奉的人类，神圣的园地和神放在一起，矩形或 T 形的水池伴着林荫道，也

---

❶　伊西斯拼合奥西里斯的尸体后感而受孕，生荷鲁斯，他也是新生命的象征。

经常出现在画面中，一幅新王国时期的壁画，直接反映了卡纳克神庙前的园林化与 T 形水池情景❶(图 1-12)。

祭祀用的果木花卉经常就培植在神庙旁，在祭祀仪式上还常要焚香，哈特什帕苏等一些国王曾自豪地炫耀，自己从遥远的地方带回过生产香料的树木。神庙的园林环境，包括仪典性场所和栽种供奉、焚香植物的园地(图 1-13)。

在中王国和新王国的大部分时期，古埃及境内尼罗河中段的底比斯成为国家的首都。在它附近的卡纳克，大约从公元前 16 世纪开始，几百年中陆续建成了阿蒙神庙建筑群，形成一个东方生者之神的巨大建筑与园林组合，集中反映了大量古埃及神庙的基本特点，包括一体化的建筑与园林环境(图 1-14)。

卡纳克阿蒙神庙大体朝西面对尼罗河，主体处在一个大约 500 米见方的巨大围院中。神庙中轴线上有一层层大小殿堂和庭院，并有各殿堂前后的六道塔门。北面紧挨围院有一处稍小的建筑群，应该是宫殿。围院内部另有向南的四道塔门接着外面的林荫道，指向不远处的玛特神庙(图 1-15)。大体向西 5000 米，女王哈特什帕苏用一条中轴线把自己的陵墓同它连在一起，使它们组合成古埃及历史上综合了自然山水、建筑与园林的最伟大风景建筑环境。

图 1-12 古埃及壁画中人类在有 T 形水池的园林环境里向神祭献花束的情景

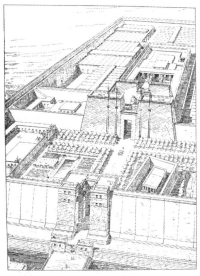

图 1-13 神庙园林复原想象

图 1-14 卡纳克阿蒙神庙建筑群遗迹鸟瞰

❶ 参见 Alix Wilkinson, THE GARDEN IN ANCIENT EGPYT, London, The Rubicon Press, 1998, 第 133 页。

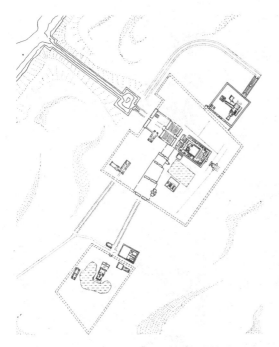

图 1-15　卡纳克阿蒙神庙建筑群平面

图 1-16　卡纳克阿蒙神庙司芬克斯大道
与神庙入口塔门遗迹

图 1-17　从卡纳克阿蒙神庙柱殿
看入口庭院方向，院内当年种有
表达神圣环境的树木花卉

　　在这个神庙的兴盛期，从尼罗河到神庙西端的正面塔门大致有 700 余米。沿着由尼罗河一直到神庙最深处的中轴线，一条人工水渠延伸在尼罗河到庙门之间的大部分地段，同接近神庙的矩形水池一起构成梯形水面。直接衔接着水池的是塔门前排列着羊形雕像的司芬克斯大道(图 1-16)。在梯形水面和大道两旁都曾种有树木，形成通往神庙的林荫道，树下还可能有纸莎草和葡萄架。在整个神庙围院的周围，还曾有大片的树林，包括出产祭仪焚香用香料的植物。

　　古埃及神庙的经式，是塔门后有一个柱廊环绕的主庭院，接着是轴线上从巨大柱殿开始的层层殿堂，直至最幽暗的尽端密室。在柱廊环绕的主庭院内，通常种植花卉和树木，特别可能是神话传说中位于天堂入口的埃及榕，在柱殿前有向神灵供奉的意义和关于生命的象征，同塔门前的轴线绿化一起构成神庙的主要圣园(图 1-17)。另外，在卡纳克阿蒙神庙面对玛特神庙的塔门之间，也有园林环境，在花草树木之间设有供国王休息的凉亭。

　　多数神庙旁边往往还有用墙围起的一个个园地，生产祭祀仪式和日常需要的产品。依据壁画和铭文判断，在卡纳克阿蒙神庙建筑所在围院内和围院外的水渠两边，都曾有葡萄园、水池、花园、菜园，等等。葡萄园中树木围着成片的葡萄架，养殖鱼、睡莲、纸莎草的水池也在椰枣等果木绿荫下，花卉园、菜园中种着百合、莴苣等。它们的布局同一些很简单的住宅园林大体相似，水池边也会设置凉亭。虽然这些园地经常被高墙隔开，并且有很强的实用性，它们还是同庙前的林荫道和周围的树林一起，为神庙所在区域造就了大面积的绿色环境。

在神庙围院内的圣园园林中，以水为核心，可举行特定宗教仪式的场所也非常重要。卡纳克阿蒙神庙建筑南侧有一个相当大的矩形水面，长宽在 120 米 × 70 米左右，史书常称其为圣湖（图 1-18）。附近玛特神庙的后部则被一个马蹄形湖面所环绕。

在这些湖上会举行各种宗教仪式，如赞美太阳神运行的，欢庆旭日神出生的，平息玛特神愤怒的，等等。这些仪式同更古老的巫术行为相关联，经常具有模仿和再现性。人们牵引着用鲜花装

图 1-18　卡纳克阿蒙神庙圣湖遗迹

饰的圣船，载着神像在湖面划渡，显示神在世界上巡游或来到人间。人间的国王——具有神性的法老，也会在特定的节日乘船巡游，另外，祭司们可能会在举行仪式前到湖水中沐浴。

湖水及其周围成为优美的园林环境，比较大的水面形成了明亮开阔的场所中心。水面近岸处生长着纸莎草和荷花、睡莲、芦苇等，湖岸四周有埃及榕、柽柳、洋槐、椰枣等树木和果树，形成高大绿荫围合，映衬着近旁的建筑，遮挡着较远处的围墙。在水体及其与树木的关系上，神庙的湖虽然同住宅园林中的水池与周围环境没有根本区别，但以更大的面积呈现了更多的自然美。

1.5　阿玛尔那的皇家园林

在古埃及历史上，卡纳克宏伟的阿蒙神庙也意味着一个祭司阶层的强大，法老的权威甚至受到这个阶层的威胁。公元前 14 世纪，阿蒙赫特普四世实施了反对阿蒙祭司集团的宗教改革，另立阿吞为新的太阳神，自己也改名埃赫那吞，即"阿吞的侍奉者"，并把都城从离卡纳克很近的底比斯向北迁到了 300 千米外的阿玛尔那。现在所知的古埃及皇家宫殿园林，主要可从阿玛尔那的考古中看到。

在这个一度繁盛的城市中，形成了许多宫殿和宗教场所相结合的园林区域，还有大量高官的住宅园林。当年的景象可以用树木茂密，花草繁盛来形容。其中，城南一个叫做玛鲁阿吞的地方是一处大型皇家园林❶（图 1-19）。

玛鲁阿吞由两个围墙环绕的巨大围院组成，北面一个是这处神圣场所的主体。

北围院的核心是大约占其三分之一的一个湖面，呈大体东西向长的矩形，四角抹成圆弧。当年

---

❶　关于玛鲁阿吞的园林考据，参见 Alix Wilkinson, THE GARDEN IN ANCIENT EGPYT, London, The Rubicon Press, 1998, Ⅷ。

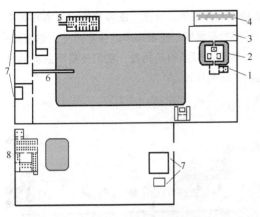

图1-19 玛鲁阿吞平面复原

1—小庙；2—浅池小岛；3，4—种植园和内有 T 形水池
的房屋；5—法老休息处；6—长堤；7—园艺师
或祭祀用房；8—宫殿

沿岸布满植物，延续着前面提到的住宅、神庙园林的水池、湖面传统。

庭院西端为一处房间院落组合，可能是园艺师或祭司用房。从这里伸出一条长堤，沿着侧面阶梯可下到湖周围的植物种植带。长堤端头深入湖中，形成装饰着石门的码头，可停靠承载神像或法老的圣船。

几乎正对码头，在湖东岸有一座小庙，本身东西向，却从南面的院门进入。向北穿过小庙殿宇前的院子，又可回到大庭院中，直接面对一处浅池环绕的人工岛。岛上或是某个神灵的祭坛，或是法老巡游中举行某种仪式的凉亭及其附属建筑，建筑材料高贵、装饰华丽。几乎正对着这个人工岛，在庭院东北角有一片植物种植园，可能是种植祭祀用植物的园地。园后的房屋内有 11 个交错的 T 形水池，池边装饰了丰富的树木花卉图案。由小庙到 T 形水池的建筑和园地联系非常紧密，很可能是一个重要的祭祀或皇家礼仪活动场所。

湖面的东南角，一处 U 形建筑向北面对湖面，又围着自己前面的小水池，其中发现了睡莲的迹象。几乎同这座建筑相对应，在湖面北面西段也有一处建筑，房屋围着自己的柱廊庭院。这两处建筑的特定用途不很清晰，可能用于祭祀和礼仪，也有可能是法老的宫殿或休息处。

南庭院很可能是进入主要园林和礼仪区的前奏，也有充满柱子的建筑、水池和许多树木。

1.6　园林特征归纳与分析

古埃及园林作为人类园林艺术的源头之一，最基本的特征是其几何式布局，以及整体的对称性。

除了对自然环境的直接利用外，历史上的人类园林艺术环境许多时候很难同建筑艺术环境分离。此时，园林的几何式与自然式联系于建筑布局同园林绿化的关系。当从房屋建构出发考虑植被、水体组织的时候，很容易形成几何式的园林，古埃及的园林可能就是这样。

古埃及园林所联系的建筑，包括当时的住宅、宫殿、陵墓和神庙等多种主要建筑类型。除了房屋外，直接影响园林环境形象的还有相关的大门和院墙。更扩展一些，带柱廊的台体和林荫路在园林景观中有时也很突出。次要一些的还有在局部起作用的凉亭。这些建筑具有古埃及常见的对称、方正与浑厚体量感，带来场所控制或围合的完整性，直接影响着园林环境。而且，所谓古埃及园林往往不是一种特定的活动场所，而是随处可见的，在各种建筑场所中都存在的环境。

在各民族的传统观念中，水都具有生命之源的意义，因而，水体在历史上的园林中一般都很重要，从遥远的古埃及起就是这样。古埃及园林内的养殖、景观或仪典性水面通常是矩形或 T 形的，在树木围合中具有一种场所中心感，积聚周围的景观。这种水体的中心和积聚感同样出现在后世的许多园林中。线形的引水或行船水渠一般在被围起来的园地之外，往往联系于尼罗河，在更大范围的环境景观方面起作用。

作为园林环境的最重要要素，多种植物在古埃及园林中得到应用。从古埃及的自然条件和景观形态两方面看，综合运用水生与湿地植物、花草灌木、藤蔓植物和高大树木，既反映了古埃及的自然植被特点，又在园林中生成了比较丰富的绿色空间层次。

在古埃及的各种园林中，住宅园林突出了植被绿化或水在一个围合环境中的核心价值。陵墓和神庙的局部园林绿化同它们没有根本区别。在更大的范围内，陵墓和神庙的园林化整体环境，则更具有建筑布局同地貌风景的结合，以及大型建筑体量对环境的控制。

古埃及尼罗河基本为南北方向，两岸大部分绿洲的边缘为连续的山岗，太阳横越绿洲东升西落，带来一个环境模式感很强的自然世界。它有静态意义上的大地轴线和对称地形，表明方位。也有动态意义上的季节、日夜交替与河水枯丰，同生命一起显示周而复始的自然运作。前面谈到的古埃及宗教意识在许多时候同这种模式相关。

在涉及宗教的时候，古埃及人把东方当作生者之地，西方当作死者之地，它们之间是被视为世界轴线的尼罗河。古埃及的陵墓建在尼罗河以西，联系高耸、寂静的山岭。金字塔可能有特殊的造型意义，但形式上可以理解为山形的抽象，处在尼罗河三角洲的旷野。尼罗河中游戴尔—埃尔—巴哈利的陵墓则直接结合了山岗。神庙建在尼罗河以东的绿洲上，周围生机盎然。这些建筑多突出很长的中轴线，重要者同尼罗河正交，以尼罗河为起点。有特定意义的园林绿化沿着这条轴线，并强化轴线上的重要空间节点。

无论是陵墓还是神庙，古埃及同宗教相关的建筑都力图呈现恢宏的尺度，并且有完整的体量感，巨大的形体或它们所形成的竖直表面聚焦人的目光。轴线上的建筑形体或其迎着轴线的表面，形成空间整体或各段落局部的底景，让人们在关注园林空间效果时，不得不注意它们的作用。

在这些基本情况下，联系于不同建筑类型的园林拥有它们进一步的特征。

1.6.1 住宅园林的围合环境与几何布局

有关古埃及园林的著作，几乎都要引用前面那幅阿蒙赫特普三世时期的壁画(图 1-3)：园林被围墙围在封闭的庭院中，居住房屋在院内同体量感同样明显的大门相对应，处在接近中轴线尽端的位置，周围布满各种植物，并配以水池。

古埃及的住宅园林不完全都是这样，但这幅画中的园林同其他文明园林的差异，可以认为具有非常典型的"埃及式"特征。几何式园林存在于许多民族和时代，但在几何式这个艺术形式范畴内，有着各种各样的差别。

从壁画所展示的典型埃及园林情况看，形体规则的大门和高墙对一个庭院的界定非常明确。庭院内的建筑、绿化的几何关系直接反映着这种界定的几何与内部性。与此同时，房屋建筑相对独立、形体完整，并被布满整个院子的绿化四面环绕，又使人有"房屋建筑处在庭院园林之中"，而不是"为房屋体量所控制的庭院配以园林绿化"的感觉。

一片宽阔的葡萄园位于中轴线上的大门和主体建筑之间，在另一些时候可能是宽大的水池，大门和主体建筑在它们两端对应。看来，古埃及园林的中轴线主要是可在这两处概览全园的视轴，而不是中央路经。在其他民族的几何式园林中，中轴线上多有感染力很强的路径，亦或位于中央渠池两侧也是这样。直线的路径是几何式园林的基本特征，许多时候构成整体或局部的对称视轴，但从壁画中看，古埃及住宅园林路径两旁的栽植可能截然不同，显示园林路径主要强化了环境边界，沿着各区域边界自然形成人行导向，还没有突出带有轴线视觉印象的特殊景观特性。

由于园中水池的存在，成行的树木常呈现对一片"空阔"区域的环绕。水面以其低平、轻柔和明亮，造就了强烈的局部空间与形态对比。绿荫涟漪、浮花游鱼，再配上水畔凉亭，是具有普世价值的优美环境。当有数个水池的时候，促成了古埃及园林中比较明显的景区划分，但由于整体上的对称布局，以及各水面形式和周围植物布局方式的相似性，以水池为中心的各区域之间并没有明显的景观差异。即使是不同方向的矩形水池，也更多在整体几何构图方面起作用，带来转折交错的图形。可以说，水池环境有自己的美，而数个水池的存在，主要为古埃及园林空间带来了比较多的疏密转换，造就了方向不同但环境相似的停顿场所。

由壁画所见，除了建筑、水体组合外，古埃及园林还有众多的树木。进一步观察可以看到，几何关系中的植物种类变化，特别是在行列式树木栽植中所呈现的变化，在古埃及园林中可能有自己的突出特点。

植物种类的变化，在大的关系中是成片的葡萄园区、水面植物区，以及多行列的高大树木区。树木区可以看作区域，也可看作对比较低平的葡萄园和水面之间的填充。这类变化为基本的几何关系带来丰富的空间与质料差异，如：不很高的葡萄藤呈现密集的肌埋感，浮花对低平水体平滑表面的点缀感，高处树木枝干与叶冠的行列组织感。进而，高大树木区排列着不同的树种，在树形、色彩方面有序地变化。树干之间还会有灌木或花卉，形成又一个绿化层次。

树木行列栽植本身还伴随着树种的变化，并同水池的布局一样带来对称图形中的交错、转折感。园中的行列树木不一定是同样树种，其变化配合着葡萄园、水池和建筑的位置。树木可以是起着区域边界作用的长长一行，在区域性质、方位改变时更换树种；也可以是形成一定区域的小树丛，比较短的几行从较长的同种树木行列中突出出来，产生特定的区域感。

有一些壁画展示的园林简单一些，如只有一个中央水池，或在没有建筑的后院以水池为中心，但都可以发现同上述园林相似的关系。

住宅园林基本的植物栽植和水体布置，构成了古埃及其他园林形式的基础。在其他园林环境创造中，突出的差别是宏伟的主体建筑同中央轴线路径的配合，园林以对它们的陪衬而实现其环境意义。

1.6.2 陵墓同地貌风景的配合与园林在其间的点缀

戴尔—埃尔—巴哈利的园林，是能够比较清晰确认形态的古埃及陵园代表，同住宅园林的重要区别是，轴线成了真正的中央大道，而园林是对轴线节点的烘托。

在这里，大门和围墙起着在住宅园林处同样的作用。但是，围院里的园林面积缩小，主体建筑扩大，把山体当做环境尽端底景，并结合山地加入了台体、坡道。迎面是柱廊的台体托起祭庙，横跨或超过园林绿化范围的宽度，紧接其后的山体更"无限"扩展，其间园林的象征意义远远超过了实际环境意义。

在大体形式上，曼都赫特普三世墓的园林复制了住宅园林的树木行列，哈特什帕苏女王墓复制了树木围着的水池。在宗教的重要性以外，局部性的小园林都非常简单，重要的是园林景观在陵前大道、大门、坡道、台体、祭殿、山崖形成的轴线上所起的作用。它为壮观而荒芜地貌上的建筑场所带来一处小小的，有特定意义的绿色环境。

两座陵墓都是范围很大的建筑与环境综合体，可以把它们分成三部分：第一部分是尼罗河，以及由尼罗河而来的林荫大道到陵区大门；第二部分是宽阔的主围院；第三部分是台体、祭殿和山崖。从当时的宗教和陵墓建筑处应有的行为看，这里的布局可以有为死者在台上向下俯瞰的象征性，但在实际使用时，环境和景观设计应该主要服务于人们面向西方逐渐升高的视野。在面对更宽阔，也更神秘的建筑与山体时，围院内的园林成为一个视线和行为的节点。

在整体上，戴尔—埃尔—巴哈利的建筑群可被理解为结合地貌景观的风景建筑，绿色的河谷和苍凉的山崖比建筑更为恢弘。其次是把不同地貌连接在一起的建筑和大道。狭义的园林仅仅是其中的一小部分。园林本身的"艺术丰富"在这里不如简单，以便更突出整体环境的场所意义，以及其中各部分的环境转换。

从始自尼罗河的大道到尽端的山崖，古埃及人营造了神圣的整体陵墓场所，而且越向西越神圣。衔接林荫大道的大门是第一次场所转换，从这里进入了真正的陵区。围院尽端的台体柱廊是第二次转换，通过坡道来实现联系通往山崖和它前面的祭殿所表明的另一个世界。由于宗教信仰，第二次场所转换处非常重要，简单的园林在这里具有仪典性，突出了这个转换的意义，同时又不会影响人们对整体环境的印象，以及在这个场所中活动的精神状态。

大型陵墓往往位于不宜植物生长的地方，古埃及依据信仰努力为它们加入园林。虽然在整体景观中只占很小的比例，而且形式简单，但在环境意义和景观构成上，关键的位置仍然使园林发挥了重要作用。

1.6.3　神庙园林建筑体量对绿化环境的控制

可以说，古埃及神庙园林综合了住宅园林和陵墓园林的特点，如建筑或围墙环绕的树木、花果园地，联系尼罗河的中央林荫大道等，既有庭院化的园林环境，也有整体上同自然环境的配合。更突出的特性，则是神庙巨大的建筑体量同园林的关系，以及以湖面为中心的大型建筑侧畔园林环境。

虽然见不到在尺度上能真实反映神庙园林景观的历史画面，但卡纳克阿蒙神庙的一些数据能说明考虑建筑尺度的必要性。神庙主入口的塔门高达43米，宽113米，主体建筑长366米，宽110米。在这个建筑近旁的实用园林，除了周围树林，更多是一个个庭院中的小天地，有着住宅园林或其中某一区域的特征。

神庙园林具有特定场所意义的环境艺术特征，也同陵墓园林一样，应该从大的关系方面去考虑。神圣的园林景观结合了自然与人工，中央轴线上主要有三个层次：神庙周围的林地和尼罗河；由尼罗河通向神庙的水渠、水池、斯芬克斯大道，以及它们旁边树木形成的林荫；塔门、柱廊院及院内具有仪典意义的绿化栽植，还有巨大神庙围院内的湖水及其周围景观。

卡纳克神庙的轴线指向尼罗河。在这条神庙轴线的室外部分，塔门迎着被部分人工园林化的风景。在这里，林荫下的水渠和大道突出了线性的景观轴，这在住宅园林中是不明显的。同时，区别于陵墓园林，神庙塔门特有的体量形成巨大的竖直面，面上还有内容丰富、色彩斑斓的浮雕。这很难不成为园林化景观中具有强烈震撼力的组成部分，并且具有对场所的控制性和终结力，使它前面的园林具有依附感。神庙柱廊院内的园林面对大殿入口，仍然突出着轴线，新的环境是，高大柱列成为树木外围的空间层次。

至于湖水及其周围，前面有关卡纳克神庙园林的一般描述，已经可以反映其局部的基本特征和意义了。从整体环境上可以想象的是：在一片林地中有明显突出的神庙建筑体量，方正而巨大，附近又有一处水面，同建筑形成了呼应。阿蒙神庙的矩形湖岸距神庙墙面 30 米左右，大体平行，玛特神庙的马蹄形湖岸离庙宇更近。在树冠之下，庙墙同水面可能出现相互映衬的感觉。

总的来说，神庙周围总有大面积的林木。在常见的、连接尼罗河的轴线与从林木中浮现出的巨大建筑体量控制着周围整体景观。最有特色的人工园林处理集中于建筑轴线上，从神庙前到塔门间、柱廊院中。此时，建筑物对各个局部的景观控制意义更显得特别突出，而圣湖以其自身的环境美和宗教意义，附属在神庙近旁。

1.6.4　皇家园林的综合效果

在阿玛尔那的皇家园林中，实际上可以看到古埃及住宅和神庙园林综合的影子。同住宅园林的主要差别在于，几何形的园林尺度加大，里面可以有尺度相对较小的神庙、祭坛和宫殿建筑。每处建筑都维持着古埃及建筑空间的基本轴线关系，而彼此之间的对应却相对灵活。不过，直线和直角转折的关系在整体布局上仍然是最基本的。

第2章 古西亚园林

历史和区域文化意义上的古代西亚,一般指公元前330年左右开始的希腊化时代以前的两河流域、小亚细亚和波斯(今伊朗)高原上兴起的文化,其园林艺术可以由几个历史上比较著名的国家为代表。

2.1 历史与园林文化背景

两河流域是地中海到波斯湾间的一片平原,西北方衔接小亚细亚半岛上的安纳托利亚高原。从这个高原南侧发源的幼发拉底河与底格里斯河流向波斯湾,在中下游形成肥沃的绿洲。绿洲以西是阿拉伯半岛,除地中海沿岸外有大面积的沙漠,东北方向的山地连接着波斯高原。

两河流域气候干热,但中下游的绿洲很适于农作物生长,使这里成为农业文明的最早发祥地之一。两河中下游相对缺乏能够成材的高大乔木,也缺乏石材,特定的条件限制和人类智慧,使这里出现了建筑中最早的土坯砖拱结构。安纳托利亚和波斯高原上雨量也不是很充足,有许多荒野,但在衔接地中海、两河流域和波斯湾的山岭上有着茂密的森林。

公元前3000年左右,在两河流域南部出现了被称为苏美尔文明的一些国家。到公元前19世纪末,这里建立了著名的巴比伦王国,其楔形文字和汉谟拉比法典是对人类社会文明的重大贡献。

稍微晚一点,在两河上游兴起了亚述王国,公元前10世纪走向强大并逐渐扩张成帝国,公元前729年灭掉了巴比伦,30余年后占据了古埃及,一度是统治着两河流域、阿拉伯和埃及地区的大帝国,许多民族的人民成为它的奴隶。

公元前612年,亚述在两河下游被一个史称新巴比伦的新崛起国家击败,势力退回两河上游。公元前539年新巴比伦亡于波斯。

波斯人的部落早就生活在波斯高原,以居鲁士大帝公元前550年建立阿赫曼尼德王朝为标志,成为一个逐步扩张的大国。这个国家向东征服了印度北部,向南到达了埃及,向西扩张到小亚细亚半岛西端,并同希腊城邦国家冲突,发生了公元前492年到公元前479年间留下许多著名故事的两次希波战争。这个几乎统治了整个西亚地区的帝国,在公元前330年被崛起于古希腊北部马其顿的亚历山大大帝击败,标志着古西亚文明在这一地区主导地位的结束,西亚进入希腊化文明圈。

古西亚地区多民族杂处,是历史上地域性国家最早取代氏族国家的地方。几个强大国家的建立,使有些民族的文明痕迹被削弱了。比如犹太人,记载他们早期历史并被基督教所接受的《旧约圣经》,就部分反映了这个民族最初在两河流域生活的状况。

生活在这里的各民族都有自己的宗教,崇拜不同的神,但都处在泛神论信仰状态。有考据认为,即使是犹太人和后来基督教的唯一主神耶和华,也曾经是众多神灵中的牧神。不过,古西亚国家的世俗性远远超过古埃及,神灵是民族、城市和各种行为的守护神,除了犹太教后来的发展,以及古波斯一度盛行索罗亚斯特教(亦称拜火教)外，并没有构成全面解释世界，影响社会文化的强大宗教体系。虽然有祭司阶层和宗教活动，但世俗政治和统治者的地位更显要。在人类环境和艺术创造中，世俗的主题超过宗教主题。

同多神教相伴，两河流域自苏美尔时代起就普遍相信天象，认为天体的运行左右着社会的兴衰和民族的命运。高山是接近苍天的地方。在两河中下游的平原上，公元前2000多年前的苏美尔文化就留下了被称作山岳台或观象台的阶梯形金字塔(图2-1)。它像人造的山峰，顶上有庙宇，人们在这里祭天、观星，并发展起了最早的占星术，经古希腊传到欧洲。亚述的宫殿建有山岳台，园林中也有高台神庙迹象。新巴比伦的空中花园可能是山岳台建筑形式同园林艺术的完美结合。

图2-1　古西亚山月台遗迹

两河流域和附近的高原没有古埃及那样强的山地、河谷方位模式，人们在天圆地方的旷野中生活。在各民族崇拜自己诸神和天体的同时，关照环境，以农业生产和建筑中积累的经验，创造了世俗愉悦性很强，但也带有宗教情感的园林环境，显示了发达的园林艺术。

在古代西亚，没有发现古埃及那样具有特定宗教场所意义的，同生存环境呈现模式化呼应的陵墓和神庙园林，也没有迹象明确表明存在宫殿、住宅围院或庭院内的大规模园林。后者可能是因为，这一地区的王宫多建于砖石为壁的夯土高台之上，富人居住在高墙围绕的拥挤城市中，由房屋、围墙围合的庭院不大。一般认为，宫殿和住宅庭院内的绿化主要是盆栽。

古西亚在园林史上具有地域文化特征的园林，主要有可以被称作绿洲园和林苑的两种。在自身特定价值之外，同高大建筑体量融为一体的空中花园表明这里还存在结合高台、城墙、屋顶的绿化。由于早期园林艺术联系于自然环境和生产活动的一些共性，以及同埃及地区的密切交往，这里的园林同古埃及园林形式也有相似之处。

绿洲园联系于幼发拉底河、底格里斯河流域河畔的风景，并可以特别用来形容《旧约圣经》中的伊甸园环境。一般认为，《旧约圣经》创世传说的形成不晚于公元前2000年，其中的伊甸园就反映了两河流域的环境。在干燥的旷野和高山之间，两河绿洲是最好的居留地。作为生命之源的水同附近的棕榈、椰枣、无花果等树木一起，构成了宜人的自然场所(图2-2)。《旧约圣经》把这样的环境上升到宗教的理想境界，视为上帝最初安置人类始祖的地方。

以水为中心的园林在古埃及已经存在，但伊甸园——绿洲园使它进一步成为一种长期影响欧洲和伊斯兰教地区园林的模式，并且也走向了几何化。在古罗马时代以后的欧洲和伊斯兰庭院园林中，

图 2-2　两河绿洲

以几何水池为中心的园林被认为是绿洲园的抽象，在人间隐喻天堂。

在描述西亚古代园林时，林苑可以指以树木为主的大面积人工园林，原型是以自然环境为主的狩猎山林。

人类聚居地附近的山野森林是长久以来的狩猎、采集之地，高耸、幽深的密林很容易使人敬畏。在农业文明发展后，狩猎仍是西亚地区王室贵族的重要活动，并有表明其社会地位的意义。这一地区的古代文献在多处反映出对树木的崇敬。可上溯到苏美尔文明的《吉尔加麦什史诗》有对雪松林的极尽赞美，犹太人的《旧约圣经》也常以雪松赞誉神的园地和敬神律己的义人。有记载说波斯王薛西斯极为珍视自己国都的一棵梧桐，"他为它挂上金链，在枝杈上挂上护符，还设立了卫士"。[1]

联系于狩猎的传统，以及对丛林、树木的崇拜，古西亚统治者造就了大面积的皇家林苑。既是种植、养殖植物、动物的，游猎、赏景、消闲的地方，也是一些王室宗教、政治活动的场所。一些园林还向自己国家的普通民众开放。这使西亚林苑的文化意义同中国先秦时代的苑囿有相似之处，除了功能价值和美的环境，还有国土山水的象征性。波斯国王常在林苑中集合军队，"当臣服于波斯的民族起来反抗它的霸权时，他们以毁坏波斯的林苑作为直接而有力的复仇"。[2]

作为气候干旱地区及最早的农业文明发祥地之一，像古埃及一样，两河流域的古代水利工程也非常发达，除了农业灌溉外，还用于营造优美的生活环境。古西亚人为园林艺术的迹象也是几何化的。如果考虑农田格局和水利灌溉对园林创造的影响，几何化的种植在多数地区也是最直接的结果之一。

2.2　神话中的绿洲园和山地林苑

关于实际存在于苏美尔和巴比伦时代的两河流域园林，人们知之甚少，但形成于公元前 2000 年前的《旧约圣经》和《吉尔加麦什史诗》，以神话的境界为人们提供了这一地区人类心中最早的园林

---

[1]　John Michael Huntet, LAND INTO LANDSCAPE, New York, Longman Inc., 1985，第 16 页。

[2]　同[1]。

景象。

它们讲述的伊甸园和雪松林并不是人类营造的园林，但按照一般的文化形成和发展规律，文字对园林环境的描写一定结合了当地的风景，展现了对理想环境的向往，并且在一定程度上可能反映当时的造园实践：或把实践中的园林艺术同自然风景一起理想化，或把理想化的自然风景特征用于畅想造园实践。

《旧约圣经》是一部把犹太人的历史同创世神话结合在一起的著作，随着宗教的发展，成为犹太教和基督教共有的宗教经典。圣经中的伊甸园是神话中人类始祖生活的地方，在后世宗教发展中长期被当作人类幸福的乐园，或自然世界中最美好的境界。

《旧约圣经》说，在创造了天地万物和亚当之后，上帝"在东方的伊甸立了一个园子，把所造的人安置在那里"，园中"各样的树从地里生长出来，可以悦人的眼目，其上的果子好作食物"，"有河从伊甸流出来滋润那园子，从那里分为四道"。❶

《旧约圣经》使用了"园"来界定人类始祖亚当和夏娃居住的理想地方，园内环境最突出的是水和树木。河流滋润伊甸园，树木在供给果实之外还可以"悦人的眼目"。人类无忧无虑地生活，采食自然生长的果实，享受宜人的环境和美景，并管理大地上的其他生物。在始祖违背上帝禁令偷食智慧果而被逐出后，由天使和火剑把守的伊甸园对人类关闭。人类面对的是荒野和荆棘，必须艰苦劳作才能度日。

依据《圣经》的描述，历史上许多人绘出了伊甸园的想象图。

这里最早的绿洲园应该有较强的天然色彩，些许人为的加工还没有呈现古埃及的那种几何化。园林以水，并多是流水为核心，周边有各种树木，结果的树木有椰枣、无花果等，树下水畔的土地上也会有各种花草(图2-3)。

图2-3 伊甸园想象之一

❶ 《旧约·创世纪》第1章，8~10，本书《圣经》经文采用中国基督教协会(南京)印发的《新旧约全书》，1989，下同。

这类描述虽然是人类原罪以及天堂、现世、地狱宗教学说的一部分，但历史研究认为它反映了一种可能的情况：在公元前 2000 多年前的苏美尔—巴比伦时代，结合两河绿洲的自然环境，人类很可能拥有了被围起来的，同更远处的农田和荒野不一样的园林场所。犹太人可能目睹或拥有过景色优美的绿洲园。

渐渐地，人为创造的增多使几何化突出出来。巴比伦的遗迹中有十字形的水渠，很可能是园林的一部分，并抽象表达了从伊甸园流出的四条河。比较晚的证据则表明，波斯人使这种形式定型并影响了后世。

西亚地区的文化长期具有民族互动交往的融合性，伊甸园的景象不应为犹太人所独有，就像后来的伊斯兰教也部分传承了犹太教和基督教的传说一样。

《吉尔加麦什史诗》是从亚述人的收藏中发现的。公元前 7 世纪，亚述皇帝亚述巴尼帕在他的国都尼尼微建立了巨大的图书馆，保存搜集到的各民族古老文献。其中的《吉尔加麦什史诗》很可能是远在苏美尔时期就形成的诗篇。这篇史诗有关于大洪水的最早记载，并留下了林苑记述的最早痕迹。

史诗中的吉尔加麦什是一位两河下游的国王，他和一位同伴到遥远的地方消灭了一个怪物哈姆巴巴。怪物所在领地是一片围起的雪松林，要从一个门进去。门后面有林间大道，两侧雪松高耸入云，怪物住在雪松搭建的木房中。虽然怪物使人恐惧，但吉尔加麦什和同伴还是被森林的美所震惊："他们立定仰望着森林/注目高高的雪松之顶……这林地的入口/哈姆巴巴高抬的脚步踏入/笔直的通道令人惊叹……山坡上的雪松繁茂高耸/美丽的影子充满欣喜/遮盖着荆棘和深色的黑刺李/雪松下面还有香甜的植物"。[1]

这个故事在相当程度上体现了古代国王狩猎的传统，他们的山林狩猎之处可能被围栏所圈起来，成了王室贵族独占的猎苑。

《旧约圣经》和《吉尔加麦什史诗》反映了西亚地区可能存在的最早园林。天然和人工，功能性和精神性在这里融为一体。并且，在被围合限定为特定人类环境时，天然部分最初可能超过人工部分。

古老神话中没有图像和详细、具体的描述，园林景象是模糊的。《旧约圣经》和《吉尔加麦什史诗》在园林史上的意义，更在于反映了一种文化溯源，记载了这一地区人类对优美自然环境的欣赏和据有，并以此为基础发展出了自己的园林艺术。

在古西亚后来的大型园林发展中，林苑更明显地留下了它们的痕迹，其中也会纳入绿洲园的环境和景观。

2.3 亚述林苑

帝国时期的亚述是古西亚文明的一个重要历史阶段，留下了高台上巨大的拱券结构宫殿——萨艮王宫等遗迹。同时，人们也知道这个国家有发达的园林，特别是林苑。关于亚述园林的形象主要来自文字记载，以及宫殿墙裙遗迹上少量的园林景象浮雕，但浮雕主要反映了一些"立面"式的场

---

[1] John & Ray Oldham, GARDENS IN TIME, Sydney, Lansdowne Press, 1980，第 22 页。

景，除了行列化的树木外，几乎看不出平面关系。

亚述所拥有的天然猎苑，在自然地域中是山野森林环境，但当国王们大兴栽植，在城市旁参考它们经营起人工林苑的时候，林苑就有了特定的人为园林风景特征。

当亚述还没有成为整个两河流域统治者的时候，在两河上游的国都亚述城附近，公元前 12 世纪的国王蒂格拉斯皮利泽一世就营造了人工林苑，并夸耀从父辈从未到过的被征服土地上带回了雪松和黄杨，种在亚述的林苑中。林苑里还放养了各种动物，包括非洲的大象，以及外国国王馈赠的"海怪"。同异国情调相关的人工栽植和豢养，使亚述的林苑成了人为环境艺术的产品，休闲和观赏活动补充了原来相对单一的狩猎行为。

公元前 8 世纪到公元前 7 世纪，更加强大的亚述在两河下游新都尼尼微进行了大规模园林化工程。在塞纳克里布统治的公元前 7 世纪初，尼尼微周围不高的丘陵被改造成大面积平川，修建了许多水渠，浇灌大片拥有各种树木的林地。林地间还辟出宽阔的湖面，边缘种有芦苇等水生植物，形成了"已知最早的，为公众服务的城市公园或欢娱场地"。[1]

公元前 7 世纪尼尼微宫殿的残留墙裙壁画上，有一幅反映亚述园林场景的浮雕，是园林史最常引用的古西亚园林珍贵资料(图 2-4)。画面很明显是一处林苑：国王和王后在葡萄架下宴饮，旁边站着侍从和武士，周围树木成行，并有不同树种的间植，可能是棕榈和松树，树下还有百合之类的花卉。画面中有一颗头颅挂在树上，可能联系于特定事件，但从中也可看出皇家林苑中多种多样的活动。除了狩猎、休闲外，亚述的林苑还具有多种功能，如战争胜利和节日庆典、宴会、接见臣属和使节等，同宫殿建筑一起体现帝国的强大。

图 2-4　尼尼微墙裙浮雕中的园林场景(一)

亚述人保持着苏美尔时代关切天象的传统，萨艮王宫中就有巨大的山岳台。在另一幅壁画中可以看到，亚述的林苑也会有上面可能是神庙的山丘、高台，体现着宗教信仰。还有凉廊、凉亭，配合着河流、湖面、水渠，使景观生动丰富(图 2-5)。

以残留的墙裙壁画等为佐证，并结合这一地区在亚述帝国以后的园林发展，一般认为亚述的人工林苑同天然森林的最大区别，是走向了几何化布局。大规模的林地树木成行列栽植，以水渠引水灌溉，创造了最早的几何式林苑。林地是亚述人欣赏的环境，水渠和几何化是干旱气候条件下的农业措施和经验积累的结果。

---

❶　John Michael Huntet, LAND INTO LANDSCAPE, New York, Longman Inc., 1985, 第 14 页。

图 2-5　尼尼微墙裙浮雕中的园林场景(二)

另外，亚述园林很可能受到古埃及园林艺术的影响。古埃及人是以行列栽植树木取得园林景观效果的先驱，公元前 7 世纪的亚述帝国一度统治了尼罗河流域，相互间的知晓和来往则可推到更远的年代。

行列栽植的树木在林苑中形成大面积绿荫，其中有大道通往各处，树木间有灌木花草，还有葡萄藤、凉亭下的休息场所，湖面和湖畔空地形成开阔之处，点缀凉亭，这些都同古埃及园林有相像之处，但亚述林苑的规模当远大于古埃及园林，其间的地形还有较明显的自然起伏。

结合对后来欧洲大陆园林的了解所做出的判断认为，几何化的林苑还表明，"强大的统治者改造山野风景，把使其成为有序形式的决心具体化，反映了他们真的像征服其他民族的文明一样，具有征服自然气候和条件的能力。"[1] 一个有趣的事实是，除了中华文明及其影响下的地域外，各民族历史上的人工园林在很长时间内多是几何形态的。

2.4　新巴比伦"空中花园"

公元前 612 年，以尼尼微城的陷落为标志，强大的亚述帝国灭亡了。在一个世纪多一点的时间内，两河流域下游被史称新巴比伦王国所统治。

新巴比伦以尼布甲尼撒二世在位的公元前 6 世纪上半叶最为强大。多数史家认为，两河流域最负盛名的园林，被古希腊人誉为世界 7 大奇迹之一的巴比伦空中花园(或称悬空园)，就是在此时建造的。不过，也有人认为它建造于亚述时代。

对空中花园的文字记载，主要来自罗马统治时期的希腊地理和历史学家斯特拉波和狄奥多罗斯等人。遗憾的是，没有一幅当时的绘画展示这个园林的面貌，也没有来自当事人的一手文字描述。

关于空中花园的建造目的，比较认可的说法是尼布甲尼撒二世有一位来自波斯高原米底亚地区的王妃，在两河下游平原的王宫中，她常怀念自己故乡的绿树山冈，于是国王为她建造了空中花园。

根据古人的描述，可以认为空中花园是参照山岳台来建造的，在砖墙上架石梁，使它成了其中

---

❶　John Michael Huntet, LAND INTO LANDSCAPE, New York, Longman Inc., 1985, 第 14 页。

图 2-6　想象中的空中花园

有空间的建筑。希腊史家说这个呈阶梯金字塔状的建构底边长达 480 米，各层台体上都覆土植树，台体边缘有凉廊，可以在其中欣赏近处和远方的景色(图 2-6)。

狄奥多罗斯对空中花园的描述最为详细，他说：空中花园各层台体的顶上"首先覆一层渗有大量沥青的芦苇，接着是两道用灰泥粘结的砖，第三层是一层铅，土中的水因此就不会渗下来。在这些处理之上，是深度足够最大树木生根的覆土。平整后的土壤中密集地种植了各种树木，巨大的尺度令人兴奋。另外，每一层退台的都在下层顶上有凉廊，可以接受阳光，它们后面还有为王室所用的各种房间。在一个廊子中，有一条到达顶部的通道，设置了引来充足河水供给园林的机械，外面则看不到"。❶

更早一些的希罗多德说，"巴比伦庭园中的土台和栽植在其上的树木总高度达 200 科罗纳(1 科罗纳大约等于 25 厘米)，与巴比伦城墙的高度相同。"❷

也有人判断，空中花园是新巴比伦人为城墙作的树木、藤蔓绿化，在希腊人心目中产生了讹误印象，但多数人还是宁可相信这个古代伟大奇迹的存在。在两河下游的平川上，单独建立也好，附着城墙也好，看来新巴比伦人结合建筑营造了像陡峭的山坡一样的竖向园林景观。在这里，覆土砖石台体和树木层叠而上，当人们把眼光聚焦于高处的景色，感到园林就像悬在天空中一样。

2.5　古波斯乐园

自公元前 559 年到公元前 330 年，阿契美尼德王朝统治的古代波斯成为西亚大国，并同古希腊地区有着大量交往，包括战争。虽然欧洲一些以自己为中心的历史故事，常把波斯描述成希腊文明的残暴侵扰者，历史上的希腊和波斯在许多方面还是相互倾慕的。

就像古希腊建筑艺术长期影响了欧洲一样，波斯的园林是后来中亚、西亚伊斯兰园林艺术发展的重要源头。希腊化时代的园林、古罗马的园林，以及中世纪以后欧洲几何式园林的发展，也留有古波斯园林及其艺术延续的痕迹。

波斯人对西方园林文化还有一个很有意思的贡献。基督教《旧约圣经》中的"伊甸园"一词在《新约圣经》中几乎不再出现，而大量使用了源于波斯语的乐园一词。乐园是波斯人对自己园林的称谓，它后来在基督教中既可代称伊甸园，更可同天堂一词一样，形容一个美好的终极来世。

---

❶　转引自 John Michael Huntet, LAND INTO LANDSCAPE, New York, Longman Inc., 1985, 第 14 页。

❷　转引自针之谷钟吉, 《西方造园变迁史——从伊甸园到天然公园》, 邹洪灿译, 北京：中国建筑工业出版社, 1999, 第 23 页。

居鲁士大帝建立帝国后建造了帕萨加德的宫殿,考古显示这里有数条石头小水渠,并结合水池成直角相交,应该是园林的遗迹(图2-7)。很可惜,像对西亚其他古国园林的了解一样,当代人的古波斯园林知识来源也很有限,只有同样来自古希腊人的古代文字记载,可以使古波斯园林的面貌更清晰些。

图 2-7　帕萨加德宫殿附近的水渠遗迹

对古波斯园林最详细的描述,来自伟大哲学家苏格拉底的学生,军人和历史学家色诺芬。公元前5世纪的最后10年,色诺芬曾游历古波斯,并协助当时的波斯王子小居鲁士争夺权位。他第一个用乐园这一名称向古希腊人介绍了古波斯园林。在他的印象中,"波斯王对他居住和造访的每个地方都很关注,到处都可以见到园林,它们的名字是乐园,充满了大地可以提供的美好东西。除了季节不好外,他在里面消磨大部分的时光。" [1]

色诺芬描述了小居鲁士接待并引导一位古希腊斯巴达将军李森德游览其园林的情景:"居鲁士亲自向他展示了在萨第斯的宫殿和园林。园中美丽的树木,平坦的种植地,有序的行列,规整的转折,甚至伴着他们行走脚步的芬芳气息,都使李森德惊叹不已。他说:'我赞美这一切,赞美它们的美,但更重要的是,噢! 居鲁士,我更赞美设计和布置它们的心灵。'居鲁士感于李森德的赞誉,就告诉他自己就是这里的艺术家,甚至亲手栽了一些树。" [2]

色诺芬对"树木"、"行列"、"转折"的描绘,显然表明他游览的是一处巨大的几何形林苑。人们还可从文字中看到古波斯统治者和社会上层对园林环境和艺术的痴迷。皇帝亲自栽植,这在古希腊人那里是难以想象的。

小居鲁士园林的具体位置不详,但很可能就在宫殿建筑附近。古波斯最清晰的王宫遗迹是帕塞玻里斯王宫,由大流士国王始建的于公元前6世纪末,其后数代国王陆续加建。

这个王宫也如萨艮王宫一样建在高台之上,有宽阔的坡道和阶梯,房屋和院落相互错落,但不像亚述人那样围以高墙。王宫大殿规模巨大,内部柱子好像森林,外围有宽阔的柱廊,视野开

---

[1]　转引自 John & Ray Oldham, GARDENS IN TIME, Sydney, Lansdowne Press, 1980, 第26页。
[2]　同[1]。

图2-8　帕塞玻里斯王宫遗迹，外面是
当年可能的园林区域

图2-9　帕塞玻里斯王宫与园林复原想象

敞。宫殿附近很可能就是皇家园林(图2-8)。除了在其中游览外，还可以在宫殿平台上、柱廊里观赏笔直的石水渠网，以及水渠上间隔准确有序的石头小水池。反过来，宫殿的建筑——柱林，包括柱廊、坡道以及台基壁上的琉璃浮雕，都可能以其造型和色彩来丰富在园林中可以看到的景观(图2-9)。

除了从文字记载中所得到的印象外，人们对古波斯园林的具体形象几乎一无所知。不过，古波斯的园林可能延续了亚述传统，并在最大程度上反映着古西亚园林植物的丰富，有雪松、梧桐、杨树、榆树、橡树、椰枣、橘树、苹果树、梨树等许多种树木，以及玫瑰、水仙、鸢尾、郁金香、风信子、紫罗兰、蔷薇、百合等大量花卉，园林环境的形态也不止于以树木为主的林苑。

在古波斯帝国被亚历山大大帝所灭和伊斯兰教出现之间，另一个波斯民族的王国——萨珊王朝，在伊朗高原和两河流域南部从公元前226年一直延续到公元642年。它占据着亚欧交往要冲，曾同古罗马不断发生战争，亡于阿拉伯人，但随后又形成信奉伊斯兰教的波斯人国家。

萨珊王朝继承了古波斯的宗教和文化传统，又部分吸收了古希腊、古罗马的文化。公元6世纪，其国王克斯勒埃斯二世在国土西北部建造的西里恩王宫，保留了帕塞玻里斯王宫的基本特征，又运用了拱券结构，建在大约300米×100米的高台上。考古认定："进而，还有一个远为宽阔的高墙围地环绕着它，很明显是一处乐园或猎苑。在高高的宫殿围地和乐园围墙之间，有一处巨大的水池，可能是精准的矩形，其意向是为了提供自宫殿——或自升起的宫殿庭院连拱廊处——沿着水池观赏的景深。"[1](图2-10)，这个王朝在两河流域泰西封的王宫也是辉煌一时的建筑。

萨珊波斯曾留下许多刻画园林景色的地毯、挂毯，历史记载中最大最富丽的，是6世纪克斯勒埃斯一世国王一幅装饰着钻石的地毯。上面织绣出十字对称的园林平面景象，曾使征服这个国家的

---

[1]　Christopher Thacker, HISTORY OF GARDENS, Berkely and Los Angeles, University of California Press, 1979, 第27页。

伊斯兰教阿拉伯人非常惊羡，但地毯上的园林景象不是树木成行的茂密林苑，而是以水和花卉为主，并点缀着树木的园林。它有核心花床❶，宽阔的十字形水渠和周边的四个矩形花床。花床图案多变，各种花卉色彩丰富，极为华丽。这以后的许多地毯都呈现类似的园林景象(参见图9-2)。

结合历史传承来分析，古波斯的乐园可能首先是大规模的林苑，树木成行列种植。在征服两河流域后，又加入了绿洲园的意象，并逐步定型。在林苑树木或庭院建筑围合中，形成以水池为核心，由水渠划分出四向花床的几何对称模式。在萨珊以后的园林艺术传承中，同特定布局相关的波斯乐园概念，就主要是指这样的模式。

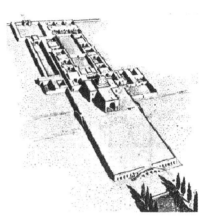

图2-10 西里恩王宫复原想象

2.6 园林特征归纳分析

由于图像资料相对缺乏，当代人实际上对古西亚园林的具体情况所知甚少。各种"复原"想象图的依据，尚不如对古埃及园林的复原来得充分。因此，对于古西亚园林可以进行归纳分析的一般特征，想象和判断的成分更多一些。不过，借助历史上其他一些园林的艺术特征，可以使对古西亚园林的判断更合理一点。

除了空中花园那种特定的例子外，古西亚大型建筑同园林的关系很可能不像古埃及那样紧密，没有戴尔—埃尔—巴哈利陵墓园林在轴线上对巨大台体与建筑的衬托，以及卡纳克神庙宏伟的塔门对它前面园林的控制。古代西亚的大型王宫，如亚述的萨昆王宫和古波斯的帕塞玻里斯王宫，都建在高台上，大小殿堂和院落呈转折错落关系，统辖整体的中央轴线不清晰。大规模的林苑可能在宫殿高台的附近，或城墙外附近，营造出建筑环境"外面"的园林。建筑环境和园林环境可能是互为观赏的景色，但没有特别的轴线或形体对应。林苑园林中的建筑数量和规模远逊于水和树木花草，起景观点缀的作用。总的来说，多数古西亚园林可能是独立于建筑环境的。

但是，波斯园林在发展中有比较明显的庭园化趋势，只是没有古波斯时代的切实证据。波斯园林庭园化的证据，主要来自较晚的萨珊波斯时期，其地毯所展示的十字轴对称园林，很容易使人联想到建筑的统辖和围墙的环绕。后来的伊斯兰化波斯及其他地区的伊斯兰园林，则经常是宫殿建筑围着以水渠为核心的庭院。实际上，在被西亚众多民族接受的时候，源于阿拉伯人的伊斯兰教对各民族传统文化的宽容度，要比中世纪基督教强得多，而且，伊斯兰教也传承了源自两河流域的伊甸园——绿洲园，并像基督教一样把它联系于未来的天堂。

---

❶ 英语 flower bed，指园林中特别用于种植花卉的区域，通常由稍高出土壤表面的砖、石、木、土埂限定。中文也可译为花圃、花池、花坛等。"圃"可用于种菜、育苗的菜圃、苗圃等，"花池"、"树池"常用于形容砖石铺地上的小面积点缀，花坛常指一些展示花卉的较高建构设施。本书采用花床一词，一为突出这种元素在园林中的艺术特性；二为表明其较大面积与低平特性。在欧洲中世纪后期，特别是文艺复兴以来的欧洲园林中，花床植物常可以是修剪成图形的黄杨等灌木。

具体结合发展过程和类型，可以尝试下面对古西亚园林特征的归纳。

2.6.1 由绿洲园到十字划分的庭园

在古代西亚的园林环境中，绿洲园的意象非常古老，联系于人们最初的定居环境，但苏美尔、巴比伦和犹太《旧约圣经》时代的园林主要留在了传说中。在相对清晰知道的古西亚园林里，绿洲园大都融入了林苑，很多时候可能同古埃及以水池、湖面为中心的园景很相像。只是同两河流域的自然环境相关，古西亚的大面积林苑，可能曾经有形态比较自然的池塘，进而在发展出人工水渠、水池的过程中，象征四条河的十字形水体被逐渐抽象出来，同伊甸园的概念相连，表达一个完美的世界。

在古波斯以后的古西亚文化传承中，绿洲园的抽象化逐渐形成一种庭院园林模式：以园林中央或中轴线某一位置的喷泉或水池为核心，交叉穿过它的水渠带来十字图形，亦或伴着路径，以此划分周围的绿地，处在房屋、围墙、游廊或树木形成的矩形环绕中。这种模式下的园林一般很规整、简单，并有比较密实的四周围合。园林中心清澈的水，以及其间的绿色或多彩草皮花卉开阔低平。草皮花卉周边和水渠旁可有成行的树木，绿地间也会有少量树木点缀，但其位置都维持了几何形，并比较疏朗。总的来说，使人一眼就可把握园林的完整形态。

这种简单的景观模式，是以水池为景观核心的园林自古埃及以来的重要发展。发展中的形态差异主要体现于，建筑物在其中或周围对环境的控制方式，以及中轴对称和更明显的十字轴双向对称。当然，人为艺术处理的丰富、华丽程度以及规模，也构成了景观的差异。

伴随着关于伊甸园——天堂的宗教隐喻，类似的园林环境深深扎根于后来的基督教与伊斯兰园林艺术。特别是在伊斯兰地区，许多园林在组织比较大面积的花床时，长期保有占据核心地位的方形或矩形水面，以及通向四方的十字形水渠。

2.6.2 林苑所呈现的几何关系

古西亚林苑的几何式究竟是怎样的，是使人们能把古西亚园林放到艺术形态发展、演变历程中的重要环节。也正是在这个环节，几乎找不到可靠的形象。《吉尔加麦什史诗》、亚述宫殿的浮雕等少量资料，以及来自古希腊、罗马时代的转述，提示了亚述和古波斯林苑应该有成行的大面积树木栽植，笔直的大道，规则的林地转角，园中还有高丘、葡萄架、花卉、水面、神庙、凉亭，但没有更进一步表明园林的组织关系。这就使相关判断需要联系这一地区的其他环境因素，甚至其他时代和地区的园林来寻找依据。

亚述和波斯帝国的城市和宫殿建筑群，具有明显的方正围合与体量感。但是，除了单个建筑或局部院落的对称外，很难看出控制全局的对称轴。给人突出印象的，是一个个矩形的错落关系。

亚述和波斯都占有过古埃及。古埃及的住宅园林有轴线，但通常不通过主导路径来显示，经典的古埃及住宅园林画面，在整体的轴对称中显示了几何区域交错的图形。在大范围的风景方面，古埃及陵墓和神庙的林荫大道具有景观轴线的意义，后世的欧洲古典园林也常以中轴线为主园路，以此来对称布置绿化景观。带有局部园林的古埃及陵墓和意大利文艺复兴园林，都有中轴线上同地形配合的台地升起，形成主导景观的上升或跌落景象。

综合上述几个方面的因素进行分析，可以粗略勾勒出古西亚林苑的可能特征：多数地方的树木以行列栽植而成片，并以矩形为主，但不能排除特定树种的线性分布，特别是在道路或园区的边界；

以树木为主的园林会有乔木、灌木、藤蔓、花草的不同竖向层次，在大面积范围内，矩形和线形的植物分布形成以不同树种为主的景观区域，相互间会像古埃及住宅园林和西亚宫殿布局一样形成直角转折，产生矩形间的交错；当规模很大并且地形限定明显时，外围也会具有各种转折，而不是简单的矩形。

在两侧排列相同的树种，特别是形成成片林地的时候，园中的道路上会形成对称的视觉景象，或一定面积内的对称性环境。但是，由于规模常常很大，区别于古埃及陵墓、神庙的风景组织，也区别于欧洲古典园林，整个园区构成轴线大道对称景观环境的可能性不大。

园林中的高丘有建筑化的，如山岳台及其上的神庙，也会有天然地形形态的，但起伏会比较缓和。前者在园林中成为局部景观焦点，后者为平面几何化的园林带来起伏。由于可能没有大道的正面引导，它们不太可能形成古埃及陵墓或意大利文艺复兴园林那样的，沿着中央轴线升起或跌落的主导性景观。

园中的水体会有形态相对自然的，也有像古埃及园林那样的几何形水池和水渠，在成片林地的交错中形成开阔区域，结合水生、湿地植物和周围的树木，呈现绿洲园林的景象。

园中经常有小形神庙或凉亭，多数时候隐现于林中。在水畔的亭、台有赏景和景观聚焦的作用，它们是园林绿化环境"内部"的点缀。这种情况在18世纪的英国自然风景园中得到再现，只是后者的景观环境布局不再是几何形的。

2.6.3 空中花园——一体化的建筑与园林

从古代文字记载看，空中花园的最重要特征是建筑和园林浑然一体，它不仅把建筑置于园林中或让园林配合建筑，还把绿化用到了建筑之上，呈现了与建筑物特有体量堆积直接联系的"竖向绿化"。在今天，这是结合大型房屋、交通、环境工程的园林艺术，以及风景建筑学和生态建筑学经常采用的方式。

在古埃及戴尔—埃尔—巴哈利，建筑同自然环境相结合，升高的台体、柱廊附着山崖，同局部园林绿化一起形成独特的人类风景。意大利文艺复兴的许多园林利用坡地，以台体划分的绿化和水景是这种园林的一大特征，但前者小小的园林是宏伟建筑和山崖景观的引导，后者的台体同房屋、游廊等建筑也相对分离。通过同它们的对比，可以看到空中花园在历史上的鲜明独特性。

按照文字记述，空中花园的主要建构是层层内收的高台，伴着绿化及其背后的凉廊、小室。凉廊与所在台体上的园林绿化直接配合，成为一个个小园区。在逐层上升中，建筑元素及其几何形体隐现于树木、花草之后。各层的园地、凉廊还在"空中"实现人在园林中的环绕流动。除了有巨大的树木外，历史上的描述没有给出各层台上的植物情况，许多复原图似乎让人感到植被形态很自由，但联系当时的其他园林，应该是几何式布局的。

人们不太清楚空中花园的顶部是怎样结束的，但这里不太可能出现一个超出林木的巨大体量。即使有高耸的形体，其宽广尺度也不会太大。因而，同由主体性建筑来终结台体的古埃及戴尔—埃尔—巴哈利，以及典型意大利文艺复兴园林的另一个差异，是空中花园绿化同建筑紧密交织的持续性。它突出了上升的园林环境同"上天"的直接联系。在18世纪的意大利卡塞塔宫园林中，这种联系结合了法国古典园林从建筑出发向远处扩展的特征得到再现：在远远的建筑对景处，依托陡峭的山坡，自上而下的溪水两旁艺术地组织了石头和树木，向天空伸延，好像水头来自天上。

第3章 古希腊园林

古希腊被誉为欧洲文明的摇篮。以多立克柱式、爱奥尼柱式、科林斯柱式为代表，欧洲古典建筑的基本形式法则形成于古希腊，在建筑艺术上具有崇高的历史地位。古典一词更重要的含义在于"经典"，对于古代形成的，在相当长时间内具有经典性意义的文化或其某些方面，汉语称之为古典的。

同古典建筑艺术相比，古希腊人并没有在欧洲留下令人长期传承的经典性园林艺术。欧洲古典园林主要指意大利文艺复兴以后的几何式园林。但是，各种具有宗教、生产、竞技、教学功能的场所，仍然使后人感受到园林化环境在古希腊人生活中的重要性。其中的一些特点，更在近现代环境艺术的发展中得到深入认识，引发了许多共鸣。

3.1　历史与园林文化背景

古希腊覆盖了地中海东北沿海一片相当大的地区，中心在今巴尔干半岛南端的希腊。

在古希腊地区内，曾经发现大约公元前 2000 年兴起于克里特岛的米诺斯文明，公元前 1500 年前后半岛南端的迈锡尼文明。前者消亡的原因不很清晰，后者亡于古希腊人。历史考据还没有发现这两种文明有发达的园林迹象，但在迷宫般错落的克里特岛米诺斯王宫，以及迈锡尼宫殿建筑的主厅庭院❶，应会有以盆栽为主的绿化，可能栽种着石榴、桃金娘、玫瑰等灌木和百合、鸢尾花等花卉。

古希腊人大约是公元前 12 世纪从北方来到希腊的。他们在很大程度上继承了有亲缘关系的迈锡尼文明，流传在神话和荷马史诗的战争与历险故事中，影响着人们的宗教信仰和民族精神。

历史上的古希腊国家从公元前 11 世纪开始，由此到公元前 9 世纪被称为荷马时期，联系于荷马的史诗《伊里亚特》与《奥德赛》的形成。一个个小小的氏族城邦国家在这段时间里建立起来。这些国家虽然是同一民族，但在公元前 337 年各城邦臣服于马其顿人以前，一直没有实现统一。

公元前 8 世纪到公元前 6 世纪是古希腊的古风时期，这时的希腊城邦国家逐渐超越氏族结构，具备了较多的地域性色彩。除了农业以外，还有发达的贸易和航海，并有了比较多的奴隶劳动。在人口的增长中，希腊人向不远的海外移民，建立起脱离原母体的许多新城邦，形成包括爱琴海岛屿、小亚细亚沿岸和意大利、西西里的文化圈，并同地中海周围的其他古文明有了频繁的交往。伴随着当今还可以看到的大理石神庙，古典柱式在这个时代成形(图 3-1)。

公元前 5 世纪，与战胜波斯帝国西侵相伴，古希腊进入古典时期。延续古风时代就出现的针对

---

❶　迈锡尼宫殿中有柱子和火塘的中央大厅，希腊住宅的厅堂也可称主厅。

贵族与平民矛盾的改革，在雅典等一些城邦建立起了民主政治体制，哲学、戏剧、雕塑、建筑等文化成就达到高峰，成为欧洲人长期尊崇的典范。

图3-1 古希腊多立克式神庙

由于雅典和斯巴达两大城邦国家集团争夺霸主的战争，古希腊多数城邦在公元前4世纪后期衰落了。巴尔干半岛北部的马其顿在此时崛起，它的国王菲利普征服了古希腊诸城邦，但马其顿本属古希腊文化圈边缘，菲利普的儿子亚历山大大帝曾是伟大哲学家亚里士多德的学生。由他的扩张所建立的帝国，还有他的将领在他死后建立的托勒密王朝等诸王国，带来了远到西亚和北非等地的广大希腊化地区，直至公元前2世纪后逐渐被罗马帝国所征服。

古希腊诸国的国土多是丘陵地带，虽然没有非常壮阔的高山大河，但地形变化鲜明，山岗、河谷、盆地，裸露的岩石、葱郁的树林，在地中海的阳光下非常清晰。爱琴海上岛屿星罗棋布，周围海岸线也极其曲折，大自然显示为多样化的景观形态。

在这片土地和海洋上，古希腊人信奉的泛神论宗教主要联系于奥林波斯神系的神话，其神王雷神宙斯、太阳神阿波罗、海神波塞东、爱神阿佛勒狄特、智慧女神雅典娜，等等，既代表大自然中的各种物质力量，也代表着人类的各个方面。

古希腊神话没有像古埃及和犹太教、伊斯兰教、基督教所传承的神话那样，给出一个世界源头性的园林化环境，但也记述了一些具有神圣意义的园林场所。传说在大地尽头有一个金苹果园，种植着地母该亚为宙斯和神后赫拉的婚礼所赠送的果树。在希腊半岛的土地上，有阿尔卡狄亚的森林和草原，牧神潘守护着它。阿尔卡狄亚的仙女和牧人生活自然质朴，全然没有世间的烦恼。外乡人饮了阿尔卡狄亚的泉水，会忘却从前的一切，天真烂漫地融入一个理想的自然境界（图3-2）。

图3-2 阿尔卡狄亚的牧人，17世纪绘画

希腊的土地相对贫瘠，但植被物种并不少，有数千种树木、灌木和花卉植物。在实际生活中，除了基本的谷物种植外，古希腊人也像古埃及、西亚一样，有大量的葡萄园、果园、菜园之类种植园，这些实用园是古希腊生活环境的重要组成部分。

在泛神论诸神的名义下，古希腊人把自己同自然融为一体，把他们认为地貌独特，可以体现特定自然和人类属性或气质的地方选为各个神的圣地，在那里为诸神建起神庙。在圣地之外，古希腊人还相信每一处山岗、水流、林地都会有代表它们，也居住在其间的山精水仙。这使得他们对个性化的自然风景非常敏感。古希腊人最重要的园林化环境同宗教圣地及其建筑相关，在与神对话的同时，希腊人能够在圣地上主动体验充满神性的周围景观，以此加强对诸神庇护下土地的热爱。

古希腊的宗教不突出来世，鼓励人类发扬能力、享受生活，乐观的现世精神被后世称为人文主义。在可贵地关注自然环境的同时，神话还把古希腊人的英雄祖先联系于神的血脉，并认为神的真身是最完美的人形，健美身形的体育锻炼和竞技都是神所喜欢的。古希腊人提倡健身运动，既为了健美，也为了战争，还为了以竞技活动来愉悦他们的诸神。他们营建了很多健身场(竞技学校)和竞技场，不少就在风景优美的圣地，在另一些地方，则会通过人为植树来使环境更宜人。

古希腊宗教把多样化的自然世界视为神圣，以诸神来代表各种自然力，但并没有形成非常严谨的宗教学说体系。神话美丽而"混乱"，加之诸多小国并存，对外交往频繁，使古希腊思想环境相对自由，鼓励探索的精神。

古希腊是欧洲哲学的发祥地，建立在对自然初步了解基础上的思辨探寻世界的本原、人的本性，以及各种自然事物的原理。学者们把自己的见解和方法传授给学生，教学的地方也寻求优美的环境，甚至借助于传统中诸神所庇佑的环境，以便敏捷而愉快地思考、讨论，充分发扬人的潜力。古老的圣地、神庙、竞技场旁的林荫，为他们散步冥想、教书授徒提供了良好的场所。为树林加入简单的路径、坐凳，使这样的地方更方便人的活动，产生了后来被称为学园的园林环境。

古希腊对欧洲园林形式发展的影响主要体现在一些局部处理。但是，像哲学等许多领域一样，古希腊学者在欧洲人的植物研究方面奠定了很重要的基础，并影响着园林艺术。欧洲医学之父希波克拉底曾对草药有深入地研究，亚里士多德也非常关切植物。后者的学生提奥弗拉斯特继承了老师的学术传统，观察和种植了大量植物，著有记述了450余种树木花卉的《植物的历史》等两部专著，依据根、芽、叶、花、汁液和果对植物加以分类，建立了到今天仍然有效的植物学原理。

3.2　荷马史诗中的园林景象

普遍被认为形成于公元前8世纪前的荷马史诗，是了解古希腊文化传承的重要资料。在它以战争和历险为主题的故事中，不乏对自然与生活场景的描述。这类描述，特别是对更古老的园林景观的刻画，不可能没有艺术夸张和想象，但也在很高的可信度上反映了当时的实际环境和生活情景。

在荷马史诗《奥德赛》中有多处涉及自然和园林景象，其中至少有两处非常生动，经常为园林史所引用。一处是水泽仙女卡鲁普索的住地，一处是人间国王阿尔基努斯的果园。

卡鲁普索住在一个岛上的洞穴中。"洞穴的四周长着葱郁的树林，有生机勃勃的桤树，还有杨树和喷香的翠柏……洞口边爬满青绿的枝藤，垂挂着一串串甜美的葡萄；四口喷泉突出闪亮的净水，鳞次栉比，洒水不同的方向；还有那环周的草泽，新松酥软，遍长着欧芹和紫罗兰——此情此景，即便是临来的神明，见后也会欣赏，悦满胸怀。"[1](图 3-3)。

古希腊人把许多特定的自然环境神圣化，这段文字展示了岛屿丘陵中一个温馨的、充满生机的美妙地方。并且，这段文字也是欧洲关于仙女泉的最早描写。

就其同生命相关的意义来讲，仙女泉景观同古埃及以水池为中心的园林，以及古西亚的绿洲园——伊甸园异曲同工。令人感到特别有意思的是，这里也有"四口喷泉"同伊甸园的四条河对应。在古希腊、罗马园林中，仙女泉常是以自然水塘或人工水池联系水仙的庙宇、祭坛。在意大利文艺

---

[1]　荷马，《奥德赛》，陈中梅译，广州：花城出版社，1994，第87页。

复兴以后的园林中，对希腊文化的复兴使仙女泉成为一种很常见的园林景观：从一个原始感很强的岩洞泉池中流出清水，滋润着周围的生命，岩下水中有仙女的雕像(图3-4)。

图3-3　卡鲁普索与俄底修斯，17世纪绘画　　　　图3-4　18世纪意大利卡塞塔宫英式园林中的
　　　　　　　　　　　　　　　　　　　　　　　　　　维纳斯之沐浴，体现古老的仙女泉意象

　　阿尔基努斯的园林是一个实用园，反映了同生产活动相关的环境美："房院的外面，傍着院门，是一片丰广的果林，需用四天耕完的面积，周边围着篱笆，长着高大、丰产的果树，有梨树、石榴和挂满闪亮硕果的苹果树，还有粒儿甜美的无花果和丰产的橄榄树……那里还根植着一片葡萄，果实累累……果园的前排挂着尚未成熟的串儿，有的刚落花朵，有的已显出微熟的青蓝。葡萄园的尽头卧躺着条垄整齐的菜地，各式蔬菜，绿油油的一片，轮番采摘，长年不断，水源取自两条溪泉，一条浇灌整片林地，另一条从院门边喷涌出来……这些便是阿尔基努斯家边的妙景，神赐的礼物新丽绚美。"❶

　　上述两处环境，包括自然的和人为的，都容纳了园林艺术的基本要素：山石、水、树木、藤蔓、花草，以及神或人在园林间的居住、活动。而且，用于描述的词汇也显示了对这类景观的欣赏。除了城邦不大，贵族住宅也不大外，古希腊园林艺术远不如建筑艺术发达的原因之一，或许在于这样的环境已经太多、太接近人的生活了。

　　这两处环境的景观还显示了很深刻的差别。神所联系的是直接的自然，卡鲁普索洞穴外的美景让人觉得有一丝神秘，一丝幽深。阿尔基努斯的园林则让人感到熟悉，似乎就在身边。这也预示了西方园林艺术美在以后同自然环境美的分野。人类的园林所联系的是人力所加工的自然。描述阿尔基努斯园的耕作、篱笆、条垄等词汇暗示着几何形。除了哲学中注重几何对于人类思维和审美的价值外，欧洲园林更多由生产种植活动向愉悦性环境创造转换，也将使园林艺术以几何形为主。

3.3　日常生活中的园地

　　从荷马时代到古典时代，古希腊以日常生活环境为创造目的的园林艺术，都没有达到古埃及和

---

　　❶　荷马，《奥德赛》，陈中梅译，广州：花城出版社，1994，第123页。

古西亚的高度，日常生活中最主要的园林景象来自实用园。

在古希腊各城邦的聚居区外，除了种植庄稼的农田，像荷马史诗中的阿尔基努斯园那样，还有许多以实用生产为主的园地，包括果园、菜园，以及香草园等，形成城市周围的绿带。古典时代的雅典城就是这样。

以卫城为核心的雅典城周围，到处是形态多样的果菜园地，再外圈是平展的谷物农田，衔接更远的山岗、林地与海洋。土地的主人、家人与奴隶时常在园地里劳作，也会有一些实现园林环境特有价值的欢愉活动，就像荷马史诗生动描绘的果园采摘嬉戏："每当撷取的季节……姑娘和小伙子们，带着年轻人的纯真，用柳条编织的篮子，装走混熟、甜美的葡萄；在他们中间，一个年轻人拨响声音清脆的竖琴……众人随声附和，高声欢叫，迈出轻快的舞步。"❶

古希腊生活中还有联系于酒神狄奥尼索斯的狂欢，关于狄奥尼索斯的绘画常是他醉卧于葡萄园(图3-5)。以实用为目的的，具有优美景色的果园，看来是希腊人日常生活，甚至一些宗教生活的欢愉之地。

即使在最辉煌的古典时代，古希腊多数人所居住的城圈内也街道狭窄，建筑拥挤，限制了住宅园林的发展。古希腊人很羡慕波斯帝国豪华的乐园，但小国寡民的城邦国家没有强大富有的王室和贵族。在享受园林环境方面，他们中的多数人"像现代旅游者那样乐于游赏园林，而不梦想为自己造园"。❷

古希腊住宅多是封闭的四合院，一座座连接在一起，富有的住宅往往在主厅前有一个不大的廊院，四棵柱子支着四周的廊子。在这个院子中会有简单的绿化，但多数很可能仅仅是盆栽花卉。廊院式的住宅非常适合地中海气候，简单的绿化和盆栽，使人在廊子和后面的房屋中享受荫凉通风，又感受阳光的照耀、植物的清新。这种廊院在希腊化时代和古罗马人借鉴古希腊的建筑艺术中，被组合、扩大成一种园林意义更充分的庭院环境。

联系于神话故事与对生命和爱的赞美，在古希腊还有一种称为阿多尼斯园的居住环境绿化，主要是在屋顶上摆放盆花。一些彩绘陶瓶描绘了把盆花传上屋顶的情景，但没有表现更具体的环境特征(图3-6)。

图3-5　狄奥尼索斯与情人，古希腊陶瓶画，
　　　　应是果园中实际欢愉景象的反映

图3-6　有关阿多尼斯园的古希腊陶瓶画

---

❶　荷马，《伊利亚特》，陈中梅译，广州，花城出版社，1994，第453页。
❷　Penelope Hobhous，THE STORY OF GARDENING，London，Dorling Kindersley Limited，2002，第38页。

除了祭献外，古希腊人还有各种敬神方式，比如竞技。祭祀爱神阿佛勒狄特情人阿多尼斯的方式，是节日里在屋顶上竖起他的雕像，周围摆上播下了蔬菜、谷物和花卉种子的陶制花盆，以其发芽来象征死后的他每年复活一段同爱神相聚。逐渐地，这种风俗形成一种屋顶装饰手段。不过，这种绿化仅见于简单的文字和画面不很完整的绘画。古希腊人的住房多数是坡屋顶，阿多尼斯园的屋顶花盆摆放方式，绿化、庭院空间与人的关系，还不甚清晰。

古希腊住宅园林不发达，可能还同他们的生活方式有关。多数建筑和文化史研究认为，古希腊人"真正的生活"不是在私人的住宅中，而是在宗教圣地、神庙、城市广场、敞廊、健身场、竞技场，以及露天剧场等公共场所。

城市广场和圣地是古希腊人公共生活的两个核心，敞廊、健身场、竞技场和露天剧场等多依附它们。城市广场同各种世俗活动关系密切，圣地上的大规模活动常联系于宗教节日。

古希腊城邦国家的城市中心，通常是形态不规则的广场。多数广场一开始大概只是集会、贸易用的空地，后来有了神庙或祭坛、元老院。随着商业的发展和市民生活的丰富，广场上加入了通风良好又遮蔽阳光的敞廊，让人在里面舒适地贸易、讲演、消闲，进而又种上了树木，使这里的环境更舒适。

关于雅典的广场(图3-7)，历史记载和考古表明，公元前5世纪第一次希波战争后，立下战功的雅典贵族派政治家西门"为广场种植了遮荫的梧桐树……树根坑和水沟的发现，证明这里有橄榄和月桂"。❶

图3-7 雅典广场遗迹，远处是雅典卫城

小亚细亚的希腊城市公共绿化更丰富一些。在公元前5世纪的米利都等城市中，还出现了以广场的扩张为中心的方格网。那里的人们认为，"以愉悦和闲憩为核心目标，为轻松的交往提供绿荫小径、凉爽的泉水和坐凳，用公共园林来装饰城市很重要"。❷ 这应该同他们与其他西亚古国的交往更密切有关，很可能受到亚述尼尼微城外的那种公共园林或古波斯乐园的影响。

❶ Penelope Hobhous, THE STORY OF GARDENING, London, Dorling Kindersley Limited, 2002, 第35页。
❷ John Michael Huntet, LAND INTO LANDSCAPE, New York, Longman Inc., 1985, 第22页。

3.4　圣地园林

如果不考虑实用生产性的园林，在古希腊人有意识地选择、加工的园林环境中，圣地园林是最古老的。在结合自然地形、景观方面，圣地园林也是最具风景意义的。这种园林环境把自然景观同人类的创造结合在了一起，其中的人为园林艺术加工可能只是些许补充，更重要的是，人类面对多样化的神性自然环境所作的选择。

所谓古希腊圣地园林，主要是天然形成的树林，以及神庙和其他建筑间可能加入了小径、雕像、坐凳的简单绿化。圣地是神圣的宗教场所，以在特定自然环境中建造神庙和相关建筑为主，形成建筑与绿地的综合环境。对场地所作的绿化处理，同近旁的自然林地和更远的景色一起，形成风景园林化的圣地景观。

希腊半岛的陆地、海岛上常有各种树丛、花草，一簇簇、一片片地处在各种地形中，形成山岗、盆地、河谷、平川等处的各种自然风景。荷马史诗中的仙女卡鲁普索住地虽然难于具体考据，但肯定是这类风景之一。神话让诸神代表大自然中各个优美、独特的地方，并是他们来到人间时的驻地，其中一些成为某些城邦或全民族各城邦崇尚的宗教圣地。

古希腊人非常关注自然环境中的树林，在古老的年代里就把它们当作神所居住的地方，许多神有自己不止一处的圣林，即使有时只是独特地形中不大的树丛。人们为神所选择的圣地往往都有圣林。"考古证实，在古风和古典时代的希腊圣地上有着树木和灌木，杨树、柏树、梧桐……给神的圣地提供了绿荫和阴影。"❶

在圣林环绕或圣林边的场上，古希腊人很早就为神设立了祭坛。荷马史诗提到过多处圣地和神庙，而在比荷马史诗描写的特洛伊战争英雄更早的传说中，著名的俄狄浦斯王悲剧故事，就同后来一直存在的阿波罗圣地德尔斐有关。不过，至今没有确切证据表明荷马以前的神庙是什么样子的。到古风时代，人们在圣地上建起了石头的庙宇，以及一系列同敬神活动相关的建筑，形成了以神庙为主体的圣地建筑群。

园林化的圣地环境，可以分为地形、圣林、建筑和建筑间的人为绿化几个层次。

古希腊本土最著名的圣地有奥林匹亚宙斯圣地、德尔斐阿波罗圣地，以及伴随着雅典城邦地位的提升而升高威望的雅典卫城等。在雅典卫城突兀的小岗上，神话告诉人们曾有一片橄榄林，是雅典娜为同海神波塞东竞争守护神地位而送给雅典人的礼物。在园林化圣地环境方面，前两处圣地更著名。

奥林匹亚宙斯圣地位于一处和缓山岗的南坡下，有小河绕过平川，东面远方是牧歌般的阿尔卡迪亚(图3-8)；阿波罗圣地德尔斐在向北升高的陡峭山坡上，坡上曾有数道溪流，流向下面的平野和目力可及的海湾，侧后方则是回音缭绕和光影强烈的层层山岗(图3-9)。

今天的奥林匹亚圣地遗迹周围山坡上遍布树林，遗迹内也有大量树丛，这可能同古代圣林环境没有根本的差异(图3-10)。德尔斐圣地现在高大树木较少，但"在著名的阿波罗神庙周围有长达六十米到一百米的空地，人们认为这就是圣林的遗迹"。❷

---

❶　Penelope Hobhous, THE STORY OF GARDENING, London, Dorling Kindersley Limited, 2002, 第35页。

❷　针之谷钟吉，《西方造园变迁史——从伊甸园到天然公园》，邹洪灿译，北京：中国建筑工业出版社，1999，第27页。

图 3-8 奥林匹亚宙斯圣地环境，圣地形成在左侧小山下

图 3-9 德尔斐阿波罗圣地环境，近处是圣地，稍远处见健身场

图 3-10 奥林匹亚宙斯圣地遗迹内景

各处的地形、圣林决定了圣地的自然轮廓。人为加入的建筑同地形、圣林一起构成环境和景观的主体。实际活动场所或视野中的起伏与绿荫，使古希腊人不必大力进行造园种植，就可以得到身处园林般的愉悦。这使古希腊的圣地很有现代风景建筑学所追求的环境价值，当然，必要的种植活动也会用于补充或加强圣林景观。

建筑物是古希腊圣地环境不可忽视的组成部分，以柱式为特征的神庙建筑在圣地上同自然风景呈现了多样化的融合。同许多其他民族的园林环境一样，从环境景观的视角来看古希腊圣地，如果抛开建筑就无法真正了解其园林环境。

古希腊圣地通常由不高的围墙环绕成围地，形体规整、面向东方的神庙在其中具有统率作用，但神庙只是以其建筑性质和体量的标示性来凝聚周围的景观，同附属建筑呈现"自由"、散点的关系，整体上并不强行为自然加入人为的秩序。在神庙附近还有敞廊、宝库、露天剧场等其他建筑。剧场演出同神话故事相关的戏剧，敞廊供朝圣者休息、交际和暂时居住，宝库存储人们进献的物品。它们在各个圣地的不同地形中同神庙"自由"呼应，相对松散、不规则地组合在一起。

奥林匹亚圣地的围地接近方形，平坦的场地上错位并列着南侧的宙斯庙，北侧可能更古老的赫拉庙。沿围地北侧缓坡有一连串错落的宝库，主要敞廊在围地东端迎着两座神庙的正立面。围地外的东、西、南三向还松散地围绕着竞技学校、雕塑作坊等其他建筑设施(图3-11)。有的考据认为，在围地外西北角外的山坡上还有一座露天剧场。

德尔斐圣地的围地大体呈南北向较长的梯形，阿波罗庙横在中央，剧场在西北侧上方，敞廊在东南下方，附近还有似乎是散置的数座宝库(图3-12)。

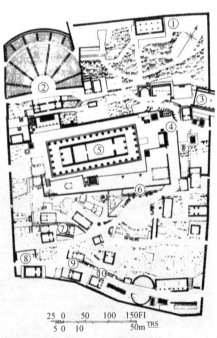

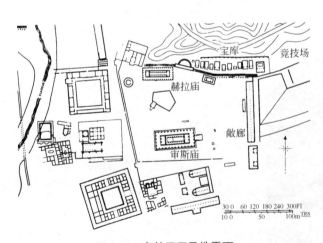

图 3-11　奥林匹亚圣地平面

图 3-12　德尔斐圣地平面

2—露天剧场；5—阿波罗神庙；其他为各种附属
小庙、敞廊、宝库、祭坛等

在古希腊的现实生活中，祭司以外的普通人是不能进入神庙的，所以，在实际使用中，圣地以神庙外面的环境最为重要。在圣地上，人们面对告知这里属于哪个神的神庙，同时体验周围自然景观具有神性的意义。圣地建筑群貌似无序的布局和各圣地间的差异，使它们很自然地融入了包括圣林在内的各处自然风景之中，并在建筑间留下灵活的不规则外部空间。神庙柱廊和敞廊建筑的通透感，以及露天剧场的开敞性，还可以进一步使建筑和周围环境相互渗透，并使人把视野向远方扩展。

古希腊圣地内的路径大都是曲折的小径。这些路径应该是人为规划的，后人的研究认为在它们旁边还会有许多树丛。有些树丛可能是自然的，是圣林的一部分，左右了路径的转折或穿越；另外有些可能是栽植的，用来进一步丰富建筑和路径间的环境，令人悦目并带来绿荫。在路径旁、林荫下，或树丛中的小空场，还有祭坛、雕像点缀。神庙旁也会装饰性地种植成排的月桂、石榴等。虽然至今仍不清楚大部分此类绿化、点缀的具体形象，这类人为加工肯定还是进一步产生了生动活泼的局部景色(图 3-13，图 3-14)。

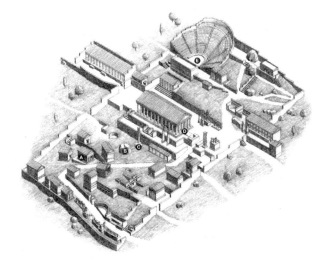

图 3-13 德尔斐圣地环境复原想象

图 3-14 奥林匹亚圣地环境复原想象
(右端圣地以东古希腊时期的竞技场应为东西向)

这样，地形的起伏，圣林的绿树，绿树间耸立的神庙，以及各种建筑的自由布局，灵活多变的外部空间，曲折的小径与绿化、小品、花卉，还有柱廊实现的建筑与绿化空间渗透，形成了圣地多变的，有着各种角度、各种位置不同景观的园林化优美景色。

除了特定的圣地建筑群，古希腊人还建造了大量的独立神庙，有些在城市广场旁，有些在城外风景优美的神圣场所。许多神庙也伴有自然或人工的圣林，特别是在古典时期，人工的力度可能加大了，就像西门为雅典广场植树一样。曾到过古波斯的色诺芬后来定居于一个叫锡路斯的城邦。有记载说他为那里的月神阿尔特弥斯神庙栽植了一个巨大的林苑，"在希腊的土地上，把东方规则化的乐园同当地的圣林结合到了一起"。❶

3.5 健身、竞技场园林与学园

健身场和竞技场也是古希腊生活中的重要场所。为了身形健美和竞技取胜，许多地方还专门设有竞技学校。竞技学校的场地一般都由柱廊环绕，留下的遗址中覆盖着草皮，一些地方还有少量树木。重要的健身场和竞技场，旁边一般都有树木林荫。

古希腊最著名的竞技场往往依附圣林和圣地，奥林匹亚宙斯圣地和德尔斐阿波罗圣地都附有竞技场。在这里举行的竞技会，还是宗教传统下愉悦诸神的重要活动之一。

在奥林匹亚宙斯圣地的主要围地和建筑成形后，祭神的竞技先是在院内北侧宝库前的狭长平台上进行，后来，一个大竞技场形成于圣地的东墙外。公元前776年，结合宗教祭典和希腊各城邦的和平大会，在这个大竞技场举行了第一次全希腊的奥林匹克竞技会。此后很长时间里，四年一度的古代"奥运会"一直是古希腊人的盛事。

大竞技场最终完成于公元前5世纪，通过圣地东部敞廊北端和宝库间的通道与圣地相连(图3-15，并见图3-11)。它向东伸延的竞技区有200余米长，30余米宽，用石线标记了192.27米的跑道起点和终点，跑道一侧还有石砌的裁判台。竞技区四周地形缓缓升起，形成天然草坡"看台"，并被绿树环绕，可以容纳4万人以上(图3-16)。在奥林匹亚圣地围地的西侧，还有一所竞技学校，在奥林匹克竞赛前，参赛者可到这里进行一段时间的训练准备。

图3-15 奥林匹亚圣地东北角与竞技场间的通道　　图3-16 奥林匹亚竞技场，远处是与圣地间的通道

---

❶ John Michael Huntet, LAND INTO LANDSCAPE, New York, Longman Inc., 1985, 第21页。

德尔斐的竞技场在圣地西北更高一些的山坡上，健身场则在隔着一条小溪谷的东南下方，它们都形成山坡上带有周围绿化的台地，大体在一条连线上相互呼应(图3-17)。

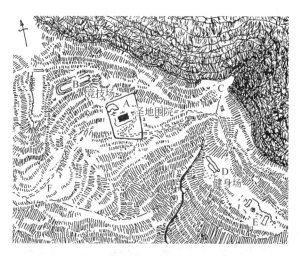

图 3-17　德尔斐圣地、竞技场与健身场的关系

在健身场和竞技场的发展中，豪华者的跑道会有大理石镶边，跑道旁有石砌的条形看台。场地附近的圣林提供林荫，人们可以在这里准备、休息，进行各种社交活动。当绿荫不足时，人们还会加种树木。比较晚的健身场或竞技场出现了 U 形跑道和看台，德尔斐的竞技场就有了这种特征(图3-18，图3-19)。这种形式后来被古罗马人所继承，除了真正的竞技场外，还形成了一种保留了"健身场"或"竞技场"之类名称的园林形式。

图 3-18　德尔斐竞技场

图 3-19　德尔斐健身场

随着古希腊学术，特别是哲学的发展，一种园林化的学者授徒场所——学园发展起来，其中最著名的是柏拉图的阿卡德米。

阿卡德米本是雅典城西北的一处纪念地，据说曾属于传说中特洛伊战争时的阿提卡英雄阿卡德摩斯，并因他而得名，建有他的神龛。

大约在公元前 6 世纪后期，一个健身场也建在了阿卡德米。此时这里的树木可能还相对稀少，那位在雅典广场种植了树木的西门也为阿卡德米引来水流，种上了许多树木，开辟了林间小路，建造了喷泉，使它成了一处风景优美的，带有神龛和健身场的园林。

古希腊著名戏剧家亚里斯多芬曾教导一位青年："你将来能胸部饱满，皮肤白皙，肩膀宽阔，大腿粗壮……在练身场上成为体格俊美，生气勃勃的青年；你可以到阿卡台米去，同一个和你年纪相仿的安分的朋友在神圣的橄榄树下散步，头上戴着芦花织成的花冠，身上染着土茯苓和正在抽芽的白杨树的香味，悠闲自在地欣赏美丽的春光，听枫杨树在榆树旁边喁喁细语。"❶ 这段文字生动地形容了这个健身场以树木为主的园林美景，以及可在园中获得的身心愉悦(图 3-20)。

传说中的阿卡德摩斯是一位具有哲学气质的英雄，阿卡德米又有优美的环境，对雅典的学者具有强烈的吸引力。学者们常带学生到这里散步，伴着"枫杨的喁喁细语"教导他们，其中就有伟大的哲学家柏拉图。据说柏拉图在阿卡德米附近有一小片房地产，大约从公元前 387 年起，阿卡德米归他用于讲学近 41 年，直至终老，成了他的学园(图 3-21)。

图 3-20　阿卡德米遗址

图 3-21　公元 1 世纪马赛克壁画中
的阿卡德米学园

柏拉图在阿卡德米建造了掌管艺术与知识的缪斯 9 女神神庙，柏拉图学园时期的阿卡德米还有树荫下和灌木间"'名为哲学家之路的小径'，殿堂、祭坛、柱廊、凉亭、凳子等布满场内各处"。❷

由于这一段历史，阿卡德米又成了学术机构的代名词。现代人把它作为学园联系于柏拉图，许多时候忽略了它曾作为纪念地、健身场和公共园林的功能。

柏拉图死后，他的继承者继续在此讲学，并维持着园林，直至公元 529 年被信奉基督教的东罗马皇帝查士丁尼关闭。著名古罗马学者大普林尼在他的《自然史》里这样描述了园中一棵历经数百年沧桑的梧桐：一位执政官"在树洞中宴请了 18 个随从。它长满青苔、铺有浮石，旁边有清凉的泉眼。之后，执政官就睡在其中，避开风声。他声称自己从树上滴雨声中所得到的快乐，比人造宫殿带来的大理石墙、绘画装饰和镀金嵌板更多"。❸

---

❶　丹纳，《艺术哲学》，傅雷译，北京：人民文学出版社，1983，第 294 页，原书译阿卡台米。

❷　针之谷钟吉，《西方造园变迁史——从伊甸园到天然公园》，邹洪灿译，北京：中国建筑工业出版社，1999，第 27 页。

❸　John Michael Huntet, LAND INTO LANDSCAPE, New York, Longman Inc., 1985，第 23 页。

阿卡德米没有留下当时的确切图像记载，考古也只确定了地点和范围。园林建筑、植被、水流和各种小品究竟是怎样布局的，人们还很难推断。从时间的可能性上看，如果借鉴了古波斯的园林艺术，它可能有几何特征；如果依据古希腊的圣林崇拜和圣地环境传统，又可能是自由式的。

柏拉图以后，许多古希腊学者都拥有自己的这类讲学环境，并形成了一种风气。亚里士多德的学园在一个叫莱希厄姆的地方，这里也有阿卡德米般的各种树木林荫。亚里士多德的学术涉猎非常广，还从事植物和草药研究，他的园林可能有部分实用园的畦垄排列特征。东征的亚历山大大帝曾为他带回许多异地植物，栽在他的园中。亚里士多德的学生，古希腊植物学的集大成者提奥弗拉斯特也有自己的学园。

3.6 希腊化时期的园林

在亚历山大帝国和他身后几个东方王国的希腊化时期，希腊的学术、人生观和艺术向更广泛的地域传播。同时，其他民族的文化也影响着新的统治者。西亚、北非的希腊化国家不再是小小的城邦。财富的积聚使大都市有了大规模的奢华园林，包括公共和私有的。原来亚述文明的、波斯文明的、埃及文明的园林特征，都被新的统治者和富贵阶层部分吸收、接受了。

在今天叙利亚境内的安条克，"宽大的门廊排列在主要大街上，面对着著名的赛莱希德花园组合。花园一直伸延到山脚，其中有浴亭，凉房和喷泉，并汇集了所有的装饰性种植手法。"❶ 在土耳其境内的帕加玛，大型宗教圣地采用了局部轴线对称，但整体不规则的布局。宙斯祭坛及相关健身场、竞技学校、露天剧场等群体面对城市，建在三层山坡台地上，各层柱廊前的台地可能有丰富的园林绿化(图 3-22)。

图 3-22 帕加玛宙斯祭坛及建筑群复原

各王国宫殿和富豪等居住建筑也趋于大型化。希腊住宅的廊院被扩大，四周常有成排的柱子，墙壁镶嵌了大理石般的装饰，并有精致的马赛克铺地。这种廊院可能摆放更多盆栽花卉、开花灌木等，具备了更强的园林化潜力，并被古罗马人直接继承下来，发展为一种园林。

这一时期的著名哲学家伊壁鸠鲁，在雅典也有自己讲学和居住的园林。除了树木外，他还在里

---

❶ John Michael Huntet, LAND INTO LANDSCAPE, New York, Longman Inc., 1985，第 22 页。

面种植日常生活用的蔬菜，实践着自己哲学的人生观。伊壁鸠鲁学说追求相对"消极"的，在逍遥避世中寻求快乐的人生。因此，他的园林具有比较纯朴自然的特征，带来丰富的乡野环境想象。大约一千三百年后的 17 世纪，伊壁鸠鲁园林的启示，成为英国人冲破文艺复兴以来风靡欧洲的几何式园林，推进自然式风景园林的多种因素之一。

3.7 园林特征归纳分析

古希腊的自然环境，具有在相对较小的尺度内变化多端的特点。山崖、坡地、河谷、平川和海湾，配上天然的树木、花草，自身的形态、光影、色彩和质感都非常丰富。相对于备受崇拜的古典建筑艺术，古希腊人并未被视为真正的造园艺术家，留下的园林形象画面也少之又少。自然世界中随时随地变化的景观环境，应该就是他们最好的园林。并且，在泛神论基础上，古希腊人对自然美的理解和热爱非常广博，各种景观形态进入他们带着幻想的视野，都可以引起心灵的共鸣。

在古希腊，一直到辉煌的古典时代，艺术性或愉悦性的宫廷或私家园林都不发达。种植果树、葡萄、蔬菜的实用园，同古埃及、西亚许多具有实用价值的园林环境应该很相似。古希腊那种小城邦国家，使城市人同乡村人没有什么区别，他们晚上居于城内，白天到城外经营田地，贵族也只有为数不多的奴隶。古希腊没有像古埃及那样围绕房屋的住宅园林，也很少有古西亚皇家林苑那样大规模的统一种植。古希腊住宅简单的廊院尺度不大，并经常会有家人和奴隶在里面手工劳作，可能只有很简单的绿化，如几棵树木，几盆花草，一架葡萄等。

在古希腊人的生活中，公共的、社会交往的活动远远重于私家活动，并且多在同自然环境相联系的户外进行。在一些民主制的城邦，上层贵族也愿意通过公共环境建设来赢得平民的支持。从古风时代起，在最重要的公共场所——宗教圣地上，古希腊人联系神话与人类需要来理解自然场所，把神庙建筑融入自然，加上不多的植物种植，使许多自然环境良好的地方具备了更丰富的景观，具有了人类园林的意义。相似的绿化处理也逐渐用在了其他地方，特别是古典时代的城市广场、健身场。

古希腊学园的性质比较特殊，阿卡德米的经历很有典型性。在许多情况下，学园首先可能是一种被学者利用的公共环境。即使到阿卡德米成了柏拉图的学园，也没有记载明确说它是柏拉图的私产。它很可能来自城邦对声望崇高的学者及其后继者的使用授权。并且，即使具有私有权，在柏拉图、亚里士多德、提奥弗拉斯特等人死后，他们的学园也都未限于家族居住使用，而是作为学生继承学派，继续办学之用。

迎合不同的需要，古希腊形成了构成关系与意象都不同的园林化环境。

3.7.1 实用园的丰富组合与住宅廊院的明晰空间

根据荷马史诗等关于古希腊实用园的文字描述，可以想象城邦聚居点周围的园林化景象。当大量园地在建筑低矮的城市外围形成绿带的时候，在分属不同主人的土地上，依据需要形成果树、葡萄、蔬菜等各种种植区域。虽然种植方式很可能是行列式的，但随时会出现因为实用而相对无序的地块形状、面积，以及物种形态、色彩变化。这种景象不同于古西亚大面积林苑环境的景观效果，也区别于古埃及住宅园林那种严谨几何关系中的植被差异。相反，倒很可能同希腊的自然地貌有可类比之处。

古希腊的住宅园林不发达，但廊院形成了一种特定的庭院环境，对西方庭院园林的发展，特别是古罗马和中世纪的一些庭园，具有雏形意义。廊院提供了一种特定的空间关系，它相对面积不大，并有明确的周围建筑围合。在这里，中央露天庭院，其四周的柱廊，直至廊后的墙面、屋室，形成简单明晰的空间层次。许多其他民族也有回廊庭院，中国住宅和园林建筑就经常是这样。但是，后者常在廊子间出现房屋、门亭，在连续中有着形体凸凹变化。古希腊的廊院柱廊多数形成完整的连续，把其他建筑体量挡在后面。廊院虽然不大，其中的园林在后世的传承中也相对简单，但突出了"层次明晰的空间围合"与"园林小天地"紧密联系的效果。

从不多的历史记载和考古来看，古希腊的城市广场绿化可能很简单，只有不大的树丛或行列绿荫。但是，除了在地中海阳光下的实用意义外，这种简单的绿化为环境画面加上了非常生动的一笔，是欧洲城市绿化的前驱。在形式不规则的广场周围，有较高的神庙或其他建筑柱廊或门廊，点状的祭坛和雕塑，呈水平方向展开的敞廊。这些"自由"组合的空间和体量的形象，因配以树木枝干、冠叶及其色彩而更加丰富。在希腊化时代的西亚城市，这种绿化具有了较大规模，加入了更多休闲性建筑和小品，使城市广场、街道更富于园林化特征，并有越来越明显的几何式空间关系。从文字描述看，希腊化城市中的几何式绿化以线性伸延为主，其中有扩大的局部空间，以及可能出现的转折。

3.7.2 圣地园林与自然环境的"场所精神"

对于古希腊的圣地建筑群，通常可用自由布局来形容，这种布局方式联系于每个圣地及其周围的自然地形，及其景观在人们心目中的意义，即所谓场所精神。

"场所精神"来自拉丁语，原意为"一个地方的守护神"，引申为"一个地方的特质、气氛"。神是人造的，最初被想象为各种自然生灵的模样。随着人类能力的增强，神也变成了人形，并有了人的喜怒哀乐。泛神论时代的诸神不是高高在上的创世者，世界也还没有唯一的主宰。古希腊泛神论的最可贵之处，是诸神既代表了大自然的各个方面，也代表人类的各个方面。世界在神的名义下是一体的，并且，许多自然的和人类的属性可以反映在各种地貌景观之中。这有些类似于中国的"天人合一"，以及山水审美中的"比德"。一些地方的环境特质和气氛，显示了为人类所崇尚，或人类必须敬畏的世界属性，就被视为有相关的神在守护。

古希腊人在不同场所为诸神建造各自的庙宇，重要的地方被选为神的圣地。另外，古希腊诸神没有后来宗教中的那种至善和终极正义的意义，神的不同属性更重要。因此，不管从建筑还是园林角度看，自然环境及其景观在古希腊圣地都是第一位的，并且是要使人充分体验的。

圣地和圣地周围的山水、圣林，是神庙及其附属建筑最好的"园林"，各种营造活动只是一种补充，并且不损害原有的自然特征，也不把圣地内部与外部截然分开。圣地上的人工种植很可能是小规模的，像古埃及的戴尔—埃尔—巴哈利那样，陪衬大的景观关系，但意义和作用不同。在古典时代有可能发生的较大规模种植活动，也是为了使圣地及其周围景观的个性更加突出。

古希腊圣地的人为艺术主要体现于建筑，每个圣地建筑群都不一样。正是这种"不一样"，构成了圣地建筑及其园林化景观的"共性"。

进一步的圣地园林化特征景观分析，由于历史资料非常有限，仍然需要借助建筑和路径之类关系。

在欧洲和欧亚古代文明交汇的地区，许多园林布局具有对称感，特别是直接联系于建筑的园林，中轴线视点是把握环境的最佳位置。古希腊的圣地不是这样，神庙和其他建筑自身多是对称的，但组合却不对称。神庙基本朝东,其附属建筑则结合地形,具有似乎角度不定的方向扭转和错位,在建筑间形成不规则的空场或间隙。到达神庙正面的路径,在圣地围院内也要转折弯曲。建筑正面轴线上的视点未必能感受最佳的环境景观,许多时候稍侧的视线会更好。

有研究表明,古希腊圣地的建筑布局有意要把人的活动和视线引向各个方向,以不易发现的转角对位联系圣地内或圣地周边的柱廊、剧场、竞技场,也联系远一些的风景。自然地貌以及其间各类建筑的优美之处,同朝东的神庙可能呈现各种角度的关系。在这样的场所内,人们可以感受神庙与附近树木、花卉,以及其他建筑的配合。它们呈现随机的园林美,更可以在许多地方把视线导向远方,在近景的柱廊一角伴随下,体验更扩大的风景,感受神庙所在地点的完整场所精神。

这种把建筑与自然环境结合,点缀人工种植的园林化圣地景观,具有古希腊民族、地域的独特性。在今天的建筑学和园林艺术研究中,它被赋予了很高的评价,特别是其自由、随机的特征,联系着古老泛神论宗教对土地的爱,以及对各种自然环境形态的敏感。

3.7.3 健身场、竞技场与学园的文化特性

古希腊健身场、竞技场园林,应该说是健身场、竞技场近旁的树木绿地环境。其形态究竟是怎样的,目前从遗址和文字记载中只知道以树丛为主,并在时间延续中加入了坐凳、喷泉、雕像等方便人的设施和装饰小品。一些树丛可以是栽植的,如前面提到的西门在阿卡德米的作为,另外许多更可能就是被视为圣林的天然林地、树丛。

在奥林匹亚竞技场和德尔斐的竞技场,天然林地和树丛都可能存在。至于栽植的树木是行列式的还是自由式,历史上并没有明确的说明,但可以从功能角度判断,尽管可能有不同的树种,多数健身、竞技场园林仍是很简单的树林。奥林匹亚竞技场提供的景象是夯土跑道、观众席地而坐的草坡,以及后面的树林。这就形成了良好的,并且很自然的男子赤裸竞技环境。从古典建筑艺术中可以知道,多立克柱式刚健,爱奥尼柱式柔美,它们多分别用来为属性相当的神建造神庙。古罗马建筑师维特鲁威的《建筑十书》追溯古希腊传统,对此有着明确的阐述。很难想象一个健身场或竞技场会由多种开花灌木和花卉环绕。

阿卡德米既曾经是带有健身场的公共园林,又作为学院一直延续到罗马帝国晚期,因而历史上有很多关于其建筑、树木、小品和水流的描绘。在将近千年的漫长时间里,阿卡德米的景观肯定经历了不少变迁,更可能变得非常丰富,有了大普林尼描述的参天巨木,带来枝干伸展、冠叶蔽日的震撼感,但非常可惜的是,各种历史描述甚至考古仍不能使人准确知晓这个园林的整体形态。不过,柏拉图的声望、健身场同园林的结合,使阿卡德米成为一种理想人类境界的代名词——伟大的头脑、优美的身形和绚丽的园林环境融合在一起。

希腊化时代的园林多数效仿古埃及和西亚,趋向几何与华美,但作为学园的伊壁鸠鲁园林,由于这位哲学家同多数权贵不同的"享乐"观,可能更多了一些天然树丛和实用园圃的特征,显示自然、质朴的恬淡生活追求。

作为园林化的教学场所,古希腊的学园园林是学者散步思考和启发学生心智的环境,许多时候也是进行植物研究的地方,它的环境应该联系于优雅的高贵,而不是绚丽的华彩。这种园林的精神内涵形成了一个哲学家园地概念。后世一些著名学者的园林,甚至宗教园林,虽然有自己特定的环境和景观形态,但不少时候试图借助这个概念,在园中造就一个精巧而雅致的区域。

第4章 古罗马园林

在欧洲、北非和西亚，拉丁人统治的古罗马代表了古希腊之后的一个重要文明阶段。虽然在社会结构和民族意识上有所不同，古罗马仍在许多方面继承了古希腊文化，在诸多小国并存之后，带来欧洲大部和西亚、北非一体的，以希腊—拉丁的文化为基础的一个古代文明区域，并以其旧有文化和基督教两个源头，奠定了欧洲文明继续发展的基础。

古罗马园林艺术相当发达，在中世纪得到潜在传承，并在 15 世纪的文艺复兴时期被发扬光大，促进了这以后欧洲古典园林的发展。

4.1 历史与园林文化背景

公元前 795 年，传说在意大利半岛中部的台伯河畔，一处七丘之地的帕拉丁丘上建起了拉丁人的城池，古罗马的历史就从一个氏族城邦国家开始了。此时，在这片土地上同拉丁人一起生活的还有伊特拉斯坎人等其他民族和逐渐移入的希腊人。

古罗马建城初期的二百多年民族冲突不断，有的时候拉丁人还被伊特拉斯坎人所统治。公元前 539 年，拉丁人推翻了当时的伊特拉斯坎王，建立起由贵族元老院决定国家大事，选举两年一届的执政官具体施政的罗马共和国。共和时期的古罗马迅速崛起。公元前 3 世纪统一意大利，以及战胜北非强国迦太基获得地中海海上霸权的战争，使古罗马锻炼出一支组织严密的强大军队。公元前 2 世纪古罗马征服了古希腊，下一个世纪又征服了高卢(即今天的法国)。

在不断征服异族的扩张中，古罗马拥有了大量被称为"会说话的工具"的奴隶，在大贵族的农庄和各种建设工地上形成大规模奴隶劳动。同时，平民和贵族的矛盾日益突出，还有在战争中形成强大军阀势力的将军们觊觎国家的权力。公元前 44 年，将军凯撒利用平民的支持迫使元老院选他为终身执政官，使国家走向了个人集权统治。凯撒被暗杀后，他的义子渥大维运用强大的军事力量和灵活的权术，以妥协维持了形同虚设的元老院，在公元前 30 年成为新的独裁者，被尊为奥古斯都，也就是罗马皇帝。历史上著名的罗马帝国形成了。

罗马帝国继续扩张，公元 1 世纪的疆域北达今天德国、西达英国和西班牙，南部包括整个北非，东部达到小亚细亚和阿拉伯，在这个巨大版图上统治着众多民族，并形成拉丁人统治下的所谓二百余年"罗马和平"时期。大量摄取被统治地区的资源，使古罗马一度非常强盛，建筑和其他大规模工程建设远远超过以前各时代。在其统治区内，"条条大路通罗马"，输水道跨越沟壑，只有东方遥远的中华大汉朝能与它媲美(图 4-1)。

公元 3 世纪以后，过大的帝国使民族矛盾加剧，上层贵族内部的权力冲突也再一次突出。并且，长期依赖奴隶劳动和被征服地区的资源，使拉丁人贵族腐化，平民堕落，民族力量日益削弱。虽然试图利用曾被迫害的基督教来重新凝聚民心，也没有挽回颓势。

公元 395 年，帝国分裂成了两部分，东部以君士坦丁堡，即现伊斯坦布尔为中心，形成史称拜占庭帝国的东罗马。同样在公元 4 世纪，原居于亚欧大陆东北方的匈奴人形成民族迁徙的浪潮。在这个浪潮的压迫下，帝国北方的所谓日耳曼人蛮族各分支大量涌入，终于以罗马城在公元 476 年的第二次陷落为标志，西罗马帝国灭亡了，欧洲从此进入封建世俗统治和基督教精神统治的中世纪时代。

图 4-1　古罗马输水道

拉丁人本是非常重农的民族，在学术中，他们不像古希腊人那样长于海阔天空的思辨，而是非常注重实际需要。在古老的观念中，大地充满神灵，人们带着对自然秩序守护者的崇敬来耕作、经营土地。重农的传统使古罗马上层社会许多人对田园种植非常熟悉。他们是拥有大田庄的奴隶主，有的兼为文人学者，但常亲自参与农作物的生产和研究。共和晚期曾当过执政官的老加图的《农学》，以及瓦罗、科鲁迈拉等人的农业著作详尽描述了植物的生长、栽培和相关天时地利，也阐述在各种季节和各种行为中如何祭祀各司其职的自然神。突出的农业文化，使古罗马人曾非常眷恋土地，质朴地热爱着自然和人为劳作带来的乡村美景。

虽然有着重农的传统，城市在民族自身发展和扩张中还是变得越来越重要。在古希腊文明，特别是希腊化时代大城市生活与贸易发展的影响下，丰富的知识、广泛的交际、奢侈的享受、激情的娱乐和各种致富、爬升机会，吸引许多农庄主和追求前程的年轻人离开了乡村，把农庄让租佃者、工头与奴隶们耕种。曾任执政官的老加图等一批坚持传统者对此深恶痛绝，曾强烈批判这种会损害拉丁民族根基的趋向，但无法真正阻止。由于帝国时期的罗马更多靠北非、西亚等地廉价资源的供养，许多本土农田后来逐渐走向了荒芜。

然而，乡村美景还是留在了城市人的记忆中，在可能的条件下，他们为自己住宅不大的庭院布置园林，并在墙壁上绘制乡野景色的壁画。

走向帝国之际，各种社会矛盾错综复杂，希腊化时期的伊壁鸠鲁派哲学和斯多葛派哲学成为古罗马的主要哲学派别。这些学派具有避开这类矛盾来追求心灵享乐的人生观，一些著名文人的著作更加唤醒了人们对自然的爱。

公元前 1 世纪的著名诗人维吉尔是凯撒集权统治的赞美者，同时也是传统乡村生活的歌颂者，他在其田园诗《牧歌》中写道："为你的山野唱这些歌吧……我多么希望我是同你们一起自在逍遥，看守着羊群或者培植着成熟的葡萄……这里有软软的草地，这里有泉水清凉，这里有幽林，我和你在这里可以消磨时光。"❶

在另一位诗人蒂比里阿俄斯的诗里，"远近小川从山泉吟唱而下／岩穴的内层结着藓苔和藤绿／柔柔的水流带晶光的点滴滑动／在阴影里每一只鸟，悠扬动听／高唱春之颂歌，低吟甜蜜的小调。碎嘴的河吟哦地和着蔌蔌的叶子／当轻快的西风把它们律动为歌／给那穿行过香气和歌声的灌木的游人／雀

---

❶　转引自周煦良主编，《外国文学作品选》，上海：上海译文出版社，1979，第 123 页。

鸟、河流、缌风、林木、花影带来了神荡。"❶

　　对于古罗马贵族和许多富有平民来说，结合城市住宅营建园林，甚至到郊外、乡野建造园林化的别墅成了一种时尚。这些建筑既结合自然环境与人为艺术带来现实的优美园林，又反映着对传统乡村美景的记忆；既是奢侈的享受，又保留着传统的纯朴痕迹。帝国的一些皇帝也把其宫殿环境园林化，把恢宏的建筑同大面积的山坡、水体和树木结合到一起。

　　在同古希腊的接触中，古罗马的泛神论诸神同古希腊诸神合一了，但他们没有古希腊人那种依据自然环境来"自由"布局圣地建筑的传统。事实上，共和晚期的罗马宗教信仰已经很淡漠，哲学中朴素唯物主义地位越来越高。伊壁鸠鲁认为，如果有神的话他们也只是另一种强大的生物。其传承者卢克莱修写于帝国初期的《物性论》，明确认为世界是物质的。同一时期，大普林尼百科全书般的《自然史》，记述了帝国内外当时所知的大量植物及其特性，再往后，3世纪的朗吉弩斯《论崇高》呼吁人类在大自然的竞赛场上作伟大的竞争者。

　　帝国的统治者对各民族的宗教相对宽容，只要承认罗马皇帝的神性，不同民族就可以继续他们对其自己神灵的信仰，拉丁民族保持自己的宗教也仅为了民族凝聚力。古罗马也有大量的神庙，但是，自共和晚期以后，世俗建筑环境远远超过了宗教建筑的实际重要性。

　　古罗马文化在许多方面同古希腊文化有着传承关系。大致从公元前2世纪初起，罗马人中就流行对希腊的崇尚，在哲学、文学、艺术等许多方面借鉴希腊人。然而，这里所说的希腊更多指亚历山大大帝以后的希腊化时代，地域上包括古埃及和古西亚，文化上则以古希腊为主融合了不同民族的传统。

　　古希腊人热爱自然美，但人为园林艺术的发展直至古典时期也并不充分。而古罗马园林的豪华，有着从传统农庄生活到追求奢侈享受的转移，还联系于相当程度上带有东方色彩的希腊化文化变异。

　　古罗马人在大型建筑中运用了超越古希腊梁柱结构的拱券，带来更大更丰富的建筑内部空间和外部造型，但作为一种装饰艺术风格接受了源自古希腊的柱式，并把它们发展得更为华美。在园林中，他们时常借鉴希腊的空间形式，或以希腊的术语来命名自己的园林，如廊院、健身场、学园等，但大型园林的人为艺术处理程度，让人更多联想到古埃及或西亚的园景。

4.2　城市宅园

　　古罗马城市住宅通常密集排列在街道两旁，富家住宅具有比较大的面积，其中一部分庭院空间形成了园林。

　　紧密围合的空间是古罗马传统住宅的基本特征，除入口两侧临街房屋可能作为店铺外，其他主要房间多数向内朝着一个不大的中庭。中庭四周是深深的屋檐，中央留下一个天井，下面是水池。在进深轴线上，中庭一面是入口，另一面是更像一个过厅的开敞厅堂，通向后面的小园地。在希腊化时代豪宅的影响下，一些大型住宅的庭院被扩大并加上了柱廊，成为廊院。

　　❶ 转引自温如敏等，《寻求跨中西文化的共同文学规律——叶维廉比较文学论文选》，北京：北京大学出版社，1986，第129页。

　　随着廊院的出现，古罗马的城市住宅有了传统中庭、廊院、后花园三者兼有的各种组合形式。在最典型的大型三层递进住宅中，传统的中庭在最前面，有对外接待功能。中间的廊院是相对私密的家庭内部所在，两端开敞的厅堂使轴线空间通透。罗马住宅的房间通常非常狭小，院子、开敞厅堂、后花园成为最重要的起居场所，接待客人、餐饮、聚会都在中庭或廊院，以及与之联系的厅堂里，檐下或柱廊内布置各种家具。在公元79年维苏威火山喷发所埋葬的庞贝城，大量这种住宅完整、清晰地留下了遗迹(图4-2，图4-3)。

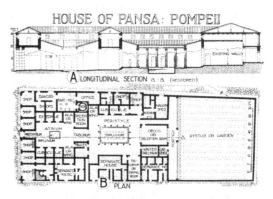

图4-2　庞贝街道遗迹　　　　　　　　　　图4-3　庞贝潘萨府平、剖面复原

　　一些住宅内部的墙壁上画有乡间风景，这些风景画常是山坡、树丛、乡间小庙和农田上耕作人群的远景，也有从海上远眺的岸边别墅。在一些住宅壁画中还可看到色彩绚丽的园林近景，篱笆、喷泉、绿叶、花卉、果实、飞鸟非常生动，并有围栏，可以被视为能用波斯语乐园来形容的园景(图4-4，图4-5)。

图4-4　古罗马壁画中的乡村景色　　　　　图4-5　古罗马壁画中的园林景色

　　这种把风景画在墙壁上，使人仿佛看到户外田园风光和园林美景的手法，受到著名学者大普林尼和建筑师维特鲁威等人的赞赏。维特鲁威在他那欧洲最早的建筑专著《建筑十书》中指出，在住宅的春季、秋季和夏季用房，庭院和柱廊都可以画上壁画，特别是空间较长的柱廊，"应用在画中表现某地方特征的各种风景画来装饰。或者画出港口、半岛、海岸、河流、泉水、海峡、神庙、森林、

山岳、家畜、牧人……以及其他与此形式相同而能从自然中得到的事物"。❶ 有很强写实色彩的墙壁风景画，成了古罗马住宅的特色之一。

实际的园林处理通常在廊院和后花园。加上了柱子的廊院同传统中庭空间形态相似，但多了一个层次。紧密的房屋围合使它有很强的内部环境感，中央可以是传统的水池，也有布置下沉铺地的，辅以喷泉、雕像，种上花卉或布置盆栽花卉，既接雨水，又装饰庭院，配合墙面上的壁画，带来美妙的建筑与园林环境交替效果(图4-6)。

因为占地往往沿着整个建筑的外墙，住宅后花园常具有整个住宅的宽度，比前面围着房间的院落宽敞许多，成为同狭窄、拥挤的街区，甚至前面的庭院强烈对比的迷人天地。

在住宅后花园里，可能有各种形式的花床，种着玫瑰、风信子、紫罗兰等各种花卉，边缘上围着黄杨绿篱。园中树木有梨树、无花果、栗子和石榴等，还有格架凉亭爬满藤蔓植物。地面步道上铺着砖、卵石甚至马赛克。带有各种形式喷水口的喷泉，装饰性的石水盘以及水池、水渠，富有情趣感的壁龛、大理石或铜雕像，以及石桌、石凳使园景更迷人。有些后花园也会建有周围柱廊，成为一种仅有一面衔接背后房间，中央是比较开阔园地的廊院(图4-7)。由于街区地段的限定或特定的设计，城市住宅也有后花园在建筑侧面的，豪华的住宅还有把大型廊院花园直接结合住宅入口的。

图4-6　庞贝城住宅遗迹，通过廊院可见后花园

图4-7　庞贝城住宅后花园复原

在庞贝的住宅中还发现了屋顶花园。由于天然混凝土拱券结构的大量运用，古罗马建筑中有许多是带女儿墙的平屋顶，即使是木结构也可以做成这样，使古罗马的屋顶花园比古希腊的阿多尼斯园有了更多的实质园林性质，"充满阳光的平屋顶成为迷人的阳光房，种有树木、灌木，还有盆栽。有些还会有格架凉亭。"❷

在罗马城这样的大城市中，许多平民住在4～5层的公寓或两层的连排住宅中，没有花园可建。他们除了可以享受城市公共区域的园林环境外，常在窗台、阳台或门廊上放盆栽花卉。当在阳台和

❶　维特鲁威，《建筑十书》，高履泰译，北京：中国建筑工业出版社，1986，第164页。

❷　Julia S. Berrall, THE GARDEN, AN ILLUSTRATED HISTORY, New York, The Viking Press, 1966, 第44页。

门廊中种上爬藤植物，配合不同的花卉，形成绿化遮蔽和高矮层次的各种色彩的时候，也会给人带来一种小小的园林环境感。

4.3 农庄住宅与豪华别墅园林

豪华别墅园林指那些占有较大面积的，多数位于城市周边、郊外，甚至乡村风景地的大型别墅住宅所附带的人工园林，最有特色的环境通常在形体比较丰富的建筑外围。

历史上古罗马和文艺复兴时代常见的别墅一词，本指古罗马乡间农庄住宅，自然地同田园环境联系在一起，这种住宅到共和晚期发生了一些变化，并形成一种新的居住建筑概念，即豪华别墅。瓦罗把帝国初期的罗马园林分为两类，一类是以实用为价值的；一类是以愉悦和享乐为目的的，[1]后一种往往是豪华别墅环境的重要组成部分。

古罗马乡村农庄住宅的房屋布局，一般同城市住宅没有多大区别，只是独立位于各自的地产上，周围是园圃、农田。在乡村住宅旁，比大面积农田、林地更接近住宅的地方，有主要以实用为目的的菜园、果园，以及鱼塘、鸟舍和各种农庄动物围栏，配合着树木，既提供日常食物，又装点环境。这种景象应该同古希腊城市周围的实用园相似，但更密切结合于独立的居住建筑。

逐渐地，人们营建住宅周围环境的兴趣更集中于装点环境，以及在特定环境中的享乐了。大型鸟舍在装点环境的设施中大概很流行，甚至本身就是一个人们可以进入其中的小园林。瓦罗描述了自己农庄住宅附近的一个鸟舍园林，主人有时还会在里面就餐。它有"建在小岛上的一个圆殿，被网和柱列所环绕。通道上还排列着鱼池和带网的亭子，通过柱列可以看到周围的树林。在圆殿的天花上，还装饰天空的星辰。"[2]（图4-8）。

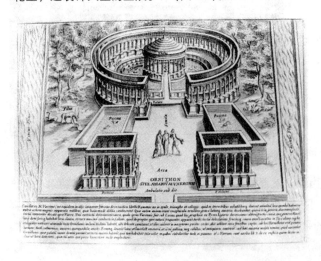

图4-8 瓦罗住宅鸟舍园林复原想象

❶ 参见 Christopher Thacker, HISTORY OF GARDENS, Berkely and Los Angeles, University of California Press, 1979, 第19页。
❷ John Michael Huntet, LAND INTO LANDSCAPE, New York, Longman Inc., 1985, 第29页。

在农庄住宅走向豪华别墅，园林由实用走向愉悦的转折中，公元前1世纪共和时代最后阶段的将军卢库鲁斯，被当作豪华别墅园林实践的重要开创者。在征战小亚细亚获得名望和财富之后，他为自己营建了数处豪华别墅，其中最著名的建在罗马城中心附近的山坡上。虽然后世特别是文艺复兴的建造活动已经淹没了他的园林，但人们知道它曾经有宏伟的台地和丰富的花木。

比卢库鲁斯稍晚一点的西塞罗为拉丁文学发展作出了重要贡献，而作为罗马权贵，也是豪华园林别墅的提倡者。他的书信记述了自己家传住宅自祖父到父辈的变化，祖父时还很小的住宅到父亲时被扩大和修饰，由农庄住宅成了豪华别墅，并认为除了日常生活的住宅外，富有的罗马人生活中应当有另外的园林别墅。

一般地说，豪华别墅同传统农庄和一般城市住宅的典型差别，是建筑不再是封闭围合的简单矩形。它们常有面对户外景观的平台和伸出的一翼或数翼，带着各种房间或游廊伸向园林环境之中。园中的花床、桌凳、格架凉亭也变得更丰富，使建筑同园林环境呈现交织状态，融合得更紧密。在一些园林中，还会把实际功能同特定的环境特征、寓意命名相结合。西塞罗用来收藏古希腊艺术品的一座别墅有分别称作阿卡德米和莱希厄姆的伸出翼，把对柏拉图和亚里士多德的记忆和崇拜融入园林，并蕴含"哲学家园地"的意义。❶

在别墅选址方面，坡地和水景是最优先考虑的。到帝国初期，罗马城的数个山坡已经被权贵和富有学者的豪华别墅园林所环绕。离罗马城不远的蒂瓦利丘陵河谷地带，也是优美园林别墅的集中区。

古罗马的大量别墅已经不复存在，但有一些文字记载可以使人们比较完整地想象它们的建筑和园林。公元1世纪的学者小普林尼有两封书信，对自己罗马城附近奥斯提亚的劳伦提乌姆别墅和托斯卡纳地区的吐斯奇别墅园林描写得颇为详尽，为后人了解古罗马豪宅别墅园林提供了重要的信息。这些信息中还包含规则式园林与周围自然环境并重的珍贵观念。

4.3.1 小普林尼的劳伦提乌姆别墅

奥斯提亚距罗马城只有20公里左右，同罗马城之间是农田、牧场，在这里沿着海岸的劳伦提乌姆有许多罗马贵族的别墅。小普林尼特别欣赏这里美丽的海景和冬季温和的气候，以及当天就可在繁忙社交、工作后回到自然美景中的距离。

小普林尼在劳伦提乌姆的别墅，是一座传统农庄住宅结合豪华别墅的园林建筑组合。面向大海的主要是居住和愉悦性园林环境。在陆地一侧，又有各种农庄设施。小普林尼认为这里的田园、海岸等一切是如此优美，甚至不必有过多的人为艺术经营。

依据小普林尼的描述，这个建筑组合的主入口背向大海。在南面偏西对着大海的一面，东有别墅主体建筑轴线尽端房屋，西有一个游廊平台❷。它们是主要联系海景的地方。

别墅主体建筑同古罗马大型城市住宅相似。主入口之内，是中轴线进深上包括廊院的数重庭院，但在人们的想象中要规模更大，形态更丰富。一些复原设想中的廊院有半圆弧形的边缘。在轴线的尽端，可以观海的家庭房是最吸引人的房间，与之联系的廊院据说也可看到海景。在这个尽端的中央，一个大餐厅突出出来，犹如水畔亭台一样伸向海岸线，成为递进建筑与庭院空间的最高潮。

---

❶ 转引自 John Michael Huntet，LAND INTO LANDSCAPE，New York，Longman Inc.，1985，第28页。
❷ Xystus，古罗马通常带三面游廊的平台。

游廊平台被形容为"紫罗兰的气息",可以想象这里铺着草皮和花床。虽然古罗马园林的花床通常有黄杨边界,但按小普林尼的说法,黄杨应在背风的柱廊之后,这里的花床可能围着矮石墙或篱笆。

部分围着平台的游廊不是常见的那种两面或一面完全开敞的柱廊,它装有可以开合的窗扇,能在不同季节里调节阳光和风的影响。在远离主体建筑的游廊平台西端,小普林尼还精心营造了一组小屋,可能是夏季用的凉房或相反的冬室,带有自己迷人的宽阔平台。除了远处的海景,在这里还可以面对近处的树木和海滩,是他自己享受宁静独处的地方。

游廊平台后面是一处面积很大的树木园,种满桑树和无花果。浓密的树木周围有数条小径,有的在葡萄架下,有的伴着两旁的黄杨和迷迭香。游廊平台和别墅主体间是农庄住宅,不少房间的窗口可以观赏树林或毗邻别墅主体主入口的菜园。

在这个别墅园中,最独特的景观视野来自两座塔楼,小普林尼非常欣赏这里的居高远眺,但只指出它们在"别墅的一翼"。

19世纪的一些学者依据主人的描述,绘制出了一些复原图。因经验和想象而互有差别(图4-9,图4-10)。

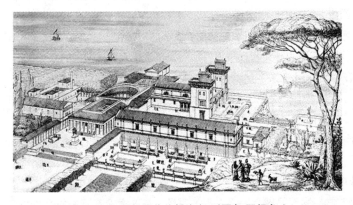

图4-9 小普林尼的劳伦提乌姆别墅复原想象之一

图4-10 小普林尼的劳伦提乌姆别墅复原想象之二

4.3.2 小普林尼的吐斯奇别墅

小普林尼的吐斯奇别墅距今佛罗伦萨不远。他对这个别墅周围的景色有这样的描写:"此处的乡野非常美丽,给你展现了一个只有大自然才能造就的圆剧场般画面。广远的平川被群山环绕,山顶上是古代留下的高大树林，那里曾经是大规模狩猎的场所。下面的山坡是林场，其间小岗上覆盖着肥沃的泥土，几乎见不到裸露的岩石。"❶

别墅的建造基地大体北高南低，别墅主体的南向被小普林尼称为正面，有它前面的庭院园林。主体建筑北面连着一处转折的大阶梯和一连串附属房屋，渗透到更高处的葡萄园中，葡萄园内还有另一组独立的建筑。主体建筑和葡萄园东面是一处 U 形的园林——赛车场，处在比主体建筑低一些的位置，可以从窗户中欣赏浓密的树冠(图4-11)。

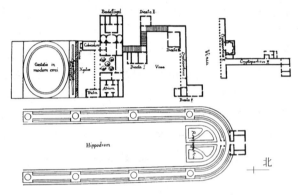

图4-11　小普林尼吐斯奇别墅平面复原

别墅主体正面中部，一条柱廊连接着东翼的餐厅和西翼的主客厅，背后分别是住房围绕的庭院和浴场房屋。柱廊中段通透，通过两排柱子向北可以看到主庭院，其中央有大理石喷泉，四周种着梧桐。主庭院三面的房屋中有一个园景房，地面铺着大理石，墙上画有树木、鸟儿、溅起水花的滴沥清泉等美丽风景。在柱廊南面有缓坡连接的数层台地，组成一个庭院园林。

别墅主体前几层台地下跌，柱廊与最上层台地形成一个游廊平台，上面铺着草皮和花床。花床可能是方形和圆形的，也可能有波浪形的边缘，栽植着黄杨。花床间的草皮上可能有喷泉，台地边还可能有矮墙和流行的爬藤篱笆。连接下一层平台的缓坡上有更多的花草，黄杨边界被修剪成各种相向而立的动物。接下来的窄长平台长满了茛力❷。在它们间有一条园路，两旁葱翠的枝叶以所谓乐曲剪裁法修剪出起伏。在园林南端最低处，环形园路围绕着一个更宽阔的圆形平台。台中种着低矮的灌木，边缘又是修剪成各种形状的黄杨。在庭园之外，围墙被剪成阶梯状的黄杨所遮挡，让人在外面感觉不到整个风景地段中有一处被围起来的园林。

在别墅主体西侧的浴场后，转折的阶梯导向北面更高的台地。沿着阶梯有三处房屋，一处可俯瞰种着梧桐的主庭院，一处面向西面伸展的草场，最后一处衔接北面高地上大面积的葡萄园。衔接葡萄园的房屋后面还有一个柱廊向东伸延，可以在观赏葡萄园、赛车场园林以及更远群山的同时用餐。柱廊还连着第四处房屋，直接面对着赛车场园林。这组建筑在组群空间关系上实现了别墅主体与葡萄园和赛车场园林的呼应。

葡萄园面积很大，位于其中的另一组建筑有长长的柱廊，呈 L 形连接着数座房屋和亭子。

赛车场园林被小普林尼形容为这个别墅中最非凡的地方。在古罗马，健身和竞技仍然是人们喜

❶ 转引自 John Michael Huntet, LAND INTO LANDSCAPE, New York, Longman Inc., 1985，第33页，注21。

❷ 英文 acanthus，老鼠簕属植物的统称，其柔软的草叶形象被用在了科林斯柱头上。

欢的活动之一，但在大众娱乐方面，一般的竞技已经让位于更激烈的赛车、角斗等，多数时候这些场所内部没有园林绿化。同时，健身场、赛车场等在古罗马许多时候是关于园林环境的特定词汇。此时它们已经失去了原有的功能，成为一种借助 U 形跑道及其内外关系的时尚园林平面形式。

在这个赛车场园林中，跑道变成了装饰性的园路，呈 U 形环绕着内侧的绿地。U 形圆弧附近的绿地内还有特别设计的小径。大部分跑道园路的外侧是爬满常春藤的梧桐，并间植黄杨。在梧桐葱郁的树冠下，常春藤缠绕着树干和枝杈，把它们连接在一起。梧桐后面还有月桂，它们的影子同梧桐的影子相互纠结。而在北端的 U 形转弯处，跑道园路外的树木变成了松柏类，阴影更加浓密，簇拥中央轴线上的一座大理石屋。这座建筑形成了重要的轴线标记，从中可以眺望各个方向的不同景色。

高大树木环绕的跑道园路和它内侧的绿地色彩明快，清凉的树影随着阳光变换模样。小普林尼非常欣赏这个园林中心的空阔感，认为它可以使人对环境一览无余。跑道园路边缘栽植了玫瑰，并被黄杨树篱分成数条小径，有线性的连续感。而跑道内侧的绿地小径则是另一番景象。这里一会儿是一片小草皮，一会儿插入修剪得千姿百态的黄杨团，还会有小小的方尖碑与苹果树交替。在有序的艺术布局中，也有显示漫不经心般乡村自然美的地方：一片灌木丛间散布着柔软的莨力草叶，中间的矮梧桐围着一处小空场。在跑道园路的弧线处，顺着园路还有大理石坐凳，四颗大理石柱子支起葡萄架为它遮荫。数道水流从小喷泉口中涌出，在石凳下形成水渠，流入一个精致的石水盘。

4.4 皇家园林

到帝国时代以后，拉丁民族国家的发祥地，罗马城的帕拉丁丘长期是皇家宫殿的所在。古罗马宫殿最典型的是双向对称布局，在殿堂、居室、通道间形成四个被大理石柱廊或连拱廊环绕的庭院。由于古罗马时代的陆续改建和后世的各种营建，特别是文艺复兴以后的建筑和造园活动，这些庭院当年的景观特征已经难于确认，但从古罗马人的传统和历史记载来看，里面是有园林植物和水池的。

对于帝国核心宫殿区的园林环境创造，历史记载中留下比较明显迹象的是尼禄皇帝时代的黄金宫园林。而建于罗马郊区蒂瓦利的哈德良宫，则以很完整的遗迹留下一处独特的古罗马皇家建筑与园林环境。

4.4.1 黄金宫

公元 64 年，一场大火焚毁了罗马城南部的大部分平民居住街区，阴谋论者认为是尼禄所为，为的是扩建自己的宫殿。在嫁祸于此时的早期基督徒来转移矛盾的同时，尼禄把皇家宫殿从帕拉丁丘扩张出来，建立了巨大的宫殿园林区，并在山丘间的低地中掘出一个蔚为壮观的湖面。

亲眼见过这个园林的古罗马人色托尼俄斯在其《十二凯撒》中记述说：尼禄"自己 120 英尺高的雕像立在入口大厅中，带壁柱的连拱廊长达一英里。一处湖水更像海而不是水池，周围的建筑犹如一座城市。环绕着水面还有一座自然风景园，有耕地和葡萄园，牧场和树林——其中游走着各种家畜和野生的动物"。❶

湖面北侧一段黄金宫建筑遗迹已经得到确认。它的平面同常见的宫殿庭院围合不同，更像乡村

---

❶ John Michael Huntet, LAND INTO LANDSCAPE, New York, Longman Inc. , 1985, 第 34 页, 注 22。

或海边的豪华别墅。面向湖岸的连拱廊在中央一段内收成凹院，西段有一穹顶八角形厅。八角厅空间向周围渗透，顶部开有大圆窗，南面对着外部的景观，其他几面联系小室，具有明显的内外空间交融感(图4-12，图4-13)。

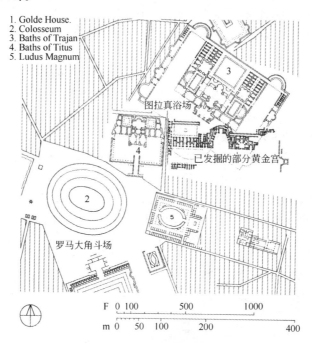

图 4-12　黄金宫主要园林所在区域，图拉真浴场残墙下
发现宫殿局部遗迹，大角斗场及以东曾是湖

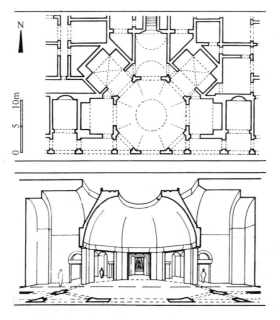

图 4-13　黄金宫建筑局部平、剖面复原

在喧嚣拥挤的城市中心，这座宫殿的园林很像田园牧歌般的乡村，让古罗马帝王在极度奢侈中标榜古老的生活方式。不过，尼禄是罗马帝国著名的暴君之一，在城市中心为少数最上层权贵占用大量土地也难于被罗马市民所接受，而已经习惯城市生活的人们更喜欢刺激的娱乐。黄金宫园林存在的时间不长，为了讨好广大公民，巩固权力基础，被挖成湖面的地方在十余年后的韦斯巴芗皇帝时期就改建成了著名的罗马大角斗场，后来还建造了图拉真浴场等。

4.4.2 哈德良宫

罗马城内的皇家园林遗迹已经很难反映当年的环境了，但在远郊的蒂瓦利，留下了整体环境和建筑仍很清晰的哈德良宫。对于传统的古罗马宫殿来讲，它的布局非常奇特，建筑灵活散布在山水风景环境中，因而在以后的多数时候被称为别墅而不是宫殿。

哈德良宫建于公元 2 世纪，其基地地形和风景是建筑布局的最重要依据，而诸多的建筑和它们之间相对独立的关系，几乎使这个宫殿群成了一个小城镇。

整个宫殿群顺应由北向南升起的坡地，处在自然起伏之中，大体沿着向北偏西的谷地和山坡，断断续续组合成不规则的 L 形，而且除了各单体或局部群落具有习惯的轴线对称外，看上去几乎没有控制整个群体的轴线和固定的建筑方位(图 4-14)。

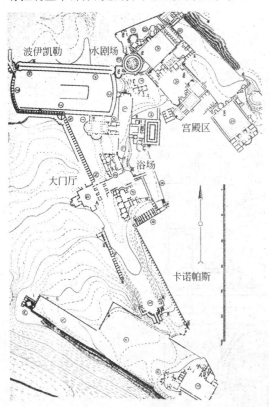

图 4-14　哈德良宫平面

这个建筑群的主要入口应该在北部，因为从罗马城来的大道通过这个方向，被确认为主要居住、行政区的部分也在这里。经过一片留有希腊式剧场的松林，今天来这里参观的人们，首先到达一个叫做波伊凯勒的巨大柱廊围合的大庭院。波伊凯勒有中间是隔墙的高大双面柱廊，一面对着今天的园外，一面对着大庭院。大庭院长边为东西向，短边呈弧形，中央是与院子形体一致的大水池。这里原来可能是一处竞技场，更可能像小普林尼托斯卡纳别墅的赛车场园林一样，是一处借鉴了竞技场轮廓的园林场所(图4-15)。

在大庭院南廊东端与之衔接的一组建筑群呈十字形，并且同样几乎是正南北向的。十字的西面是一座殿堂，殿堂东西南三向为巨大的半圆殿，北向联系着大庭院，可能被用为餐厅。十字的东面是一座台地上的矩形水池，它被柱廊所环绕，平面关系看上去很像典型的神庙。十字的南北向是两端被建筑封住的狭长户外空场，可能是健身场或健身场式园林，也可能是一处原来有水渠的仙女泉景观带，其北端的房屋顶着大庭院东端，南端建筑呈半圆凹室状。

从这里深入南面的谷地，在地平随着两侧山坡的渐近与升高之中，首先是面对东山坡的大小两处浴场(图4-16)，其间还有一处用途不甚明了的殿宇向西伸出，可以被称为大门厅。谷地深处最著名的是被称为卡诺帕斯或"南天星"的尽端景观。这里三面山岗紧密围合着狭长的水池，水池前端弧形柱廊间有雕像，形成通透的屏障，远端洞窟神庙深入陡直的山坡和它浓密的树荫(图4-17，图4-18)。从这里上去，还有一处称作阿卡德米的园区，当时可能不属于哈德良宫。

图4-15 哈德良宫波伊凯勒水池庭院，
最左端可见一段柱廊隔墙残迹

图4-16 哈德良宫大浴场

图4-17 哈德良宫卡诺帕斯水池与北部柱廊

图4-18 哈德良宫卡诺帕斯水池与南端神庙

哈德良宫北部东侧高地上是主要宫殿区，大体沿着自西北而东南的走向，构成不规则 L 形的短边。其西北端以一个大型廊院为核心。廊院自身的北面是图书馆，可俯瞰宫外的山谷林地；东北角是带有中央大餐厅的客房，以及它北面的神庙；西南同波伊凯勒之间有一处被称为水剧场的圆形建筑。

水剧场为圆形。环形的墙，环形的水池，围着圆形的小岛和岛上柱廊围绕的圆厅(图 4-19)。

图 4-19　哈德良宫水剧场

更多的宫殿建筑在廊院东南继续延续，开敞的庭院和柱廊面对西侧谷地。在宫殿区的东南最尽端，是被称为黄金院的奥罗宫。它相对独立，有自己规整的廊院和轴线上的大殿。

哈德良宫几乎拥有罗马帝国能见到的各种功能的建筑形式，如宫殿、浴场、赛车场、图书馆、剧场、餐厅等，皇帝"要他的建筑师和工匠们再现了一些在 8 年游历帝国中对他最触动最深的宏伟建筑"。❶ 各种形式的拱券以及它们的组合，带来丰富的内部空间和外部形体。建筑内部空间关系的相对规整和紧凑，同建筑外部空间的不规则和相对松散形成对比。大量柱廊、连拱廊、半圆殿、门窗洞口，又使得空间得以相互渗透，包括室内各部分与室内外之间。

水是哈德良宫环境的重要要素。它没有形成一个全景式的中央湖面，而是处在浮现与消失的转换之中，并辅助产生特定的场所感。

在谷地南端，洞窟神庙、水池和两侧的山坡绿荫，有着明显联系仙女泉景观的迹象。水池边顶部极端轻盈的，只能说被拱形梁连在一起的柱廊与雕像，令人冥想自然和生命的美。在波伊凯勒后的大庭院，水面舒展在阳光下，人们可以漫步于周围回廊的阴影中，也可以来到它们之间宽敞的园地，是一个交往的好环境。在"水剧场"处，圆厅周边各个小室向被高墙闭锁的一环清水开放，精致小巧，宁静幽然，据说是哈德良的隐居处。在更多的地方，水在园中的喷泉、建筑的半圆殿等各处流出，光影、声音、涟漪随处为环境增色。

哈德良宫当时的园林植被处理现在已经难以知晓，但基本的判断是，在宫殿区的各庭院，波伊凯勒大庭院，都有同廊院类似的园林处理，但树木、草皮、花床，以及篱笆、格架凉廊可能更丰富。在起伏的山地上是丰美的树林和灌木，有自然的，也可能有人工的，带来浓密而多变的绿荫，同形体丰富的建筑相互映衬。

在自由布局和结合地形方面，哈德良宫园林有着同中国园林相似的特征。但是，由于采用外层为砖的天然混凝土拱券结构，并常常加上大理石贴面的柱式装饰，它的建筑显得相对厚重，而且大体量的建筑比较密集。在比较近的距离内，高大、对称的建筑体量控制周围环境的感觉比较强。

---

❶　Julia S. Berrall, THE GARDEN, AN ILLUSTRATED HISTORY, New York, The Viking Press, 1966, 第 41 页。

4.5 罗马城的公共园林环境

罗马城最初只是帕拉丁山丘上的一座小城，在后来的发展中形成了以帕拉丁、卡比多丘、维利亚丘等山丘之间不规则的共和广场群为核心的大城市，沿七丘间的谷地向各方伸延。城市中心街区，特别是平民居住的街区多数街道狭窄，方向凌乱，并缺乏街道绿化。从庞贝城出土的街道看，行道树绿化在古罗马各城市可能都是很少见的。

然而，随着别墅热的兴起，罗马城各丘日益被绿化美化，台伯河沿岸也是如此。除了皇家、私家的宫殿、豪华别墅园林，也有了许多面向公民开放的绿地。许多草坡、树林可以供人散步、游赏。各种大规模宗教、纪念，以及社交、娱乐和文化设施的建造，也使城市中心地段的公共绿化增多了。

公元前1世纪建造的罗马大角斗场，就在原来尼禄黄金宫园林地段上，建筑周围有许多树木草皮绿地。在共和广场旁形成的帝王广场群各个广场，以及许多神庙围院内，剧场、健身场、赛车场周围，常有行列植树，或以行列成片，形成公共绿化环境。

公共浴场是拉丁人生活中的重要场所，兼具健身、社交功能。共和晚期以后，浴场规模越来越大，在罗马城，帝国时期能容纳千人以上的浴场超过十个，中小型者有数百。不少浴场在主体建筑周围形成巨大的围院，其尺度和活动性质完全是一种大型城市公共空间。公元3世纪建造的卡拉卡拉浴场，围院内绿地面积近6公顷，沿外围围墙还有讲演厅、图书馆、竞技场、商铺旅店等众多设施，绿地上种植了许多整齐排列的树木(图4-20)。

这样，从比较大的环境关系来讲，罗马城就形成了这样一种城市环境：谷地核心街区被起伏的山坡、河岸绿色环境所包围、渗透，拥挤的街区间也穿插着较大面积的开放空间，配合各种公共建筑环境，局部有序，整体无序地散布着许多园林化场所。

图4-20 卡拉卡拉浴场全景复原

4.6 园林特征归纳分析

一些历史评论认为，古罗马人为拱券结构建筑贴上来自古希腊的柱式，但只求华丽，忽略了原有象征意义，是一种艺术的保守甚至衰落。相应地，古罗马园林也没有古希腊圣地那种深邃的场所景观价值。但是，他们所处的历史条件和拥有的经济实力，以及享受生活的欲望，使基于人生享受的愉悦性园林远远比古希腊发达，在欧洲园林艺术实际创作的历程中留下了浓重的一笔，并且是文艺复兴时代欧洲园林艺术高潮所借鉴的主要源头。

　　地中海周围各民族古代文明有着千丝万缕的联系，在许多领域，古代埃及、西亚的文化影响了被当作欧洲文明摇篮的古希腊，以及在很多方面传承了古希腊文明的古罗马。古罗马人在园林史上的最重要贡献，是使以愉悦性为目标、艺术美为特征的园林在欧洲成了住宅、别墅、宫殿等建筑环境中的重要组成部分，城市绿化环境也大量出现。这种情况曾在古埃及、古西亚以些许不同的面貌存在过，在亚历山大大帝及其后的希腊化时期被欧洲文明的代表者所发扬，共和晚期和帝国的古罗马则使之更清晰，并在文字、遗迹中留下了更多使后人可以了解的形象。

　　到地中海古文明圈园林的这一发展阶段上，古罗马园林的一般特征主要体现在：

1）几何布局与随机性

　　几何布局是古罗马园林的基本特征，这种特征明显不同于古希腊最著名的圣地园林，而同地中海周围其他历史文明古国的园林相似。但是，古罗马园林的几何布局采用了比较灵活的方式，特别是豪华别墅建筑与园林的关系。在这一点上，又同文艺复兴时代形成的典型欧洲古典园林有所区别。

　　据说按照传统宗教天地观并借鉴伊特拉斯坎人的传统，最初限于帕拉丁丘的罗马城布局曾依据十字轴线，形成中心广场和主要街道外的四个区域。扩张中的罗马在各处建立的军事营寨也据此布局，它们中的许多发展成了后来的城市。罗马城本身的扩张却失去了这一特征。在共和后期特别是帝国时期的罗马城，包括局部组群在内的建筑多是对称有序的，空间和形体组织依据中轴线或十字交叉轴，而大的城市格局则在七丘地形中具有随机性。古罗马的园林艺术时常同这种特点相吻合。在形成整体园区的时候，除了庭院内的情况外，局部几何图案化的园林可以同建筑形体交织，在建筑之外朝各向伸展，而不是规则地被围在建筑内、围合着建筑或位于建筑的一面。

　　不过，古罗马园林中出现的上述随机感，还没有接纳自由曲线和放射线。园林区域划分中最常见的仍然是直角转折。在古罗马建筑和园林中都经常见到圆形和半圆弧，它们是局部对称有序关系的一部分。

2）远观与近景并重的台地

　　别墅园林台地处理是古罗马园林的重要特色之一。如同小普林尼的描述，古罗马台地园林同远眺风景的要求有关。他详尽的吐斯奇别墅别墅园林介绍，又使人看到台地跌落及相关植被带来的丰富情趣。

　　一些学者愿意以传承影响的眼光追溯古埃及的戴尔—埃尔—巴哈利，以及希腊化时代小亚细亚的帕加玛。不过。只是到了古罗马，台地才成了一种充分处理的园林艺术元素，园中台地自身的情趣意义不逊于大范围地形的壮阔意义。意大利文艺复兴园林直接继承了这种台地园林艺术。除了文字记载外，后人对古罗马台地园林特征的复原想象，实际上有许多以意大利文艺复兴园林为依据。

3）图案化植被造型、喷泉水景与小品

　　从小普林尼的记载看，在一些大型住宅廊院、后花园、游廊平台，以及以健身场、赛车场命名的园林中，图案化的花床花卉和低矮灌木已经很明显，这在以前时代的园林中尚不清晰。古埃及住宅园林植被给人以图案化的感觉，但图形来自高矮植物和水体搭配中的几何布局。古波斯园林花床图案来自比较晚的证据，并可能实际出现在萨珊波斯时期。古罗马园林的图案可由花床自身矩形、条形、圆形、U形等几何外形，以及里面的不同植物栽植和修剪构成。花床边缘围以黄杨绿篱可能是非常常见的手法，还可以用低矮的篱笆围合草皮、花床，壁画显示的篱笆有时候伴着爬藤植物。

　　重在造景的人为艺术性水处理在古希腊可能不太发达，只有引水改善环境的记载。在古埃及和

西亚园林中，几何形的水池、特定意义的水环境则比较突出。古罗马的园林有自己庭院水池的基础，更经希腊化时期借鉴了当时欧洲人所熟知的一部分东方世界。

古埃及或古西亚是否有人为喷泉不很清楚，但它们都曾有提水浇灌农田和园林的设施。到古罗马时代，除了各种水池、水渠外，人工的喷泉也在园林中大量出现了。罗马人的大城市经常有高架输水道供水，在庞贝古城的街道上有"自来水"池，在浴场，特别是豪华的浴场中，各种装饰性的喷口向浴池中吐水。最典型的园林喷泉，是石柱托着圆形石水盘，石柱常呈花瓶状，水向上喷出或涌出，经由水盘溢流到下面与之形象相配的水池中。还有的喷泉配着雕塑和线脚呈圆形或多边形的台状跌水。喷泉也有做成雕像的，如庞贝一个园林中的孩童铜像，水从他举着的水袋或酒囊中流出。在园林建筑，如住宅后花园墙上的壁龛，以及哈德良宫的许多半圆殿处，还可以有墙上装饰华丽的水口把水喷向下面的水池。

由于继承了古希腊艺术并且更富有，古罗马园林中的喷泉、水盘、雕像、花瓶等小品明显增多。并且，用在不大的庭院园林或大型园林的许多局部花床、植物修剪环境中，肯定比在林木类的园林里显得更突出。

除了上述基本特征，古罗马园林还明显具有围合或开放感不同的空间层次，住宅中庭、廊院和后花园园林被房屋和围墙紧密围合，而在大量豪华别墅和哈德良宫这样的园林中，重要的园林环境显然在主体建筑的围合之外。目前没见到关于后一类园林围墙的明确记载。它们或许应该有围墙，但由于较大的面积、多变的空间和绿化，同更广远环境连为一体的感觉会很突出。这种特色使各种世俗愉悦性园林自身就出现了类型差别。

4.6.1 城市宅园的建筑内部场所感与中轴空间转换

城市住宅园林可以分为廊院和后花园两处，时常在一所住宅中同时存在。它们的环境特点，可以从相对独立的园林和住宅环境整体两个角度看。

从相对独立的园林角度看，廊院和后花园各具特色。典型的住宅廊院露天面积小于廊下面积，周围房间向这里开口，让人感到还是居住空间的一部分。柱廊、挑檐，中间的下沉水池或园地配上花卉、雕塑，像是建筑中精心布置的中庭，具有很强的内部空间感。后花园的尺度相对大得多，在著名的潘萨府邸达700平方米左右，但被可以随时看到并可能带有柱廊的高墙环绕，视野相对很封闭，也是私密感很强的庭院空间。简单的几何形花床、草皮与间或点缀的几棵树木，同醒目的水池、喷泉，雕像配合，豪华的还有马赛克铺地和墙上的壁龛，形成人为艺术感很强的小花园，一个亲切的家庭内部绿色场所。

从环境整体角度看，古罗马城市宅园似乎是古埃及住宅园林与建筑关系的翻转，且园林空间同房屋内部空间紧密相连。很多情况下，伴着房屋、柱廊或围墙的围合，沿着中轴线的传统中庭、廊院和花木更多的后花园同开敞的厅堂一起，形成露天与非露天的串接转换。明暗交替中还有廊下、穿堂等"灰"空间，为住宅内部带来多变的情趣。在上方露天开口不大，下方仅是简单水池的中庭中，彩色的铺地、壁画中的风景和通畅的视线，也使人感到这里同廊院、后花园空间的紧密连接。

4.6.2 豪华别墅园林环境的多向扩展

从古罗马建筑和环境艺术的传承看，豪华别墅园林是城市住宅向外部的开放，以及农庄住宅周围实用园的艺术化。同时，为了营造丰富的景观层次，观赏更广的风景，选址成为别墅建造中非常重要的环节。在这一点上，古罗马园林显示了置身环境和远眺环境、人为艺术和自然景观的结合。

在多数情况下，传统的住宅形式仍然是豪华别墅的蓝本，但更多的建筑成分使豪华别墅成为形态更丰富的组合。最典型的是向外的伸出翼，以及各种游廊和廊前平台园地。这样，伴随建筑体量的伸延，豪华别墅园林就有了各种位置、各种方向的被围合庭园、半围合花床平台，以及完全在建筑外扩张的树木园、葡萄园等。水边或山坡上的视野，更把可在别墅中欣赏的景色扩展到遥远的地方。

别墅园林还联系着一些形式特化的园林环境，典型的如小普林尼的赛车场园林，以及很可能与其非常相似的哈德良宫波伊凯勒柱廊大庭院。前者对原有 U 形跑道的处理在古罗马时尚中有很有趣的意义，似乎体现了一种很现代的艺术现象：以不类同的事物形式来启发创造，在不同性质的艺术作品中留有原型的痕迹。由于形式特化，以及充分的几何式绿化处理，这类园林往往在别墅中显得相对独立，自身场所环境完整。

菜园和大面积的葡萄园本属于实用园林，树木园更接近自然环境。古罗马别墅通常把它们放在园林环境的外围，既显示了近处的园林同建筑类似的艺术性，又注意到园林生活同传统乡村生活的实际与象征性联系。

4.6.3 皇家宫殿园林与哈德良宫的历史独特性

在古罗马皇家宫殿建筑和被它所围合的庭院中，城市住宅及其园林仍然有原型意义，只是宫殿建筑和园林都更加豪华、尺度更大，并且有更多白色大理石、局部金色装饰同植物色彩的鲜明对比。对于宫殿园林，要关注的更应该是宫殿主体建筑以外的园林处理，以及大型园林中的建筑特色。

历史记载没有为复原黄金宫园林的形式组织留下想象空间。古罗马人的描述使人们知道它规模很大，有自然式园林的景观特征，考古证明面对着它的建筑有特定的空间和造型处理。哈德良宫可能在许多方面与黄金宫园林类同，与记载和考古认知的多数古罗马宫殿群有很大的差异。

哈德良宫在欧洲历史上非常独特，同中国古代皇家园林却有相似之处。它有明显的宫殿区，也有建筑物很多的园林区，建筑布局和造型差异很大。宫殿区建筑维持严谨造型，以及基本的轴线递进院落关系。园林区的建筑布局则相对自由，各个建筑的造型和空间也呈现较多的变化。进一步比较哈德良宫和中国皇家园林，前者宫殿区庭园内的园林植物、小品处理会比中国的丰富，反过来，园林区的景观处理，则没有中国那样把散点、通透的建筑全然渗透在自然之中的精妙。

哈德良宫的园林结合地形，也可以说园林区的建筑布局和造型迎合了自然景观。古罗马大型建筑多数形体呈矩形或圆形的完整性，轴线上可能有半圆殿突出，但不影响整体的方圆规整感。而在哈德良宫的园林区内，除了随着地形转换方向，大量使用柱廊外，建筑中有许多半圆殿，或一面开敞的大型半圆壁龛。它们形成正反弧线活泼的体量和空间，或以体量向周围环境伸出，或以空间吸纳外面的环境。不过，这里的建筑尺度仍然比较大，体量也比较厚重，并且相对密集。从置身之地和视野看，许多时候都让人强烈感到处在以建筑艺术为主的环境中，自然的山林和人工的园艺处理是优美的陪衬。

第5章 欧洲中世纪园林

中世纪是来自 15 世纪文艺复兴以后的一个欧洲历史概念,把罗马帝国灭亡后的一千年左右当作一个不幸插入的中间年代,其主要标志是基督教的精神统治和封建化的世俗社会。

中世纪的基督教根本上反对世俗享乐,但又力图在一定程度上利用园林环境反映宗教意识,并迎合某些实际需要,客观上促进了园林艺术的发展。在从"野蛮"走向文明的过程中,表面信奉基督教的封建统治者营造了他们城堡中的园林,并把大面积山野林地纳入享乐活动的领地。中世纪学术的逐渐发展,产生了欧洲最初的园林著作,并在实用园林之外,分出了愉悦性园林中的花草园、果园和小林苑等。文艺复兴以后的一些园林要素及其形式,经古罗马以后,大体在中世纪后期形成明确雏形。

5.1 历史与园林文化背景

以耶稣的活动为标志,基督教在公元 1 世纪出现于罗马帝国统治下的巴勒斯坦地区,在犹太教的耶和华上帝信仰和原罪学说基础上,相信人们只有通过耶稣基督的救赎才能到达来世的天堂。

由于初期的秘密活动和拒绝承认皇帝的神性,这个宗教曾受到古罗马人的猜忌和迫害,但到 4 世纪被帝国所接受,并逐渐成为官方的宗教,早期教徒组成的各地方教会走向合并,日益壮大和统一。罗马帝国的崩溃使教会又逐渐分裂,形成欧洲西部的天主教会和东部的东正教会。它们的教义有些微差,但更多的矛盾来自谁是耶稣在人间权柄的"正统"继承者。下文所指的基督教教会主要指天主教会。

中世纪初期 400 余年的欧洲大部分地区民族迁徙不定,除了在东部一角延续到 1453 年,并在 6~7 世纪一度强盛的拜占庭帝国(东罗马)外,频繁的战乱毁灭了大部分罗马文明,经济和文化停滞在一个很原始的新起点,历史上被称为黑暗年代。在这个年代的纷乱绝望中,只有基督教的天堂带给人们一线希望。新的统治者多是不识字的"野蛮人",教会垄断了文化、教育,也以拉丁文传承古代知识,在医疗、农业和基本的识字、计算教育等方面服务社会。这使欧洲各民族都很快信奉了这种宗教。伴随 9 世纪前后封建政治秩序的成型,教会逐渐演变为一个由罗马城的教皇和各级教士组成的精神帝国,其上层事实上成为中世纪权贵的一部分,教俗利益相互纠缠。

中世纪教会竭力以坚守信仰来维护利益,对宗教的宣扬一方面催生宗教艺术,在论证上帝中增进思维,另一方面又限制人生、禁锢科学。在中世纪,高耸、华美的天主教教堂,特别是 12 世纪后的哥特式大教堂为建筑艺术史留下了浓重的一笔,宗教绘画和雕塑也日益发达(图 5-1)。

由 4 世纪的教父到 12 世纪兴盛起的经院哲学,基督教借助柏拉图和亚里士多德的概念和原理来论证上帝，对西方推理性思维的发展起了不可忽视的促进作用。反过来，基督教又把一切艺术和学术都限定在为信仰服务的范围内。对于贫困、苦难和自认负罪的人，教堂建筑具有极强的精神震慑力，宗教雕塑和绘画更直白地让人感受天堂的美好，地狱的可怕，耶稣以受难救赎众生的伟大。

这些艺术根本上是为了使人们最强烈地体验宗教，并在现世默默地忍受、赎罪，等待来世的天堂。在罗马帝国最后衰亡的阶段，基督教曾掀起极度的狂热，毁灭同宗教相违背的各种古代信仰和学术。在中世纪，哲学成了神学的婢女，凡是可能影响基督教神学世界观的学术研究都被禁止，教会对提出不同见解的科学家和宗教异端的迫害一直延续到 17 世纪。

图 5-1　哥特式巴黎圣母院

生产实践和对自然美的感知，促成了生活环境中的园林艺术发展。在信仰的前提下，基督教推崇善举，也并不全盘否定实际技能和相关知识的研究和积累，中世纪对此类知识的传承和研究大都来自教会人士。

在自然美的观念上，基督教有很强的两面性。圣奥古斯丁等早期教父认为上帝创造的大自然远远超过人为艺术的美，经院哲学的代表圣托马斯肯定世上一切事物都分享上帝的荣耀。许多自然事物被宗教学说赋予了象征性，如健美的树木同天堂和信仰坚定的人，水同洁净和皈依，绿草同再生和永生，玫瑰同神的爱和得救的灵魂，丰硕的果实同行善的结果等。甚至有认为上帝就是为了人类领悟这类象征意义，才创造了许多自然事物的。反过来，基督教又竭力告诫人们不要去欣赏这些自然事物本身，这会沉溺于世俗的享乐而忘记人生的目标。在这种矛盾中，基督教促成了中世纪最初的园林——修道院园林。

修道院是信徒离开世俗社会集体修灵的社团。在基督教产生初期，一些信徒借鉴东方僧侣的苦行修炼行为，在艰苦的环境里自我折磨。到公元 4 世纪，出现了社团性质的修道院。经历了中世纪初的战乱，至迟在 9 世纪有了稳定、完整的大型修道院建筑群落及其园林。

为追求宁静简朴的修道生活，许多修道院建在乡村环境里。这些地方有些形成了后来的城镇，有些保持了乡村风景，甚至优美的山水。建于 1131 年的里瓦克斯修道院，"建筑的选址、构图和对当地气候及地貌的适应是如此全面地融进了乡村之中，以至于大大启发了 18 世纪风景设计的英国学派。"其周围环境和修道院废墟，都被纳入这个世纪的自然风景式园林设计中。❶

中世纪修道院本身的园林一般有两种，一种是具有明显宗教意义的场所，在环境性质和关系上都紧密结合于教堂建筑；另一种同其社团生活和行善的目标相关，以实用为主。修道院最初通常建

---

❶ 引文见杰弗瑞·杰里柯，苏珊杰·里柯著，刘滨谊主译，《图解人类景观——环境塑造史论》，上海：同济大学出版社，2006 年，第 142 页。参见本书第 11 章 11.6。

立在乡村，后来有的城市就围绕着它们形成。它们通常拥有周围土地，有的是开垦的荒地，有的是世俗统治者馈赠的。这些土地被当作农田、果园、菜园等。小型的果园、菜园也会出现在修道院内部，形成建筑之间的一些园林环境。

在中世纪初期的战乱中，一些强有力的民族领袖曾试图再现罗马帝国的辉煌统一，最著名的是9世纪的法兰克王查理曼。他在击败许多敌对力量时借助了教会势力，教会也利用他的保护并加冕他为神圣罗马帝国皇帝。他对自己的亲族、将领和一些臣服地区首领实行世袭土地分封，死后帝国又迅速分裂，在欧洲大部分地区逐渐形成这样一种封建结构：皇帝册封割据一方的国王，国王再把土地封给自己的亲属和将领，并会被进一步向下层分封。国王及其以下的各层次封建领主是世俗贵族，在被分封的土地上独立行使权力，仅对上一层贵族尽赋税和战时出兵义务——一层贵族的下一层并不隶属于更一上层的统治者。

这种实际上分裂的世俗统治结构有着许多矛盾冲突，有利于教会从中周旋获益，长期受到中世纪基督教会的肯定。

欧洲封建统治的中心大多在乡村，在自己的封地上，封建领主很长时间里住在既是居住、行政的地方，又是一种防卫设施的城堡中。欧洲封建贵族也信奉基督教，但为了信仰而过节制、俭朴的生活并不是他们多数所要的。通过压榨农民和对外掠夺，他们竭力追求各种享乐。对于渴望知识的人和大量被束缚于封建领地中的农民，中世纪是黑暗的，而对于没有多少所谓高雅知识，以肉体和感官刺激为乐的贵族，这个时代是浪漫的：有战争、掠夺的狂热，宴饮、狩猎的激情，花荫、女性的温柔。

从11世纪初到13世纪下半叶，在教会号召下，欧洲向阿拉伯地区发动了8次十字军东征，名义上是要从异教徒手中夺回圣城耶路撒冷。东征的封建贵族发现了地中海东部地区仍在传承的古代罗马和古西亚传统——园林生活，以及园林中丰富的装饰植物。他们把玫瑰等一些花卉带到欧洲西部，种在修道院中，装饰教堂的圣坛。在封建割据相对稳定下来，城堡建筑设施日益完善时，也开始热衷于为自己营建城堡高墙内的园地，喜欢在花间散步消闲，取悦女眷。

中世纪还有一个领主子弟构成的骑士阶层(因为封建世袭领地仅传长子)，他们是没有土地也不受经营土地所束缚的贵族。一些骑士成为传说故事中的游侠，但更多是领主高贵的爪牙，他们常常以拥有自己竭力"效忠"的情人为人生最浪漫的追求。骑士往往是中世纪世俗叙事诗的主角。在11~13世纪的神圣罗马帝国核心地区之一，今天的法国形成的《罗兰之歌》和《玫瑰传奇》等，歌颂骑士的忠诚和冒险，以及浪漫的爱情，当然也包括对上帝的赞美。这些诗中有许多对园林的文字描绘。

在《玫瑰传奇》中，园林环境带有隐喻意义：方形的、在高墙里面有爱泉和水渠、玫瑰园、各种植物和鸟兽的园林，"象征骑士之爱，是世俗的乐园"；在另一处牧园中，人的灵魂是园中的羊群，这里"象征上帝之爱"。❶ 此类文学的园林景色包含诗人的想象、古代的印记，以及现实环境的启发。《玫瑰传奇》不晚于14世纪的手抄本插图，很确切地反映了中世纪贵族园林的场景，被近代以来大量园林史书所引用。

大约从12世纪开始，在中世纪乡间的贵族城堡和后来的宫殿中出现了日益丰富的园林化的环

---

❶ 参见胡家峦，《文艺复兴时期英国诗歌与园林传统》，北京：北京大学出版社，2008，第27页。

境。城堡的园林最初联系于实用生产，但纯粹为了享受生活的愉悦性园林也逐渐发展。愉悦性园林有的在城堡内，有的在城堡外；有的小小的，有整齐的几何形；有的很广阔，具有自然环境的特征。

在中世纪园林发展中，修道院园林出现在先，而主要联系于封建领主的城堡园林则由于突出世俗愉悦性，情趣化的环境创造不受宗教禁欲说教的制约，对园林艺术形式的丰富起到了更多推进作用。在《玫瑰传奇》插图以外，许多其他中世纪中后期的绘画也留下了可贵的城堡园林景象。一些宗教画表现圣母玛丽亚在耶稣生前和幼年时的生活，其场景事实上也取材于中世纪的城堡园林。

中世纪教会禁锢科学，但生活和求知的欲望是不可能被全然压抑的。这个时代的科学发展，首先是由那些具有较多知识积累、富于探索精神，并敢于冲破宗教藩篱的部分教会学者推进的，而且较早的著作大都用教会和知识界通行的拉丁文写作。到中世纪晚期城市文明发达之后，世俗学者才显示了他们的能量。对植物和园林的记述与研究也是如此，按严格的宗教尺度去衡量，此类著作一步步推进了"不正当"的生活追求和审美情趣。

由中世纪到文艺复兴，是欧洲比较专门化的园林艺术著作逐渐成型的时期。9世纪，当几乎目不识丁的查理曼大帝建立帝国的时候，他把许多教会学者汇集到宫廷，制定了一部《法令集》，其中一部分包括应该在帝国各地结合气候栽种的植物。这些知识对欧洲中世纪园林栽植的发展起了很大作用。

在封建秩序基本稳定后，中世纪陆续出现了不少涉足园林的学者和相关拉丁文著作，例如：12世纪英格兰一个修道院附属学校的主持尼卡姆及其1107年左右的著作，❶ 记述了包括庭园花卉在内的大量植物；13世纪涉猎范围极广的德意志多米尼克教派学者马格努斯及其1260年左右的著作，❷ 除了植物及其栽植方面的知识外，还赞赏性地阐述了一些园林应有的环境形态，强调园林植物在很多时候是为了欣赏的；14世纪初厌倦了法律本职、完成了被誉为中世纪最完备农业著作的意大利人克里森奇及其1305年左右的著作，❸ 直接借鉴马格努斯，强调园林环境的愉悦性，并把愉悦性的园林分为三种主要类型。

中世纪园林艺术专著出现在15世纪以后，并且可能用民族地方语言写作了，典型的如英格兰人加德纳大约著于1440年前后的《造园技艺》。12年后，意大利人阿尔伯蒂完成有大量园林艺术内容的《建筑论》。此时的意大利已经率先反叛中世纪宗教观念，迈入文艺复兴进程，迎接同古代文化再生相关的古典式园林了。

在现实社会中，教会不可避免地被权势、财富和享乐欲望所浸染。城市的地位也随着贸易、金融的日益发达而发展起来，并且在中世纪后期的经济、文化生活中越来越重要。

封建时代的城市相对独立自治，逐渐富裕的生活以及同外部世界的广泛交流，使依托城市的新兴资产阶级和知识分子强烈意识到认识世界、创造生活和享受生活的正当性，以及教会说教的虚伪。14世纪末期以后，一场冲破教会精神禁锢，解放思想、科学与艺术，释放人性各个方面的文艺复兴运动先后在欧洲各地发生。

这场运动使宗教信仰不再是一种精神束缚，而是变成一种文化纽带。与此相伴，在要求安定社会秩序的新兴资产阶级对王权的暂时妥协和支持下，许多地区也开始结束封建化统治结构，先后建

---

❶ 拉丁文名 De Naturis Rerum。
❷ 拉丁文名 De Vegetabiliibuset et Plantis。
❸ 拉丁文名 Liber Ruralium Commodorum。

立起统一的君主集权制民族国家,如资产阶级革命以前的英国、法国、西班牙等。

5.2 修道院与园林

作为集体修行社团的中世纪修道院有许多支派,在强调修灵的同时,大多提倡过一种自给自足的生活。另一方面,依据耶稣"我作旅客,你们留住我;我赤身露体,你们给我穿;我病了,你们看顾我"等行善蒙福的教导,❶ 在动荡的黑暗年代形成的修道院,许多时候也是一种慈善机构。随着本尼迪克修道法则的建立,这种生活和慈善意向在6世纪基本完善。本尼迪克修道法则得到多数修道院的遵守并形成长期的传统,即使到中世纪中后期,许多修道院拥有了附庸在自己土地上的农民,地位犹如封建领地上的领主,这种传统仍然在基本形式上维持着。

修道院建筑和周围环境迎合上述文化特点,除了教堂外还有各种用途的房屋和庭院。其中,宗教行为使教堂和它旁边的回廊庭园成为环境的核心,前者举行各种宣道、礼仪活动,后者用于修士在散步中冥想、自省,是修道院园林中最具特定场所意义的(图5-2)。

除了回廊庭园,在修道院围墙内外经常有种植蔬菜、果树、草药、花卉的园地。这些园地多数是实用性的,产品包括日常生活中的蔬果、药物和宗教活动中的鲜花,在满足自身需要的同时,也为过客和周围贫苦民众服务。此外,种植活动也常联系于研究实践。作为一种

图5-2 中世纪修道院回廊庭园

生活环境,修道院院长住所、客房、储藏室、厨房等也可有带草木绿化或实用园圃的院子。修道院还会有疗养园和绿化的墓地,为病老的修士和周围教民提供休养和长眠的地方。墓地环境除了安详、肃穆外,也会有比较强的宗教象征意义。

有两幅平面图可以比较全面地反映中世纪修道院的园林情况,一幅是9世纪留下的瑞士圣高尔修道院,另一幅是12世纪英国坎特伯雷基督教会修道院。虽然不同地方的修道院会有自己特定的环境,这两幅图还是在相当程度上反映了中世纪修道院园林的典型特征,以及随着时间推移而丰富的情况。

5.2.1 圣高尔修道院

圣高尔修道院图是一幅示意性的平面(图5-3),许多地方有文字标注,全面反映了典型修道院的功能及各种场所分布。这个修道院的主要入口在西侧,旁边有饲养各种农庄动物的圈舍,可能联系着更向外的农田。在平面的核心处可以看到回廊庭园,被教堂、宿舍和库房所围绕。教堂入口朝西,圣坛在东端,这是中世纪教堂在宗教要求下的典型方位。总平面东北角并列着草药房、医生住房以

---

❶ 《新约·马太福音》第25章,35~36。

及一个小小的草药园。草药园中有 12 条畦，每畦注明了一种草药。回廊庭园以外比较大的园地在修道院东南角，这里有一片墓地和一处菜园(图5-4)。

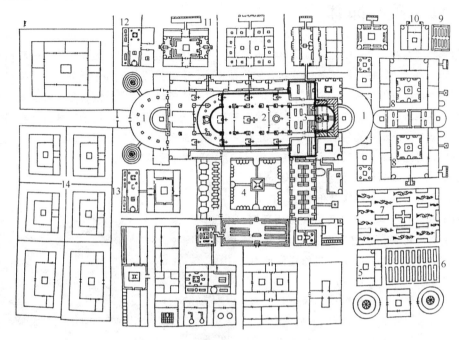

图5-3　圣高尔修道院平面

1~3—教堂；4—回廊庭园；6—菜园；7—果园墓地；9—草药园

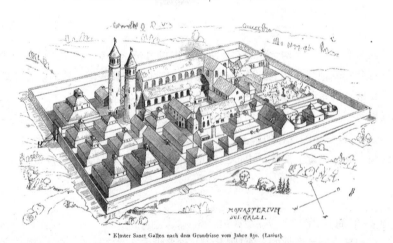

图5-4　圣高尔修道院复原

为墓地布置园林在古埃及非常重要，古希腊、古罗马也有在墓地上种树的习俗。在中世纪基督教的世界中，属于修道院或教会的墓地是信教者理想的归葬场所。圣高尔修道院平面图显示的墓地面积不大，可能是埋葬修道院内部高级修士的。除了墓穴位置以外，图中还表示了 13 棵树，树木与墓穴围绕着一个十字架标志或中心大墓，成交错几何布局。

这幅图明确标注了墓地的树种,主要是苹果、梨、桃、榛子、核桃等果树,表明墓地和果园结合在一起,成为了所谓果园墓地,但具体树种可能只是一种比较随意的设想,因为实际中每棵树都是不同树种会显得很奇怪,同时,被标明的无花果、月桂等似乎也不太适合当地的气候。关于树木的数量,有人认为图上的树形只表明了墓间可以种树的地方。也有人认为,这里最初的环境构想可能以13棵树象征耶稣和12使徒,把墓地和天堂的意象紧密连在一起。如果是后一种情况,不同树种则可以站住脚。

通常的墓地地面是可以长草的熟土,墓穴边缘种着许多花卉,特别是十字军东征带回的玫瑰。玫瑰花在欧洲是爱和圣洁的象征,在修道院可能会有专种玫瑰的园圃。除了自身环境外,玫瑰花更用于装饰圣坛。

在菜园处,图中也清晰地表明了菜畦的情况,在各畦中注明了不同的菜种。结合果菜园、墓园植物的标注情况来看,圣高尔平面图的作者似乎要阐释关于植物的知识和种植的可能性。

5.2.2 坎特伯雷修道院

坎特伯雷是基督教在英国的中心,最初的教堂是早期基督教教父圣奥古斯丁在597年营建的,现在的教堂主要是14世纪后重建的哥特式(图5-5)。在15世纪以前,这里的教堂一直附有一所修道院,但今天已经面目全非,不过12世纪留下的图纸及其标注可以使人了解当时的情况。

图5-5 现在的坎特伯雷大教堂旁回廊院

这幅图本是一张供水系统修建图,反映出中世纪盛期修道院设施的逐渐完善,并从一个侧面体现了园林环境的用水需要。它把建筑立面同场地平面相结合的古老表达方法,使人能更直观地了解大致的建筑和环境形象(图5-6)。

同圣高尔一样,坎特伯雷的修道院也由体量巨大的教堂所统辖。教堂南侧和东部圣坛尽端之外,可能分别是世俗教徒的墓地和修士的墓地。在世俗教徒墓地中有一处汲水井,但图中的管道显示水源有可能来自人工引水。同样衔接着引水管道,在教士墓地的围墙附近,有正对教堂圣坛的一处水

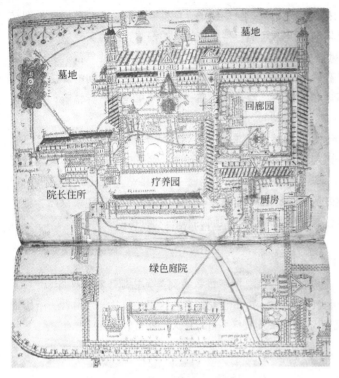

图 5-6　12世纪坎特伯雷修道院图

池，其椭圆的主体带有12处半圆凸出，可能也是耶稣和12使徒的象征。两处墓地都被简单抽象地画了树木，同圣高尔平面和许多记载一起表明，中世纪在修道院墓地种植果树是一种普遍现象。

　　主要用于宗教活动的回廊庭园在教堂前部北侧，中央喷泉上覆盖着木架构的亭子。在它东面隔着修士宿舍还有另一个院子，应是一处疗养园。后者也是围着回廊的庭园，但更实用、亲切和情趣化。整个疗养园庭院被一道篱笆分开，其西部是一处围着篱笆的花草园。花草园的概念和特征将在后面加以概述。一个可能是木架构的亭子把花草园与篱笆东侧的空间联系在一起，后者有水井和也在木构架亭子下的沐浴处。病弱的修士可以在这里享受阳光、水、悦目的植物及其芬芳的气息。

　　主回廊庭园的北面是餐厅，在连着它的厨房和储藏室庭院处可以见到葡萄藤，相信地面上还会有菜畦。由疗养园向东，南临修士墓园的是修道院长住所等建筑，可能也会有自己尺度更小而无法表达的花草园。

　　在整个相互联结的修道院主体建筑北侧，还有一处巨大的绿色庭院，设有谷仓、面包房、酿酒坊、马厩，以及接待旅行者、救济穷人的其他各种设施，这里可能自然地生长着绿草，并种植着树木，像一处小农庄的核心。

　　历史文献和考古显示，12世纪在修道院的墙外还有大面积的果园、葡萄园、菜园等。

5.3　城堡与园林

　　大量的城堡是欧洲中世纪乡村的重要景观。中世纪初期的黑暗年代战乱频繁，生产力极为低下，

各地统治者的住房在相当一段时间里也是
粗陋简单的茅舍、石屋。战乱使贵族防御
性的居住场所逐步发展，形成了中世纪的
城堡。

典型的城堡中心是通常为三层的城堡
主楼，底层是仓库，二层为行政、餐饮、
聚会的厅堂，有的还设有小教堂，顶层是
主人的住房。同主楼相连的高墙围起堡内
的院子，墙外有挖壕沟注水或结合天然水
流形成的护城河，墙内还有从属房屋。主
楼和城墙顶上有雉堞，间隔一段和各角上
有塔楼(图 5-7)。

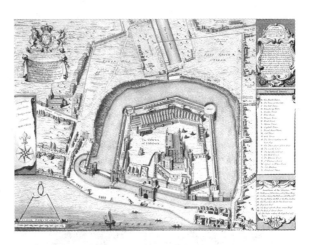

图 5-7　中世纪城堡

至迟在 12 世纪后期，以愉悦为目的的
城堡园林出现了。见于 13 世纪的记载有，
英王亨利三世"围着王后的园林建造了两
堵优质的高墙，因此其他人就不能进入了。
在一个国王的鱼池旁，这位王后可以自我
陶醉于恰当而可爱的花草园中……花草园
有一道门……通往上述园林"。[1] 中世纪晚
期曾被囚禁在英格兰温莎堡的苏格兰王詹
姆斯一世，1424 年以诗描述了这个城堡的
园林："紧靠塔楼的高墙壁边，有座秀美的
花园，角落里都有绿色凉亭，细长的栅栏
围起凉亭；树木遍地栽种，还有山楂树篱"。
他还描绘了一处花草园，其四周是带有塔
楼和雉堞的围墙，树荫下显现出没有任何
花卉的草坪。[2] 这些都非常像《玫瑰传奇》
景象(图 5-8)。

城堡内的典型园林环境主要是一处
花草园，位于城墙和主楼之间，特别是

图 5-8　《玫瑰传奇》插图中的城堡园林

女主人的住房下，绘画还常显示这里是情人相聚之处。作为中世纪贵族家庭环境中宁静优美
的场所，这里的基本特征，如简单的几何形草皮、花床、篱笆和少量的树木，以及近处的建筑
和围墙，也是中世纪后期到文艺复兴时期画家描画圣母玛丽亚在世俗中生活时的场景(图 5-9～
图 5-11)。

---

[1] Laurence Fleming and Alan Gore, THE ENGLISH GARDEN, London, Michele Joseph Ltd., 1979, 第 17～18 页。

[2] 参见并转引胡家峦，《文艺复兴时期英国诗歌与园林传统》，北京：北京大学出版社，2008，第 4～45 页。

图5-9　反映女主人在城堡园林中的中世纪绘画

图5-10　反映圣母与婴儿耶稣生活
在园林环境中的中世纪绘画

图5-11　反映情人在城堡园林中的中世纪绘画

图5-12　格架凉亭和喷泉清晰可见的
中世纪后期园林情景

城堡园林日益丰富。花草园被扩大，形成了主楼周围各有特点的一个个园区，有了各种喷泉、格架凉亭、树枝凉棚(图5-12)。园林花床更成为人们精心修饰的重点，它们逐渐几何图案化，为文艺复兴园林的花床形式打下了重要的直接基础(图5-13)。

在相对稳定的年代里，城堡周围的环境也有了实用与愉悦性兼备的处理，使不少城堡处在一个比较大的园林化环境之中。

起防御性作用的城堡护城河，通常自附近的河流引水灌注，兼具养鱼功能。鱼在中世纪是重要的肉食来源，除天然的河流湖泊外，贵族和普通农民都会结合河流营建鱼塘。城堡拥有鱼塘的一般情况是，大型鱼塘比较远，小型鱼塘就在城堡旁，可以储存从河湖或大型鱼塘中打来的活鱼。一些城堡所在的特定环境，加上人工开凿，还使它们被很大的水面所环绕(图5-14)。

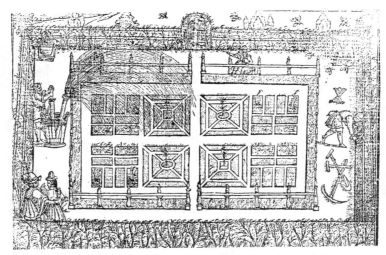

图 5-13　维护花木的中世纪后期园林情景，花床已经比较丰富

图 5-14　周围有较大面积水面的城堡

　　除了常见的菜园、葡萄园等园圃外，城堡周围更丰富的园林化环境来自果园和小林苑。

　　果园本是长期存在的实用园，基本的生产目标使其维持着几何化的栽植方式。在中世纪修道院，它们被墓地所接纳，成为宁静肃穆环境的一部分，而在城堡周围，则在实用的同时具有欢愉的环境价值(图 5-15)。

　　林苑一词用于中世纪时本指以天然为主的林地，里面有各种动物可供狩猎。在获取肉类食物之外，狩猎也是中世纪上层社会的一大娱乐活动(图 5-16)。在周围环境的改造中，有的城堡人为经营了以愉悦为主的小型林苑。在果园、小林苑间也会出现池塘、喷泉和花草园(图 5-17)。

　　这样，一些城堡综合了建筑和园林化的绿色环境，有自身内部的花草园，外部的河湖鱼塘、菜园、葡萄园、果园、小林苑。在树木水面间的空地上，贵族还经常进行园林中的野餐宴饮活动。

图 5-15　可见城堡内园林和堡外水流、
果园的中世纪绘画

图 5-16　中世纪绘画中的林苑狩猎　　　　　图 5-17　反映果园或小林苑场景的中世纪绘画

到中世纪晚期，一些城堡向着比较开敞的建筑造型转换，可以称为宫殿了。中世纪晚期的宫殿立面往往还保持了城堡的某些特征，如角上的碉楼和墙顶的雉堞，同时又借鉴了城市教堂和大型公共建筑的形式，如较大的窗户和特定风格的线脚装饰。与此同时，愉悦性目标同园林平面几何化的关系，也在艺术发展中日益加强，并扩展到城堡外围的环境布置中。在许多城堡周围，大面积的园地开始被组织起来，整体上呈现了几何图案感。

法国的蒙塔基城堡局部有了宫殿形象，除了院内的一处小园林外，顺着护城河外围弧线连续布置了各种花床，间有格架凉亭或树枝凉棚，再外围是更大面积的菜园和果园，最后围着绿篱，各部分具有几何图案和相互关联的感觉(图 5-18)。

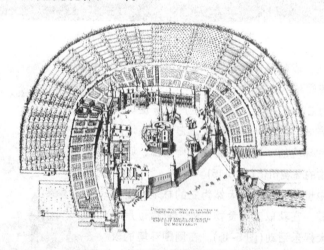

图 5-18　中世纪晚期的蒙塔基城堡

5.4　主要园林环境类型与各种园林要素

欧洲中世纪的各种具体园林，有来自原有称谓和后人叙述的多种名称。有的联系于功能或种植种类，如果园、葡萄园、花卉园；有的联系于从属的建筑或服务性质，如修道院的疗养园；有的表明一种空间关系，如庭院园林；还有的直接就是地名。由于视角和分类的差异，各种园林史书在描述同一园林时可能用不同的称谓，本书在参考英文等名词描述时，力求使中国学生和其他读者得到对这一时期园林的较清晰概念。

在宗教场所的园林中，具有特殊意义的主要是修道院回廊庭园，其他园林环境同世俗园林没有大的差别。在世俗的园林中，许多园林具有明显的实用性，可以用中文称之为园圃。另一些园林则更多以拥有优美的观赏、愉悦性环境为目标。对于以愉悦性为主的园林，13 世纪的克里森奇举出了三种主要类型：花草园、果园和小林苑。

不过，从许多城堡、宫殿等建筑的内外环境看，包括实用和愉悦性两者的许多局部园地，可共同组成一个可赏可游的综合化园林场所。

5.4.1　实用园

典型的实用园如菜园、草药园，甚至香草园等，都可以出现在修道院、城堡、宫殿、农庄住宅，甚至普通农民住房的院内外。

实用园在建筑整体环境的园林化方面起了作用，但如圣高尔修道院的草药园和菜园所示，它本身非常简单，没有什么植被和构筑起伏。人们可以称它们为什么什么园，但很难就其本身而使用"游赏景观"意义上的园林一词。除了出于特定目的欣赏，只有在间以树木，并呈现出一定图形感的大面积范围内，多数实用园才能给人带来较高的游赏性价值或审美愉悦。这种情况，在整体意义上的修道院、城堡和宫殿园林环境中都可以见到。

葡萄种植在地中海文明圈中有很古老的传统，葡萄园在欧洲中世纪园林生活中依然很重要。日常生活中饮用红酒和葡萄汁，红酒在基督教圣礼上还象征着耶稣的血。从 12 世纪坎特伯雷的修道院和许多文献记载可以知道，甚至在纬度比较高的英国也曾有许多葡萄园，面积最大达 6 公顷。11～12 世纪英国气候比较温暖，14 世纪后冬日变冷，葡萄园才逐渐关闭或被果园所取代。葡萄园的环境和收获给人们带来的欢愉同古代没有什么两样。不过，像古代许多时候一样，葡萄藤在中世纪还是许多愉悦性园林中的攀爬植物，经常结合于人们休息和散步的格架凉亭、树枝凉棚。

果园也是实用园中非常重要的一种，尽管克里森奇在对园林环境和艺术的分析中更强调它的愉悦性。

5.4.2　修道院回廊庭园

修道院回廊庭园的基本形式，是四周的连拱廊围着方形或矩形的庭院，地面铺着草皮。草皮多被十字交叉的路径分成四部分，偶尔有松柏类的少量树木，也会有一处喷泉或石水盘、水池位于庭院中央。

庭园中的绿色草皮"悦人眼目"，在基督教中还有关于再生、永生的隐喻。在今天仍然能见到的修道院回廊庭园中，常种有玫瑰、百合、鼠尾草、迷迭香等花卉，并且有比较丰富的图案化修饰。这种情况当来自园林艺术的发展，特别是世俗园林发展逐渐产生的影响。园中偶见的松柏在基督教中是义人的象征。水景在古埃及、古罗马的庭院园林中都曾很重要，但修道院回廊庭园的水还联系于生命之源、心灵之源，以及洁净灵魂的宗教概念。

十字交叉路径对绿地的划分，以及规则的围合封闭环境，在这种园林中具有典型性，很可能可以上溯到古巴比伦园林和基督教经典。圣经中的伊甸园就是巴比伦两河绿洲的写照，而在绿洲园的概念下，巴比伦也留下了从自然形态向以十字形水渠为核心的模式转化的迹象。另外，《圣经·旧约》记述了从人类始祖居住的伊甸园流出的四条河，《新约》想象的上帝宝座有四生灵拱卫。同古希腊、古罗马的柱廊或连拱廊不同，修道院回廊庭园的柱廊多数不是各间都向庭院开放，而是把柱子置于连续的基座墙上，只在轴线正位处可进入中央园地，加强了十字划分的空间感。中世纪基督教学说要求人们的心灵回避尘世，专一于上帝和他的天堂，许多研究者认为修道院回廊庭园具有这方面的象征性，有的直白地解释说："它是所罗门王雅歌中隐喻着童真女玛利亚的纯洁新娘：'我的妹子，我的新妇，乃是关锁的园，禁闭的井，封闭的源泉'。"❶

基督教的伊甸园名称后来同古波斯的园林术语"乐园"合一，并且也可以是天堂的代名词。《圣经·旧约》对伊甸园的形容完全是一幅多彩的自然美景，而修道院回廊庭园则有非常强的几何抽象性，空间关系单纯明了，植物种类也相对简单。这可能同基督教的柏拉图主义成分有关，显示一种世界本原图形的形象。联系于宗教利用柏拉图和亚里士多德的学说和方法为自己服务，以及研习宗教学说的高贵性，这种园林也有"哲学家园地"的意味。

5.4.3　花草园及相关园林要素

花草园是欧洲中世纪具有典型意义的愉悦性园林，也常被称作庭院园林，小的百余平方米或更小，大的通常也不超过半公顷，12世纪后大量出现在城堡主体建筑和围墙之间、修道院中的居住场所，比较私密。不少比较低级的贵族庄园主住宅庭院中也有这种园林。在城堡、宫殿等建筑外部的园林环境发达后，这种园林场所还会出现在果园和小林苑中。

13世纪的马格努斯这样描述了应该怎样营就一处花草园："必须注意草皮的规模，在它大体为方形的地段内可种植每一种芬芳的香草，如芸香、鼠尾草和罗勒，同样还有各种花卉，如紫罗兰、楼斗菜、百合、玫瑰、鸢尾等。在这些香草和熟土皮之间，让草皮的边缘有高一些的熟土台，其上开满可爱的鲜花。还要在草皮内一些地方放置座凳……草皮之上要有遮蔽阳光的树木和葡萄……由于更多考虑的是阴影而不是果实，可以不必烦劳松土施肥，这样反而会损害熟土皮……树木不应是骨感强烈的那些……而应有香花和可爱的影子，如葡萄藤、梨树、苹果树、石榴树、月桂树、柏树之类。在草皮地段之后，可种植各种药用和香料用香草……草皮中不应有任何树木，要让它的表面欣然处在空阔的气息中……假如可能，草皮中央应放置泉水清爽的石水盘，在一个愉悦性的园林中，它比果实更加迷人。"❷

这段描述可以同前面《玫瑰传奇》中的插图相互比照，反映了花草园可以包含不同的部分。如马格努斯所说，一部分以草皮为主，草皮和上面的各种香草、鲜花相映衬，附有喷泉、边缘上种着花的土台、坐凳和旁边的树木绿荫。另一部分很可能为熟土皮间排列条状的畦，但畦内植物不是日常的蔬菜，而是各种香草，突出芳香气息，也会有一簇簇小花。在许多时候，所谓花卉园不一定指一处完整独立的园地，而是对花草园一部分地段的称谓。

中世纪的许多园林要素同这种花草园有关，在这种园林的扩大和区域增多中丰富，并随着技艺

---

❶　Christopher Thacker, HISTORY OF GARDENS, Berkely and Los Angeles, University of California Press, 1979, 第83页。

❷　Sylvia Landsberg, THE MEDIEVAL GARDEN, New York, Thames and Hudson Inc., 1996, 第13页。

和审美情趣的发展而有了更多的艺术处理，最终走向文艺复兴时代府邸、宫殿后的大型几何式园林。

草皮、花床、花结花床和迷宫花床是中世纪花草园的核心要素，后三种是草皮的一种发展。(参见前面各中世纪绘画园林画面)

草皮可以就是长满绿草的熟土地面，上面常点缀着自然生长的雏菊，在园林艺术中特指人为经营、修整的草皮，经常配合种植各种香草、鲜花。

花床是常比外面地平稍高的种植区，周围以高 10 厘米左右土埂、枝条、木段或瓦、石围绕，强调了特定的花草植物区域，在中世纪花草园中大量存在。一般花床中有马格努斯所指出的或更多种的花卉，比较晚的常有种植和修剪成形的图案。实际上，花床一词的意义很广，在实用园中汉语可以称之为"花圃"等，其间的通道因经常踩踏而低一些。

花结花床和迷宫花床大致在 14 世纪以后形成，是花床植物依据平面图案种植并加以艺术修剪的结果，体现了情趣和技艺的进一步发展。花结花床图案的最大特点是其图案的回转编织感。迷宫图案在中世纪最早出现于教堂中布置的忏悔场所，可能象征耶稣受难的苦路，让人们匍匐绕行，在一些位置颂念特定的祷词。迷宫花床把花床上的植物修剪成了迷宫状，但更是为了欣赏，讲求对称的优美图形。此类花床经常采用便于修剪成型的黄杨、百里香、迷迭香、薰衣草，以及石竹类植物等。

随着时间的推移，不管哪种花床的轮廓都有从简单矩形向更丰富的转折、凸凹，或其他形式发展的趋势，并由数个花床共同组成一定园区的整体图案。

花坛和座凳在中世纪花草园中经常是一回事，就是马格努斯提到的高一些的土台(图 5-9～图 5-11)。

事实上，在中世纪绘画所反映的花草园中很少见到石凳和木凳，人们就坐在草皮地面或花坛上，还经常在这里方便地采撷鲜花。花坛边缘常用木桩横板或砖石围着，内部上层填熟土。以坐为主的花坛常种草，其他种花卉。早期的花坛通常是高宽都在 60 厘米左右的条形，布置在草皮、花床边缘，或围着树木，沿着篱笆、围墙等。这种花坛在接近文艺复兴时代的西方园林发展中逐渐减少，被石坐凳或一些花床、水池边的石栏所取代。到近现代的园林或绿化中，花坛又成了很常见的，而且在种植花卉的同时，花坛自身的构筑形象、材质在艺术设计中也非常重要。

喷泉、石水盘和装饰性水池的水景在中世纪经常有宗教意义，但在世俗园林中更多体现了清爽、欢愉的价值。这类喷涌的水处理联系于一处比较高的自然水源或水车等设施，在地中海文明圈内很古老，并在中世纪欧洲得到延续(参见图 5-6、图 5-8、图 5-10、图 5-12、图 5-17、图 5-19)。

在过去和现在的园林中，只要有喷涌的水，都可以泛称为喷泉。中世纪有人工园林喷泉形象的图画和实物多数来自 15 世纪以后。从中可以知道，此时的喷泉主要是从侧面的水口喷涌的，往往数个水口处于有管道穿过的一个石雕柱体上部。石雕柱体有同流行建筑装饰风格一致的造型和线脚，顶部甚至可以为铜饰，有的像王冠，有的立着人物或鹰，水口则以豹首、狮首形装饰居多。

石水盘常是圆形和多边形，也有多瓣形的。在位于石柱上的独立石水盘处，水可以从其中心涌出，溢流到周围大一些的水池，其实也是一种喷泉设施。其他许多时候，水盘从属于有石雕柱体喷泉，在石雕柱体上部形成优美的悬挑。石水盘也可位于柱体下方同基座合一，但此时又很难区别水盘和水池概念。

图 5-19 突出反映园中喷泉与
嬉戏的中世纪绘画

坎特伯雷修道院墓地中的水池是装饰性水池的一个很好的例子。它们像水盘一样有活泼的形状，里面还可以养鱼和莲花等水生植物。在中世纪园林中，据说装饰性水池实际上比带石雕柱体的喷泉还要多见。中世纪的绘画显示人们常在喷泉水池处嬉戏，包括在水池中洗浴(图 5-19)。

在花草园发展中，大一些的逐渐又有了古代曾有过的人工遮荫与游赏设施。

格架凉亭在希腊化时代和古代罗马的园林中就有。在中世纪，它继续发挥了原有的作用，成为一种绿荫下休息、散步的园林设施。这个名称是一个相对宽泛的概念，泛指木结构的棚架，可以形成方亭，也可以形成长廊。这种凉亭的柱间距比较大，柱顶之间以主梁相连，间以数道次梁。顶梁多是水平的，在发展中也出现了三角形和拱形的顶梁，显示了同流行建筑风格相关的艺术处理。

树枝凉棚通常指用比较细软的枝条弯曲成拱的遮荫设施，耐久性差一些，隔几年就要修缮、更换。木条有柳、榛、桧、紫杉等，它们的间距相对密集，并自下而上布满横向连接，形成倒置的篮子状。至迟在后来的文艺复兴时期，树枝凉棚有了多种装饰性形状，还出现了一些以活的植物来编织。❶

格架凉廊和树枝凉棚都同藤蔓植物紧密配合，如满葡萄、常春藤、葫芦等，侧面还经常栽种玫瑰，整体形成绿色长廊或隧道(图 5-20，并见图 5-9、图 5-12、图 5-18)。

图 5-20 中世纪打理树枝凉棚的情景

路径、园路和小径反映了园中通道的一些处理差别，更体现了看待通道的不同角度。

在中世纪，小型花草园成片铺满草皮，其中没有明确的通道，人们就在上面行走坐卧，花坛、喷泉也可建在其间。花床的明确出现，使其间的间隔具有了通道性质，成为路径，但除了修道院回廊庭园，最初并不意味着在园中有意识地设路，而是种植分布、图形安排的结果。早期的路径就是花床之间的熟土地皮。渐渐地，为了维护表面，路径上铺上了沙土或砾石。

---

❶ 另外还有一些有差异的棚架设施，如 trellis 可能是更简单实用的棚架。

在花床组织布局的发展，以及修道院回廊庭园的可能影响下，有些路径超越其他而具备了主要赏景通道的意义，人们可以用园路来形容它们了。实际上，路径和园路两种名称经常混用，在描述园林时前者偏于"通道"的意义，后者偏于"赏景"的行为，长廊式格架凉亭下的通道常被称为遮荫园路。

在大型人工园林，如果园和小林苑中，园路和小径更显示了它们的意义，成为大片自然土地、树丛间特意辟出的宽窄不同的漫步道路。其中小径指更加窄小、随意、自然，特别是可能弯曲的园路，但在有些时候，小径也用于形容文艺复兴几何式园林中两侧有密集树木的直线通道。

篱笆、绿篱和围墙都可被用来围合或部分围合中世纪的花草园。城堡中花草园的一面或数面常以砖石围墙或建筑为边界，其他各面围以篱笆或绿篱，视线通透。

最普通的篱笆以短木为柱，其上以各种方式编结灌木或树木的小枝条，在中世纪常常显得很随意，并可以爬满藤蔓植物，或伴着带刺的玫瑰、荆棘。讲究一些的篱笆用短柱、横梁加木板条，有横、竖或斜格状，就像今天在西方城郊独立住宅周围常见的一样。

绿篱指以活的植物形成的篱笆。矮绿篱通常为灌木的，以把枝条插入土中成活最为典型，山楂、荆棘和玫瑰类植物很常见。也有高大树木的绿篱，特别在相对寒冷透风处，成排的核桃、梅树、腊子树、疾槐、紫杉等用来为园林挡风，并更强化了它们的幽静。高大绿篱也可能伴有较矮的篱笆或绿篱(参见图5-8、图5-9、图5-10、图5-12、图5-13、图5-18)。

修剪整齐的黄杨经常构成花结花床的植物图形，有时也起绿篱作用。

花草园也可能被围墙同其他环境完全隔开，强调私密性。如前面提到的英王亨利三世为王后建的园林。

高丘也可能出现在一些较大的中世纪城堡园林中。有时是土堆的，种有植物，也有木头搭建的，涂着鲜艳的色彩。

5.4.4 果园

果园的字面意义很容易使人联想到实用性，主要功能是生产果品，但在中世纪后期的欧洲，作为一种愉悦性园林附属于城堡、宫殿的果园，很大程度上突出了游赏性。人们关注其绿荫、盛花、芳香和硕果的形象和环境。时间比较晚的果园，还会增添方便游赏、休息的设施。

小型的果园可以像许多花草园一样，直接是建筑旁的一处园地，围在高墙之内，类似前面见到的两个修道院果园墓地的位置。大面积果园相对独立，在城堡等建筑外另成区域。中世纪常见的独立果园在2公顷左右，最大的达5公顷。

早期的果园非常简单，独立于建筑围院者由篱笆或绿篱围护，在篱笆之外加壕沟并像城堡护城河一样注水也很常见。在克里森奇的分类描述中，果园的地面通常同花草园的地面相反，保留着比较自然的熟土地，并定期清除杂草，为树根培土。刻意营造草皮、花床，特别是在其上种植花卉反而被认为是丑陋的❶(图5-21，并见图5-15、图5-17)。

果园的树木栽植是常见的几何行列式，紧密的围合和整齐的树木形成的树冠，使它成为一处独特的天地。

---

❶ 参见 Sylvia Landsberg, THE MEDIEVAL GARDEN, New York, Thames and Hudson Inc., 1996, 第16页。

图5-21 中世纪绘画中的果园

各种主要在花草园中发展起来的设施也逐渐进入果园，使果园环境的游赏意义更明显。园路的出现意味着突出了为赏园者服务的游线，铺沙的路面结合种植形式成直角转折。为了欣赏并在果园中戏水的装饰性水池也出现了，有的结合喷泉或由几个水池串接，增加了规则林木排列中的情趣。伴着葡萄藤的格架凉亭也出现在果园中留出的空地上，让人在有棚户的场所内休息，观赏。

没有完整的文字记载和图片能准确说明上述设施在果园中的布局，但可以判断，它们的出现使果园有了比较明显的园区空间划分，在多数等距栽种的树木间，有了一些宽阔的场所，点缀着其他游赏设施，让人想起古埃及绘画中种满树木的大型住宅园林或想象中的古西亚林苑。

5.4.5　林苑和小林苑

在中世纪，许多贵族地产上都有天然林地，其中有高大的乔木林，也会有浓密的灌木丛，还可能有树木稀少的草场。河水溪流从中穿过，生活着各种动物。一些林地成为贵族狩猎、骑乘和养殖活动的天然林苑，狩猎的地方叫猎苑，养鹿的叫鹿苑，经常限制普通百姓随便进入。

林苑往往规模很大，小的几十公顷，大的近百公顷。最大规模的林苑有英国从11世纪亨利一世就开始营建的伍德斯托克，13世纪法国阿托伊伯爵罗伯特的海斯汀等，它们实际上包含了自然的林地，其间的田野和村庄，以及许多人为的设施，达到数千公顷。其中特定区域内放养鹿群、布置鸟舍，还有来自异域的狮子，并有可以大规模宴客的建筑设施。

小林苑是仿照天然林苑的半人工园林，在更接近城堡、宫殿的地方形成具有野趣的环境，通常只有国王和地位很高的封建主有这样的园林。

小林苑往往占地数公顷，克里森奇对这种园林有大致的描述：园中有各种树木形成的树丛，使置于园中的动物能隐现于其间。还要有适合野兔、野鸡等小动物的灌木丛，以及养鱼和水禽的河流、池塘。在里面建造的木结构夏宫使主人可以经常在这里隐居，随时获得避开严肃思考的愉悦。建筑周围可以种植成排的树木，但它们应该由建筑排向树丛，而不是横挡着，因此人能很容易看到园中动物的活动。[1]

上面的描述表明，小林苑的树木种植不同于果园，常形成更自然化的树丛。橡树、枫树、桉树、桤树、柳树、榆树、荆棘等在自然林地中常见的树木是植被主体，并有乔木、灌木等各种形态的树丛。在树木间的场地上，经常有自然的草皮，可以设桌凳，在野趣环境中餐饮。小林苑的环境把自然林地、田野、河流、乡村同城堡、宫殿，及其周围特意营造的花草园、果园、鱼塘等园林景观衔接在一起，可能综合构成欧洲中世纪乡野最美丽的人类环境景观(图5-22)。

回顾古希腊、古罗马，圣地、别墅的园林在许多时候结合了自然环境，人为绿化或园林处理同既有的自然景观相融合，但特别突出自然形态的人为造园艺术却很少。可以认为，由天然林苑到小

---

❶　参见 Sylvia Landsberg, THE MEDIEVAL GARDEN, New York, Thames and Hudson Inc., 1996, 第21页。

图 5-22　中世纪绘画中的小林苑

林苑，中世纪欧洲一度浮现了人为艺术化经营的自然式园林，使 18 世纪英国自然风景园有了自己历史上比较接近的先驱。

5.5　园林特征归纳分析

"黑暗的中世纪"是人们形容这段历史时最常见的用词。罗马帝国灭亡后，欧洲文明从辉煌的古代退到一个远远落后的新起点，人类自由的思想、科学的探求被禁锢，的确使中世纪显得很黑暗。但是，从社会变革角度看，封建时代对奴隶制的破除是一种历史的进步。在实用技术和艺术技艺方面，中世纪初期的黑暗年代呈现了倒退和几百年的停滞，9 世纪后则一步步走向新的发展，并且取得可观的成就，不然就不可想象文艺复兴的基础。事实上，在 9 世纪初查理曼神圣罗马帝国的短暂时间内，欧洲就一度有复兴古代文化的迹象，但被封建分裂和教会精神统治的加强所打断了。

主要从精神上否定古代文化的中世纪，在艺术上呈现了明显的分裂状态。基督教竭力压制面对现世生活的享受，但宗教狂热又使教会竭力利用艺术和美丽的自然事物来赞美上帝。对教堂建筑、宗教绘画以及各种自然事物的美，教会有自己的解释，但创造和欣赏的本能，不可避免地带动了人们对自己的能力和人生价值的再认识。

园林艺术还呈现了另一种分裂。在修道院教堂旁边，带有宗教意义的园林走向象征主义，以最简单、最明晰的几何形式呈现平面图形和空间的"完美"——宗教美学中上帝的"整一"。世俗的园林则以人类追求"愉悦"的本能为基础，伴随着城堡发展出不同的环境形态。

抛开一般的实用园，中世纪宗教园林和世俗园林延续着园林艺术的两条基本发展脉络。一条基于信仰或宇宙观，主要以园林环境表达神圣的精神意向，如古埃及的陵墓、神庙园林，古希腊的圣地园林；一条基于生活的需要，主要以园林环境满足人的享乐或类似要求，如各个时代的宫殿、住宅园林。当然，信仰也是一种生活需要，生活需要伴随着各种精神追求。不过，对于同一时代或同一文化圈来说，中世纪的园林使园林形态的类型差异更明显了，或者至少在园林艺术发展研究中，中世纪园林可以使人们更多注意这种差异。

在更早的年代，多数时候的各种园林没有环境特征的本质差别，如古埃及各种园林中的几何形，古希腊各种园林环境中的自由式。有些时候不同环境类型同时存在，如古罗马别墅园林的各区域有庭院环境、柱廊台地环境、树林环境、赛车场——特化的几何绿化图形环境等，但人们往往在叙述这种园林时不太强调其差异的价值。

中世纪出现了自己时代学者的园林分类归纳，这在园林艺术发展中具有重要意义。从马格努斯到克里森奇，在基本的"愉悦"概念下，花草园、果园和小林苑既表明不同的种植、活动环境，也表明不同的形态类型。加上修道院的回廊庭园，可以看到园林环境空间形态的几种显著不同特征。这些形态特征，实际也部分反映在许多其他时代或地区的园林中。

5.5.1 修道院回廊庭园对中央核心的环绕

回忆古埃及的住宅园林，以及古罗马住宅中植被种植最多的后花园等，或因为园林绿地本身的布局，或因为房屋建筑的存在，四向对称围绕一个中央核心的处理并不多见，总给人在某一个方向上比较突出的感受。

中世纪修道院回廊庭园许多时候是矩形的，很容易产生某一个方向的指向感。但是，柱廊开口、十字路径指向中心，草皮或花床在四面映衬，加上中心的喷泉水池等常见处理，使绿化园地对其核心的环绕非常明显。周围全然相同的柱廊围合，又使教堂可能在某个方向带来主导性景观画面的情况被削弱。

这样，修道院回廊庭园在多数时候就形成了明确环绕中央核心的形态，在可以溯源到古西亚绿洲园走向抽象的园林中，它与萨珊波斯地毯所呈现的平面关系类同，又区别于一些伊斯兰教园林由建筑或水池位置等造成的，十字轴构图中较明显的进深轴线主导感。

5.5.2 花草园低平几何图形的展开

最初的花草园非常简单，马格努斯的描述并没有特别突出几何图形的价值，但呼应着大量从中世纪绘画中可以见到的园林场景，"草皮中不应有任何树木，要让它的表面欣然处在空阔的气息中"，这句话很有启发意义。花草园环境最初虽然很小，但主要部分要求开阔的草皮环境，突出了园地低平的水平感。这种低平感同周围的树木、城堡围墙形成对比。

同样像在大量园林绘画中可以看到的，当花床和其间的路径在花草园中出现，其低平的核心环境就有了简单的几何图形划分。花结、迷宫等式样的植物修剪同进一步的花床轮廓变化相辅相成，在反映情趣和技艺的发展中，逐渐突出了花草园植物栽植和布局的几何图形感。

在以草皮、花床为基础的园林规模扩大中，几何图形沿着低平的平面逐渐展开。到中世纪后期，一些城堡、宫殿有了很大面积的花床园林区，此时再称之为花草园就有些牵强了，但在知道这个史实的基础上，可把关切点放在环境的类型上。这种类型既涉及植物的选择，也涉及空间关系：低矮的草皮和花卉、灌木植物种在几何形的花床中，一个个花床内部的栽植可以有几何图案，花床相互间也可构成几何图案，共同形成周围有墙、篱、建筑或树木，但视觉焦点处在低平位置的园林环境。

这种环境形态被文艺复兴的园林所继承，并且经常是园林环境与主体建筑相联系的核心所在。即使是意大利文艺复兴的台地园林，许多时候也可以说在层台上维持着这种形态。主要的差异是，在中世纪的几何展开关系中，以建筑为主导的轴线感还很少见。

5.5.3 果园环境突出上方的立体空间

中世纪园林延续了古老的行列栽植化果园或树木园，有特别意义的是，把它当作愉悦性园林的一种类型提了出来，并强调了地面的朴素和高处花、果、香气的丰富效果。

从当时的绘画看，中世纪的果树多还不像今天的育种和修剪带来的那种主干很矮的形象。虽然果园有些时候很小，仅有十几棵树，但还是能形成伸延于树干间、覆盖着绿荫华盖的园林空间，让人们游走和观赏，大型果园更是这样。

不管是否意识到，同花草园和自然林地相比，果园通常的行列栽植、固定间距，以及多数时候在一定范围内的同种果木，使人们在色彩单纯、朴素的地面上抬眼欣赏花果枝叶时，也在体验一种自然植物构成的、比较清晰的立体空间。这种情况在古代埃及和古西亚已经出现，但地表低平处也有较多的花草。

中世纪果园地面以简单的熟土地为主，克里森奇对果园地面的阐述似乎突出实用，但当他提到装饰性的花卉栽植在此只是丑陋的时候，显然意识到了由树干到更高处树冠、花果的重要性。这是果园独有的景观特征，不应被地面低平处的过多色彩所干扰。由此看来，他所赞赏的果园景观，在植物构成的规整空间中更突出了上方景观的价值。

5.5.4 小林苑自然式环境的层次与导向

有关小林苑的特征似乎不必多描述，在艺术手法和环境创造的意义上强调"自然"二字就可以了，但东方的中、日等国有自然式的园林，英国 18 世纪的园林也走向了自然式，这就有必要注意一下中世纪小林苑的特点。

从名称、克里森奇的描述和历史上的绘画中，可以注意到小林苑没有后来英国自然风景园那样大面积的宽阔草场，在一个比较小的范围内突出树丛、灌木丛和草地、水流的多变。这种景象在英国自然风景园中会出现在一些局部。比之中、日等国的园林，小林苑则没有小范围人工堆山之类的迹象，多数植物配置也会更加天然化，通过人为艺术来突出理想寓意的色彩不浓。

不一定每处中世纪小林苑都有行列式的植树，但这种种植为小林苑带来了它最独特的地方。从城堡或宫殿附近开始，成行的树木把人或人的视线引向一个植被和空间关系多变的场所。出现了由顺向树木行列到各种形态树丛的关系。而且，行列式的树木形成比较宽阔的视觉通道。到主要景观环境所在，则有高矮不同的树木、灌木丛，形成各种各样的底景。在树丛底景前，草皮和其间天然形状的池塘、溪流边成为人们活动的主要环境，各向通道又可以由此把人引向更浓密的林地间。

在不少园林史书中，小林苑并未加以单独阐述。这可能是因为其环境景观有较多的天然特征，或在实践中不是很多。而且，对于 18 世纪英国自然风景园以前的园林，人们探讨的目光更集中于艺术如何使园林区别于周围的自然。

第6章　意大利文艺复兴园林

文艺复兴是欧洲中世纪社会发展，特别是城市文明繁荣带来的一场重要文化变革。它发生于意大利，进而几乎影响全欧。以关注现实人生的人文主义观念，这场文化变革反抗中世纪宗教以来世为人生目标的束缚，大大促进了欧洲理性和人文精神的进步，为欧洲近现代科学和人生观的形成奠定了重要基础。

文艺复兴较直接的现象是恢复、发扬，并进一步推进了被中世纪"割断"的古代文化传统，并融合了基督教中适应时代需要的内容，丰富和发展了绘画、雕塑、建筑、文学和环境艺术。在园林领域，促成了被视为欧洲经典园林艺术之一的意大利文艺复兴园林。除了自身的成就外，意大利文艺复兴园林还直接影响了近现代以前欧洲其他国家的几何式园林艺术。

6.1　历史与园林文化背景

13世纪后期以后，中世纪进入所谓盛期，其重要标志是日益发达的贸易、手工业和金融业，使城市在社会经济、文化生活中的价值越来越突出。

中世纪城市一般不是这一时期世俗政治的中心。经过最初的破坏和黑暗年代，在贵族的乡村领地之外，伴着具有宗教圣地意义的修道院、教堂，或沿着宗教朝圣的陆路、水道，逐渐出现了一些商旅客栈、手工作坊集中的地方，新的城市在此基础上形成了。

这些城市大多相对独立于封建统治结构，仅向所在地区的封建主纳税。城市附近的封建主时常以各种名义巧取豪夺，但通常并不真正管辖和治理城市。为了维护城市生活的运转，市民建立了手工业、商业和金融业行会等各行业自治组织，进而，市议会、政府、法庭等机构也逐渐完善起来。除了城市及其各行业的经营管理之外，这些组织和机构还使城市经常以整体面目面对住在乡村的封建贵族，通过自身经济优势与封建政治势力间的各种矛盾，争取更多的利益。

中世纪经济主要是封建小农经济，但跨区域的贸易也日益发达。从11世纪初到13世纪下半叶，十字军东征的实际动力包含各种政治和经济利益，为欧洲人在亚欧贸易中的地位奠定了重要基础。13世纪后，欧洲人逐步取代阿拉伯人成为地中海航海贸易的主导，并在陆上建立了一直到北欧的多条贸易大通道，向东则通过阿拉伯人等中介，联系印度和中国等国。

在使城市经济走向繁荣的同时，日益发达的贸易也促成了越来越强的文化力量。在僧侣、贵族、农民所构成的中世纪主要阶级之外，城市商人、法官、律师、文人成为新兴社会文化的代表。广泛的旅行和交流开拓着人们的视野，对各种学术感兴趣的人组织起来，在许多城市建立了早期的大学，在教士之外还出现了世俗知识分子。人们越来越意识到人类自身的力量，期待着冲破教会的精神禁锢，而新文化的形成又在很大程度上借助了对古希腊、古罗马的再发现。

作为面向东方的贸易和战争前沿，意大利的城市首先获得了繁荣的契机。这里的商人借贷给东征的军队，并在东西方贸易的主要通道上占据重要地位。到 14 世纪中叶后的近百年间，许多欧洲国家陷入统一还是继续封建分裂的战争，处于相对稳定分裂中的意大利，则走向了城市经济文化的繁荣。佛罗伦萨、威尼斯、热那亚等城市国家在欧洲一度"富甲天下"，并成为汇聚知识的中心。

在自由市民阶层的基础上，富有的城市商人成了新的上层阶级，一些传统乡村贵族也转向城市商业、手工业和金融业。同时，意大利曾是古罗马的核心地区，阿拉伯人所传承的古代文化，也使人们在交往中从另一个角度了解了自己地区的过去。1453 年拜占庭帝国亡于土耳其人，还使大批具有古代知识的人逃到意大利。这些因素使文艺复兴运动首先在意大利发生了。

文艺复兴本义为"再生"，主导精神是人文主义。中世纪后期逐渐形成的欧洲人文主义精神，基本内涵在于以人生本身而不是宗教或其他目的来考虑人类的价值。在冲破中世纪宗教传统的时候，

人文主义借助对古代文明的重新认知，并在许多方面体现为接续古代希腊、罗马的传统。经历了一个逐渐积累的过程之后，人文主义的文艺复兴运动在 15 世纪的意大利全面形成，并以其先行一步而成为欧洲更大面积文化变革的引导者（图 6-1）。

文艺复兴的精神解放，使中世纪宗教所禁锢的"不正当"人类情感、欲望，以及理性的探索精神成为正当的，绘画、雕塑、建筑、诗歌等艺术繁荣，园林艺术也走上了新的发展阶段。

图 6-1　拉斐尔的"雅典学园"体现了
对古代哲人的崇敬

意大利文艺复兴也被誉为一个站在人性角度"重新发现自然美"的时代。它的"前三杰"，但丁、彼得拉克和薄伽丘，都曾在 14 世纪就对欣赏自然美作出了重要贡献。

中世纪的诗歌、园林和相关绘画反映了人们对绿草、花卉、树木环境无可避免的爱恋，但宗教在世界观和人生观方面的压抑，却使人很难去欣赏真正意义上的自然风景，园林的实际艺术质量也远远低于献给上帝的教堂建筑。而在人文主义精神影响下，大诗人但丁曾纯粹为了欣赏自然风景而登山远望。作为诗人和地理学家，彼得拉克也曾在高山上被周围的景色感动得无法形容。他们以新的精神重新诠释了早期基督教教父圣奥古斯丁为否定人类艺术而赞美的、上帝所创造的世界："人们到外边，欣赏高山、大海、汹涌的河流和广阔的重洋，以及日月星辰的运行，这时他们会忘掉自己。"❶ 薄伽丘的《十日谈》等著作，则比中世纪诗歌更生动地把青春男女的热情、活力，同乡村别墅环境的自然美和园林美结合在一起。

在艺术领域，这种对自然美的欣赏首先体现在文学中，接着是绘画中的配景，进而影响了园林环境创造。不过，意大利文艺复兴时期的园林，还是把自然的美同园林艺术美分开了。自然环境是

---

❶ 布克哈特，《意大利文艺复兴时期的文化》，何新译，北京，商务印书馆，1979，第 296 页。4 世纪早期基督教时期，一些被尊为教父的基督教学者把人为艺术与奢靡的生活联系在一起，视为古罗马衰落的原因之一，因而提倡欣赏自然的创造，进而忘掉世俗的自我。但到中世纪，欣赏自然美又被当做可能忘记上帝和宗教精神约束的行为。一些宗教说教，甚至一度把险峻的高山当成恶魔所造或盘踞的地方。

在园林别墅环境以外的，愿意眺望欣赏的远景，而人类的园林则体现了同自然形态有很大区别的艺术特质。

在文化基因上，意大利文艺复兴园林很像是向古罗马豪宅别墅园的归附，从历史的延续看，意大利文艺复兴园林又同中世纪园林有着比建筑更多的传承关系。

由中世纪后期到文艺复兴，意大利一个个以城市为中心的小国家被富有的家族所实际统制。在被誉为早期文艺复兴中心的佛罗伦萨，美第奇家族就非常典型。这个家族拥有大面积乡村领地，又很早进入新的城市金融、贸易、工场经营领域，并在政治上出人头地，出了数位著名的城市国家统治者和红衣主教，甚至教皇。

这些新贵追求高雅的享受。他们欣赏艺术品，喜欢广泛的知识与趣闻，许多人还具有时尚的博物学研究和欣赏兴趣。在他们周围，聚拢了许多具备人文主义精神的知识分子、艺术家。像古罗马一样，立足城市经济与政治的新贵族掀起了城郊别墅热，使园林别墅成为文艺复兴贵族文化的重要组成部分。

意大利文艺复兴时代一般被分两个时期，15 世纪为早期文艺复兴，16 世纪为盛期文艺复兴。

早期文艺复兴是意大利各城市国家最繁荣的时期。此时以佛罗伦萨为代表的城市文化气氛活跃，人们为了充分实现人文主义而学习和研究古典的古代，同时，中世纪的技术和艺术实践经验仍然保留着。在古典艺术逐渐占据主导地位的进程中，绘画、雕塑和建筑等呈现了转折时代的活泼多样。

15 世纪中后期，法国、英国、西班牙等新的统一民族国家崛起，法国和西班牙甚至入侵和掠夺意大利。新航路的发现使欧洲人攫取利益的地区更广大，并降低了经意大利在东西方贸易中的地位。意大利的许多城市到 16 世纪相对衰落了。不过，在各地富有的大家族仍然多数维持着门面的同时，以罗马城为中心的教皇国得到新兴统一国家的大力扶持，成为文艺复兴文化延续的中心。

此时，古典文化已经深深植根于上层贵族和知识分子之中。对几何原理的继续探索、透视艺术的发现，以及对世界、人和上帝的新认识，使上层社会更强调了人的高贵。古典文化是这种高贵性的象征之一，得到全面总结和继续推进，统治了艺术的各个领域。严谨的古典柱式几乎成为大型建筑的唯一形式，直至 17 世纪巴洛克风格对它的部分叛离。

意大利文艺复兴的园林发展历程也可相应划分。

15 世纪中叶到世纪之交的早期文艺复兴园林，重要标志是阿尔伯蒂 1452 年完成的《建筑论》中的园林论述，以及一批同阿尔伯蒂的论述相吻合，以改造中世纪建筑及其环境为主的园林创造。

大体上经历整个 16 世纪的盛期文艺复兴园林，标志可以是伯拉孟特 1503 年的贝尔维德雷园设计为园林艺术带来进一步变化，接着是一段经典意大利文艺复兴园林的辉煌。此时，绘画和建筑中出现的手法主义也部分影响了园林。

事实上，至迟在 14 世纪的意大利，许多城市附近山坡上就建起的大量郊区别墅，为以后的园林发展打下了基础。这从薄伽丘《十日谈》中的园林描绘中可见一斑，一些 15 世纪早期的绘画也留下了它们的景象。相比而言，15 世纪逐步发展起来的文艺复兴园林则有更强的几何完整性，把别墅建筑同园林紧密结合到了一起。它们像许多古罗马豪华别墅园一样建在山坡上，珍视广阔的远景，但同古罗马和中世纪园林相比，由轴线控制的整体几何关系更加明确。

意大利文艺复兴园林讲求"高贵"。当时的人文主义还没有突出近代社会意义上的自由平等精神，而是针对中世纪宗教，强调了人类在现实世界上的地位，由那些拥有财富、掌握知识的社会精英所代表。在同建筑相关的园林环境艺术中，他们关切人类应有的享受，也关心如何以艺术显示人类的才华，反映同上帝相关的宇宙美。从早期文艺复兴到盛期文艺复兴，后两种情况日益突出。

意大利文艺复兴冲破了宗教对人类的精神禁锢，但没有全然否定基督教中至高的世界主宰——上帝。重要的观念变化在于，继续信仰上帝的人们不再被原罪和地狱所震慑，不再仅仅为来世的天堂而生活。相反，人类因上帝按自己的"模样"创造而特别伟大，人的理性可以认知上帝造就的世界，人的创造可以接近上帝的原则，而高雅的享受——对艺术美的崇尚和在美的环境中生活，并不同信仰冲突。

在美的观念领域，以柏拉图、亚里士多德等为代表的古希腊哲学，同以圣奥古斯丁、圣托马斯等为代表的基督教哲学实际上很相似，只是后者把古代哲学肯定的宇宙完整性、几何形式美等，同一位人格化的神联系到了一起。文艺复兴建筑美的普遍观念是："大自然显示出一种惊人的一致性，一个建筑物可以将大自然与上帝的基本法则反映到其尺寸上，所以一座比例完整的建筑乃是神的启示，是上帝在人身上的反映。"[1] 这样的建筑观念也同样适用于园林艺术。

在相对自由的思想环境中，基督教以外的古代神话也进入了艺术题材的领域，使许多园林景观具有了更丰富的内容。在总体平面严谨的几何式园林中，不少雕塑和相应景观建构增加了艺术情趣，又使人联想古代诸神，包括他们的面貌，他们所代表的自然力，以及这些自然力在传说和现实中同人类的关系。

中世纪中后期以来，植物学和栽培实践技艺都日益发达。从知识、猎奇、拥有和审美等广泛角度，文艺复兴更激起人们对植物的兴趣。这使一些园林有意广种各种植物，特别是外来珍稀植物。同时，文艺复兴又是高度关注人类艺术特质的时代。在利用自然要素创造环境的时候，人为园林艺术的特殊性也更加突出出来。

文艺复兴园林艺术的实施对象，集中于愉悦性的别墅园林，富有的园主和设计者一般都不必顾及所谓实用、经济。而园林艺术本身，更是图形、空间、景观，有趣动人的造型，以及丰富它们的形象与关系的设施。在文艺复兴以后的园林艺术发展中，菜园、果园和简单的庭院绿化逐渐从园林概念中"淡出了"。

6.2 博加丘的别墅园林描绘

薄伽丘的《十日谈》完成于1353年，以1348年佛罗伦萨大鼠疫期间数位城市贵族青年到郊区乡间别墅避疫为背景。作者借这些青年之口讲述了许多中世纪市井故事，人性的美与丑得到直白的暴露，使自己成为关注世俗人生和非宗教精神的重要文艺复兴先驱。

《十日谈》所描绘的别墅园林景象非常生动：

"那地点在一个小山上，离东西南北通衢大道都有一段路程，山上草木郁郁葱葱，叫人看了眼目清凉。"

"平原小丘上耸立着一座美轮美奂的别墅……别墅旁边有个围着短垣的花园……那里风光旖旎，

---

❶ 帕瑞克·纽金斯，《世界建筑艺术史》，顾孟潮等译，安徽科学技术出版社，1990，第227页。

美不胜收……花园周围和中央有不少宽阔的通道，上面是长廊般的葡萄架，枝叶茂盛，预示着葡萄丰收。园里鲜花盛开，芳香扑鼻……通道两旁密密匝匝地栽着红白玫瑰和茉莉栀子，不仅在清晨，即使在中午太阳高挂的时候也可以在阴影和芬芳中到处漫步，不受阳光的暴晒。"

"那地方的花草树木多姿多彩，品种繁多……当地气候允许生长的植物这里都能找到……更叫人看了心旷神怡的是花园中央有一片草坪，萋萋芳草绿得发蓝，衬托着姹紫嫣红的花朵和郁郁苍苍的柑橘和枸橼树，有的花团锦簇，有的开始挂果，有的果实已成熟。荫翳使人眼目清凉，香气使人神清气爽。草坪中央则是一座洁白的大理石精雕细琢的喷水池，池中心柱子上的一个雕像不知由于自然的力量还是靠人加机关，喷出的水又高又多，贯珠扣玉似地撒落下来，泄到清澈的水池里……"。❶

离开疾病蔓延的城市中心，几位青年尽情享受着乡间的景色和别墅园林的优美环境，讲述各色人物的一个个精彩故事，心旷神怡。

在欧洲中世纪园林的发展历程中，同样是意大利人的克里森奇，14 世纪初完成了这个时代最完备的园林著作。薄伽丘对园林的文学描述比克里森奇晚 50 年左右，在一般历史分期上仍然属于中世纪。虽然人们更注意 15 世纪文艺复兴作为一场"运动"而轰轰烈烈的形成，特别是高涨的人文主义精神越过中世纪对古代文化的再发现，文艺复兴园林艺术还是有明显的中世纪后期基础的。

从薄伽丘的描述中，可以看到中世纪后期园林艺术景观的日益丰富，以及城市文明逐渐发达后，郊区乡间别墅对城市新贵的重要性。这类别墅园林向着 15 世纪延续，理论和实践在城市文明发达和对古代文化的再发现中推进，演绎出了文艺复兴园林艺术的菁华——城郊别墅园林。

6.3　阿尔伯蒂的园林设想

最能反映早期意大利文艺复兴园林艺术思想，并预示了进一步实践发展方向的论述，来自阿尔伯蒂的著作。

阿尔伯蒂是 15 世纪著名的意大利文艺复兴建筑师，在大量古典式建筑作品之外，还写作了《建筑论》、《齐家论》等论著。《建筑论》被视为意大利文艺复兴建筑著作中最早而完备的。❷ 两部著作都涉及对别墅园林的见解，散布在不同的主题之下。总的来看，作为人文主义文化艺术代表者之一，阿尔伯蒂的相关论述突出了人对园林的使用，包括实际行为与精神需要；强调了自然风景，即园外远景的重要价值；阐述了围墙庭院中的园林环境应具备的基本要素，以及它们的一些主要特征；提出了园林布局要迎合别墅建筑，即以相关几何图形来把握的要求。

阿尔伯蒂在《齐家论》中热情赞扬了城郊别墅的价值，在同人性相关的方面延续着不远的前辈薄伽丘。同时，更明显地让人看到古罗马文人西塞罗、小普林尼等人的影子——在城市政治、经济生活的劳神费心之外，营建一个安宁的家庭与接近自然的角落；"佛罗伦萨周围，在清澈的空气里，在使人们心旷神怡的风景间，别墅林立；展开一幅美丽的图画。""当每一种其他财产给人们造成劳累、危险、恐惧和失望时，别墅给人们带来一种巨大而正当的利益；别墅永远是仁慈的；如果你

---

❶　薄伽丘，《十日谈》，王永年译，北京：人民美术出版社，1994，第 21、173~174 页。
❷　中文译本见王贵祥译，《建筑论——阿尔伯蒂建筑十书》，北京：中国建筑工业出版社，2009。

怀着热爱它的感情在适当的时候住在里边，它不仅能使你满意而且能使你享受无穷。在春天，绿树和小鸟的歌唱将使你快乐和充满了希望；在秋天，稍出点力就将使你获得上百倍的果实；一年到头，忧愁将远远地离开你……啊！幸福的别墅生活，啊！莫大的幸运。"❶

关于阿尔伯蒂的园林环境及艺术设想，可以综合《建筑论》与《齐家论》的一些内容，以及许多园林史书的综述，把它们放在一个历史进程中来了解。

在一般意义上的庭院园林要素，及其主要特征方面，阿尔伯蒂的见解呈现了历史的经验传承，有些可上溯到古罗马，有些是对中世纪园林的直接延续和发展。概括起来大体有：

别墅要建在离城市不远的乡村环境中，益于健康，又便于到达，并且有风景优美的丘陵。人们在那里可以享受清爽明快的空气，观赏树木葱绿的山岗和阳光明媚的平川，聆听山泉喷涌和溪水流淌的声音。

出于防盗，别墅被房屋和围墙环绕，园林衔接建筑，处在带有柱列门廊和开敞游廊的宽阔院子中。

园中应种植多种植物，如石榴、山茱萸、玫瑰、月桂、柏树、夹竹桃、杜松、桃金娘、黄杨、橡树、李树，以及葡萄等乔木、灌木、花卉和爬藤植物，并且提倡珍贵稀有品种。

园中的路径应做铺面，图案可模仿两侧衬有美丽枝条的吊钟花、花环与树木枝叶等。

园中路径把整个园林分成一个个矩形，也就形成前面章节提到过的草皮、花床区。分格的各区域草皮上种植树木、灌木或花卉，同路径的边界是黄杨、石榴、夹竹桃、月桂、山茱萸等经修剪成的绿篱。黄杨之类的绿篱，还有花结、花床可裁剪出各种各样的图案，甚至像小普林尼等古人那样，使其图案显示别墅主人或园艺师的名字。沿着园路一面的绿篱可间或修剪成壁龛状，放置雕像和坐凳。

高大树木一般成排种植，在园路尽端要有可欣赏的绿色树木景观，可以修剪、种植成一定空间形态，或仿如亭子，或如四棵围一棵的所谓梅花点式等。爬藤植物配合柱子支撑的棚架，形成绿色的格架凉廊。

喷泉、石花瓶与石水盘、装饰性水池是园林中的重要装饰，处在某些花床分格中心或园路的节点上。提倡园中布置雕像，并且可以是情趣性而非纪念性的。还可以在园路或花床上点缀陶花盆，随各种需要而变换位置。推荐营造岩洞，并期望将表面处理成粗犷的岩石，并敷上绿色的蜡，结合溪水、池塘显示潮湿的原始自然感。

除了实际园林种植处理外，别墅园林的墙面还可以用浅浮雕或壁画装饰。在高贵大宅的园林围墙上，可绘有值得纪念的伟大人物及其活动，其他则是令人愉悦的自然风景和人类在其间的活动，如布满鲜花的田野与浓密的树丛，以及渔钓、狩猎、游泳、乡村消遣等，其中应该绘有最悦目的泉水、小瀑布和溪流。

同中世纪后期佛罗伦萨别墅园林的周围环境相关，并联系于但丁、彼得拉克等人代表的，欧洲人对自然风景的再次感悟，以及古罗马文化的再现，阿尔伯蒂的园林论述所凸显的文艺复兴园林发展方向之一，还非常强调远景。

阿尔伯蒂认为，在选择了一个优美的自然环境后，别墅园林最重要的是应该建在和缓的山坡上。

---

❶ 转引自布克哈特，《意大利文艺复兴时期的文化》，何新译，北京：商务印书馆，1979，第396页。

阿尔伯蒂说："我愿让它位于颇高的地方，而坡度又很缓和，以至于人们应不知不觉地走向它，直到自己已经处于高位，辽阔的景观在他们的视野中展开。"[1] "在那里，他可毫无制约地享有来自空气、阳光和美丽景色的所有愉悦和舒适"；"可以获得一些城市、乡镇，海洋、平川，以及一些知名峦头、山脉巅峰的景观；并且，可以使他拥有园林的优雅，而打鱼、狩猎的消遣也可以尽在眼底。"[2]

在考虑远景的要求之下，阿尔伯蒂虽然没有给出具体数据，但还是提出了别墅园林外各个方向的山岗、湖泊或海洋同别墅之间应该有"合适"的距离。例如，"南面的山峦景色如果太远，在你的视野中就会经常被云雾和水汽笼罩，不很悦目；如果太近，就像压在你头顶，并会以阴冷的影廓打扰你，但如果距离合适，就让人舒适而愉快"。同样，湖水应该在不远不近的距离，海则应该近一些。[3]

欧洲人在别墅中遥望远景的文化兴起于古罗马，中世纪大部分时候至少在人们的景观艺术中失落，进而又自中世纪后期的意大利复生，得到阿尔伯蒂的明确阐述，在以后一个多世纪中一直延续，构成意大利文艺复兴别墅园林的重要景观视野追求。

除了几何与对称的形式美原则外，在文艺复兴园林艺术中，对远景的重视也在进深中轴线构图中起了作用，并结合了园林路径的设置。中世纪园林的路径、花床组织一般不很突出进深向的中轴线。古罗马住宅庭院园林在中轴线上同开敞的厅堂衔接，而别墅园林平面虽然很可能形成对称图形，但似乎仅出于一种习惯的形式要求。

意大利中世纪后期的别墅逐渐摆脱了中世纪城堡的平面和造型，多数仿造对称的城市豪宅，在面对园林的一面，有重要的客厅等中央房间、门廊或观景平台，突出了欣赏远景时以建筑中央为起点的中轴视线。此时，在同中世纪有明显传承关系的几何式花床布局中，位于建筑中轴线上的路径就被特别加宽，两旁的花卉、树木配置也呈明显的轴对称构图，傍着由近而远的视线。

同这种情况相伴，文艺复兴别墅园林的外轮廓，也趋向于沿着建筑中轴线被拉长的矩形。与远景相关，园林中成行的高大树木多种植在园林两侧边缘，有时也种在中轴园路两侧，具有视廊般的导向作用，有点像克里森奇在阐述中世纪小林苑时所谈到的那样。由于别墅建筑经常建在坡地高位，高大树木在相对低处，许多时候人的视线还可从上方越过排列起来指向远方的树梢。

阿尔伯蒂的论述中可以看到的，别墅园林的另一个重要发展方向，同人们对自然远景和园林艺术近景的不同观念有关。在别墅中，远景是人们可以选择观赏的外部世界，而近景的园林，则不仅仅是在建筑旁边令人舒适的绿化庭院，阿尔伯蒂要求其艺术处理更多同建筑构图一致，甚至是建筑环境的延伸。

意大利文艺复兴时代关于建筑美的观念，承袭了西方传统哲学影响下的几何形式和谐原理，阿尔伯蒂指出："我认为美就是各部分的和谐，不论什么主题，这些部分都应该按这样的比例和关系协调起来，以至既不能增加什么，也不能减少什么，除非有意破坏它。"[4]

意大利文艺复兴时代是欧洲人重新发现自然美的时代，而别墅自身院中的园林，则是一种很突

[1] 转引自 Christopher Thacker，HISTORY OF GARDENS，Berkely and Los Angeles，University of California Press，1979，第96页。

[2] 转引自 http：//www. lih. gre. ac. uk /histhe /alberti. htm # top，《建筑论》英文节选。

[3] 同[2]。

[4] 转引自陈志华，《外国古代建筑史》，北京：中国建筑工业出版社，2004，第三版，第163页。

出的人为艺术环境。一般意义上，有丰富树木花草的园林让人体验自然事物所带来的美好环境，但发达的园林艺术往往呈现人类的能力，反映人类关于自己场所的观念。从意大利文艺复兴到18世纪英国自然风景园的变革以前，欧洲人能够欣赏自然美了，但作为人类生活的"内部"环境和人类的创造，园林艺术一直围绕着直接同建筑美相关的几何规则。

当人们处在园林中，把欣赏的目光在中轴线上反过来的时候，位于坡地高处的别墅建筑就非常重要。文艺复兴别墅建筑不像今天人们常常追求的灵活形体，而是具有严谨的比例和完整的方正构图，以及多为三层的宏大体量。别墅建筑同其园林的关系，有些像古埃及神庙的塔门对着门前林荫大道的情景。阿尔伯蒂把这两者看作一个整体，是整体中必须协调好的两个组成部分。对于别墅面前的园林，阿尔伯蒂要求它以直线和弧线的"良好的布局"呼应"在建筑中最受欢迎的图形"，树木则"应该精确均衡地成行种植，依据直线精确地相互应答"。❶ 按照这种原则，夸张一些说，沿着建筑中央轴线的伸延，经典意大利文艺复兴园林的平面构图就像从别墅中镜像出来的一样。

意大利文艺复兴时代出现了许多伟大的建筑艺术家，在园林创造中也尽情发挥，但在著述方面，阿尔伯蒂对园林艺术的影响是最大的。他对园林艺术的阐述也许不是非常全面，特别是还不能反映盛期文艺复兴园林的某些更经典特征，但他确立了文艺复兴园林艺术的基本方向，15世纪中叶以后的意大利文艺复兴园林特征，大都同沿着此类方向的发展有关。

或许是不言自明，阿尔伯蒂的园林论述没有特别强调台地，而把山坡整合成层层台地，在盛期文艺复兴著名园林中特色鲜明，台地园林成了意大利文艺复兴园林的关键特征之一。

6.4 早期文艺复兴园林实例

意大利早期文艺复兴的文化中心是佛罗伦萨，它在很长时间里由美第奇家族统治。著名的早期文艺复兴建筑师，设计了被誉为文艺复兴标志的佛罗伦萨大教堂的伯鲁涅列斯基，以及米开罗佐等，都为这个家族设计了许多建筑。后者还被聘为美第奇的家族建筑设计师。这个家族在佛罗伦萨郊区有大量别墅，在早期文艺复兴别墅园林中很有代表性。

通过这些别墅园林，可以看到一个转折变化的时期。在这段时间里，安定的水平线和柱式框格逐步取代了躁动的竖直线，控制了建筑构图。但是，中世纪的传统仍然存在，致使古典形象不很纯粹。在园林艺术中，中世纪的建筑和园林痕迹也保留了相当长的时间，经历了15世纪的后50余年，逐步向更纯粹的文艺复兴式园林过渡。

6.4.1 卡法吉奥罗别墅

卡法吉奥罗村位于距佛罗伦萨城20余公里的穆格罗村河谷地段，是美第奇家族中世纪世袭领地的核心。村外高地上建有14世纪的城堡。大约在1451年左右，这个家族的科西莫委托米开罗佐把它加以改造，设计得更舒适，在中世纪建筑和环境基础上添加了文艺复兴特征。

米开罗佐部分改造了原城堡建筑，规划扩展了园林，但许多原有特征使这个别墅仍令人有很强

---

❶ 转引自 Christopher Thacker, HISTORY OF GARDENS, Berkely and Los Angeles, University of California Press, 1979，第96页。

的旧时代感。同 15 世纪许多建筑中古典形象与中世纪形象共处相似，园林也反映了中世纪风格在文艺复兴初期别墅中的部分遗存。

现在的别墅建筑和周围环境都经过了 19 世纪的改造，但 15 世纪的绘画保留了当时别墅及园林的设计景象（图 6-2）。

图 6-2　15 世纪壁画中的卡法吉奥罗别墅与园林

画面显示，结合原有屋顶托梁挑台，设计师为原城堡加入了欣赏远景的顶层游廊，加大的雉堞及其间距正好形成游廊窗户，上面盖上了出檐深远的和缓坡屋顶。除此之外，这座建筑其他很小的窗户、主入口吊桥，以及高耸的塔楼仍然展示着中世纪城堡的形象。主体建筑之外的院子也似乎很随意，分成不同的功能区域，分别围以墙或篱笆。建筑前面和两边的地段主要是果园、菜园和葡萄园，并有侧面的仓房、圈舍等农庄设施。

在稍微偏一点的建筑后方，是主要作为内部游赏环境的一部分园林。它仿佛就是中世纪花草园的扩张，部分被围墙、部分被篱笆围绕成纵向的矩形，里面有 6 个矩形花床及它们之间的路径。花床满铺草皮，围着矮绿篱，路径仿佛还是花床的简单分隔者，但中轴已经相对突出。中轴路径尽端两侧为葡萄格架凉棚，中央为拱门状的亭子和喷泉底景。

这座别墅园林虽然很简单，甚至不能说具有非常明确的文艺复兴园林特征，但考虑到文化变革带来的特定心境，以及特定的地点和优美环境，它还是美第奇家族经常集体光顾的地方，记录着这个家族同文艺复兴时代有关的许多重要事件。

6.4.2　卡雷吉奥别墅

卡雷吉奥别墅位于佛罗伦萨近郊，最初的建筑大约建于 1417 年后不久。在阿尔伯蒂《建筑论》完成数年之后的 1457 年，同样由美第奇家族的科西莫委托米开罗佐，对别墅建筑和园林进行了改造设计。科西莫在此组织了柏拉图研究学社，成员就包括阿尔伯蒂。科西莫和他著名的侄子劳伦佐都对植物感兴趣，影响了这座别墅的园林植物栽植。据说它曾同植物学研究有关，"几乎是一个有无数不同的花草树木的标本的植物园"[1]（图 6-3）。

这座别墅的园林，是美第奇家族在佛罗伦萨郊区的首批文艺复兴式园林之一。经历了长时间以后，这里的植物品种和修剪图形已经发生了许多变化，但建筑和园林布局到今天还基本保持着原来的样子。

---

❶　布克哈特，《意大利文艺复兴时期的文化》，何新译，北京：商务印书馆，1979，第 287 页。

在相当长的时间里，这里的主体建筑保留了中世纪形象。立面上部以托梁挑台及雉堞结束，开窗较少并装有铁栅。直到 1571 年的一场火灾之后，才像卡法吉奥罗别墅那样改造了屋顶，结合雉堞加上了顶层游廊。另外，整个园林也还被同样有雉堞的高墙环绕。由于园林有高墙且地坪比较平缓，越过园林的远景只能在建筑上层观赏，后加的顶层游廊成为文艺复兴园林远景要求在这处建筑中的反映。

图6-3 卡雷吉奥别墅

卡雷吉奥别墅园林模仿古罗马小普林尼书信的描述，中央长轴指向主体建筑，缓坡地被分为前后两部分。紧挨着建筑的是高一些的横向花卉园，同更大的园区用一道中央有通道的矮隔墙隔开。今天见到的这片花卉园，布置着形态丰富、色彩斑斓，并以圆形、弧形图案为主的花床，还有陶花盆中的盆栽花卉，高低错落感甚于平面图案感。在衔接建筑入口的中轴线一段上，园路还铺着拼成花结图案的马赛克。

矮墙外主要园区的对称布局突出了中轴园路。路上曾有一处喷泉，装饰着一座怀抱海豚的小天使雕像，不过现在仅留下一座圆形水池。围着水池的园路交汇成环形，同其他园路纵横交叉处一样，以活的植物编织起数座弧形树枝凉棚，里面设有坐凳。被园路分开的草皮上原来种有包括果树在内的各种树木，外侧设黄杨树篱，同更多的外围树木分开。整体环境在临近建筑中轴处显得开敞，其他地方树木浓密(图6-4)。

总的来说，这处别墅园林强化了中轴线，把园林和主体建筑正面对应，沿着中轴线的景观也得到突出，并有明确的远近层次。在以建筑形体统辖的庭院化园林中，种植了大量花卉树木，并有更精致的植物图案和造型，这些都是比较典型的文艺复兴园林特征，但建筑形象和园林环境相对较强的封闭感，同中世纪城堡内的园林又有相似性。

图6-4 卡雷吉奥别墅园景

6.4.3 费索勒别墅

费索勒别墅也是佛罗伦萨近郊保存完好的早期文艺复兴园林之一，同样由科西莫委托米开罗佐设计，大约建成于 1461 年。其时，科西莫意欲让自己极其喜爱艺术和美景的儿子乔万尼在此过优雅的智者生活，但乔万尼过早去世，这座别墅以其表兄弟劳伦佐的艺术品收藏而闻名，科西莫的柏拉图研究学社也曾移到此活动。

就像阿尔伯蒂的园林论述所推荐的那样，这处别墅选址在费索勒山丘面南的山坡上，可以俯瞰阿尔诺河与佛罗伦萨全景，并造就了台地式园林。不过，它的建筑与园林布局，还没像典型的盛期文艺复兴台地别墅那样，顺坡形成纵向轴线上的层层衔接关系。别墅园林有三层台地，呈现顺着等高线的窄长矩形，中间一层特别窄，建筑位于上层台地接近西端的地方。这种布局特征显示了过渡时期仍然具有的相对灵活不定性(图6-5)。

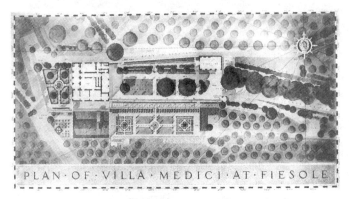

图6-5　费索勒别墅平面

上层台地是同建筑直接结合的园林地段，经由半山坡的栎树林荫路到达其东端入口。园林起点是一处八角形水池，由此通向建筑的路径顺着台地前后边缘，一条依附上方山坡的挡土墙，一条可以让人凭栏远望。路径之间是宽大的草皮花床，里面有遮荫的泡桐，夏日里还在路面上摆放种着柠檬和天竺葵的陶花盆。

建在这个园地另一端的别墅建筑平面为方形，简洁规整的立面和大面积开窗具有典型文艺复兴风格。为了使建筑内外环境更紧密地结合，面对园林的一层正面还开了三间宽敞的拱门游廊。建筑后面有一处小小的"秘园"，树下的花床围着中央水池。在大型的文艺复兴园林和后来的巴洛克园林中，常常有可称为秘园的一处单独小园地，其小而幽静的环境是主人独处、远眺或冥想的理想地方。下层台地同上层台地并列，虽然视野非常开敞，但同上层台地的主要联系是建筑内的楼梯，相当于别墅内的一处后院园林，或许在某种意义上可同古罗马城市住宅的后花园相比，但视野是敞开的。最初这里可能只是菜园，但不久就变成了中央设置了喷泉的几何式花床，花床由黄杨绿篱围绕，其间种着木兰。

狭窄的中层台地现在盖着一条修长优雅的格架凉廊，倚着上层台地的挡土墙，布满攀爬植物，在高差很大的上下台地之间形成了良好的过渡，但有说是20世纪初才加上去的(图6-6，图6-7)。

图6-6　费索勒别墅园林台地剖面

图6-7 费索勒别墅远景

费索勒别墅的各园林地段本身实际上很简单，但从整体看，它常被当作早期意大利文艺复兴最优美的环境之一。这或许在于它的台地明显超越了中世纪城堡或宫殿园林的内向、封闭，以及在建筑围墙之间，又同建筑造型没有必然联系的平面布局。同时，又不像盛期文艺复兴的典型台地别墅园，虽然气势宏伟，内外景观丰富，但建筑和园林的轴线关系相对僵化。这里的建筑、台地处在高低、左右错落之中，结合园林植物和周围的绿色山地风景，呈现了灵活生动的构图，并有令人意想不到的内外空间连通、转折，带来丰富的情趣。

6.5　盛期文艺复兴园林实例

在园林艺术中，谈到意大利文艺复兴园林，多是指其盛期的园林式样。一些盛期文艺复兴的著名建筑师，如伯拉孟特、拉斐尔、维尼奥拉等人，在大量考证古典建筑艺术，推进古典柱式新时代发展的同时，也醉心于园林设计，并且把更多的建筑空间意趣带进了园林设计中。然而相对遗憾的是，当时对这种园林缺乏像阿尔伯蒂那样的较全面的文字阐述。

建筑空间意趣的最主要体现，是沿着纵轴线的更精细台地组织，并由此强化了竖向空间。在园林景观要素中，原来仅是功能需要和局部点缀的阶梯、雕像、喷泉，具有了更高的景观地位，并加入了水渠、瀑布。它们成为重要的园林景点或景观转折的焦点，作为园林之本的花卉、草皮和树木反而多少有点像是它们的陪衬了。

与此相关，园林主体建筑对园林整体的统辖作用也进一步加强，成为一系列台地景观联系中不可或缺的一部分。另一方面，横轴的价值随着纵轴台地的景观变化也比较突出了。建构化的景观，如为喷泉加上凯旋门般的背景，也成为盛期文艺复兴园林的一大特征。

6.5.1　伯拉孟特与贝尔维德雷园设计

同阿尔伯蒂一样，伯拉孟特也是非常著名的建筑师，16世纪意大利盛期文艺复兴建筑艺术的重要代表人物。他 16 世纪初设计的坦比埃多小教堂，被视为盛期文艺复兴建筑时期到来的标志之一；盛期文艺复兴最宏大的建筑——罗马圣彼得大教堂按照他的设计开始施工，为米开朗琪罗后来的改建奠定了基本平面基础。

贝尔维德雷园由伯拉孟特在 1503 年开始为教廷设计。同 15 世纪常见的园林景观有很大的不同，伯拉孟特的设计不再是相对简单地在房屋前营造平台园地，而是注重台地与阶梯、建筑与园林浑然一体的空间关系。这个设计在欧洲园林艺术的发展中具有开创性，成为一种新的设计典范，把意大利文艺复兴园林艺术引向了盛期阶段(图 6-8)。

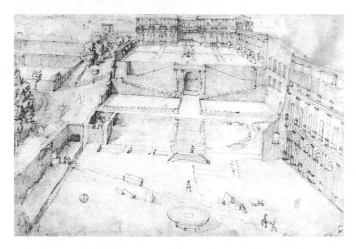

图 6-8　贝尔维德雷园施工景象，高台上是贝尔维德雷别墅

贝尔维德雷园设计的基本要求来自教皇尤利乌斯二世，这位教皇关心意大利的繁荣胜过关心宗教，是文艺复兴艺术的积极保护者和促进者。新的罗马圣彼得大教堂就是在他的主导下开始设计建造的。尤利乌斯二世要伯拉孟特把当时的梵蒂冈教皇宫与前教皇英诺森八世的贝尔维德雷别墅，以及其间的谷地一同进行设计，用一处宏伟的园林把两座建筑连起来，成为新的教皇宫。可能是因为伯拉孟特设计中的园林环境更像把原贝尔维德雷别墅及其外环境改造成教皇宫的一部分，人们习惯上称之为贝尔维德雷园。

这里的两处原有建筑间距 300 余米，横在其间的谷地面宽约 75 米，贝尔维德雷别墅在较高的坡上。伯拉孟特的重新设计在当时非常惊人。他首先设计了从两侧把基地围起来的两道三层高游廊，下两层为多立克式连拱廊，顶层为联系教皇宫第三层与贝尔维德雷别墅底层的室内廊道，爱奥尼壁柱间开有大窗。在其中一条游廊中可以观望罗马城的景色，另一条则可欣赏园林另一侧的谷地，其间也有园林艺术化的山坡树丛。

在两廊之间的空场上，伯拉孟特设计了三层平台，形成建筑与广场、花床相结合的宏伟园林场所。最下层平台是紧接教皇宫的广场，可以举行节庆仪典。另两层平台在贝尔维德雷别墅前升起，布置了花床植物。为了功能需要和壮观的效果，伯拉孟特还改造了原有建筑，都在它们的中轴线上添加了面向园林的巨大内凹半圆体量：教皇宫一面的相对低平，形成仪典性广场的主看台，像一面弧形斜坡面对贝尔维德雷别墅和它前面的台地；别墅一面的高高耸立，并半围着喷泉，除了俯瞰园林广场外，顶上的游廊还是视野更宽阔的远望处(图 6-9)。

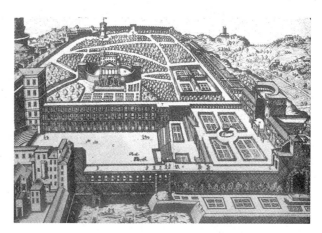

图 6-9　贝尔维德雷园景

由于后来的变化，特别是加建了横贯园林第二层平台的梵蒂冈图书馆，以及园林种植的变迁，现在已经看不到伯拉孟特设计的原貌了。从 16 世纪的版画看，这个园林的植被、喷泉设计并没有特别独到的地方：底层平台广场可能有大面积草皮，二层平台有对称的两处花床，三层是围着中央喷泉的四个更大的花床组合，花床边缘都应为常见的黄杨之类绿篱。伯拉孟特的成就主要体现在建筑化的整体空间创造。

在阿尔伯蒂的园林论述中，园林布局要有同建筑相呼应的图形，但还没有沿着中轴线的立体化园林空间意识，15 世纪的园林实践也没有高差较大的台地沿中轴线紧密呼应。伯拉孟特的设计以中轴线两端的建筑形体强化了它的效果，更突破性的发展，是为园林景观引入了中轴线上的大型阶梯。

教皇宫前广场和第二层平台间的宽阔阶梯沿轴线直上，两侧造就看台，整体成一面突出在中轴线上的斜坡；二、三层平台间有挡土墙竖直壁立，中央是巨大的拱形壁龛，两旁起止均在中轴处的双跑阶梯顺高墙横置。两处阶梯各具特色，并在某种程度上作为景观主体而存在，使空间显得更深、更广（一个简单的例子是人们对住宅房间的感受，空着的房间会让人觉得相对小，放入家具后反而感觉会大些），并且突出了向上的第三维空间感。

伯拉孟特于 1514 年去世，此时这个宫殿园林综合体才开始施工不久，即使在 1563 年基本完成后，其壮阔格局的存留时间也不很长，但他的设计产生了广泛的影响。在以后几十年中，较大高差台地上同建筑结合的中轴线，以及轴线上的各种阶梯，成了意大利园林设计的主导。园林空间建筑化的地形改造与各种建构，形成了园林的立体空间构图。

6.5.2　拉斐尔与玛丹玛别墅园林设计

同达·芬奇和米开朗琪罗齐名，拉斐尔是多才多艺的著名盛期文艺复兴三杰之一，在绘画领域享有盛誉，在建筑和园林领域也颇有建树。由于深厚的古代艺术知识造诣，1515 年他被任命为罗马古建筑总监，负责研究和保护罗马城的古代建筑遗迹。

大约在伯拉孟特去世前两年的 1512 年，拉斐尔为后来的教皇克莱门特七世、当时的红衣主教，美第奇家族的朱利奥作了马里奥山上的别墅园林设计，主要助手桑加洛兄弟也是著名的建筑家和园林设计师。这座别墅及其园林在 1527 年的法国入侵中遭到掠劫，玛丹玛别墅也是因更往后的主人而

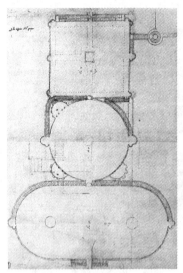

图6-10　玛丹玛别墅设计图

得名，但拉斐尔似乎未完整实现的构想却同贝尔维德雷园异曲同工，成了盛期文艺复兴许多园林设计参照的蓝本。

从当年的设计图中可以看到，在别墅的园林一面，拉斐尔欲把山坡改造成沿中轴线下降的三层台地。通过建筑前的平台，同梵蒂冈贝尔维德雷园相似的两部横向双跑阶梯通向下一层方形台地，台地上可能布置有花床、中央方亭或喷泉。接下来，弧形的阶梯通向下面又一层圆形平台，其中央可能是喷泉。再下一层平台是更宽阔的横向椭圆，或许有对称的两处喷泉。两个平台间的阶梯或坡道沿着椭圆边缘展开，显得更舒展。拉斐尔的植被配置和局部细节设计很难确切知道，但可以想象建筑、轴线和大型阶梯的配合所带来的恢宏台地园林效果(图6-10)。

伯拉孟特和拉斐尔的园林设计意向，到著名的埃斯特别墅得到了完满的实现，并且相对完好地保存到了今天。

6.5.3　卡斯特洛别墅

卡斯特洛别墅也是佛罗伦萨美第奇家族的地产，离这个家族早期文艺复兴的卡雷吉奥别墅不远。1537年前后由特里波罗设计了园林。将反映当时设计的壁画和现在见到的情况加以比较，可以看出别墅主体建筑实际上没有最终完成，所以现实中没有建筑同园林共有的中轴线(图6-11、图6-12)。

同此处原有地形和建筑位置相关，别墅的主体建筑建在了地段南部的最低处，背面宽阔的台地园林向北伸展并升高，但高差缓和。这个园林设计据说参照了伯拉孟特的范例，在突出纵向中轴的统率作用的同时，尽可能加强了轴线上宽大阶梯的效果。

在园林紧挨建筑处，先是一快被园区中轴分开的横向草皮，似乎是一个景观变化的简约前奏。登上数步阶梯则是跨越两层台地的花床区，其核心是有大力神雕像的喷泉，喷泉前是衔接两层台地的中央弧形阶梯。今天的花床为黄杨修剪的菱形花结图案，伴着盆栽橘树和中间的黄杨球。但据说当年曾有较高大树木和灌木组成的迷宫，迷宫中还有一个水泽仙女雕像喷泉。在这片区域的东侧，还有一处狭长的小园子，是一处供主人独处的秘园。除了中央轴线通道外，花床分格还形成另外的纵向路径，共同指向最高一层平台尽端墙面上的几个岩洞和神像壁龛(图6-13)。

图6-11　反映卡斯特洛别墅设计意向的壁画

图 6-12　卡斯特洛别墅与园林现状

图 6-13　卡斯特洛别墅园林，远处可见
高一层平台及其墙面、岩洞壁龛

　　最高层平台曾是黄杨围绕种植花床的橘园，两端有花房建筑，但现在是一块块同下层花床对应的草皮，上面布置着盆栽。

　　在这层平台上，面对别墅建筑，带有岩洞的墙实际上是后面更高地坪的挡土墙，岩洞内有各种动物的群雕(图 6-14)。沿平台两侧的阶梯可以登上，高处露出更自然广远的树丛，呈现一种创世之初般的景象。这种原始的景象进一步表露在树丛后的水池处。它呈椭圆形位于中轴线尽端，池岸草木自然，周围环绕着密集的树木。池中巨石上蹲着粗犷的古代河神雕像(图 6-15)，表达着出自混沌的水。这里的确也是接受园外水源的储水池。

图 6-14　岩洞中的动物群雕

图 6-15　上层平台的水池与河神雕像

6.5.4　埃斯特别墅

　　埃斯特别墅是意大利保存最完整，最能体现并发展了贝尔维德雷园设计意象的经典盛期文艺复兴园林。设计者李戈利奥曾师从于著名盛期文艺复兴建筑师维尼奥拉，并在伯拉孟特去世后继续主持贝尔维德雷园工程。

在贝尔维德雷园接近完工的1550年，埃斯特家族的红衣主教伊波利托第二委托李戈利奥设计了这个位于罗马东部蒂瓦利镇的别墅，以及大约200米×265米的园林，同古罗马时期建于附近的哈德良宫一样，至今仍是这里的著名旅游点。

别墅建筑建在蒂瓦利小镇的高岗上，从临街处经过一个柱廊庭院到达面对园林的三层主体建筑。主体建筑北面的斜坡形急降而下，衔接一块平整地段。后者东侧又有相对较缓的坡地升起。李戈利奥充分利用地形，把园林环境设计成以中央纵向主轴联系的别墅建筑、层层台体、坡地和平地园区，并辅以横轴。各种植物、水体和景观建筑，呈现出几何对称图案严谨却又丰富多变的空间组合。意大利文艺复兴别墅园林最讲求从高处欣赏远景。在埃斯特别墅高台上越过园林看到的山峦美景非常令人惬意（图6-16）。不过，对这个园林的描述却以由下而上为最佳（图6-17）。

图6-16　自埃斯特别墅前远眺景观，近处是
中轴线上接近别墅建筑处的吉里奥喷泉

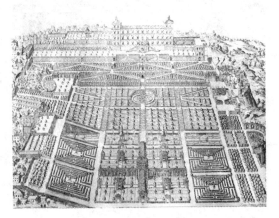

图6-17　反映埃斯特别墅及
园林设计的版画

依据16世纪的版画，在别墅园最下面的平台园区，中央地段的最初设计为一片由园路分成16块的花床，其间的中央纵轴路段和区内横轴相交处，设有十字形格架凉亭或树枝凉棚，可以让人在爬满植物的绿荫甬道中漫步，观赏周围宽阔低平花床中遍布的香草植物，以及点缀其中的果树。这片花床外的左侧为平地，右侧为升起的坡地，设计了当时非常流行的黄杨迷宫花床。再向外，则可能是实用园圃。这部分园林留下的实际面貌同最初的设计差距比较大，现在的景观核心是主轴上一处高大柏树围着数个小喷泉的景点。穿过它的视线面对高处别墅，常被当作这个园林的经典画面之一（图6-18）。

沿纵向主轴穿过这片园区，在地形升起之前设计有横列的四个矩形水池，但只建成了三个。最左边的水池深入园林东侧坡地，结束于两层壁立的台地之下。上层台地上建有巨大的水风琴，正对水池，以复杂的机关让水流发出各种声音。其建构形象脱胎于古罗马凯旋门，但加入了带涡卷的弧形断山花、鹰饰族徽、雕像和繁复的装饰线脚，有着华丽而"怪诞"的巴洛克热烈气氛。它下面的台地上是海神喷泉，几层喷泉和瀑布水流注入下面的水池。这组实际完成较晚的巴洛克式建筑与水景，比李戈利奥的原设计复杂、壮阔得多，但显然依据了李戈利奥的总体构图设想，形成一条重要横轴的尽端（图6-19）。与此对称，李戈利奥在横轴另一端的园墙处规划了原海神喷泉和后面的圆弧背景墙，但始终没有建造起来。

图6-18 埃斯特别墅园林最下层平台园区
中心现状,底景可见别墅

图6-19 水池与形成相关横轴尽端的
海神喷泉、更高处的水风琴

水池是平地园区的边缘,在它后面首先开始了缓和的坡地升起,两侧布满柏树阵列的斜坡伴着中央阶梯指向龙喷泉(图6-20)。龙喷泉的位置给人以园林核心之感,位于再上一层坡地的正中央,同下层坡地间隔一条相当于横径的狭窄台地。在周围树木的映衬下,龙喷泉以椭圆形水池把坡地切平,左右弧形阶梯环绕,中央壁立处有壁柱拱门和顶部装饰了栏杆的洞窟。

登上龙喷泉的阶梯是又一条横径窄台,后面的坡地突然变得很陡峭。横径构成了著名的百泉台(图6-21),高坡一侧的密集树荫下排列着大量小喷泉,分别向上、向前喷出水流,注入下面的顺向渠道。喷泉间青草苔藓密布,还有貌似形体自由但排列规则的砌石,上面立着象征这个家族的石鹰雕像。

图6-20 龙喷泉

图6-21 百泉台,远处为罗马喷泉

百泉台后的坡地最上端中央,伴着又一奇特的吉里奥喷泉是一处中央门亭,两侧各有一对倚着高墙的双向阶梯通向别墅主体所在的最高端台地,其核心即是这个门亭顶上的观景台。别墅设计是典型的盛期文艺复兴式，立在实际上又起一层台地的基座之上，三层墙面横向分割，窗户饰有古典窗套。基座正中的双向阶梯和上面的门廊，成为坡地上阶梯、喷泉、门亭的终结。

百泉台构成园林中另一条重要一条横轴，联系着两端寓意深刻的景点。左端是蒂瓦利喷泉。这里正对横轴堆砌了一座小山，岩石和树木中央坐着水泽之神的雕像，由暗渠引来的阿尼安河水从它脚下和一个水盘中涌出，形成瀑布泻入下面的椭圆水池，充满对水及其神灵的尊敬（图6-22）。正是这里来的水源供给园中各水景和水机关。

另一端称作罗马喷泉，有喷泉和在罗马神神像前承载着石船的弯曲水流。神像的原背景建构被称为小罗马，以小尺度仿造了七座著名古罗马建筑，象征台伯河哺育了古代罗马。百泉台前的溪流由蒂瓦利喷泉流向罗马喷泉，更把两者的寓意联系起来。站在蒂瓦利喷泉前，视线可以穿过罗马喷泉和小罗马，直达远方隐约可见的罗马城。不过，小罗马建筑在历史上已经几乎完全损毁了（图6-23）。

图6-22　蒂瓦利喷泉

图6-23　罗马喷泉现状

除了上述主导布局与景观关系外，埃斯特别墅园林还有两条次要纵向园路对着主体建筑的两端，以及斜坡上的纵横与斜向对称路径。

埃斯特别墅园林的整体规划极其严谨。对华美景致和情趣的追求，对规则性几何构图的崇尚，以及由主体建筑、景观建构、阶梯、斜坡与壁立台墙的配合来突出竖向视觉效果的新原则，在这里发挥得淋漓尽致。

另一方面，这个别墅园林还充分展现了自16世纪以来越来越丰富的水景效果，在情趣同神话和历史的联系之中，隐喻水与生命和人类文明的联系。在平地园区的一处园墙上，有一个自然之泉女神雕像，她身上密集的巨大乳房喷出一股股哺育生命的清泉（图6-24）。

6.5.5　兰特别墅

兰特别墅在罗马城以北的巴涅尼亚村，设计者主要是同伯拉孟特齐名的建筑师维尼奥拉，他有关西洋古典柱式的研究和著作对后世影响很大，并且也设计了大量园林。另外的设计参与者可能还有拉斐尔最得意的学生

图6-24　自然之泉

罗马诺。

　　别墅基地上原有一些居住房屋，1560 年左右得到这处地产的冈巴拉红衣主教请维尼奥拉进行了新的建筑与园林设计，主要范围在 230 米×80 米左右。此处地产曾于工程期间易主，在蒙太托红衣主教时期的 1590 年完成，并于 1656 年归兰特家族而得名至今。从留在别墅建筑廊子中的一幅壁画可以看出，除了花床的种植图案外，这个至今仍在的别墅园林几乎完整保留了建造之时的全部特点，是最美的盛期文艺复兴园林之一，同时，也比较明显地体现了一些盛期文艺复兴时期的手法主义艺术特征，以及向巴洛克式样转移的迹象。

　　这个别墅实际上可能不是一个长期居住的地方，主要只为短时游乐聚会之用，建筑位置比较独特。它不是大型住房位于园林纵向主轴尽端，而是两座圆楼在基地较靠前的部位对称地位于主轴两边。在它们之间，缓坡台地通向树林密布的小岗顶部一处洞窟泉池。园景轴线尽端高处不是别墅主体建筑，而是特定的景观建构，这是后来巴洛克式园林的常见布局(图 6-25)。

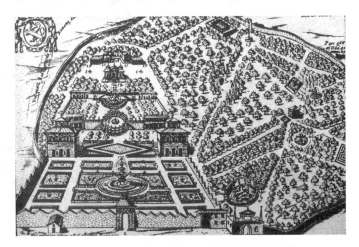

图 6-25　文艺复兴时期绘画中的兰特别墅全景

　　兰特别墅园林前端是一处方形平台，分成 16 个方格，12 个花床围着 4 个水池。后者向心处切成圆弧，围着形成这个区域核心的圆形喷泉水池。池中四个摩尔人雕像托着王冠般造型的喷水口。今天可见的花床种植图案是巴洛克式的。花床平台的一端，两座底层为拱廊的建筑之间是一段斜坡和上面的菱形花床，其边缘的对称斜向路径和建筑旁的阶梯休息平台，形成连接两座建筑的一处园林横轴(图 6-26，图 6-27)。

　　沿斜坡花床边的路径或两侧阶梯可到达上一层台地，面对一个形体复杂的一个圆形跌水喷泉，称作灯泉(图 6-28)。它有六层水盘跌水，在台地上迎面先升起凸出的三层圆弧，接着是三层凹入的圆弧切入上一层平台，各层圆弧上有许多灯形小水口。自兰特园以后，变幻的水处理常成为中轴线上的主导景观。

　　从灯泉两侧的阶梯登上后面的台地，树荫草皮间的宽阔园路中央有一长长的石桌，指向巨人喷泉。石桌形式简单但颇有异趣。它立在与桌面同样宽的水槽上，桌面中央也有的水槽，或许可冰爽宴饮的酒水，或许让人时刻不忘水的存在价值。巨人喷泉中央是靠着挡土墙的两层水盘瀑布，水流来自墙顶上象征冈巴拉家族的巨蟹八足间，两侧半躺着巨大的河神雕像(图 6-29)。

图 6-26　兰特别墅园前部花床区

图 6-27　从花床区中央水池看兰特别墅建筑之一，
其左侧为中轴线

图 6-28　兰特别墅园灯泉

图 6-29　兰特别墅园石桌与巨人喷泉

顺着河神雕像后的挡土墙再拾级而上,巨人喷泉和巨蟹后的水源即可清晰地看到:一面斜坡上很窄但情趣盎然的水阶梯,是这个园林最吸引人的景观之一。在缓缓的踏步和两侧绿篱之间,浅浅的水流沿阶梯溅落跳跃而下。水阶梯两旁装饰着衔接在一起的涡卷,好像用石雕引起人们对水流更多的联想,可以视为比较典型的手法主义艺术体现(图6-30)。

水阶梯的水流来自坡顶宽大台阶处的出口,台阶后是最高一处台地。台地上首先有装饰了海豚的喷泉,形式相对简单,而在最深处可见到两个园亭间不高但充满野趣的山崖洞窟,陡壁上布满似乎源自天然的密集草木,水从洞内漫出形成池塘,表达着原始的水源(图6-31)。在这一层台地上,人们的视野还可以转向周围的山坡树丛。天然感代替了人为感,似乎可以从这里回归原始的自然。从这里反过身来,又可以体验水流是怎样一层层隐现、下降,形成处处园景核心的。

图6-30 从上方向下看兰特别墅园水阶梯　　　图6-31 兰特别墅园尽端洞窟

6.6 手法主义园林

手法主义是盛期文艺复兴时代一种自由夸张的个人表现,最早的迹象来自16世纪20年代的绘画领域。在一些艺术家的创作中,画面构图不再坚持均衡稳定,主题寻找更丰富的神话、历史和地域传说,形象相对怪诞并色彩强烈,让人联想一个更丰富多彩甚至迷幻的世界。

建筑和园林艺术中的手法主义大致出现在1550年后的几十年间。不过,手法主义是否可以被当作一种历史风格或艺术运动还有争议,一些艺术史书并未把手法主义独立提出来,而是当做文艺复兴时代的一些个人特殊表现,或者是巴洛克艺术的前奏。

意大利文艺复兴在建筑领域复兴了古罗马的建筑形式和原则,最突出的是柱式及其简明、清晰的构图,它们联系于这个时代所崇尚的古代文化和理性,同时也对艺术创造带来一定程度上的约束。经历了由15~16世纪初的古典建筑发展之后,一部分熟悉古典规则,但某些时候以夸张的手法处理局部形象的艺术家,带来了建筑中的手法主义。手法主义建筑最典型的特征是表面凸凹不平的巨大石块和宽阔的砌缝,既可用于墙面,也可用于柱子或柱墩,在拱顶处则有意使楔形石间的放射线更加突出。

在盛期文艺复兴园林中,许多局部设计具有手法主义特点。埃斯特别墅的自然之泉、兰特别墅巨人喷泉等某些尺度夸张的雕像，兰特别墅的水阶梯等，都可被认为是手法主义的。而对于园林整体而言，不多的手法主义作品不再突出平面几何秩序，也不太关注园林同主体建筑的关系，而是把夸张、变形的建构，以及同各种神话、历史相关的雕塑融入具有独特地形的林木环境中，或者把园中植物修建成各种奇特的形象(图6-32)。

图6-32　手法主义的园林植物修剪造型

6.6.1　托莱别墅

托莱别墅位于意大利北部维罗纳附近的弗玛尼，可能由于时间的痕迹或其他原因，这里的园林本身见不到清晰的手法主义，但建筑的特征对园林环境起了重要作用。

这个别墅据说很古老，现在的布局和形象大体形成于1559年，一般认为由兰特别墅的设计参与者、拉斐尔的学生罗马诺为维罗纳名人托莱设计。拉斐尔1516年在罗马的潘道菲尼府设计中为人们留下了手法主义早期的局部痕迹，罗马诺的一些作品则整体呈现了手法主义特征。

在托莱别墅，一个令人直接联想起古罗马柱廊院的建筑组合最引人注目。在这里，来自古代的典型建筑式样被赋予了新的形象——貌似粗糙却精细雕琢的巨石砌筑感。这里的两层房屋底层衔接四面围着庭院的柱廊，但柱子不是盛期文艺复兴时代常见的古典柱式，而是它们的一种奇妙变形。表面肌理凸凹的方形巨石叠成柱子，接缝处稍微抹圆的棱角突出了每块石头的独立性，石块厚度的变化似乎也很随意。但是，古典的意趣还留在其间：厚重的体量令人联想到多立克柱式，柱身还有非常明显的收分甚至卷杀，并有简化变形的柱础与柱头。在具有震撼感的柱子之上，檐部和屋顶又恢复了古典的平和。在入口拱门处，同样的石块强调了表面粗糙的砌石肌理，以及放射与水平砌缝的对比(图6-33)。

别墅园林间还有一处家族小教堂，入口立面也有此类典型效果。教堂前台地的基墙和栏板表面碎石斑斓，短柱上放置相对光滑的石球。后面围着另一庭院的围墙顶部处理与此相互呼应(图6-34)。

图 6-33　托莱别墅庭园

图 6-34　托莱别墅小教堂

手法主义以给人奇特感的形象来响应古典规则，同巴洛克建筑艺术的区别主要在于，后者在古典元素的形象和线脚基本不变的情况下突出曲线、断裂与繁复的组合，特别是打破古典建筑理性所规定的严谨、简明秩序。

6.6.2　奥尔西尼别墅圣林

这个园林的主人奥尔西尼是一位历史上并不太有名的地方贵族，但他在博马佐的这处园林，为意大利文艺复兴时代的园林环境艺术添上了极具异趣的一笔，据说维尼奥拉设计了其中纪念主人妻子的小庙。

奥尔西尼别墅的一部分也有文艺复兴式园林的轴线、台地和水池等，但主人似乎更喜欢怪异的神话传说和奇特的环境，因而选择了别墅旁一处茂密树木间杂着溪流与裸露岩石的谷地，营建了完全不能以文艺复兴或后来的巴洛克整体几何布局眼光去看的园林。在一个真正的天然迷宫中，人为的设计主要是加入怪诞的建筑和大尺度雕塑，给人带来离开现实的迷幻感，世界上各种怪异的原始神力在这里交织。

园内最独特的建筑是一处倾斜的古怪屋，人们所习惯的平衡感在里面会被打破，而稍微习惯后向外看，地面和树木则成为倾斜的（图 6-35）。

在其他地方人们可以遇到众多大尺度的石雕，有传说中的巨人奥兰多正在把樵夫撕成碎片，有巨象用鼻子卷着绝望的罗马士兵，以及各种山林水泽中的神灵、妖怪（图 6-36，图 6-37）。它们并不处在特定的轴线、花床、喷泉组合位置上，而是每每在巨木岩石转折间突然有些恐怖地出现，沧桑的痕迹使今天的人们更会有这种感受。当然，恐怖中也包含了戏谑的幽默。一座地狱之口巨大人面雕塑怒目圆睁，张着门洞般的血盆大口，进去后却是一张餐桌，可以在里面小憩（图 6-38）。另外，园林中还有象征知识的天马帕格萨斯，伴着天然般的喷泉展翅欲飞。

在有的史书上，这个园林被归于巴洛克风格。可以说，这里的雕塑和奇情异趣的确在巴洛克园林中常见，但它们的完成年代多数不晚于 16 世纪 80 年代，更关键的是，这个园林没有典型的巴洛克宏大景观轴线。巴洛克的确带来了怪诞、夸张的局部造景自由，但其典型园林还有新的几何特性与深远轴线延伸。

图 6-35 奥尔西尼别墅圣林古怪屋

图 6-36 奥尔西尼别墅圣林雕像，
巨象卷起罗马士兵

图 6-37 奥尔西尼别墅
圣林雕像，龙与猎犬

图 6-38 奥尔西尼别墅圣林地狱之口

6.7 园林特征归纳分析

在园林艺术发展的历程中，意大利文艺复兴园林一般专指这个时代的别墅园林。从这个意义上讲，相对于前面的中世纪园林，反而在类型上单一化了。从早期到盛期，园林环境基本围绕着城郊别墅，很难找出影响园林空间的功能和行为方面的根本差异。

比较一下意大利早期文艺复兴和盛期文艺复兴园林，可以注意到，典型的意大利文艺复兴台地园林经历了一个逐渐"完善"的过程，这个过程的顶峰可以由埃斯特别墅代表，在兰特别墅又有了一些新的发展迹象，在一些方面体现着手法主义，并预示着后来的巴洛克园林。

下面再相对提炼、归纳一下文艺复兴园林的基本特征。

6.7.1 早期文艺复兴园林

早期文艺复兴园林可以从阿尔伯蒂的著作和15世纪的实践两方面去看。

阿尔伯蒂的园林见解基本上以古罗马别墅园林意象和中世纪园林经验为基础，又预示了文艺复兴园林进一步发展的基本趋向：

第一，城市文明发达时期城郊别墅的人类福祉，一个轻松享乐的地方，个人情趣的价值得到充分肯定。

第二，一个园墙围合中的艺术环境，实用园被排除在外。园林植物栽植图案化伴着特定的环境、景观要求，一方面由简单到复杂继续推进了中世纪的花结花床艺术；另一方面更明确提出了与人的行为与视觉需要相关的景观造型与景观关系。

第三，进一步肯定了植被以外其他园林景观要素的价值，雕像、喷泉、阶梯、岩洞及其他建构在文艺复兴园林发展中日益占据重要地位。

更重要的是第四，提出了园林整体轮廓及各种区域、图案划分同主体建筑的呼应关系。在意大利文艺复兴进程中，发展出园林与建筑的中轴对称与正面呼应模式，或者说，园林多有明确的控制性主体建筑。

第五，坡地选址与远景得到特别强调，平台高处远眺的需要既来自新时期的人类感受，也有古代传统的依据，以相对简单的远景要求为盛期文艺复兴园林对多层台地的景观组织打下了基础。

在15世纪的早期文艺复兴园林实践中，花床及其划分还是最基本的园林要素及组织方式，喷泉、雕像等规模不大，是花床中心区域的点缀，树木位于其外围或更远的区域。台地的关系相对简单，在分开高低台地的园林植物、布局特征时，多数高差不大，并且还没有突出高差转折本身的造景潜力。

离开中世纪的主要变化体现在建筑与园林的关系，即建筑正面（通常是非临街的正背面）同园林纵向中轴的呼应，以建筑为园林一端，控制相应的几何性园林平面。某些情况下的台地处理仍比较"自由"，如费索勒别墅呈现的特殊景观与情趣。

6.7.2 盛期文艺复兴园林

盛期文艺复兴园林既是早期文艺复兴园林的直接发展，也有进一步的创造性变革，并在典型意义上代表着意大利文艺复兴园林的总体特征。

首先，也是最重要的是台地及台地间关系的强化。具体处理包括强化高差，在高差处建构各种大台阶以及比较复杂的喷泉水池等。它们凸出或嵌入台地的挡土墙，也可以伴着布满植物的斜坡。这使意大利盛期文艺复兴园林的层层台地跌落更清晰。沿着别墅建筑的纵向轴线，配合着挡土墙、岩洞、阶梯和喷泉的数层台地，成了不同几何景观区域划分的基础。

这种处理带来的效果主要有，竖向空间关系更加明显，除了树木、花卉的高低错落外，还有园林地形变化同相关建构的密切配合。具体处理沿中央轴线在视觉上拉近了各层台地，配合主体建筑展示了园林空间的三维性。高差转折处成为各台体核心外的重要局部景观焦点，加强了不同台体之间的景观连续，并标示各台体区域的景观变化。轴线上突出的建构化景观与主体建筑呼应，使园林同主体建筑有了更明显的一体感。

其次，在突出台地高差又加强了它们的连续性的时候，各景区的不同特征也更加明显。在规划改造的地形上，平台、坡地沿中轴线交织，有时宽阔，有时狭窄。一处可以由以喷泉为核心的花床分格铺展为主导，间以灌木或树木；另一处可以布满阵列化栽植的树木，或行列树木围绕的草皮；再一处则是树木、草皮由外而内烘托较大面积的水面，或沿轴线伸展的水渠。窄的台地常是横向路径，配以横列种植的树木或灌木，以一条景观带来丰富高低层次，特别是坡地的边缘。每层台地都有自己的主导图形或主题情趣，整体上又有紧密的串联。

第三，建构化的景点明显增多，规模加大。中世纪的园林概念常仅仅联系于园艺，建筑就是周围的城堡或教堂，至多加入些木结构的格架凉廊之类。而在文艺复兴园林中，格架凉廊的地位由早期到盛期反倒日益减弱。但是，同大阶梯不仅是台地的联系者而且是景观造就者一样，其他景观造型建构也大量出现。比如喷泉经常不仅是中央石柱、雕像、水盘与下面不大的水池，而会有大型泉池，有多层次的水盘、水池与水口，并经常配合着挡土墙、阶梯、栏杆、洞窟和大尺度的雕像，甚至凯旋门式的建构。

第四，在大型园林中，有配合主轴的次要轴线，特别是横轴也被突出出来。在文艺复兴园林中，花床分格或台地边缘经常形成横向路径，突出的横轴更联系起两端的景点。被当成主要横轴的园路可引向园林两侧围墙附近的树丛、喷泉，观赏性的石质门廊、岩洞或带拱门、雕像的半圆弧墙等。它们可以独立也可结合围墙，在横轴两端以不同的主题和相似的体量达到均衡，进一步丰富园林内部的高低起伏和情趣，在整体和谐中带来造型、质感和局部环境的更多变化。

第五，水景在园林中越来越重要，形态也越来越丰富。除了常伴有比较复杂的雕塑和建构外，还会有数处水景成纵向或横向的各种连续关系。喷泉有的在花床中央，有的在树木浓荫背景下，有的配合台地阶梯与挡土墙，有的在园林某一尽端，周围环境和寓意不同；有的集中一点或密集的一组，有的连续成线，水流有高低、横竖喷射，也有"自然"涌流或跌落成瀑布，规模和组织关系各异。配合着喷泉，矩形、半圆形、为矩形或方形切出弧线的装饰性水池在别墅园内也有了较大的规模，在许多时候具有了水面区域感。线性的溪流出现在园林中，配合水流在各处泉、池的出入，可以表达园林水体的源流方向；纵轴线上的跌水溪流或叫水阶梯，为水流处理带来更新颖的形式和情趣。

第六，雕塑艺术非常发达，盛期文艺复兴园林中的雕像明显增多，且尺度加大。喷泉可以有雕像造型，阶梯、岩洞也常配以雕像。它们常联系于古代神话中的各种山水之神，以及现实和想象中的鸟兽，使周围相关环境成为具有明确主题的景点或景区。在有些区域的园路边缘还会有成排的雕像，表达季节、艺术、学术等各个方面的寓意。

第七，岩洞是园林的重要景观要素之一，主要处理方式有两种。一种结合台地挡土墙、直线或弧线的围墙或类似凯旋门的建构，以拱门或叠石形成洞口，有时数个并列，在台地高差处或某一轴线尽端都可见到；另一种以自然或人工的山坡为背景，配以自由叠石和草木，具有更强的天然感，常位于某个轴线的近端，特别是从远处引来水源进入园林处。依据不同主题，岩洞一般配有雕像或泉池，或二者兼有，带有古老的仙女泉意象。

第八，园林中随处有"长凳"，许多时候就是水面、花床或台地边缘的矮石墙或石栏杆，在阳光或绿荫下，适应人们在不同天气中坐下休息或赏园。

第九，从对自然美的欣赏和阿尔伯蒂对园林的要求看，文艺复兴别墅多联系于观赏远景。而文艺复兴的艺术，又使别墅的园林成为一处人为艺术感极为强烈的小天地，到盛期文艺复兴达到极致。这样看来，意大利文艺复兴园林的景观意象是矛盾的，可以用"室内"和"窗外"来形象地比喻。围墙环绕的园林在艺术形式特征上同建筑一致，像是一种"室内"，即使在真正的室内观望，也可以理解为别墅建筑空间的伸延。围墙外的"窗外"是真正乡村和自然景观。人们立足室内，欣赏自己的艺术创造，也可以观赏窗外，面对更广远的乡村风光与自然山水。

6.7.3　手法主义在园林中的显现

手法主义在多数时候是盛期文艺复兴时代出现的插曲。

由于它常被认为是一种个人表现而不是特定风格，所以当基本的文艺复兴园林组织内出现比较夸张、奇特的形式时，就可视为手法主义的体现。

例如卡斯特洛别墅、兰特别墅中的大尺度河神雕像，埃斯特别墅中的自然之泉雕像；兰特别墅水景中的巨蟹，复杂的灯泉以及水阶梯旁的涡卷石岸；托莱别墅的石砌柱子，斑驳的墙垣表面，等等。到巴洛克园林艺术形成以后，这些特色也经常出现，在局部景观的意义上成为巴洛克的一部分。

某种整体园林意义上的手法主义可以由奥尔西尼别墅的圣林来代表，其造景和雕像布局似乎毫无规则，并特别突出怪诞的效果。

第 7 章　巴 洛 克 式 园 林

巴洛克艺术 17 世纪首先出现于意大利，可以视为文艺复兴的变异，并同文艺复兴艺术一样，广泛影响了整个欧洲，直到 18 世纪仍然流行。

巴洛克一词的原意为"畸形的珍珠"，作为一个艺术风格称谓，来自 18 世纪后期启蒙运动时期的新古典主义文艺理论家。它首先指衍生于意大利文艺复兴的一种建筑、雕塑和绘画风格，后来成为一种泛指的概念，把相应时期的一些音乐、文学、园林艺术也包含了进去。其共同之处在于跃动、华彩、激昂、宏大、壮阔。不过，在 18 世纪后期对巴洛克建筑艺术评价中，这个名称也有"文理不通"、"过分放纵"等含义。

7.1　历史与园林文化背景

自盛期文艺复兴以来，西方园林艺术同建筑艺术有了更紧密的关系，了解巴洛克园林可以首先通过建筑艺术，但也要注意园林建筑和其他艺术处理，特别是平面规划的区别。

巴洛克建筑艺术的背景相当复杂，各种不同的因素促成了它的形成和发展。经历了二百年左右的文艺复兴运动，在人文主义激情和借古喻今的历史环境要求下，古典建筑艺术规范得到充分的总结，这反过来也意味着它们也可能成为一种新的桎梏，阻碍作为艺术重要推动力的个性和激情。在古典艺术日益普及的情况下，一些艺术家首先在基本的古典法则下变换形象，带来文艺复兴中比较个人化的手法主义。接着又有一些人在延续古典形象要素的基础上打破其构图规则，带来了 17 世纪的巴洛克建筑，裹挟着手法主义，成为一种流行风格。

图 7-1　典型的巴洛克式教堂立面

巴洛克建筑的基本造型要素是古典的，但明显具有非古典的组织方式，主要包括：建筑平面中常见富于流动感的曲线，特别是椭圆及其组合，柱列、檐部也相应呈现正反曲线的连接和曲直交汇；立面以强烈的横向节奏变化突出焦点，开间常大小不等，中央开间突出；以竖向感取代了水平线对古典构图的统治，檐部、山花常断开，让雕像、壁龛或族徽从中竖直穿过；以多变的体积使立面有更复杂的光影，可有成组的几个圆壁柱和方壁柱紧挨在一起，几层山花套叠在一起，墙面上还常有大量放置雕像的壁龛；配合着平面的曲线，立面上的曲线也更加醒目，典型的有弧形山花、卷曲的柱子、高低错落关系中的涡卷装饰等。另外，手法主义的砌石到巴洛克中也变得更夸张，出现更多变的墙面效果(图 7-1)。

除此之外，巴洛克建筑还综合了文艺复兴以来的绘画、雕塑成就，使它们在建筑中无所不在。色彩鲜艳、动态丰富的人像、卷草或神话场涅没了结构造型，几可乱真的透视模糊人们对建筑空间的感受。总的来讲，就是在变革古典艺术的基础上追求动感、夸张、奇幻和热烈的效果。这种艺术手法很自然体现在了同时期园林建筑和景观建构中。

各种激情成了巴洛克艺术的动力，从不同角度促进了它的繁荣和在欧洲的蔓延。

17世纪是欧洲大部分国家相对稳定的一段君主政治时期，经过封建分裂之后，葡萄牙、西班牙、英国、荷兰、法国等第一批欧洲强国先后崛起。在各种竞争中，巨大的经济利益和领土野心使海外霸权成了重要的争夺对象之一。以罗马教廷为核心的宗教经常在征服异族中起着重要的精神作用，得到一些强国的大力扶持。教廷是对外扩张的重要支持者和获益者之一，也继续起着艺术赞助者和保护者的作用。意大利虽然仍然分裂，但长期以意大利人为主宰的教廷和某些地方势力仍然强大，民族主义者也利用各种矛盾和机遇追求统一。

17世纪也是欧洲哲学在中世纪后重新崛起并促成了科学大发展的时代。大陆理性哲学突出以抽象思维来把握现实世界的准确性，唯理主义的代表人物笛卡儿推进了科学中的演绎法，并发明了笛卡儿解析几何坐标；英国经验主义哲学提倡通过对现实世界的广泛经验感知来发现存在的原理，其代表人物培根发展了归纳法在近代科学中的应用，并提出"知识就是力量"这一著名口号。哥白尼、伽利略、牛顿等人的科学发现更进一步改变着人类对宇宙、神和自己的根本认识。

16世纪以来，两种力量冲击着罗马教廷的精神统治。一种来自科学新发现。另一种来自反对教廷腐败的基督教新教和对民族国家主权的维护，如德国的路德派、法国的加尔文派等新教革命，英王基于国家利益而同罗马决裂，法国在支持天主教会的同时坚持王权至上等。教会在基督教的核心——欧洲为自己的权威而拼争。17世纪，在西班牙、法国等天主教国家基于自身政治需要的大力支持下，教会围剿威胁教权的异端学说和教派，同时也试图以适应新时代来稳固自身，并极力借助能够利用的一切艺术力量。

教廷是意大利巴洛克建筑艺术最大的支持者，热情、放纵、辉煌的巴洛克式教堂建筑从艺术角度支撑着教会的生命。有意思的是，此时的教堂中常有许多关于伊甸园美景的绘画和雕塑，以静谧又热情的自然和谐景象取代光焰四射的天堂、黑暗的地狱，以及圣徒在现世受难的情景，仿如要告诉人们，在教会引导下，可以在世界上再次实现上帝创世之初的人间乐园。

在欧洲，这是一个充满自信和激情的时代，也是一个迷茫和痛苦的时代。自信和激情来自发现新世界，扩张和财富的迅速积累，还有科学认识能力的快速发展。迷茫和痛苦来自几百年来的宗教信念处在质疑中，上帝究竟有没有，同人和地球究竟是什么关系？不过，痛苦也是激发艺术的一种重要力量，最终的结果还是导致"依靠自己"的信念，这常常也是激情的一部分。

巴洛克园林同文艺复兴园林有着千丝万缕的联系，最表面的区别来自建构景观和植被修剪的巴洛克风格化。在典型的文艺复兴式园林中，可以见到完成时间较晚的巴洛克景观建构，如埃斯特别墅的水风琴(图7-2)；也可见到花床改造后的巴洛克卷草曲线图形，在许多17世纪后的欧洲园林都有(图7-3)。

图7-2　埃斯特别墅的水风琴

17世纪有些巴洛克园林的平面和空间同文艺复兴园林没有什么区别，就是建筑和花床图案变化了，当然，许多树木和灌木修剪也同建筑一样，经历手法主义到巴洛克，有了更富奇趣的体积造型。

图7-3　巴洛克花床涡卷图案

巴洛克的进一步特征联系于更发达水景技术，更多、更生动的雕像、岩洞，更多的情趣与行为需要，更壮美、更具象征性的环境气氛追求，以及对更强烈视觉效果的把握能力。这使巴洛克园林同其他巴洛克艺术一样具有热烈的气氛，而一些装饰性建筑与植物造型又显得繁琐和造作。除了可以明确辨认的建筑形式风格和17世纪新出现的景观建构外，似乎自由得令人难以把握。本书介绍的几个巴洛克园林实例事实上就有很大差异。

但在文艺复兴以来的欧洲园林中，沿着几何形布局的发展方向，巴洛克还是带来了一些具有典型性的平面和景观构图。这种典型构图使人们也可以用宏大、壮观和纪念性等语汇来形容这种园林。

7.2　椭圆、放射线与轴线的延长

对巴洛克建筑艺术最抽象的历史评价是放纵。前面谈到的园林建筑、花坛图案、植物剪裁，以及附和各种奇趣追求的多样园景处理，可以看作社会环境赋予艺术家个人无节制"创造自由"的放纵，为园林景观带来更强的戏剧性效果，意味着景观组织中较多的不确定性。另一方面，来自更宏大、更张扬的整体景观追求和把握能力，展现着一种权威性的力量，为17世纪的园林提供了新的几何构图原则，使许多巴洛克园林具有整体上有别于典型文艺复兴园林的，新的几何规定性。

新的几何规定性来自椭圆、放射线和更夸张的中央纵向长轴，它们是一种典型形式风格的体现，而后两者又常常在实践中扩大了几何式园林平面所控制的实际范围：或使园外与园内的景观更清晰地联系在一起，或使几何式园林自身走向占据更广阔地段和巨大的纪念性尺度。

巴洛克园林的这些特点，同这一时期的城市规划和环境设计有密切联系。16世纪末和17世纪，椭圆形广场和广场上的放射形铺地图案成为一种时尚，如罗马城内米开朗琪罗的卡比多广场，巴洛克大师伯尼尼的圣彼得大教堂广场等(图7-4)。相应地，除了自由的卷草图案外，在17世纪的许多巴洛克园林中，外轮廓为方形或矩形的花床图案，却在内部经常围绕着醒目的圆、椭圆及相关放射线展开。

图7-4 圣彼得大教堂广场

与此同时，从一个广场放射出三条大道的布局成为
更具震撼力的城市设计手法。1585年，"教皇西斯塔斯
五世第一次宣布了他赋予圣城一个新的轴线系统的想
法"，❶ 任用著名建筑师多米尼克·封丹纳对罗马城进
行规划，欲用新的轴线道路系统把一些著名的教堂、广
场联系在一起。这个道路系统没能全部实现，但留下了
波波罗广场自城门内椭圆广场向城区放射的三条大道
(图7-5)。波波罗广场之后，长长的放射路径、视廊，
成为典型的巴洛克城市规划设计手法。它能从一个中心
出发，以迎合人类平面视角的方式，控制住一个主导方
向上的大面积宽阔地段，对欧洲城市和园林都产生了广
泛的影响。同一时期的蒙泰托别墅，在主入口处采用了
这种手法(图7-6)。

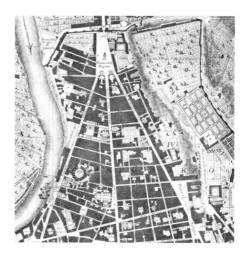

图7-5 波波罗广场放射街道与城市

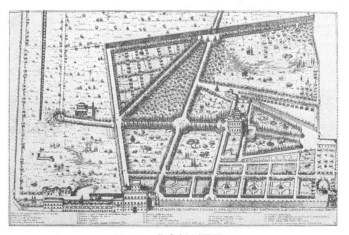

图7-6 蒙泰托别墅平面

❶ Ehrenfried Kluckert, EUROPEN GARDEN DESIGN, Cologne, Könemann Verlagsgesellschaft mbH, 2000, 第146页。

在典型的文艺复兴园林中，主体建筑常常在纵轴线的高处一端，面对并结束一个园林，另一面的环境同这个园林无关。而巴洛克园林的主体建筑，在整体环境中常位于轴线中段的某个位置，把更扩大的前后景观设计结合到一起，有统一的中轴线和对称关系，但景观布局和寓意却可有内外或远近差异。

就同内部园林自身的关系看，建筑常常在地段低处一端，面对升高的园林地形，而高处的景观往往具有各种主题性。下面将要看到的阿尔多布兰迪尼别墅园林就是这种处理的典型：建筑正面由椭圆与放射线组织起道路、阶梯、花床，背后则是以林木浓荫和水景建构为主的内部园林，延伸到山岗高处。

通过延长穿越主体建筑的纵轴线，文艺复兴的远景追求在巴洛克时代达到了新的高峰。远景不仅是可看到的，同进近景的关系也是经过设计的。以拥有大面积地产为前提，一些园林化景观的设计组织超越了别墅围墙和建筑近处的道路、广场，使欧洲几何式园林艺术蕴含了纳入更广阔风景设计的性质。

锡耶纳附近的奇吉别墅是这类景观组织的一个典型。它的设计者是伯尼尼的学生卡罗·封丹纳。其别墅建筑几乎见不到巴洛克风格，但一条长长的南北轴线贯穿主体，却完全是新时代的设计意象（图 7-7）。

别墅南面较低，有围墙内小小的花床园林，而建筑中央窗口的视线更主要被密林间开辟的林荫道引向远方。林荫道尽端立着大力神雕像，但此处的位置已经很低，向着这个方向的视线可向下结束于以浓密树荫为背景的雕像，而稍高一点，就是被绿叶和其间的大力神所"托起"的更远峦头。北面的轴线更具戏剧性，它首先来自院内相对较宽的对称草皮和柏树，穿过院门后成为一条田园林地间的大道，进而以石阶登上远山顶端茂密树木中的视线终点，天穹下有耶稣基督的巨大壁龛、雕像，而院门处的墙体则聚焦了这处远景（图 7-8）。

图 7-7　由园林轴线贯穿的奇吉别墅，
远端可见大力神雕像

图 7-8　奇吉别墅北面轴线远景

另一个相似的例子是一个威尼斯豪门家族的巴巴里戈别墅。一条南北轴线把凹地中的别墅园林同前后的山岗穿在了一起（图 7-9），别墅背后更陡峭的山坡上还有跌落成串的小瀑布。❶

---

❶　英文 cascade，指层层跌落、每层高度不高，但整体上可长可短的瀑布。

在巴巴里戈别墅的另一条东西向的轴线上，可看到不同的景象：西向修剪成各种形状的树木与其后的自然树木相映成趣，同中间一连串喷泉、水池及叠石洞窟、雕像构成一条视觉走廊，背景是远方和缓的山坡(图7-10)；东向的结束点较近一些，是一个大水池和典型的巴洛克式水门(图7-11)。水门后立着猎神狄安娜雕像的一处小小池沼虽然很封闭，却能给人带来无限的时空遐想。

这样，17世纪的"园林让位于巴洛克大胆雄壮的确定性——一种自信和权威的视觉展现，一条单一的轴线把巴洛克园林定位在更广阔的风景上"。❶

在17世纪巴洛克艺术盛行的时期，还有的园林完全把别墅或宫殿建筑撇到主轴线外，自身形成完整的构图，让人们忘记人类居住对环境的主宰意义，沉醉在包括各种景观建构在内的纯粹园林艺术环境中。在不考虑其几何严谨性的情况下，这种不以一座主体建筑来统治园林景观构图的手法，在一定程度上预示着18世纪的英国自然风景园。

事实上，17世纪的一些大面积巴洛克式园林，到18世纪常从整体环境上被改造成英国自然风景园式的，如罗马城内博格兹别墅和庞费里别墅，只有建筑附近的花床和喷泉等保留着巴洛克的特征(图7-12)。

图7-9 由园林轴线贯穿的巴巴里戈别墅，
后面山坡曾是小瀑布

图7-10 巴巴里戈别墅园林横轴西向群雕、
小瀑布、岩洞景观

图7-11 巴巴里戈别墅园林横轴
东端巴洛克式水门

图7-12 英国式自然风景园围绕中的
庞费里别墅巴洛克建筑及花床

❶ Helena Attlee, ITALIAN GARDENS A Cultural History, London, Frances Lincoln Ltd., 2006, 第91页。

7.3 园林实例

巴洛克园林有一些共同的特征,相关建筑、植被造型等方面又在所谓"艺术的放纵"下具有的不同特性,共同造就了比意大利文艺复兴园林规模更宏大、透视画面更深远、环境更热烈的几何式园林景观。

7.3.1 阿尔多布兰迪尼别墅

自古罗马时代起,罗马城西南阿尔班山边的小镇弗拉斯卡蒂就是一处风景胜地,老加图、西赛罗、卢库鲁斯,甚至奥古斯都渥大维都曾在这里建有别墅。文艺复兴时代,这里又成了罗马宗教和世俗贵族趋之若鹜的地方,相继营建了大量别墅,17 世纪的一幅全景版画显示,小镇上方的山坡上汇集了十余处别墅及其园林,其中最宏大的是教皇克莱门特八世为其侄子、红衣主教阿尔多布兰迪尼建造的别墅(图 7-13)。

广义的巴洛克艺术源于罗马城,而巴洛克园林最初的体现却集中于弗拉斯卡蒂。阿尔多布兰迪尼别墅在规模和布局上都有很典型的巴洛克特征(图 7-14)。

图 7-13 反映弗拉斯卡蒂山坡别墅群的 17 世纪
版画局部,中间是阿尔多布兰迪尼别墅

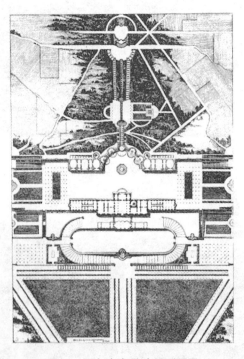

图 7-14 阿尔多布兰迪尼别墅平面

别墅及其园林建于 1598~1603 年间,最初的主设计师波尔塔曾在米开朗琪罗去世之后监督建成了罗马圣彼得大教堂的穹顶。他在园林营建期间去世,由合作者玛丹纳继续主持,后者曾遵照教廷旨意在集中式的圣彼得大教堂前加上了一个前厅,影响了米开朗琪罗的穹顶设计效果。被请来设计园林特别是水景工程的还有乔万尼·封丹纳等。

别墅主体建筑装饰还不太繁琐，但明显已经是巴洛克风格。入口立面主楼层的水平檐口中央升起带涡卷、山花的小体量，两端又各有半个断山花，似乎玩着要视线把它们连起来的游戏（图7-15）。通往别墅的前奏是草皮缓坡下的一处小广场，原设计有自此向建筑方向放射出的三条林荫道，其中一条沿中央主轴到达建筑正面宽阔的马蹄形坡道。坡道围合出古代竞技场般的台体，起点处依托挡土墙设有喷泉，终点下设三连拱门洞窟。另两条林荫道的尽端对着建筑两侧台地上的花床，衬托中央主轴。经过这一前奏再穿过建筑，是别墅后面更动人的水景和山岗园林。

图7-15　阿尔多布兰迪尼别墅建筑和前面的台地、坡道

在别墅后的园林一面，山坡陡然升起前是长长挡土墙下的一处庭院。正对别墅的挡土墙被建成宏伟的园景建筑，中心向山体凹进形成半圆场地——水剧场，两翼有沙龙大厅与小教堂。

水剧场顶部衔接山坡，立面上有五个伴着壁柱的半圆龛，其中三个为处理重点，装饰着来自古希腊神话的雕像：中央一处是古希腊巨神阿特拉斯背负着天球，尽端两处有茂密植物雕塑衬着人像，左面悠然吹着排箫的可能是阿尔卡狄亚美景中的牧神潘，右面的马人可能守卫着艺术的神灵之地。所有壁龛下都有泉池，由水剧场水上方山坡上的水阶梯为各种水机关供水，上演一出古老的宇宙和生命戏剧（图7-16）。

水剧场是别墅一层台地的终结，还有更高处的景观同它配合。在别墅后的中轴线接近山顶的地方，从远处高地引来的水自山洞涌出，先形成两处同暗渠交替的喷泉水池。它们是自然喷泉和农事喷泉，构成一个山林间的景区核心，附近的放射路径反映着它们对山林的影响力，以及此处面对别墅的视野。

在它们之下，一条陡斜的水阶梯直达下一层平台上的连串小瀑布起点。此处的水池两边各耸立着一棵带螺旋花饰的大力神柱，仿佛意味着两个世界的边界：上面是原始的、天国的，下面是现实的、人间的。上游的水压使大力神柱顶喷出水流，沿柱身螺旋形花饰飞溅而下，同瀑布合流，跳下层层台阶直到水剧场顶的栏杆前，落入通向五个壁龛的水口，带来壁龛泉池的各种水景效果（图7-17）。在中央壁龛中，阿特拉斯和他肩上的天球溅起无数的水花。

图 7-16　阿尔多布兰迪尼别墅水剧场

图 7-17　阿尔多布兰迪尼别墅
大力神柱与小瀑布

坡地高差使螺旋花饰双柱到水剧场构成动人的轴线景观整体，站在别墅接待大厅向内的一端，可看到那两棵高大的柱子，统辖着在浓密绿荫间跌落的水阶梯和它下面横向展开的水剧场。站在水剧场顶部，更高的轴线延伸进入视野，尽端是苍天下的岩洞和水源。通向它前面泉池的两条小路同溪流一体，间距远宽近窄，感觉中的山岗变得更陡峭，溪水好像从天降下。

7.3.2　波波里园

佛罗伦萨的波波里园是对原皮替宫后面早期文艺复兴园林的大规模扩建，整体景观联结了文艺复兴和巴洛克两种艺术或两个阶段。

皮替宫建于 15 世纪，到 16 世纪中叶，得到此处地产的美第奇家族对它的园林进行了大体延续早期文艺复兴园林形式的改造，并命名波波里园。16 世纪的壁画显示，此处宫殿后的园林核心曾是一个围向建筑的 U 形谷地，有低处的花床和坡上的树木，中央轴线上连续设置了喷泉，尽端高处有水池。谷地外缘的园地延续着简单的方格花床模式(图 7-18)。17 世纪以后，更雄心勃勃的改造使这里形成了轴线恢弘的大规模园林，具备了巴洛克园林的主要特征(图 7-19)。

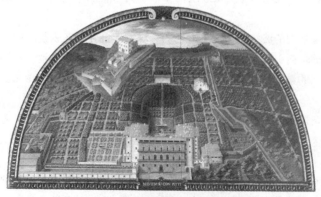

图 7-18　壁画中的早期皮替宫园林

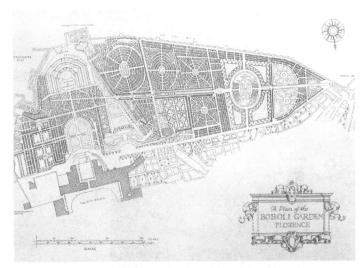

图 7-19　波波里园设计平面

　　1618 年，美第奇家族的科西莫第二任用帕里吉改造皮替宫。宫殿被扩大，但它前面面对狭窄的城市街道，没有多少场地景观设计余地，后面的园林则几乎完全改变了面貌，使原有园林地段成为仅占波波里园东部三分之一的一部分。改造工程在 1621 年后一度停顿，这一年科西莫第二去世，更不幸的是佛罗伦萨又发生了大瘟疫。1630 年科西莫二世之子费狄南德第二重新开始建造工程，并在 10 余年内基本按照帕里吉的规划设计陆续完成。

　　改造后的原有园林地段，成了以从宫殿远望为主导景观的上升台地园。在紧邻宫殿的一处喷泉平台之后，依托原 U 形谷地建成了面对宫殿的露天剧场石砌看台。场地上有宽阔的草皮、中央喷泉和方尖碑。这个剧场的形状令人想起小普林尼的赛车场园林，但它具有欢庆演出的真正功能(图 7-20)。剧场看台的圆弧一端中心开放，后面是宽阔的坡道，位于高大树木间的中轴视线上。坡道中央铺着大面积草皮，通向海神喷泉的巨大水池和雕像所在台地。进而又是三层更宽的 U 形草皮斜坡、台地，中央大阶梯导向园林尽端(图 7-21)。园墙前立着很久以后才完成的一位女神雕像，据说是为了纪念费狄南德第二的妻子。

图 7-20　波波里园露天剧场，
远端指向海神喷泉和女神像

图 7-21　波波里园海神喷泉，
远端是原露天剧场、皮替宫

扩大的园林主要向西南向发展，一条更壮观的轴线同原有园林轴线横交稍偏一点。由这条轴线控制的园地同围墙边的斜向道路一起，形成一个巨大的钟形。轴线以林荫大道的形式突出出来，其间同大道相交的路径分出几个巨大的花床组合区，设计中的图案有典型的巴洛克式椭圆与放射线，但有的始终未完成，有的后来发生了改变，现状多为简单的草皮花床。

这条轴线顺地势东高西低。向东同海神喷泉前的草坡交会，似乎没有对景的视线很简单，却并非不动人。高大柏树挟持着一线天下的上行道路，好像能把人引到天上。西部的焦点是伊索罗托岛。

图7-22 东西轴线大道，远端是伊索罗托

轴线西端，天下河流之父奥西诺斯的雕像被众子嗣簇拥在高高的喷泉水盘之上。这条轴线把大地、天和水象征性地连在了一起（图7-22）。

伊索罗托是一处华丽的巴洛克景点。修剪成浑厚几何形的高大树木绿篱围着椭圆形的大水池，沿轴线方向的两座桥通向池心同样是椭圆的岛屿，岛中央即立着奥西诺斯雕像喷泉。喷泉周围的矮黄杨绿篱花床和岛周边的栏杆上，都布置着盆栽柠檬（图7-23）。通往池心岛的桥头两边，各有两棵以檐部相连的多立克柱子，上面的公羊像（摩羯座）是科西莫第二本人的象征（图7-24）。

图7-23 伊索罗托岛

图7-24 伊索罗托岛与联系东西轴线大道的门柱

伊索罗托后的尽端圆弧花床和园路设计，同原有园林南北轴线尽端的形状相互呼应。两部分园林平面都近处宽、远端窄，以圆弧结束，潜藏着椭圆和放射的图形，并有更深远的透视感。

在佛罗伦萨大瘟疫后的1630年，费狄南德第二主持了重要的城市输水道工程，从远处山中引来净水供应市民。波波里园的露天剧场和有关海神、河神的喷泉，虽然有的完成在先，但仍被赋予有关这个家族对城市的贡献和自然之水的纪念性。

7.3.3 加佐尼别墅园林

加佐尼家族这座在托斯卡纳地区路加附近山谷中的别墅及其园林，大约建于1633年至17世纪末。最初的设计者不详，18世纪后期由建筑师狄奥达蒂丰富了水景。

由于地形或设计者的匠意，这里的别墅建筑同园林间并没有任何轴线关系。别墅建在一处山崖上，有简洁的文艺复兴建筑立面和前面的弧形大阶梯。巴洛克式园林位于它东南角下面向西南的山坡上，园林轴线同建筑轴线成40°角左右(图7-25)。不过，无论从两者何处对望，彼此都产生优美的景观效果(图7-26)。今天的园林基本维持了原有的风格。

园林分为两个园区。在景观主轴最低处的园门两侧，墙体弧线正反弯曲，围成一个钟形平台。台上有对称的两个圆形水池，四个围着它们花床因而形成奇特的弧线轮廓。花床中的花卉曲线图案流畅，甚至没有完全连续的外缘边界。在更上一层台地上，花床成了黄杨绿篱围着的矩形，但内部图案仍然是花瓣形，花床内外还间或点缀着球状和螺旋状黄杨。在这两层平台的花床外缘和墙体间，有一条长长的高大绿篱甬道，在曲直之间长长伸沿。绿篱也剪出波浪起伏，别有情趣(图7-27)。

第二个花床平台的尽端是上下两个园区的转折处：两条横向窄条平台高差加大，上面装饰着草皮、绿篱，上层平台西北端还有一处剧场舞台般的小庭院，绿荫和墙体背景下立着一些雕像"演员"。这两层平台后是更高一层的坡地园区。

在中轴线上，花床园区和坡地园区之间是所谓三台双飞大阶梯。其栏杆下的墙面装饰着华丽的马赛克图案，同下面平台上的花床相呼

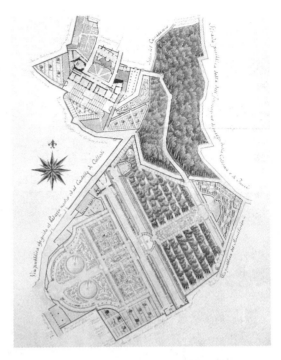

图7-25 加佐尼别墅及其园林平面

图7-26 加佐尼别墅园林及远处的建筑

应。三处阶梯中央墙面还有让人再次回想起手法主义的拱形壁龛，最下面一个壁龛里有扛着木桶的农夫雕像，最上面一个是海神的贝壳洞(图7-28)。

大台阶后的坡地密集种植横向排列的树木，成串小瀑布及其两侧踏道从中纵向穿过，伴着清凉的水花，人们可以看到园林尽端的农神池，迎面的花砌拱门和栏杆半围着池塘。其后的岩石上方有吹着螺号的农事女神雕像，在下面阶梯处的农夫雕像之后，以更神圣的方式表现人们赖以生存和崇尚的产业(图7-29)。

图 7-27 加佐尼别墅园林钟形平台

图 7-28 三台双飞大阶梯及以上园区

图 7-29 农神池与农事女神雕像

7.3.4 伊索拉·贝拉岛园

在意大利北端阿尔卑斯山脉脚下的马乔列湖中，一处离湖岸不远的小岛在1632～1671年间被波罗米奥家族完全变成了人工园林，这就是伊索拉·贝拉或贝拉岛(图7-30)。由于地形限制，这里只有明显的主体园林纵轴，没有更典型的巴洛克平面规划特征，但景观却是最富巴洛克戏剧性效果的。参与设计和建造工程的有卡罗·封丹纳等多位建筑师和雕塑家。

这个小岛大体南北向伸长，面积不到4公顷，完全布满了别墅建筑和园林平台。临水的房屋群体在岛的西北面，相对简朴和参差错落的形象同园林景象有些冲突。从园林一侧看去，整个岛屿就像湖上的一艘花船。

岛的南端筑起了高大的石壁，伴着八角园亭，岩石砌筑的直角U形平台层层叠起，到达一处加宽的台面间歇。此处两侧可通向西边的建筑群和东边重新接近湖面的平台园区。后者树木茂密，台壁上有连续的拱券，门洞般的拱落入水中(图7-31)。

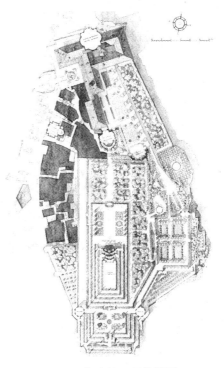

图7-30 伊索拉·贝拉平面

图7-31 伊索拉·贝拉南部远景，可见阶梯金字塔状层层平台

在这处台面间歇和通道之后，又有两层台体托起阶梯金字塔或亚山岳台般的体量，构成这个阶梯园林的核心。把各层台体分开来看，最高处的"阶梯金字塔"仅为三层，但由于关系紧凑，从前端看去的上下台体就像连续的十层。各台体边缘都设置了栏杆，上面装饰着花瓶、雕像。包括最高层在内的一些台角栏杆上还有变形的方尖碑。据说各层台体最初都种植了从西班牙特地运来的柠檬树，现在则有更多的树木花卉，同灰白色的石台形成鲜明对比(图7-32)。

金字塔的背后倚着面北的弧形水剧场。水剧场的三层连续拱形壁龛逐渐后退，灰色墙面有蠕虫般的肌理，间为顶部突出的壁柱。众多壁龛内或是古代的神像，或是巨大的贝壳。在最上层中央壁龛的壁柱上，巨人撑着典型的巴洛克弧形断山花，突出竖直向上的建筑构图。山花背后花卉雕饰锦簇的弧墙顶上，在象征艺术和春天的两位女神间，象征知识和优雅品质的独角兽携着一个天真的孩童高高跃起。这处巴洛克建筑充满欢乐的情绪，但装饰过分繁琐细腻，甚至可以使人联想到更晚的洛可可室内装饰特点。水剧场可以作为它前面平台上戏剧演出的背景，只是现在已经没有水流效果了（图7-33）。

图 7-32　伊索拉·贝拉南部平台上的园林　　　　　图 7-33　伊索拉·贝拉水剧场

水剧场以北平台宽阔，现在布置着花坛，种植着树木。从这里沿南北轴线下行，原设计中有一处剧场，实际建成了比较简单的椭圆形小庭院，连着岛北端的别墅建筑。可能完全出于迎合更向西偏的堤岸和码头，此处的建筑轴线同园林主轴有一个不大的夹角，但小庭院的内部空间令人不知不觉完成了转折，也很具情趣。从别墅内部向东再转南，又可回到岛东侧的园林平台。

7.3.5　卡塞塔宫

18世纪下半叶，在那不勒斯附近，具有法国波旁王室血统的那不勒斯（拿波里）国王建造了卡塞塔宫和它的园林，完成了意大利巴洛克最后一个宏伟的园林景观作品。此时，欧洲最宏伟的古典式宫殿和园林，法国的凡尔赛宫已建成60余年。由于卡塞塔宫园林与之相似的建筑与园林关系，超长轴线与宽阔的中轴景观，人们经常把它当成法国式的。不过，尽管受到了凡尔赛园林的反向影响，而且也力图达到那种辉煌，从意大利巴洛克风格来看，卡塞塔还是很富于意大利传统的。

卡塞塔宫和它的园林始建于1752年，至1780年代大体完成。建筑师梵维泰里留下了他的设计鸟瞰图，大约3千米的纵轴线从宫殿一直向北延伸到远方的山岗（图7-34）。围绕着这条轴线的造园依据了这一设计，但实际完成时相对简化了。两侧更大面积的规划基本没有实现，却在1786年建造了山脚东侧的英国式自然风景园，反映着一种新园林时尚在欧洲的传播，里面还有在古希腊一章中提到的仙女泉式景观（参见图3-4）。

在卡塞塔宫前有一巨大的椭圆广场，并曾设计了没能最终实现的、通往那不勒斯的笔直大道。

紧接宫殿对着园林的立面，梵维泰里曾设计了具体图案纤巧，又不失整体恢宏的大面积巴洛克图案花床区，并布置了许多喷泉，但因财力所限，完成后的宽大花床中只有草皮。整个区域由边缘

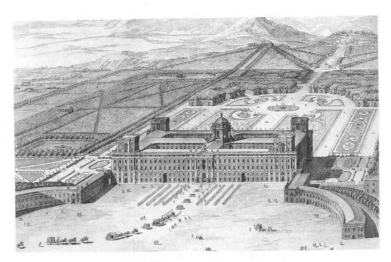

图 7-34 卡塞塔宫及园林设计鸟瞰

剪裁整齐的橡树林围绕，成面对宫殿的 U 形。在中央大道接近 U 形弧线顶端处，还从一个局部中心，斜向伸出另外两条园路，对称地深入两边林中，形成放射与弧形相结合的图形。

　　这片宽阔园林场地之后，平台、缓坡相接的园地变成了中央一连串草皮、水池、小瀑布的交替。其两侧园路一直伴随着绿篱般的树木，有的段落还有绿叶前排列的雕像，象征自然、科学和艺术，等等。在整个中央轴线上，最动人的是随着坡地升起，大面积的水与各水景节点群雕的相互映衬，在园林逐步接近尽端山岗一段，展示了一个令人浮想联翩的古代神话世界(图 7-35，图 7-36)。

图 7-35 在坡地升起前的园林中反观卡塞塔宫

图 7-36 卡塞塔宫园林轴线远景，较近处依次是
海豚喷泉和风神喷泉

　　来到这个神话世界，人们遇到第一处水池和它的海豚喷泉，水流涌出处带有古代想象感的海豚从水中跃出。接着缓缓上升的草皮和道路把人引到风神喷泉，此处是山岗前地坪高差最大处，分出上下两层台地。下层有一接近椭圆形的水池，背后石壁和墙面有中部的岩洞、两侧的阶梯和栏杆。洞前的水面上，长着翅膀的神像以各种姿态飞翔，象征气流的涌动。石壁中央栏杆断开，形成宽阔的瀑布(图 7-37)。

此后，伴随斜坡抬升的水池有数级小瀑布，端头是水从雕像下涌出的谷物女神喷泉群雕，庇佑意大利南部的粮食丰产。再经一处草皮，是一个相似的水池、瀑布衬托着众仙女和小爱神簇拥的维纳斯与阿多尼斯喷泉❶(图7-38)。

图7-37 卡塞塔宫园林风神喷泉近景　　　　图7-38 卡塞塔宫园林维纳斯与阿多尼斯喷泉

经过这个爱情主体群雕，一个阶梯宽大的平台展开了最原始的森林水流场景。平台后的水池是狄安娜与阿克泰恩喷泉。水池中左右对称的两组雕像，叙述女神愤怒地把看到她沐浴的猎人变成牡鹿，被她的猎犬所追逐、撕碎(图7-39)。

群雕之后，两侧树木间是陡峭山体上冲沟般的溪谷，水流在精心设计的嶙峋山石间形成转折飞溅、跌落的连串小瀑布，到底端又成宽大瀑布，形成狄安娜群雕近处的壮阔背景。很长很陡的小瀑布显示了较强的自然形态，很可能借鉴了此时兴起已久的英国自然风景园造景手法。小瀑布上端一组奇特的石雕扭转卷曲，以巴洛克艺术风格给人原始的力量感。整个山岗和溪流瀑布形成宫殿遥远的动人对景(图7-40)。

图7-39 卡塞塔宫园林狄安娜与阿克泰恩喷泉，　　图7-40 卡塞塔宫园林尽端小瀑布
　　背景为园林近端小瀑布下端的宽阔水帘

❶ 古希腊爱神在罗马同拉丁人自己的维纳斯合一，后人在涉及古希腊神话时，诸神名字也常同罗马称谓混用。

这处园林的一个个水景雕塑节点，使它明显是让人游览而不仅仅是远观的，但一览无余的过长轴线和景点间距，以及其他处理的相对简单，会让游人相当疲惫，反映了这一时期西方几何式园林过分求壮阔带来的负面效果。

7.4 园林特征归纳分析

文艺复兴以来的西方几何园林，往往有占统治地位的主体建筑。在园林和建筑两者中，巴洛克艺术概念首先来自建筑。但是，这并不意味着这种园林的主体建筑就一定是巴洛克式。在 17 世纪，一些巴洛克园林主体建筑具有明显的相应风格，另一些则保持比较纯正的古典式，在意大利以外也是这样。

巴洛克风格受到盛期文艺复兴时期手法主义的激励，在园林艺术中这两者的联系比建筑更密切，甚至难以区分。在一些园林景观，特别是许多局部装饰建构中，巴洛克与手法主义的区别只能是时间上的。在盛期文艺复兴兰特园中看到的水阶梯涡卷石岸等手法主义装饰，到巴洛克园林更可大量见到，同此类曲线在建筑局部形象中的流行一样，成为巴洛克园林景观建构的典型装饰语汇。

巴洛克艺术情绪感很强，热情、奔放，具有动感，在建筑中又时常显得过分繁琐。一般意义上，巴洛克园林景观传承了盛期文艺复兴的基本特点，如台地、中轴线、大阶梯、对称的花床，以及雕像、岩洞、喷泉水景等，但同严谨的文艺复兴风格相比，明显走向了不拘一格的夸耀，甚至放纵。这种风格的一般特点可以从两个大的方面来看。

第一个方面，是巴洛克园林在几何式园林中以更多样、更复杂、更有力的景观带来惊奇、联想和震撼，有更多引发心理波动的戏剧性效果，使园林环境联系于更丰富的情趣、更多的象征和热烈的活动。这方面的主要特征有：

巴洛克的花床图案明显多样化。在外轮廓仍然是简单几何形的大量花床中，图案成为自由的曲线，或相对具象的卷草形，并且还有更多不同花卉植物相配合的色彩变化和高低起伏。在一些总体平面中出现曲线的园林里，花床外轮廓更成为异形曲线。园林植物造型修剪成为更普遍的，并且特别强调奇趣。这些修剪既带来花床区内各种突出的树球、树塔等，也可造就造型奇异的树木和灌木区，而对整体景观作用更强的，是以剪裁整齐的树木烘托长长的园林轴线。

水景在许多巴洛克园林中非常突出。长期的历史积累使各种喷水和落水景观成为 17 世纪园林中最富感官效果的要素，并以更复杂的机关超越 16 世纪，同巴洛克的多样建构形象一道，带来视觉、听觉甚至嗅觉和肌肤感觉等各种新奇感受。在 17 世纪的意大利园林创造实践中，出现了专门的水景工程师。主要水景特征有各种喷泉、水阶梯、瀑布及其组合的多样、宏大、壮观，常常构成连续的景观层次。富于巴洛克形象的水风琴、水剧场等建构利用压差和各种机关造就丰富的声响，并结合雕像构成直接的戏剧场景。水景还常联系特定的"自然"景观，在重要园林节点处营造远古神话般神秘而有力的场景。更进一步的细节奇趣还有秘泉、惊愕喷泉等，在游人踩到某处机关时喷出水流。

雕像经常群像化、场景化，造型姿态更多样，对神话及其寓意的表现更加强烈。特别在结合水景、岩洞、山林的时候，使人更清晰地联想神话故事，以及它们所揭示的远古传说世界，表达园林所在场所及园林主人所崇尚的精神，经常使园景具有整体的或区域的特定象征性。

在经常有文艺复兴式墙壁岩洞的同时，更"自然"化的景观增加了。它们往往是轴线尽端用天然石材堆积的岩洞、神秘的水塘或跌落水流，并时常结合点题的雕像。同典型文艺复兴园林相比，表现原始创造或原始自然的造景显得更突出，它们可大可小，可以是一处局部节点，也可有标示全园的意义，或者来自基督教，或者来自其他古代神话。

人类在园林中的活动更多样化、激情化，促成了满足新功能的园林建筑。在盛期文艺复兴的教皇宫贝尔维德雷园中，已经有了表演和观演的场地。到 17 世纪，更多的大型巴洛克的园林有了举行群体活动的场所，有的是绿茵水池旁的大面积草皮，有的是水剧场前较宽阔的场地，有的就是真正带看台的露天剧场。

在文艺复兴充分运用台地高差、阶梯造就立体空间感的基础上，利用透视带来空间感变化的手法在巴洛克园林中也得到推进。阶梯时常更加复杂，喜欢用双向圆弧或椭圆，或把直向、横向、转折，以及正反向弧形结合在一起，以更紧密的组合来联系三层以上的台地。利用透视控制远近视觉感受在巴洛克园林中显得非常娴熟。相对平整的区段可用近大远小的平面使景深在感觉中更远。另一种情况是使山坡上的纵轴向阶梯或水渠远上宽，近下窄，造成山坡更陡峭的效果。

第二个方面，是新的园林几何平面与建筑同园林的关系，带来比典型文艺复兴园林更具区域空间控制力的图形，以及更壮阔的景观。

除了中央纵向主轴和各处纵横次轴外，放射图形突出了斜向路径及相关图案划分，对称地从一个或数个重要景观焦点或视点处放射出去。它们有的具有全园意义，可通往另一些景点或轴线两边浓郁的密林，并把它们更紧密地统辖在一起。有的则是局部的，在一个花床或花床区域起作用。在放射形路径起点或图案中心，经常出现典型巴洛克椭圆，依不同区段位置，有小广场、喷泉水池或花结花床等。

在人为设计的园林区域内，最典型的文艺复兴园林主景往往是从低处面向高处建筑而设计的。巴洛克则常常反向，立足于从主体建筑处逐渐升起的视线。轴线尽端是天穹下树木簇拥的山坡水流源头、岩洞或其他带有特定象征意义的建构。远处自然风景的壮阔和神秘交织在一起，主体建筑在低处面对着它。同时，在建筑面对城镇或街道的一面，在可能条件下也进行精心设计，以椭圆广场和轴线大道最为典型，使建筑和园林成为更广阔环境的一部分。

17 世纪以后的园林规模日益扩大，在可以视为巴洛克园林的环境设计中，有的园林切实达到中央纵轴统辖的巨大规模，在意大利的最辉煌成就是壮阔的卡塞塔园。另外一些则可能通过狭义园林以外的轴线景观处理来强化建筑、园林同更广远风景的联系，超越了文艺复兴别墅相对简单地面对一处远景的风景选址。

总的来说，巴洛克艺术风行的 17 世纪使多样化的造型情趣、严谨的几何形和壮阔感在园林中共同显现，特别是后两者，在 17 世纪下半叶达到以法国凡尔赛宫园林为代表的高峰，进而影响整个欧洲。

第8章 法国古典园林

法国位于欧洲西端，古称高卢，并曾被罗马帝国所征服。这里曾是欧洲中世纪文明非常发达的地区，诺曼人的城堡首先在这里出现，《罗兰之歌》和《玫瑰传奇》等描述了贵族的生活和园林场景。到中世纪后期，这里的封建贵族在乡村领地建造起大规模的府邸和宫殿，并有了经济、文化发达的城市。15世纪以后法国逐步统一，形成了走向近代的强大国家。

法国古典园林在文化大环境上属于泛欧文艺复兴，相关社会结构则是封建割据后欧洲集权制国家的建立和巩固。集中的权力、更强大的国势和封建社会留下的贵族等级制度，造就了极度富有和奢华的王室和大贵族家族。同一时期，理性哲学进一步发展，在政治上拥护中央集权的同时，也作用于艺术的各个方面。从借鉴意大利文艺复兴艺术开始，到接受巴洛克艺术并越来越突出自己的特点，法国宫廷和贵族以远比意大利各小王室和贵族更大的气魄营造了他们的园林，把近代以前的欧洲几何式园林艺术推向宏伟的极致，是这种艺术从17世纪到18世纪初的突出代表。

8.1 历史与园林文化背景

在14世纪后期意大利上层忙着做生意，并开始享受文艺复兴带来的文化繁荣时，欧洲其他国家一度陷入统一还是继续封建割据的战乱，到15世纪末才基本稳定下来。这次战乱把欧洲带进了一个新的历史历程——资本主义经济发展同君主集权政治的结合。

虽然有些国家，如意大利和德国，直到19世纪才真正实现民族国家的统一，但欧洲大部分地区在中世纪后期的发展趋势，都是新兴资产阶级渴望结束封建分裂，在经济和政治上大力支持有实力的国王，形成君主势力与资产阶级的同盟，在民族、地区和宗教战争以及各种政治博弈中，最终战胜了各地的封建割据势力，以及各种可能导致民族继续分裂的力量。

15世纪下半叶以后，欧洲先后建立和稳固了一些君主专制的民族国家，奠定了近现代欧洲国家版图的雏形，并开始了西班牙、葡萄牙、荷兰、英国、法国等大国在欧洲的势力角逐，以及彼此竞逐的海外扩张。中世纪以后欧洲国家的形成和初步强大是伴随着君主专制的。这种专制有暴政成分，但更体现着最高统治者意识并承担了治理国家的责任和义务，民族主义和爱国主义一度都汇集到国王的旗帜下，直到新的矛盾不断积累，资产阶级革命和工业革命进程把西方带进近现代社会。

在君主专制国家建立和大力发展民族经济的进程中，意大利的人文主义文化受到普遍青睐，欧洲各国或迟或早都发生了文艺复兴，大大促进了学术和艺术的繁荣。从16世纪到17世纪，荷兰的伦勃朗、鲁本斯等人把文艺复兴绘画推向了新的高峰；英国的莎士比亚、西班牙的塞万提斯等人留下了不朽的文学名著；法国的笛卡儿、英国的培根等人，在科学理性和经验认知的基础上引导了哲学的新发展；在哥白尼、伽利略等先辈激励下，以牛顿等人为代表的经典科学时代已经到来；建筑中的古典形式遍地开花，还有各国中世纪屋顶等局部同柱式墙面的优美结合，以及巴洛克式的炫耀与多变。在园林艺术方面，许多国家借鉴文艺复兴的意大利，大量兴建整体布局同建筑主体构图一致的几何式园林，以轴线路径和图案丰富的花床为骨干，点缀着喷泉、雕塑，配以树篱、凉廊，等等。

在各国借鉴意大利的几何式园林艺术发展中，法国最具独树一帜的标志性。到 16 世纪下半叶，逐渐形成了具有自身独特形式的法国古典园林。这种园林具有更辉煌的整体布局，也不乏与之相配的细腻景观，其影响在 17 世纪下半叶甚至超越意大利，为各国宫廷争相效仿。法国的园林艺术成就不是偶然的，在许多方面，17 世纪的法国都是资产阶级革命前欧洲君主时代的集权、稳定与繁荣典型。

法国民族君主集权政治在 15 世纪中叶开始成形，16 世纪中叶基本稳固。16 世纪后期的法国已经没有可以同中央争夺势力的地方封建贵族。在中世纪后期城市发达的基础上，中央宫廷政府更积极推进农业和工商业，并在扩张中同西班牙、荷兰、英国等国展开国家竞争，在亚、非、美洲开拓贸易和殖民地。到了 17 世纪，法国进入所谓伟大的世纪，国力达到鼎盛时期，其间又以 1661 年到 1715 年太阳王路易十四的绝对君权时代最为辉煌。

以经济、军事成就为基础，法国形成了以国王宫廷为主导的文化，在近百年间为欧洲各国大小宫廷所仰慕和效仿，成了 17 世纪上层贵族文化的典范。

法国在君主专制下的迅速崛起和繁荣，形成社会上层普遍的忠君、勇敢、肯于为国王的法兰西而战斗的精神。许多贵族以军功为最高荣誉。同时，又鼓励这些人在封建经济和资本主义经济交织发展中大量聚财，生活上追求富贵"高雅"的享受。宫廷有高贵的朝仪，国王和权臣频频举行各种聚会。上层人物注重仪表、举止和谈吐，衣着艳丽，带着假发、领花，甚至涂脂抹粉，一方面纵情享受美食美酒、音乐歌舞，另一方面又可彬彬有礼地谈论世界上发生的各种事情，包括政治、经济、战争、哲学和艺术，以及各种绯闻轶事。这种文化在法国很自然地突显为建筑和园林等环境艺术的极大繁荣，园林是国王宫廷和贵族府邸环境的重要组成部分。

中世纪后期，法国就有比较发达的城堡园林和相关环境意识。在《玫瑰传奇》等故事中，采自实际环境和想象的园林场所往往同主人公的业绩相伴，以花木水草的优美浪漫气息来烘托英雄。在国王等大封建主的领地上，曾经有巨大的林苑以及城堡园林。

君主专制政治的确立，使国王拥有了更大的财力，延续和发展着宫廷园林，既联系于享受的需要，也利于在宫中笼络旧贵族、新兴阶级代表和知识阶层。旧的封建贵族多是国王的亲族，虽然在割据的意义上失势，但只要忠君就仍维持高贵的地位，在宫廷政府中任职，拥有大量地产。新兴的权贵也可在角逐、爬升中集权力与财富于一身。在做国王的朝臣为国家服务的同时，大规模的府邸、宫殿、园林既是一时避开宫廷角逐的地方，又随时成为重要社交场所，汇集各方人等，利于主人在宫廷政治中逢迎国王以及各种势力。

以宫廷文化为主导的法国文化艺术，首先借鉴意大利，在结合民族特征的发展中接受了文艺复兴和巴洛克，进而又形成了自己更加理性的古典主义原则。

从文艺复兴艺术的发展变异和整个欧洲的流行艺术看，17 世纪是巴洛克的世纪。虽然天主教会极力利用它来渲染宗教情绪，但更多的时候体现了世俗中的情感激荡、人的内心躁动。在 15 世纪末以来借鉴意大利的古典建筑艺术发展中，17 世纪的多数法国宫殿和贵族府邸，如卢佛尔宫、卢森堡宫、麦松府邸、维康府邸，等等，把本民族的高坡顶、老虎窗同使建筑体量更丰富的中央穹窿、两端或间隔凸出体相结合，并为平面纳入了椭圆，为立面加上了断山花、弧形山花和雕像，在庄严的纪念性构图中带有明显的巴洛克色彩(图8-1)。

图8-1　麦松府

在巴洛克艺术因迎合宫廷贵族的浮华生活而兴盛的同时，17世纪的法国文化艺术中又兴起了以理性为至高追求的一面——古典主义。

古典主义的基本精神来自以笛卡儿为代表的17世纪唯理主义哲学。这种哲学把人类理性提高到一个根本性存在世界的高度。笛卡儿的"我思故我在"虽然带有唯心主义的性质，但其哲学基础是在把握自然世界的数理规律方面的科学进步。

事实上，笛卡儿的认识论与几乎同时的英国经验哲学形成积极的互补。在文化与社会层面，法国唯理主义哲学则把理性推向对一种社会价值观的维护。

作为巴洛克恣意放纵、无所约束的对立面，唯理主义的理性在艺术中追求严谨的逻辑关系和道德化的情感抒发，并因此崇尚以古希腊、古罗马为代表的古典文化，导致了艺术中的古典主义规范。典型的如戏剧中的三一律，要求时间、地点和事件的统一；人物性格、情节和结局的一致，明确表达对高尚纯洁的赞赏和对暴虐鄙俗的批判。在造型艺术中，古典主义要求美的形式应能被理性思维所把握，被语言所表达，具体体现为高度崇尚均衡比例关系下的严谨几何构图。这是对古典艺术平和、庄重美的又一次归附和进一步强化，而影响人类感知此类效果的放纵艺术形象则被视为不正当的。

在政治方面，哲学的唯理主义和文化艺术的古典主义同维护君权专制取得了一致。15世纪以来的法国国王和宫廷极力鼓吹"君权神授"，17世纪的学者则试图以理性论证来证明，在对抗内外分裂势力和协调各种经济、军事、政治、文化力量，促进国家发展中，一个最终归结到君主的健全政府与制度是最合理的。从这个角度，以古典主义理性来规范的艺术形式，被用于表达和赞颂国王与法兰西的伟大。

17世纪下半叶完成的卢佛尔宫东立面和凡尔赛宫西立面等，比较明确地体现了古典主义的建筑艺术趋向(图8-2)。

然而，古典主义理论无法在艺术实践中完全排斥巴洛克。在严谨的戏剧、音乐、绘画、建筑构成结构下，巴洛克的跃动多变也常常找到栖身之所。在园林艺术中，古典主义的几何严谨同巴洛克中的恢宏轴线与远景追求则是并行不悖的。它们合二为一，展现在了法国古典园林宏伟景观中。而巴洛克艺术带来的建筑、雕塑、水景等处理手法，又在许多时候为法国古典园林增添了情趣。

图8-2　古典主义的卢佛尔宫东立面

从 15 世纪末到 17 世纪的法国古典园林艺术发展大体经历三个阶段。先是初步借鉴意大利园林，但中世纪建筑环境留下的痕迹仍然明显；进而在意大利影响加深的同时，新的建筑及园林布局彻底摆脱中世纪，发展出法国式园林自身的新特点；最后是达到以安德烈·勒诺特的设计为代表的辉煌，并广泛向欧洲其他国家传播。

8.2　由中世纪到借鉴意大利

15 世纪末到 16 世纪上半叶是法国古典园林发展的第一阶段，主要特点是在园林布局和花床设计中学习意大利人。

从 15 世纪末到 16 世纪初，法王查理八世、路易十二等曾数次入侵意大利，与同样在崛起的大国西班牙争夺势力范围。意大利文艺复兴文化给入侵者留下了深刻的印象，直接促成了文艺复兴向法国的传播。在园林方面，除了花床的多样化和众多喷泉、雕塑外，法国人看到意大利园林更有沿着一条轴线的整体布局，这一轴线同建筑立面的对位关系，以及从高处的建筑上观赏的整体景观。查理八世从意大利带回了一批艺术家和工匠。其中的园艺师麦克戈力亚诺为他改造了安布瓦斯城堡园林，在高墙围合的园区中布置有方格般组合的大片花床，是法国园林由中世纪向文艺复兴转变的标志之一(图 8-3)。

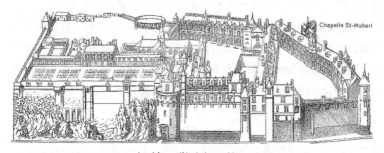

Le château d'Amboise au 16° s.
Il ne subsiste aujourd'hui que les constructions dessinées en noir.

图 8-3　安布瓦斯城堡图，可见方格布局的花床

从相对稳定的中世纪盛期开始，一种可称之为宫殿的建筑开始在乡间贵族领地取代城堡。它们多数最初还像城堡一般有房屋和墙体的交织，以不很规则的周围体量围着一个中央庭院，但建筑墙面摆脱了旧式城堡的封闭感，较大的窗户在高坡顶下呈现出整齐的排列，并且在 15 世纪下半叶逐渐加入了柱式及相关横竖线脚。16 世纪上半叶的法国造园活动经常是改造中世纪旧园，因此，多数只是划分为方格的花床园林区域更大更整齐，图案日渐丰富，并在路径、格架凉亭、树篱配合下，有了较强的几何中心与轴线，但尚未同建筑形成中轴对应的整体构图。不过，在此时的园林中，一种将要到来的法国特有风格还是露出了端倪。

法国国王和大贵族居住地多在乡间平川上，被园圃、农田和林地所环绕。在借鉴意大利时，曾经仅是城堡环境一部分的中世纪花草园花床，扩展向宫殿外围的菜园、果园或小林苑地带，形成了大面积的花床园林区。不同区域常有高差，但相对不大，视野开阔，在花床园林外缘，仍常是大面积的林地，许多时候还有河渠流过。其典型如伽伊翁、布洛伊斯、谢农松的宫殿(图 8-4)，它们的园林大致还保留了那时的布局。

1511 年，一位宫廷贵族官僚弗罗里芒·罗伯特在布洛伊斯附近建造了构图严谨的布里宫和园林。它们两者都呈正方形，以中轴线对应，由室外大台阶衔接。在 16 世纪上半叶，这处宫殿园林带来了几乎还只是特例的布局，但"作为路易十二和法兰西斯一世时期的大臣，他把一个作用于意大利山坡的园林布局转移为适应罗亚尔平川风景的，从而也是表明法国特征的，把法国宫殿同园林连在一起的实际与观念意向诞生了"❶（图 8-5）。

图 8-4 谢农松宫殿与园林

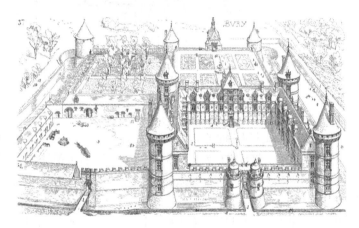

图 8-5 布里宫及园林

此时，也有一些园林借鉴了意大利园林中同手法主义相关的野趣。如可能由意大利人赛利奥改造，法兰西斯一世时期枫丹白露宫的部分园区，在花床外突出了更大面积的松林和林间小径，其幽深之处还有三间毛石岩洞，但可能由于地形限制，同宫殿建筑没有特别明确的关系。

8.3 走向法国式园林

16 世纪下半叶到 17 世纪上半叶，是法国古典园林发展的第二阶段。在意大利影响深化，对轴线的关切使园林与建筑走向正向配合的同时，法国大规模宫殿形体定形，对各种自然要素和园林艺术的把握能力也更加成熟，加之园林艺术著作的集中出现，从实践和理论上都形成了法国古典园林艺术的基本特征。

在意大利人赛利奥、从意大利学习回国的德劳姆、杜贝阿等人推动下，一些宫殿平面在 16 世纪下半叶逐渐形成规整的，突出端不长的 U 形或 H 形。围墙同房屋脱离，体量缩小，成了建筑环境的外围层次，大规模园林则正对宫殿，营建在其背后。

16 世纪的后 50 年，德劳姆设计的阿内宫园林、丢勒里宫园林，杜贝阿设计的圣杰曼-恩-雷园

---

❶ Jean-Pierre Babelon etc., CLASSIC GARDENS The French Style, London, Thames and Hudson Ltd., 2000，第 22 页。

林、安德鲁·杜赛索设计的凡尔耐伊宫园林、杜赛索协助其子巴蒂斯特设计的夏勒瓦尔宫园林，以及其他许多大型宫殿与园林组合形成了 (图8-6)。

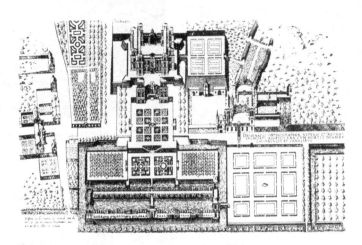

图8-6　凡尔耐伊宫及其园林

它们基本上都由轴线衔接建筑及其园林，从而形成一个完整的体量与空间组合。其中阿内宫和丢勒里宫还是为两位来自意大利佛罗伦萨美第奇家族的王后建造的。这些园林多有意大利台地园林花床区的那种明显水平感，花床呈方格布局。不过，它们大都在 17 世纪下半叶以后改变了面貌。

意大利的影响在 17 世纪上半叶继续延续，但此时新一代法国建筑师和园艺师业已成熟起来，在借鉴意大利文艺复兴和巴洛克的基础上，逐渐走出了自己的建筑和园林艺术道路。

大体在 1615 年到 1635 年间，被认为是法国巴洛克—古典主义建筑开创者的勃荷斯为亨利四世来自美第奇家族的玛丽王后设计了卢森堡宫及园林。宫殿严谨的建筑立面沿水平方向分为中央醒目、两端凸出、其间体量呈衔接感的五段；墙身以柱式线脚划分，上面为规整的高坡顶；屋顶中央还有巴洛克的弧形断山花，以及成组的双柱配合穹顶。其园林则几乎完全模仿了王后家乡的波波里园，意大利巴洛克时期的园林轴线、景深同法国人追求的宏伟规模在这里合拍，并将呈现在进一步的变革中。也就在这段时间里，路易十三的首相黎塞留下令贵族领地一律取消防御设施，以高墙、建筑围合庭院的旧有城堡和宫殿平面从而被彻底放弃了。

勃荷斯之后，其学生法兰西斯·孟莎以麦松府等著名建筑继续巩固了老师的成就，使突出中央体量和中轴的 U 形或 H 形平面，以及高坡顶配合墙面柱式，成了法国宫殿的典型形式。麦松府建在自塞纳河而来的巨大景深画面尽端的高台上，前面笔直的大道使它非常恢宏。此后，宫殿平面向更舒展的一字形五段式转化，两翼凸出部的进深更缩小、衔接体加长，进而使建筑立面更加宽阔，带来了建筑与园林关系的根本变化，即，横向扩张的建筑体量几乎可以在正面实现对宽阔园林的完全控制 (参见图8-1)。

伴随着典型宫殿建筑的逐步定型，法国园林的造景手法和艺术理论也确立起来了。

16 世纪后期，法国出现了一些园艺师世家，如杜赛索、莫莱和勒诺特家族，他们在学习意大利的基础上积极推进了法国自己的园林艺术实践。在 17 世纪上半叶，拥有克劳德的莫莱家族是最突出的。克劳德的父亲雅克曾是阿内宫园林的主管，他本人 1595 年到 1610 年担任亨利四世的宫廷园艺师，活跃于枫丹白露、圣杰曼-恩-雷和丢勒里等园林中。他的四个儿子也从事园林艺术，其中的安德烈是路易十三的园艺师，当过瑞典王后的园林总管，也曾在荷兰工作，还把法国园林艺术带到了英国。

花床设计方面，自安布瓦斯、阿内等园林的意大利式布局之后，在莫莱家族活跃期，法国园林花床设计发生了巨大的变化，在理论和实践中更注重了它同园林整体关系的完整性。莫莱家族的克劳德指出，他曾师从的杜贝阿强调"整个园林是，也只能是通过主要园路来划分的单一整体……所以我再也不把花床区分成一个接一个的相同小方块"。❶ 在他们的影响下，典型的法国园林花床区突破了意大利文艺复兴园林那种方格般的组合，发展出法国特有的组织关系，并迎合巴洛克的情趣，产生了图案更丰富的刺绣花床。

在轴线园路两侧，法国花床更突出在对称呼应中的长向伸延感，呈现较大的面积。同时，迎合园路节点或花床围合的喷泉、水池和雕像，在转角上做文章，切划出各种优美的弧形。其目标不单是丰富花床自身的轮廓，而是注重园林总体平面图形的丰富，以及同喷泉之类景观要素的紧密关系。

刺绣花床是中世纪后期和意大利文艺复兴花结花床的发展，可以用黄杨等绿色灌木构成，但突出一种叶蔓般舒展开的曲线图案。这种花床也可以大量种植花卉，增添绚丽的色彩。除了植物选择和修剪外，法国人还注意到地面的作用，红色、白色的沙砾同花草形成丰富的图底效果(图8-7)。

图8-7 维康府邸园，花床展现了典型的法国特征

中世纪的水池和喷泉，也在园林艺术发展中转化。自接触意大利园林以来，法国人就非常羡慕他们时而精巧、时而壮观的水景处理，如连串跌落的小瀑布、大喷泉、水风琴、水剧场和同水景结合的岩洞等。从16世纪下半叶到17世纪，类似的水景不断被引入法国。同时，结合法国园林基址常有的广阔平野、林地和河流，以及沼泽排水要求，又演化出比意大利园林更宽阔的人工水面景观。

1606年，以杜贝阿和意大利水利工程师佛朗西尼兄弟为宫廷园艺师核心的亨利四世，决定大规模扩建枫丹白露宫的园林。莫莱家族的安德烈为此设计了三年后完工的大水渠，它宽40米，长达

---

❶ Christopher Thacker, HISTORY OF GARDENS, Berkely and Los Angeles, University of California Press, 1979, 第140页。

1.2 千米(图 8-8)。宽大的水渠结合两边的林木引导宽广的景观伸延，并在可能条件下同宫殿轴线合为一体，在 17 世纪逐渐成了法国式园林最典型的景观特征。

图 8-8　枫丹白露宫园林大水渠

图8-9　树枝凉棚围着的恩赛拉德斯喷泉，
凡尔赛宫林间小景之一

意大利文艺复兴和巴洛克园林都有林荫道、树篱等高大树木，但成片的林木只是园林的边缘，或引向一处人为园区之外的原始自然环境。在法国，17 世纪的大规模平野园林把部分林地也纳入人为艺术的控制了。

中世纪林间贵族狩猎的游乐传统，使林地在法国的几何化古典园林中仍然维持了特定的地位。除了常比意大利园林还广阔的林苑区外，在法国园林宽阔的花床或大水渠两侧往往有成片的浓密树丛。树丛中有几何式园路，树木表层枝叶修剪整齐，其中还隐藏着一处处林间小景。后者像是露天的绿色房间，浓密的树木还绕格架凉廊、喷泉、雕像或别有情趣的植物造型，如绿色剧场等，构成主轴花床、水渠之外的隐秘场所(图 8-9)。莫莱家族的克劳德、安德烈等都是这种园林景观处理的积极推进者。

在园林艺术著作方面，法国在 16 世纪下半叶以后出现了大量成果。杜赛索 1549 年的《法国最美的城堡》图集，刻画了许多中世纪后期的著名法国城堡，记录了城堡向宫殿的变化，并相应呈现了园林艺术的转折。帕里西 1563 年的《精美园林设计》对园林环境与造景的阐述，汇集了中世纪传统和意大利影响下的造园意识。此后，埃蒂安纳和利埃博尔 1564 年出版的合著《农业和田园宅邸》，著名农学家塞尔 1600 年完成的《农学》等，既描绘了中世纪以来法国乡村田园和园林的景色，总结了大量花卉、树木的特性及其在园林中的应用，也归纳了意大利文艺复兴以来的各种花床图案设计。塞尔还在书中自豪地宣称："人们不必再跑到意大利或其他地方参观布局

完美的园林了，因为我们法国人自己已经赢得了其他各国的赞誉。"❶

如果说 16 世纪的著述较多反映的，还是法国由中世纪到接受文艺复兴的园林艺术转折，17 世纪上半叶的园林艺术著作就更多体现出法国人的追求了。

勃阿依索 1638 年的《论依据自然和艺术理性的造园》突出了在统一中求变化的原则。

就像书的标题一样，他特别强调几何式造园也要效法自然，只有详尽了解各种自然要素的天性，突出它们，才能设计出绚丽多彩的园景。同时，它们应当被精心地加工、布局，由理性的人为艺术来统一，达到各种景观空间、质感、色彩变化的完美配合，并具有恰当的几何图形关系。

在充分了解自然植物和完美几何构图的前提下，勃阿依索认为园林中最重要的是景观的差异或变化。他肯定由直线和直角转折构成的园路骨架是最基本的，也强调直线路径周边的花床应有曲线等各种平面变化；肯定平坦地段有益于追求绚烂花床图案的时尚，也注重坡地、台地对欣赏花床整体轮廓、栽种不同植物和实现园区转折的价值；肯定林木要辅助深远的透视景深，喜欢宽达 10 米的园路，两侧绿篱高度应是路宽的 2/3，也赞赏各种近景的绿色体积凸凹形象，提倡带来建筑造型般的各种树形修剪，造就丰富的局部景观和环境。❷ 自意大利文艺复兴以来，他的见解所显示的景观层次原则，比较完整地反映了欧洲几何式园林艺术经法国古典园林的发展。

莫莱家族的克劳德及其子安德烈的著作，在勃阿依索之后继续延续了类似的学说。

以大量设计实践为基础，克劳德的著作《植物及园艺的舞台》在他死后的 1652 年出版，除了列出大量植物名录和植物应用外，还把法国园林的层次追求表达得更加具体：花卉有高花卉、球茎花卉和伏地花卉三种，在花床布置中应精心选择；在园路分出的区域里，花床区不应再有细碎的方格状划分，而应像地毯般大面积伸延；低矮的花床需要对比元素，紫杉属等适合的树木可被剪成球、锥、棋子、瓶瓮，以及人与动物等各种形象，配合雕像带来体积和阴影；在花床外围，浓密的树木要有修剪整齐的绿篱边缘，尽量选择俄耳栎属等枝叶浓密可垂达地面者，形成绿色体块；在树丛中，应利用树木的特性修剪出情趣各异的建筑般林间小景。同勃阿依索一样，克劳德也认为宽阔的园路最高贵。考虑到透视效果，具体指出合适的比例是长 300 米，宽 10 米，还要求在设计时注意树木生长对园路未来宽度的影响。❸

比父亲的著作早一年，安德烈的《愉悦性园林》出版于法国、瑞典和德国，也对大型园林的整体布局作了具体阐述：衔接建筑的园林首先是刺绣花床区，其绚丽多彩不应有任何遮挡，从宫殿窗中就可欣赏；其外侧是比较朴素的草皮、花床区，或者是树丛及其林间小景，并在适当位置设置园路和各种篱笆；园路应有置于台基上的雕像或喷泉作为尽端，在适当的地方还应布置岩洞；园路应垫高成台，以便看到鸟舍、喷泉、水渠等各种装饰游乐设施。当这些园林要素各得其所，令人愉悦的园林就完成了。❹ 在安德烈的布局设想中，还可看到园林由核心到外围逐渐从华美到简朴的

❶ 转引自 Christopher Thacker, HISTORY OF GARDENS, Berkely and Los Angeles, University of California Press, 1979，第 139 页。

❷ 参见 Filippo Pizzoni, THE GARDEN A History in Landscape and Art, London, Aurum Press Ltd. , 1999，第 85 页。

❸ 参见 Jean-Pierre Babelon etc. , CLASSIC GARDENS The French Style, London, Thames and Hadson Ltd. , 2000，第 53~54 页。

❹ 参见 Christopher Thacker, HISTORY OF GARDENS, Berkely and Los Angeles, University of California Press, 1979，第 140~143 页。

变化。

17 世纪上半叶的园林实践和园林著作阐释，反映了了典型法国古典园林的基本特征，为其在下一个 50 年左右更加辉煌奠定了基础。不过，比较奇怪的是，法国园林著作没有特别强化论述在园林中轴上日益重要的大水渠。

8.4　勒诺特式园林艺术

法国古典园林发展的第三阶段，17 世纪下半叶是其最辉煌的时代。这一阶段的代表人物安德烈·勒诺特的创作，在前人成就的基础上呈现了更大的气魄，在路易十四统治的年代，造就了被称为勒诺特式的园林。勒诺特式园林的意识形态是法国古典主义的，同时又明显借鉴了一些巴洛克园林手法，成为法国古典园林的最高代表。勒诺特的光焰掩盖了同时期的其他园艺师，他的合作者则常是当时最著名的艺术家，如建筑师路易·勒伏和于·阿·孟莎，画家查理·勒布朗等。

勒诺特生于 1613 年，其祖父皮埃尔和父亲让都在宫廷园林中工作，让曾在莫莱家族的克劳德手下为路易十三服务，后成为路易十四的园艺师。少年勒诺特曾从师著名巴洛克画家伏埃，在后者那里结识了许多已成名和将成名的艺术家，先辈建筑师法兰西斯·孟莎对他有很大影响，稍大几岁的画家勒布朗是他建筑、园林和装饰设计中的伙伴，还把他介绍给路易十四的财政大臣富凯，使他通过其豪华园林设计一举成名。1636 年离开伏埃后，勒诺特曾长期追随父亲，修习和从事园林设计，同时还补充了大量建筑学、透视学知识，为以后的成就打下了良好的基础。

勒诺特成长的年代，是法国的伟大世纪和笛卡儿哲学发展的年代。在尺度规模方面，他竭力迎合了国王和贵族要表现的伟大法兰西精神；在美的形式与关系方面，他几乎完全接受了笛卡儿的思想：简洁、明确、清晰。

勒诺特最完整，也是最辉煌的作品是富凯的维康府邸园林和路易十四的凡尔赛宫园林，同时还在 17 世纪下半叶对丢勒里、卢森堡和枫丹白露等许多园林的改造中留下了印记。

在勒诺特的园林艺术中，宫殿建筑仍然是环境焦点和统治性的要素，但是，园林却不再是建筑环境的简单扩张，而是二者互为一体了。在一个难以想象的巨大区域里，深远的轴线一端连着横置的宫殿，另一端呈三叉戟、三角或星形深入到更广阔的林地中，控制着整个环境布局。在这两端的中间，从勃阿依索到莫莱家族等人的园林布局得到最完美的发展和展示，并由此演绎出勒诺特迎合伟大时代的壮阔特性。

自宫殿开始，宽阔舒缓的平台展开刺绣花坛和喷泉、水池，接着是草皮、大道、巨型水渠与两侧连续不断的树篱，和着巨大水面上倒映的流云，园林自身的轴线就要把人的视野引向目力可及的遥远天边。地平变化、路径划分以及富于体积感的树丛，把竖向和横向关系融合在一起，呈现出规则空间和体积的力量，以及多变的节奏。在建筑中央的适当地方，整个园林的广远透视画面一览无余，并同更广的乡野树林连在一起；自轴线远方反过来看，在富于绿色体量感的园林中，建筑又成为壮观的底景。在这个辉煌的整体构架内，无数的雕塑、喷泉构成园林漫步的情趣节点，树丛间的小景又随时带来意想不到的环境情趣。

勒诺特 1700 年去世，生前深受路易十四的宠信，并得到国内外的大量赞誉。1709 年，勒诺特最有影响的追随者德扎里埃把欣赏自然美同以人的理性来把握和加工自然联系在一起，完成了《园林理论与实践》一书。经多次再版，进一步强化了勒诺特的广泛影响。在 18 世纪，连意大利人也反过来学习法国了。1780 年建成的卡塞塔宫和它的园林，在意大利自身传统下又明显试图效仿凡尔赛的辉煌。

在园林艺术和文化史上，对勒诺特式园林的评价是不一的，主要是针对人类应如何面对自然。

18 世纪后的许多人认为，勒诺特和太阳王路易十四一道，把人为的秩序强加于大自然，以几何的规定性消弭天然的随机自由，体现了当时以欧洲王权为代表的人类权利面对自然的霸道。勒诺特式园林是西方传统和近代理性哲学中艺术美高于自然美、人的理性反映宇宙的最高原则、人力可以征服自然的最典型表现。另一些人则认为，人类理性所呈现的就是宇宙自然的真谛，在几何的规范和技术的支撑下，勒诺特充分利用了自然要素的特性，把水、花、树木、草皮、台地、缓坡都置于恰当的关系和位置上，艺术加工赋予它们合乎自身内在属性的形象，使人类对自然美的感受比处于真正自然环境中还要深刻。在勒诺特式园林的人为几何关系和造型中，自然事物和形态的美具有优先权。❶ 而比较有共识的批评，是巨大尺度所带来的距离，在许多时候不适合人的游赏。

8.5　园林实例

比较典型的法国古典园林艺术经历了一百多年的发展，到勒诺特达到高峰。大型法国园林多数经历了 17 世纪下半叶的改造，下面的著名法国古典园林实例几乎都反映了这一时期勒诺特造园艺术的痕迹。

8.5.1　维康府邸(沃克斯园)

维康府邸是路易十四早年的财政大臣富凯在沃克斯的豪华府邸，拥有宏伟的园林。

路易十四即位后，初因年幼而未亲政，首相马扎然执掌朝政，富凯深受重用。作为财政大臣，富凯在宫廷贵族和新兴资产阶级间周旋，在经济上为中央集权的巩固做出了相当大的贡献，自己也积累了巨大财富。他爱好艺术，也喜欢炫耀，政治明星的地位与权力和财富使他有些忘乎所以，在巴黎以南的沃克斯村附近为自己建造了巨大的府邸宫殿，以及比当时任何王室宫廷周遭环境还完整、壮观的园林。园林 1656 年兴建，在路易十四亲政的 1661 年基本完工。同年 8 月 17 日，路易十四莅临富凯在此举办的盛大聚会，但 9 月 5 日就以贪污罪逮捕了他，判处终生监禁并没收了家产。

富凯在购得沃克斯的地产后，任用了当时最知名的建筑师路易·勒伏为他设计府邸建筑，室内装饰则由画家查理·勒布朗负责。后者早年就知晓勒诺特的才华，推荐他担任了这里的园林设计师。

这座园林使勒诺特因完整展示了法国式园林风格而真正成名，得到路易十四的大力赏识，随后为他设计了凡尔赛宫以及许多王室和贵族的园林，使勒诺特式成为 17 世纪下半叶法国古典园林的代名词(图 8-10)。

---

❶ 参见 Filippo Pizzoni，THE GARDEN A History in Landscape and Art，Translated by Judith Landry，London，Aurum Press Ltd.，1999，第 91 页。

图 8-10　维康府邸及园林全景

维康府邸的法国盛期文艺复兴式建筑具有许多巴洛克特征，巨大的体量位于高高的台基上，统治着一片沿南北向轴线展开的园林环境。建筑周围修筑了延续中世纪传统的护城河，但与其说是为了防卫，不如说增加了建筑的气势。建筑前的大道穿过铺着大面积草皮、两侧有红砖墙和高坡顶建筑的广场，经桥梁越过护城河，到达三面傍水的府邸前庭。前庭地面向着建筑缓缓升起，面对壮观的建筑和主人迎客的高大台阶。建筑内通高的椭圆形大厅位于中轴线上，面对隔着水面在建筑后伸延的园林。大厅外的平台和阶梯是俯瞰园林的最佳位置。

府邸园林南北长约 1200 米，东西宽约 600 米，有数层高差不很大的台地。建筑附近是主要花床区，其两侧是外围树丛，并同轴线远处升高的林地呼应。花床区呈 U 形围绕护城河与建筑，大沙龙外的阶梯和桥梁俯瞰着从中穿过的中轴大道。这个区域有着极强的建筑外延领域感，以低平地表

图 8-11　维康府邸园花床边
的装饰瓶瓮

上的大面积花床烘托着主体建筑。在面对园林的建筑立面前，一对华丽的刺绣花床铺陈于大道两侧，平面外轮廓简单舒展，内部的花草图案曲线优美、色彩绚丽（参见图 8-7）。由刺绣花床向外，轮廓变化更多的草皮围合了其间的园路和喷泉水池，西侧主景为始泉，东侧由两个小喷泉衬托的王冠喷泉更为炫目。

这个区域的中轴结束于南端一个圆形喷泉水池，以此为核心出现了园中主要的交叉横轴路径，伴有绿篱和在中央主轴处断开的水渠。横轴东端是水栅栏，有配以铁栅的三级跌水景观造型；西端是一处大门，通向树丛后的旧有菜园。

沿中轴线越过圆形喷泉水池和水渠，数步阶梯之下是第二层平台。其纵向中央轴大道两侧原设计有浅浅的装饰水池和喷泉，但现为两条草皮带，植花的瓶瓮伴随人们前行。其左右两边还有更大面积的草皮，中央为异形椭圆喷泉水池，边缘有更高的装饰瓶瓮（图 8-11）。这层平台端头是巨大的方形镜池，此

处又出现一条横轴，其东向草皮迎面为一座忏悔所岩洞，可循两侧阶梯到达其上，进而步入后面的林地；西向是笔直的林荫道，直到园区尽端。

镜池后的地段有相对较深的地段凹陷，形成一条横向谷地。背向宫殿的挡土墙后的小瀑布池壮观地引出两侧弧形阶梯，人们可顺其而下，到达园林的东西横向大水渠（图8-12）。除在主轴线附近外，水渠两侧是树木浓密的林地。大水渠长逾千米，宽40米，中央向南扩张成矩形水池，可以让人泛舟水面（图8-13）。

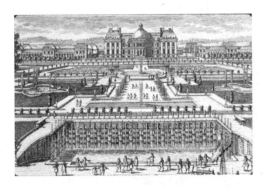

图8-12 反映维康府邸园设计的17世纪版画，　　　　图8-13 维康府邸园横向大水渠
近处依次是小瀑布池和镜池

谷地和水渠以南，中央轴线上陡然升起了宽大的挡土墙，墙面上是诸神的雕像岩洞，预示着一个具有原始时代感的区域。循着挡土墙两侧的阶梯和坡道，人们登上园林最后一段的高地，站在洞顶栏杆前的集束喷泉前，人们可遥望林间宽大草皮上的大力神巨像，及其背后向天际线伸延的莽林（参见图8-8，图8-11）。

维康府邸园的台地平缓，但人们仍可在一系列高差变化中得到丰富的空间感受。在第一层平台上，中央大道和刺绣花床两侧的草皮西高东低，形成同一区域内的小高差，低的一面以王冠喷泉为核心，景深较大，形体变化也比较丰富。中轴线上的两层花床平台两侧皆是修剪整齐的树木，既形成边界，又以种植纵深带来从高处望去的绿色体量感。同时，尽管位于轴线北部高处的主体建筑可概览全园，直至远处的大力神像和丛林，但小瀑布池和横置的大水渠却完全看不到，会为在轴线上实际行进的人们带来惊奇（参见图8-8，图8-11）。

8.5.2 枫丹白露宫

枫丹白露宫及其园林是在很长时间内逐渐形成的，自12世纪起就有多代法国国王以此为居住地。大约在16世纪上半叶，造型还带有中世纪城堡特征的法国早期文艺复兴宫殿就建造起来，并在此后陆续加建，形成了平面不很规则的建筑组合。

枫丹白露宫的周围陆续形成了数个园区，并从16世纪到18世纪不断改造。现在主要有建筑北部小小的狄安娜园，建筑南面园区西端的英式园林，以及同它隔一处水面向东伸展的巨大法国古典园林区域，留下了不同园林艺术风格的并置（图8-14）。

狄安娜园和英式园经历了大体相同的历史。先是16世纪上半叶的法兰西斯一世引入了意大利式园景。到17世纪，又经历了亨利四世时期的安德烈·莫莱和路易十四时期的勒诺特等人的改造。19

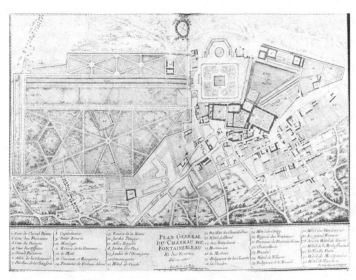

图 8-14　17 世纪末的枫丹白露宫总图

世纪初，拿破仑三世的园艺师又把它们改成了英国影响下的自然风景园。由于位置和风格，它们在整个枫丹白露园林中相对独立。

　　在英式园东侧，几乎正对建筑群中央，一处基本为三角形的大水面自中世纪以来就已存在，可能是旧时的鱼塘。自此向东，在园区的最大面积上，留下了法国古典园林的规整和壮阔。今天的景象主要是勒诺特在前辈安德烈的创作基础上改造成的。

　　这片园区的核心是一处稍凹的平台，布置了四个花床，围绕着中央喷泉和它的矩形水池。花床上曾有种植、剪裁成卷曲状的黄杨，拼出路易十四等君王及亲眷的名字，可以从平台四周稍高处的园路树荫下观赏。园区的十字交叉轴以喷泉水池为交点，分别向东西和南北伸延。由于原有建筑和地形的限制，这处园林没能像沃克斯的维康府邸园那样，由单一主体建筑的完整对称形象在长轴一端控制园林构图。其东西向的长轴两端都成为开放的，而一端面对建筑群的南北轴线却比较短。

　　南北向短轴北指建筑群，向南可达半趟着台伯河神雕像的圆池，背后的水渠和修剪整齐的树木呈半个八边形围着它（图 8-15）。

图 8-15　隔台伯河神雕像圆池远眺枫丹白露宫

东西向长轴向西指向三角形的旧水塘，勒诺特在水面上设计了一处小岛和园亭，以前景效果衬托着水面远端后来成为英式园景的树林（图8-16）。向东则具有法国古典园林的典型性：花床和喷泉水池平台之后，宽阔的横向草皮地面陡然下沉，中轴线上营建了瀑布及其下面的水池。在平台处虽然只能见到瀑布顶的石栏，但更远处的大水渠却连接起视线，把景观连续下去，在两侧修剪整齐的树篱伴随下伸向远方的林地和天际线（参见图8-8）。这一点有些像维康府邸园中轴线上的情景，但水渠替代了草皮。

图8-16　枫丹白露宫园林三角形水塘中的小岛和园亭，背景是18世纪后的英式园林

除了典型的法国古典园林和英国式园林自身，结合任何一处园景来欣赏建筑都是在枫丹白露的一种享受。在水面或绿树映衬下，法国早期文艺复兴建筑带有中世纪特征的多变体量，及其白墙、壁柱、参差高坡顶和烟囱等等，都显得特别优美。

8.5.3　丢勒里园

在巴黎市内的塞纳河边，16世纪的几个国王和王后陆续在现在的卢佛尔宫西北建造和改扩建了一处宫殿，是为丢勒里宫，其园林轴线沿河顺向伸展。路易十四时代的1666年，勒诺特改造了这个园林，并向公众开放（图8-17）。经过这一时期的建造，旧宫殿在1871年的焚毁，以及后来的巴黎城市发展，丢勒里园成了卢佛尔宫与拿破仑时代星形广场间宏伟轴线上的一处都市园林（图8-18）。

在现在卢佛尔宫建筑呈U形开敞的西端不远，原宫殿基址被修复成了大台阶，正面通向丢勒里园。站在丢勒里园西端台阶高处，可沿香榭丽舍大道通过眼底园林的延伸，东望卢佛尔宫及其方尖碑、凯旋门（图8-19）。而在下沉式的园林空间里，避开城市街道与建筑，水面、树丛和大量的雕塑令人十分惬意。

在原来的丢勒里宫前，勒诺特首先设计了一片花床区，核心是成三角排列的三个圆形水池，远处中央的大，近处两边的稍小。到19世纪，宫殿基址和小水池间的地段曾被改成珍稀植物园，种植了各种树木。今天，原设计的水池旁图案花床和较晚的珍稀树林都已经变成草皮，点缀着不多的树木，边缘形体也有些变化，但勒诺特的基本格局还可以显示出来。

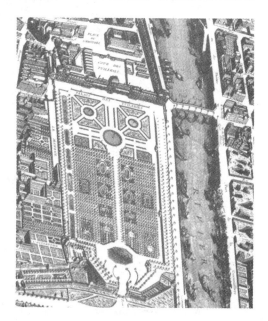

图8-17　丢勒里宫焚毁前的宫殿与园林，上方丢勒里宫，右方为塞纳河

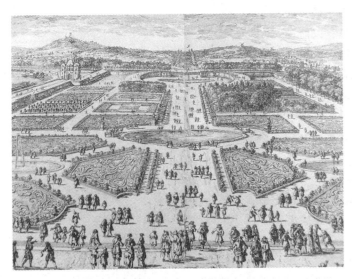

图 8-18　18 世纪自丢勒里宫台阶向西的园景

图 8-19　丢勒里园东望，远处是卢佛尔宫

　　花床区之后是林木区，17 世纪后期，在中轴路两侧的密集树林中曾藏着一系列的林间小景，有栗子树或紫杉围着路径，以及水池、露天厅堂、半圆殿、绿色剧场等等，成为城市中的浪漫、隐秘之所。这些景点在漫长的岁月中多数破败甚至完全改观了，到 20 世纪后期，法国的研究设计人员又尽力再造了勒诺特设计的气氛。

　　穿过林木区，园林又呈现为一片宽阔的场地。其核心是一八边形水池，在勒诺特之后，其周围点缀了许多名家雕像作品，增加了园林的高雅气息。水池正对近端的马蹄形双坡道，坡道和水池间有两处异形花坛，其黄杨绿篱和花卉大体保留着原来的风格。

　　沿坡道分别向左右上行，是园林两侧通长的条状砌筑台地，一条台地俯瞰塞纳河，另一条据说原来是一处要塞的边缘，沿着今天的李奥利大街。它们上面当年就有丰富的游戏、休闲场所，并有下到低处园林和塞纳河边的数处阶梯通道，君主时代曾有时为王室孩童独享。

坡道围着原来通向另一处宫殿园林的大门，今天已是香榭丽舍大道的一端。

8.5.4 凡尔赛宫

凡尔赛宫园林建于1662年到1689年间，面积约300公顷，中轴线长达3000米，其最恢宏之处是壮阔的主轴景观(图8-20)。位于宫殿建筑所在一端沿宽阔的主轴线西望，花坛台地、喷泉水池、宽阔的林荫道和草皮，以及巨大的水渠，在周围越来越大面积的树林间呈现出一个壮阔而深远的画面，展示了路易十四以太阳神为象征的无限王权。在这个最高目标之下，勒诺特以及许多著名园艺师、建筑师、雕塑家的创造更以最高的人类理性智慧和能力，创造出一个规则的园林整体构架，其间大量高水准的艺术景点因应园林区域转折，以太阳神阿波罗主题来象征路易十四，又代表理性，还带来丰富的神话联想。

图8-20 凡尔赛宫及园林总图

园林的总体布局体现了勒诺特式几何规划的极致,在构图明确完整的基础上,由近而远呈现尺度和形态的变化,既突出了壮阔的中轴远景,也有明显的场景层次递进。

在宫殿前,结合广场有三条放射形大道,穿过小镇通向巴黎方向,扩张着宫殿和园林轴线的构图领域,体现了巴洛克城市与园林艺术在法国的发扬光大。

从宫殿踏入园林的第一步,首先是全园最高处向外凸出的中央大平台,以水平向的开敞实现了由建筑到园林的转换。它一方面是中央纵轴主导景深序列的起始段,另一方面又以自身的进深对应着左右两个平台花床区,带来园内第一处明显的横轴伸展。

沿着横轴在平台两侧的园林各有自己的景观递进变化,可形成两处相对独立的景观进深画面和游线。而从园林总体布局和同中央主轴的关系看,它们的近处与大平台一道,共同以宽阔空间中的低平水池、花床为主,成为园区的第一层次,以人为艺术感最强的环境伴随宫殿建筑两翼的伸展。

大平台西缘的中央大台阶和坡道引导园林向西延伸。由此到阿波罗泉池和横向的阿波罗林荫道可视为中央纵轴线上的园林中段。

这一段上除由王室林荫大道前后衔接的主轴景点外,还有大道两边接近方形的密集树林,被纵横交织的路径分成 12 处园地,结合其间的各种场所处理形成一处处林间小景。这个段落同大平台形成明显对比。高大树木在中央大台阶两侧形成宫殿前平台的边界,也缓和了高差。在建筑或大平台处看,中央纵轴恢宏壮观,其上各个景点宣示园林主题。主轴外一片郁郁葱葱,而游入其中,又可发现一处处隐藏的惊喜。

主轴的最后一段长度达前两段的三倍以上,周围区域在阿波罗林荫道以后形成林苑。林苑的核心是十字形的大水渠,宽阔平静的水面划开莽林,把中央轴线上的视野引向远方,在交叉处还形成另一条水体横轴。这个区域还有其他区域所没有的放射形大道,深入林间的各个方向,实现对远方视域的进一步整体构图控制,体现了人类领地向自然领地的"无限"扩张。

除了整体规划和视野的恢宏外,凡尔赛园林也在游线上以丰富的景点处理来宣示主题,以及各种情趣,进一步突出了主轴线的三个阶段,宫殿前的两处横向园区,以及主轴中段两侧的林间小景区。

1) 主轴的三个阶段

从宫殿中央进入园林,人们首先站在大台阶的顶端面对中轴远景,近处的阶梯之下是中央大平台。勒诺特曾欲在此设计图案复杂的水花床,但完成后的宽阔场地上是左右两个简洁的巨大水池。除了水中定时喷出的喷泉水柱外,此处没有高大的竖向元素,给人以绝对宽阔的印象,自由收放着通往各向远景的视线(图 8-21)。

台地上的水池周边坐卧着法兰西诸河之神的铜像,无数喷泉可以把水喷向天空并淋到他们身上。台地前端两侧还有相对很小的动物泉池,从虎、狼、狗和野猪等各种动物口中喷出的水流交织在一起。在更远的树木、花床和喷泉衬托下,以太阳神为象征的路易十四似乎要以神授王权下的自然生命景象为园林的起始。

伴着两端的动物泉池,中央轴线经宽大台阶到达以拉图娜喷泉为核心的下一层平台,整个园林的阿波罗主题在这个第二个阶段开始明晰起来。

以更远些的大道两侧对称草皮、水池为陪衬,拉图娜喷泉的圆形水池中升起数层装置了喷口的水盘,顶部是阿波罗的母亲拉图娜揽着幼年阿波罗向众神祈求的雕像。应她的祈求,在她落难时嘲弄她的农夫被神王朱庇特变成青蛙。这个故事呈现在了喷泉的层层台体中(图 8-22)。

　　由此前行，著名的王室林荫大道在两侧密集的绿树中打开，45 米宽的中央宽大草皮像绿色地毯般缓缓下行，伸延 400 米，到达全园的核心——阿波罗泉池。在这里，金色的太阳神驾着马车从水中跃出，半人海神吹着螺号宣告并欢呼太阳的升起。当喷泉开放的时候，群雕与阳光、水雾配合，景象至为感人(图 8-23)。

图 8-21　凡尔赛宫殿前的大平台和雕像

图 8-22　凡尔赛宫园林拉图娜喷泉与王室林荫大道，再远是大水渠

图 8-23　凡尔赛宫园林正面迎着宫殿的阿波罗泉池

与之相配，在王室林荫大道两旁的浓密树丛中，各有一条平行林荫道，同拉图娜泉池前和王室林荫大道中部的两条横向园路相交，交点上点缀着四季雕像喷泉：南边一路上先是酒神巴库斯代表的秋，再是罗马古天神撒图恩代表的冬；北边一条是谷神色列斯代表的夏和花神佛罗拉代表的春(图8-24)。

图8-24 凡尔赛宫园林四季雕像喷泉中的撒图恩——冬

有意思的是，太阳神雕像在凡尔赛并非自东向西跃出，而是同真正的太阳轨迹相反，面对着东面的凡尔赛宫，早晨迎着朝阳，傍晚身披晚霞。四季喷泉也给人相应的方位颠倒之感。或许这一切都是为了迎合宫殿中的国王。

阿波罗泉池两侧为南北向的阿波罗林荫道，形成主轴线第二阶段结束的远近园区分界。在这之后的第三阶段，十字形大水渠开始以更大的尺度伸延(图8-25)。

图8-25 凡尔赛宫园林大水渠，远望宫殿

沿着轴线，60余米宽的水面长达1600米，遥指落日方向。水渠尽头，凡尔赛的轴线大道又继续伸延了500余米，交会了多条林荫道，在接近尽端处形成圆形广场。横向水渠也长逾千米，并更宽阔，形成整个园林最壮阔的横轴。它北达一处相对独立的宫殿园区——大特里阿农宫，南达动物园。大水渠可以泛舟，甚至进行小型舰队表演，路易十四常乘舟在水面游览。除了辉煌的轴线效果外，水渠两侧密排的杨树，给人衔接无尽莽林的感觉。的确，在大水渠周围，凡尔赛园林形成同花床区

强烈对比的林苑区域，林中大道以放射形布局为主，分别从水渠东端起始点、纵横交叉点，以及园林尽端圆形广场处散发出来。其中，从水渠东端和尽端圆形广场出发的大道，形成了林苑内的主路径构架。

2）宫殿前的两处横向园区

在园内宫殿建筑中央突出部的左边，有两层花床平台，沿着宫殿南翼伸展。上层平台覆盖着一处温室，一边以不大的高差衔接宫殿主轴上的中央核心台地，另一边可俯瞰温室前两侧大阶梯之间的橘园。两层平台的花床布局和对称的大阶梯形成的横轴，对着更远处的瑞士卫士湖，得名于铭记其挖掘者。这处两端为圆弧的矩形湖面宽近 200 米，长 600 余米，两侧有草皮和高大绿篱，远端经树梢衔接天际线。站在园林中央大平台上沿此轴线南望，这组景观虽然比中央纵轴场景小得多，但自身构图也形成一处壮观的法式园林全景画面（图 8-26）。

沿着宫殿北翼与之相对，首先是同南侧相似的花坛台地，尽端有金字塔喷泉和水仙池，其喷泉的数层水盘流下轻柔的水幕。此后是两侧树木浓密的林荫大道，路旁草皮上排列着托起喷泉水盘的孩童雕像，向下倾斜指向龙泉池和它后面更大的海神泉池。两处水池中都有高大的喷泉，并在相对狭窄的林荫道后点缀开阔的空间。这里不像与其相对的瑞士卫士湖那样把视线引向开阔的远景，而是形成一处高大树木环绕的游览终点（图 8-27）。

图 8-26 凡尔赛宫沿南翼伸展的园林下层平台，
可见绚丽的刺绣花床与远处的瑞士卫士湖

图 8-27 凡尔赛宫园林海神泉池

3）主轴中段两侧林间小景区

在中央大平台及其两侧花床园区到阿波罗林荫道之间，王室林荫大道的两旁，交叉点上点缀了四季喷泉的园路又分出一片片树丛，可统称为林间小景区。许多精心建构的景观场所隐于其中，犹如一处处露天客厅，它们有些是常见的花坛、泉池和树篱，另一些则有非常独特的造型或主体构思。

自橘园向西，从以秋、冬喷泉点缀交点的园路上不时进入树林，人们可遇到的最迷人景点是曾伴有寓言迷宫的舞厅以及圆环柱廊。

在巴克斯——秋泉东北的一片林间小景中，已不复存在的预言迷宫曾装饰着 39 种来自伊索寓言的动物雕像，还配有铭刻诗文与小喷泉。被称为舞厅的小巧半圆剧场仍在。经由两条曲径到达的草皮看台下是流水环绕的舞池，背景是扇形小瀑布跌水，贝壳镶嵌表面淌下薄薄的水流，还有细细的喷泉水柱、瓶瓮形雕饰与包金火炬台。它在林中显得特别神秘而又不失优雅端庄，体现舞蹈和音乐的原始精髓（图 8-28）。

在撒图恩——冬泉西南的另一处林间小景里，拱顶圆环柱廊围着一处庭院。其粉色大理石柱间均有喷泉水盘，喷出的平滑水幕在拱顶下形成另一圈有趣的连续，古希腊神话中冥神普路东掠劫美女普洛萨萍为妻的雕像立在高高的中央基座上。这里是一处举行小型奢华聚会的最佳场所（图8-29）。

在王室林荫大道另一面同圆环柱廊相对应的林间小景区里，一处喷泉讲述着一则严酷的神话故事：向天上投掷巨石的造反巨人恩赛拉德斯被诸神毁灭。喷泉中的金色雕塑显示他变成了一堆巨石，绝望而愤怒的头颅口中，据说可喷出20余米高的水柱（参见图8-9）。

由此向北，穿过佛罗拉——春泉所在的园路，林中的方尖碑泉池环状排列的200多个喷管，喷出的水柱近28米，可以形成不同组合方式的金字塔或方尖碑形，周围还有便于人们坐下观赏的草坡（图8-30）。而向东回到接近拉图娜泉池处，同"舞厅"在主轴线两侧对应的，还有一处神秘的景象——阿波罗池林。此处曲径中有天然造型般的山石岩洞，瀑布水声回响，众水仙服侍着日暮归来的阿波罗沐浴、休息。这处景点形成较晚，是受到英国自然风景园影响的18世纪园景创造（图8-31）。

图8-28　凡尔赛宫园林林间舞厅

图8-29　凡尔赛宫园林林间圆环柱廊

图8-30　凡尔赛宫园林林间方尖碑泉池

图8-31　凡尔赛宫园林林间阿波罗池林

8.6　园林特征归纳分析

　　法国古典园林可以说是意大利文艺复兴园林的发展，并淋漓尽致地展现了巴洛克的长轴远景和放射性构图。

　　注重几何构图规则下的布局，建筑同园林以正向轴线联系，园林分为花床区、水景区，间以各种喷泉，远端连接丛林远景视野，都是意大利文艺复兴园林已具备的基本特征。更长的轴线伸延以及放射路径，则源自巴洛克的园林和城市布局艺术。法国古典园林在此基础上创造出了自己的景观意象。布局严整、规模宏伟、景观壮阔，以及植被修剪形象丰富、水景处理多样、雕塑造型生动是法国古典园林的一般特征。而要更准确把握法国古典园林独特的完整明晰性，最好把它同意大利园林相比较，注意它同意大利园林的差异。

　　1）广阔的园林画面

　　在文艺复兴以来的欧洲几何式园林艺术中，以人的视野概览完整的环境一直是一项重要的景观追求。

　　从园林所在自然环境看，法国园林多处于宽阔平坦的地段。区别于意大利文艺复兴最经典的、高差较大的山坡台地园，法国古典园林从一开始就具备了在平缓地形中舒展的基础。进而，统一稳定后的法国国力远比意大利强盛，在迎合享乐和艺术喜好需要的同时，法国环境艺术还要表现伟大的精神气魄，更促成了国王和大贵族崇尚宽阔原野上的超大规模园林。

　　位于较陡的坡地且面积较小的意大利园林，常使人们能居高临下俯瞰整个园林的布局。在意大利文艺复兴园林中，中轴与对称原则相对更基于平面的几何构图美。而法国园林从整体上观赏园景的视线较平，一个感人的广远竖直画面更重要。在形成了建筑与园林轴线对应的关系后，把轴线当作视廊来联系远景的巴洛克园林手法，在法国古典园林中得到了大力发扬。法国园林大大增加了中轴路径、草皮和水体的宽度，在建筑近处、中景处，植被处理以低平花床为主，配以路径、喷泉水池等，形成"绿化广场"逐层向中轴外扩展的效果。远处高大树木一方面烘托轴线的伸延，一方面在各层次"广场"底部两侧横向展开，从而获得宽远相济、使人概览园林中轴几何布局的良好透视画面。

　　2）主轴景观的连续性

　　文艺复兴以来的欧洲几何式园林都注重沿着中轴线的景观布局，在这方面，法国古典园林也呈现了同意大利园林不同的景观节奏变化。意大利园林中轴上的不同区域常出现横向展开的面积，各有其双向对称的中心，形成自我完整性较强的园区，节奏停顿感明显。园中的人们可在中轴的各阶段上感受它们相对独立的效果，分别体验花床、水景、图形树木栽植所形成的不同场所。相比之下，法国古典园林中轴线上的区域连续感更强。就其典型看，法国园林中轴线上的不同园区皆成纵向伸延，且对称关系多体现为纵向中轴对称。花床、树木是这样，具有节点性质的喷泉等，也更多位于纵向景观变化之处。身处这样的环境中，人们不管位于怎样的位置，节奏的行进性都将是更突出的感受，而区域性场所始终是相互关联、连续行进中的。

　　花床区在意大利文艺复兴以来的几何式园林中具有重要地位，在不同历史阶段和不同国家，单个花床本身的图案有了时间延续中的千变万化。而法国古典园林为花床所带来的，不仅是流行刺绣花床的叶蔓般图案和丰富花卉色彩，更重要的是，打破了文艺复兴式园林常见的方格状布局组合。大量法国园林的花床在轴线两侧呈大面积长向伸延，即使是时常结合喷泉的组合花床，也在整体上维持这种效果。在勒诺特的经典园林中，几乎见不到有自身内部交叉轴的双向对称花床区围着自己区内的核心喷泉、雕像或其他点景建构。花床的对称总是配合纵向轴线效果的。

3) 整体组织明晰性与局部景观的丰富性

法国园林的中轴线统率了整个园林，基本效果是以景宽的扩展来烘托景深。在以整齐的林木为近端两侧边界的平阔花床区、以树篱为侧衬的大道、草皮、水渠伸延区、联系远方天际线的尽端林苑区划分中，这种特征得到了简单而明晰的体现。各种雕塑、喷泉、水池、阶梯、横向路径等处理则呈现了连续中的变化。在主轴线两端，一端正向迎着宏伟的建筑体量，一端以放射、星形等路径深入大面积丛林，把人为艺术环境与更自然的环境顺畅地联结在一起，并反映了理性几何规则的人为扩张。主轴线两侧，修剪整齐的树木绿篱形成面对各向园路的边界，其内部世界在轴线上是看不到的，但结合主轴和间或出现的横轴，几乎对等的横竖路径简单交织，既把基本几何布局引入其间，又显示了其陪衬性的区域性质。可以说，法国古典园林的整体轴线与各种区域关系简明，由建筑向着园林环境的环境层次变化清晰。

在这种简单明晰性的统辖下，法国古典园林也在具体造景元素和环境效果处理方面丰富了欧洲几何式园林艺术。

刺绣式图案的花床在意大利巴洛克园林中也有，是中世纪花结花床经文艺复兴的进一步发展。它是否最早出现于法国并不很重要，重要的是法国园林促成了它同轴线园路的特定关系，以及更广泛的流行。

在水景处理的许多方面，法国古典园林体现了巴洛克艺术和工程技术进步所带来的进展。喷泉以更丰富的方式喷涌，也以更多的方式结合建筑和雕塑，在富于情趣的同时，往往比意大利园林更壮观。而宽阔的水渠，特别是水渠沿中轴线的伸延，更是法国园林艺术的突破式发展。除了强化宽阔的中轴画面景深外，巨大水面在行为活动方面把泛舟引入园林，在视觉效果方面把天空的广远、流云的动感也引入了园林。

法国园林的雕塑在许多时候联系着巴洛克的群雕、动态，以及它们带来的心理效果。凡尔赛那种全园雕像基本围绕一个明确的主题，在处于园林不同位置的各局部联系一段故事，更加强了神话联想的情感作用。

在法国古典园林中，对树木的处理也反映了几何式园林艺术的进一步发展。巴洛克的塑形修剪在法国继续着，但基本趋势不是走向怪诞，而是规整。以简洁的锥形、球形造型，枝叶垂到地面的独立树木常在园林的平阔花床中造就体量的点缀和排列，使其具有竖向空间感。大面积的树林，一方面在周边，特别是轴线远方形成园林整体一部分的林苑区，另一方面又可在较近处以修剪整齐的界面带来强烈的体积感。进一步的植物处理，如把连续的植物修剪成壁龛、拱券等形象，特别是以它们围合林间小景，为轴线旁的树丛带来建筑化的小型绿色空间。

密树丛中的各种林间小景，可以看做园林主导画面和路径骨架外的另一景观层次。它们多变的环境主题、园林建构、喷泉造型，既丰富了园林空间，也造就了适应多样化活动的场所。

第9章 伊斯兰教地区园林

公元 7 世纪诞生的伊斯兰教，对世界文明发展进程中的文化地域划分产生了重要的影响，在建筑环境和园林艺术方面也为历史加入了浓重的一笔。伊斯兰教地区的园林把两河流域的绿洲意识、宗教中的天堂观念和几何布局的环境艺术结合到一起，在人世实现着其理想天堂的景观意象，与文艺复兴以后同为几何式的欧洲经典园林相比，呈现了更明确的集中式图式。

9.1 历史与园林文化背景

伊斯兰教地区是一个广大的区域，介于人类世界的所谓东西方文明之间，曾包含了阿拉伯、北非、西亚、欧洲西南部的伊比利亚半岛和西西里岛，以及印度到中国和南亚诸岛的许多地区。

9.1.1 伊斯兰教地区的形成

由地中海东岸和两河流域之间向南，在波斯湾和红海间的阿拉伯半岛上长期生活着阿拉伯民族。到周围许多民族已经先后形成过发达古代国家的 6 世纪，这个民族的社会还处于氏族部落阶段，沿海有一些定居的农耕者，内陆主要是游牧者。不过，由于连接欧、亚、非的地理位置以及北部文明的渗透，此时的阿拉伯人中也已有一个在社会上非常重要的商人阶层，并出现了作为商贸据点的城市。商旅云集处常常呈现繁荣的景象，但一盘散沙的众多部落，特别是其间不断的冲突严重制约着民族的整体兴盛。

公元 610 年，一位贵族商人穆罕默德宣示受到真神安拉的启示，是安拉的使者，融合了包括犹太教和基督教在内的多种已有宗教教义，创建了信徒称为穆斯林的伊斯兰教，并借助西罗马灭亡后旧有大帝国不复存在的时机，开始了以一神教取代多神教，以宗教仪轨取代部落规矩，进而统一阿拉伯民族的进程。

穆罕默德的继承者称为哈里发，意为安拉使者的继承人，是伊斯兰世界的最高精神领袖和国家统治者，建立了政教合一的阿拉伯国家。统一的阿拉伯经历了 7 世纪中期的四大哈里发时代，到 661 年建立的倭马亚王朝成为统治多民族的帝国，其后于 750 年建立的阿拔斯王朝一度把阿拉伯人的帝国带到鼎盛时期。一手高举《古兰经》，一手挥舞战刀的阿拉伯穆斯林征服了更广阔的世界，一度占有东至印度次大陆，北达中亚，南沿北非，西达地中海对岸欧洲伊比利亚半岛南部的广大地区。

阿拔斯王朝不久就分裂、衰落了。756 年，倭马亚王朝的后人在伊比利亚半岛取得统治地位，一度自称哈里发与阿拔斯王朝抗衡。这个史称后倭马亚的国家，11 世纪又分裂成多个伊斯兰教小国，到 15 世纪被天主教的西班牙人所驱离。9 世纪下半叶，阿拔斯王朝对其他地区的统治也陷于动荡，埃及、北非和亚洲一些皈依伊斯兰教的当地民族先后建立起自己的国家，有更大野心的统治者也自称哈里发。公元 10 世纪下半叶，在突厥穆斯林中兴起了塞尔柱帝国，一度占有中亚和小亚细亚，并于 1055 年入侵阿拔斯王朝首都巴格达，迫使哈里发授予其统治者苏丹称号。自此，哈里发失去了在整个伊斯兰世界的世俗统治名位，以后形成的伊斯兰教国家帝王也常称苏丹。1258 年，领土已大大缩小的阿拔斯王朝彻底亡于蒙古人的入侵，阿拉伯人自此再也没有形成统一的大国。

阿拉伯帝国统治广大区域的时间虽然不很长，但除了入侵巴勒斯坦地区的基督徒外，帝国统治下的其他民族和后来进入这个地区的统治民族大都接受了伊斯兰教。伊斯兰国家在实行封建土地制度的同时，多建立起强有力的中央政权，由宫廷王室主导社会经济文化的发展。在近代以前的众多伊斯兰教国家发展演变中，埃及和北非民族大多同阿拉伯人实现了融合，完全非阿拉伯民族的著名大国有：蒙古人 14 到 16 世纪的中亚铁木尔帝国，15 到 19 世纪的印度次大陆莫卧儿王朝；波斯人 16 到 18 世纪的中亚萨非王朝，突厥人 15 到 20 世纪亚欧交接的奥斯曼帝国等。伊斯兰教还经中亚、印度向东、南传播，使今天中国、东南亚的一些民族成了穆斯林。另外，一些中东欧民族也在历史上信奉了伊斯兰教。

经历了几个世纪以后，后起的伊斯兰教在近代以前成了同佛教、基督教并称三大宗教的多民族共有信仰，一个以伊斯兰教为最高精神文化标志的世界区域传承至今。

9.1.2 多元综合又特色鲜明的伊斯兰文化

公元 7 世纪伊斯兰教初创时，阿拉伯人的文化还相对落后。倭马亚王朝及其以前的统治者对非阿拉伯人相对排斥，而在阿拔斯王朝征服更广大的地区后，这个帝国采取了积极学习其他民族，宽容其他宗教信仰，利用其他民族优秀人才的政策，促进了伊斯兰文化的繁荣发展。

为了保证虔信，伊斯兰教要求信徒必须遵守《古兰经》对生活各方面的规定，并且把宗教信条当作世俗统治的立法标准。同艺术有比较紧密相关的，是伊斯兰教把反对偶像崇拜推到了极致，艺术中不得出现人物或动物的形象。因此，各种几何纹样和花卉草叶成了装饰艺术的主题，体现在建筑、书籍、地毯和大量其他实用和装饰艺术品中。

在伊斯兰教宣教中，阿拉伯语长期占据主导地位，阿拉伯文图案也在许多时候成为装饰艺术的形式主题。清真寺是穆斯林精神生活的核心场所，借鉴两河流域和罗马—拜占庭的技术，在彩绘、浮雕纹样的装饰下，这种建筑大量应用拱券，并常有纤细的光塔配合中央巨大而优美的穹顶，最典型的呈洋葱头形(图 9-1)。这些传统在阿拉伯帝国和以后的伊斯兰教地区长期传承，构成了可直接看到的伊斯兰艺术基本特色。然而，广义的伊斯兰文化却超越了阿拉伯民族，甚至伊斯兰教的宗教概念。

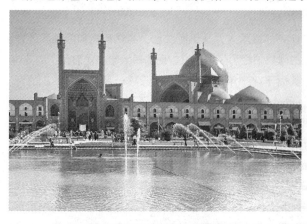

图 9-1 伊斯法罕王室清真寺

在阿拉伯帝国所征服的世界里，曾有许多高度发达的文明，留下优秀的传统学术与艺术遗产。如埃及、两河流域、伊朗和印度北部都有辉煌的古代文明，这些地区进而又受到古希腊文明的深刻影响，并在公元 1 世纪后曾大多被纳入古罗马帝国的版图。

许多民族之所以成为穆斯林，源于帝国统治者经常采取的刚柔相济政策。阿拔斯王朝多数时候不把战败民族的贵族和平民降为奴隶，并可在为帝国服务中保留原来的信仰，这在当时的基督教欧洲是难以想象的。帝国扩张时期，中世纪的欧洲还没有一个像样的统一国家，而在接触萨珊王朝中，阿拉伯人深感这个古波斯帝国继承者的管理之完善，自己的倭马亚王朝除军事征战外相差甚远。阿拔斯王朝征服萨珊之后，许多波斯人被任用为官吏，在制定政策、管理国家和促进科技与艺术等方面做出了重要贡献，并使帝国和伊斯兰文化的继续发展带上了浓厚的波斯色彩。

遵照先知穆罕默德大力提倡增进穆斯林教民学识的教诲，阿拔斯王朝积极鼓励和赞助科学文化。哈里发的宫廷网罗各民族人才，广泛从事教育和研究工作。国家倡导自由的学术讨论，大力奖掖学者著书立说，还兴起了著名的百年翻译运动。

阿拉伯人在倭马亚王朝时就开始翻译两河流域古国的史学、医学和文学典籍。在阿拔斯王朝统治期间的公元 750 年到 850 年，帝国重金搜集各地、各代珍本书籍予以收藏和研究，哈里发马门建立了专门的翻译机构智慧宫。来自各地的著名学者、翻译家将古希腊、罗马、波斯和印度的哲学及自然科学等古典著作译成阿拉伯文，并作了大量考证、勘误、增补、注释和评论。除了清真寺外，首都和各主要城市还广建学校、图书馆、天文台、医院和翻译机构。巴格达学者荟萃，成为当时世界上最重要的科学文化中心之一。

伊斯兰教是在阿拉伯上层商人中首先形成的，帝国时期的阿拉伯继承了重商的传统。亚欧大陆中间的地理位置，使商贸活动因帝国占据东西交通要道而特别发达。9 世纪左右的巴格达大体平等地生活着穆斯林、基督徒、犹太教徒、索罗亚斯特教教徒等信仰各种宗教的人，以商贸繁荣、生活富裕著称，为各地的来访者所惊叹，只有在遥远东方的中国大唐长安可与之比肩。各地商旅从陆地、海洋汇集到这里，又从这里发散出去，为各民族之间的融合和多种文化的相互交流提供了契机。

伊斯兰教在广阔地域的传承，使阿拉伯帝国逐渐解体后先后出现了一些区域性伊斯兰国家，在今天阿拉伯半岛西部、伊朗与中亚、伊比利亚半岛、印度次大陆形成多个文化发展中心。除了阿拉伯民族自身主动接受外部文化外，在其他的统治民族，如突厥人、波斯人、蒙古人的主导下，更呈现了宗教精神和习俗一致，但世俗生活中的文化艺术更加多元化的特征。例如，人物形象在非阿拉伯人统治地区就难以禁止。中亚和印度地区伊斯兰世界的绘画达到很高的成就，并且有极强的世俗色彩，描绘出生动的场景和故事，其中许多就表现了园林经营或园林生活(图 9-2)。

各地的建筑和园林环境也在明显的一致性中呈现相当程度

图 9-2 印度莫卧儿王朝时期反映先帝巴布尔经营园林的绘画

的差别。就建筑来看，既有大体量对比的建筑形体完整性，又有极其细密的装饰，呈现凸凹丰富的表面肌理，创造出明显有大小两个层次的体积光影。白、淡蓝、绿、土红是常见的色彩，但除了马赛克、琉璃砖以外，自阿拉伯向北、向东的波斯和印度方向有较多石雕造型和装饰纹样，向西的伊比利亚方向更凸显了石膏灰塑。建筑形体上，宗教建筑相像处比较多，大都应用了拱券结构和穹顶造型，立面主体方圆结合，内外拱廊和拱门有双圆心尖券、马蹄形券、火焰形券、花瓣形券或叠层花瓣形券等多种形式，但由阿拉伯向西常有多行列柱的矩形广厅，向北、向东则逐渐形成更突出穹顶的集中式空间，穹顶下方体量为方形或八角。在宫廷世俗建筑方面，共同特征都是围着中心庭园，但阿拉伯和北非的常用拱顶，屋面却多是平的，成交错层叠的立方体量；伊比利亚的则多为木屋顶同拱券结合，坡顶瓦面挑檐突出，并且尺度较小；中亚伊朗则常为独立建筑，中央穹顶大厅门前附加高大的木柱廊，再由围墙内的园林环绕；印度地区的大多同中亚相似，但也有围院式的，且石拱造型与雕琢艺术更为细腻。

伊斯兰教要求信徒虔诚，以简朴节制的世俗生活换取未来永生的荣华富贵。不过，在帝国王公贵族统治的年代里，哈里发们在一些活动中遵守教法，而大部分时候却过着奢侈的宫廷生活，身上披金戴银，建筑装饰豪华。同时，民间实际生活也极其多姿多彩。除正统的宗教外，在精神世界中起作用的还有许多地方的神异传说。这些现象也大多留在了以后的伊斯兰王朝中，并随民族而异，加入了更多的情趣。大约从 10 世纪到 16 世纪逐渐完整定型的阿拉伯民间名著《一千零一夜》（又名《天方夜谭》），把中古时期伊斯兰世界的世俗生活场景反映得淋漓尽致，其中的故事发生在阿拉伯、波斯、印度、北非等多个地区，甚至远涉中国和欧洲。

9.1.3 伊斯兰园林的渊源

大体上说，中古时期伊斯兰教地区的园林继承了古代埃及、两河流域和波斯的方正布局、图案栽植，形成以水池、水渠为重要核心，配合其中园亭和周围建筑的规则式园林风貌。在西方人真正了解远东以前，伊斯兰园林是他们心目中的东方传统华彩而惊人的延续。更具体一些看，伊斯兰世界的园林意识和园林形态大体上有三个主要文化渊源，这三个渊源又有着紧密的联系。

第一个，或者说是最一般意义上的文化渊源，是地理气候环境造成的对水和绿荫的高度崇尚，以及发达的灌溉农业留下的人类景观。

阿拉伯地区气候干热、少雨，半岛内陆多荒芜的沙漠，在长期的游牧生活和文明更发达后的长途商贸旅程中，绿洲、水井是生命的保障，以水消暑、沐浴更是重要的生活享受。在世俗贵族和富人的居住建筑内常有沐浴水池，醒目地位于面对庭院的开敞大厅中央，《一千零一夜》故事有多处讲到这种情景，主人和尊贵的客人在其中沐浴。故事虽然都有伊斯兰教以后的背景，但其中充斥的艳美之感，肯定可以把这种习俗推到更远的历史中。

帝国扩张最初占有的埃及与两河流域同样干热少雨。在人类生存活动中，这里发达的古代文明标志之一，是依托大型河流的灌溉农业。发达的水渠网同农田、园林的关系，在人们的记忆中留下了深刻的印象。自然河流、湖湾构成的生命的主导，人类在适应和改造自然的活动中又加入了水池和水渠。自然的水系首先是河流主干、湖湾，进而是更多的支流、湿地水网。天然水系没有固定的形式，却构成一种基本的主次关系，而人工营建的水网，则在这种主次关系中呈现了比较确定的几何网络。同时，古代灌溉农业还有一个特征，就是种植区域低于水渠的水平面，使渠道呈现高出地表的线条，其堤岸成为人们在田间行走的主要路径。

特定生存环境和人类活动形成的天人结合景象既是实用的，也会构成一种模式化的印象，积淀在人们的心里，并在进一步的环境艺术追求中升华再现。加之在山水方位感极强的埃及和广阔平野的两河流域，建筑布局也有很强的严整几何特征，人类的园林便很自然地把水系统和与此密切相关的植物栽植也纳入了几何关系中。

在阿拉伯帝国扩张后的伊斯兰教地区，从伊比利亚南部、非洲北部到中亚和北印度，大多数也是气候比较干热或降雨量不大的。上述自然环境下的农耕延续着古代的方式，而艺术化的人类景观，也就很容易把这类实践的印象维持下来，构成伊斯兰园林环境理想和实际形态的基础。

其二，是伊斯兰教《古兰经》所呈现的天堂乐园景象。

如前所述，伊斯兰教同犹太教和基督教有很深的渊源。除了由最后一位先知穆罕默德完成人神之约的规定道德、行为外，有着名字称为安拉的同样主神，从亚当、亚伯拉罕到摩西、耶稣等犹太教—基督教始祖、先知也在人类历程中悉数登场。特别是，这个宗教也为人类允诺了作为虔信者最后归宿的天园。它同样借用了两河流域的绿洲印象，同样可以用源于波斯的乐园一词来形容。并且，可能由于《古兰经》的形成时间较晚，多数伊斯兰地区生存环境又相对严酷，在天堂景观和生活的意义上，伊斯兰的天园比犹太教—基督教《圣经》的伊甸园要更清晰，并促成人们在现实世界中对天园般环境的热烈追求。

《古兰经》记有，安拉启示人间的先知："你当向信道而行善的人报喜；他们将享有许多下临诸河的乐园。"❶ 伊斯兰教的天园共有8层，最上层是人们最企盼的地方。这些天园是被围合的，有天使守卫的大门。《古兰经》并未分别描述它们，而是笼统地展示了它们的共同特点，或暗示着最高层的景象："敬畏的人们所蒙应许的乐园，其情状是这样的：其中有水河，水质不腐；有乳河，乳味不变；有酒河，饮者称快；有蜜河，蜜质纯洁；他们在乐园中，有各种水果，可以享受；还有从他们的主发出的赦宥"。园中有"无刺的酸枣树，结实累累的香蕉树；漫漫的荫影；泛泛的流水；丰富的水果，四时不绝"。❷

此外，《古兰经》还指出了天园中有四园并存：虔信敬畏者"都得享受两座乐园……在那两座乐园里，有两洞流行的泉源……每种水果，都有两样"。"次于那两座乐园的，还有两座乐园……那两座乐园都是苍翠的……有两洞涌出的泉源……有水果，有海枣，有石榴"。❸ 显然，这很容易被联系于四条河以及四个相关场所。四个园子还可以被赋予形而上的神秘意义，如苏菲教派认为有灵魂之园、情感之园、理智之园和原质之园。

可能同阿拉伯人曾经的艰苦生活以及战争和牺牲有关，并联系于当时的社会结构，《古兰经》特别突出了对男性信徒在天园享乐生活的允诺。"他们在乐园里，佩金质的手镯，穿绫罗锦缎的绿袍，靠在床上"，"不觉炎热，也不觉严寒……荫影覆庇着他们，乐园的果实，他们容易采摘……他们得用那些杯饮含有姜汁的醴泉，即乐园中有名的清快泉"。安拉"将以他们所嗜好的水果和肉食供给他们，他们在乐园中互递酒杯……他们的僮仆轮流着服侍他们，那些僮仆，好像藏在蚌壳里的珍珠一

---

❶ 《古兰经》第2章，25，本书《古兰经》经文采用马坚译本，北京：中国社会科学出版社，1996，下同。

❷ 同❶，第47章，15；第56章，28～33。

❸ 同❶，第55章，46～68。

样"。还"将以白皙的、美目的女子做他们的伴侣"。"在他们的妻子之前，任何人或精灵，都未曾与她们交接过"，而且"常为处女，依恋丈夫"。❶

作为现实世界的理想化，天园景象是伊斯兰教信众对来世生活状态的憧憬，使园林环境具有宗教中的至高地位，同时，也比较明显地对应了世俗生活中的实际追求。绿洲、水网和理想的天园境界交织在人们的心目中，无论是阿拉伯帝国的哈利发，还是其后的各地方王朝，都试图在自己的领地上创造人间的乐园。而这种乐园的进一步具体形象化，则在实践中借助了波斯文明的传承。

波斯的园林艺术，是伊斯兰教地区园林的第三个渊源。

古波斯曾有发达的林苑以及其间的河塘绿洲园林，并曾被古希腊人高度赞赏。古波斯帝国灭亡后，从公元前226年一直延续到公元642年的萨珊王朝把这一古代文明延续到了中古时期。

萨珊王朝的实际园林已无迹可寻，但除了7世纪的阿拉伯人可能会见到它们的景象外，多数园林史书更注意到萨珊地毯中的园林图案对阿拉伯人及其后伊斯兰园林的重要影响。

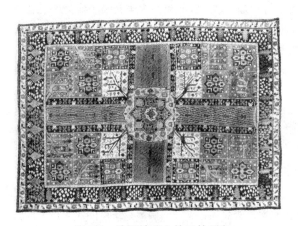

图9-3 波斯地毯上的园林图案

在阿拉伯人攻陷萨珊和掠劫其最后的首都泰西封时，他们最欣赏的是一块国王克斯勒埃斯一世时期的巨大地毯。"据说它长宽达137米×27米有余，表现着国王春天的园林。其平面即是一个乐园，即王室的愉悦性林苑。内有春花绽放的花床，边缘也由宽阔的花床环绕，还展示着果实累累的树木和水渠。闪光的宝石装饰使它更显华丽。"❷ 当代人并不清楚这块地毯更具体展示的园林布局，但技术和图案的继续传承，使人们相信17世纪后的波斯地毯图案仍完好地保留了萨珊传统（图9-3）。

萨珊以来的波斯地毯呈现的园林景象大都是图案化的平面。反映园林典型的，常在碎花组成的地毯边内先是浓密的林带，有成行的柏树和其间的灌木。接着是四向围合成矩形的一条边界，可能是路径，也可能是墙篱。在这之内，有中央花床或开满莲花的水池，四条伴着两边图案铺地的宽阔水渠在此正向交汇，把园区分成四部分。这四部分的花床又被进一步分成一个个方形，各自种植不同花卉，形成以水渠为对称轴的各种图案。四棵高大树木伸展在中央花床或水池四角，烘托出中央区域至高的景观地位。

以水渠把园林分成四部分，显然取自古代两河流域孕育了犹太教—基督教的伊甸园神话。在神为人类始祖所创的园林世界中，四条河流向各方。由此抽象出的园林形式，在两千年前的两河诸国与波斯园林中留下模糊的影子，柏拉图式地反映在中世纪基督教的修道院廊院园林中，在萨珊波斯则可能表现得既图形规整又富丽堂皇。进而，有着相近地域渊源以及天堂理想的伊斯兰教国家，又

❶ 《古兰经》第18章，31；第76章，13～17；第52章，20～24；第55章，56；第56章，36～37。
❷ Christopher Thacker, HISTORY OF GARDENS, Berkely and Los Angeles, University of California Press, 1979, 第28页。

从波斯人那里实际感知并接受了它。

萨珊波斯乐园强烈体现着人间的秩序和享乐意识。古波斯和萨珊王朝信奉的索罗亚斯特教并不特别强调一个未来的天堂。这个宗教突出善恶两神伸延到人世间的不歇争斗，人类拥有战胜邪恶的力量，成功意味着建立完美的秩序并为此而欢愉。在创造优美生活环境的艺术中，善于接纳他民族文化的阿拉伯人，成为穆斯林的波斯人以及其他民族，把宗教文字描述中的天园意象同可见到的波斯尘世乐园形式结合在了一起。天园理想与人间享乐，宗教学说同特定的形式，为阿拉伯帝国及其后的伊斯兰诸国宫廷留下了波斯—阿拉伯式的园林，并在更广大的伊斯兰教地区发扬光大。

9.2 阿拉伯阿拔斯王朝和北非的园林

倭马亚王朝时期的阿拉伯帝国核心在今天叙利亚的大马士革，人们对它及其以前的园林所知甚少。版图更大的阿拔斯王朝762年迁首都至今伊拉克的巴格达，当时的哈里发曼苏尔声称："这个东濒底格里斯河，西邻幼发拉底河的岛屿，是一个世界性的市场……感谢安拉，为我保留了这块地方……真主啊，我要在这里建筑城市……无疑，它将成为世界上最繁荣的城市"。[1] 这个商贸要冲具有自古两河文明到《圣经》、《古兰经》中的理想园林之源的绿洲，又距被征服的萨珊王朝首都泰西封不远，让新的统治者随时联想萨珊波斯传承下的辉煌文明。

在巴格达及其北面的王室驻地萨马拉，9世纪前后的哈里发们曾有过宏伟的宫殿，其卡喀尼宫占地达193公顷，其中至少有70公顷的园林。虽然时间的流逝已经使它们只剩一些建筑残垣，人们很难知道其园林的准确形式，但考古显示其宫殿有许多院落。结合历史上的文字记载，仍然可大致了解其辉煌程度和伊斯兰园林艺术起步阶段(图9-4)。

图9-4 卡喀尼宫复原

《一千零一夜》故事中多处涉及9世纪末哈里发哈伦治下的巴格达，其市场上可以买到"沙姆苹果、奥斯曼榅桲、阿曼的桃子、阿勒颇素馨、大马士革睡莲、尼罗河黄瓜、埃及柠檬、苏丹香橼"等瓜果，以及"桃金娘、散沫花、雏菊、白头翁、紫罗兰、石榴花和长寿花"等花卉。[2] 这既反映了这里跨地区商贸交流的广泛，也能从一个侧面表明可能用于园林的植物非常丰富。

哈里法穆格台迪尔时期的917年，一位出使阿拉伯帝国的拜占庭使节，在造访巴格达和萨马拉后，留下了在宫殿及其园林中接受招待的笔记：

"大臣令全副武装的侍从集合于宫殿的所有房间、游廊和甬道上，建筑中到处挂着壁毯，装饰豪华……各处还有流水的渠道……拜占庭使节开始了一个缓慢但每一步都使人眼花缭乱的游程……他

---

❶ 斯塔夫里阿诺，《全球通史，从史前史到21世纪》，吴象婴等译，北京，北京大学出版社，2006，第218页。
❷ 《天方夜谭》(《一千零一夜》的另一种译法)，仲跻昆等译，桂林，漓江出版社，1998，第55页。

们前行进入大理石圆柱门内的宏大马厩，穿行在两边排列的马匹间。一边的 500 匹配有各种金银鞍具，另一边的 500 匹披戴着精美的绸缎和面罩。然后他们沿着甬道和游廊到达一个饲养动物的处所，这里有各种家养动物走到人们身边，嗅闻讨食。然后他们又来到另一处宫殿，那里饲养者四头大象……两头长颈鹿，这还惊吓了大使。第二天，他们先被引向一处养着近百只可怕猛兽的建筑，左右各 50 只，由眷养者用铁锁牵着。然后，他们来到一处园林中的亭台。亭台中央有一个闪烁的水银池(或以水象征水银)，池长 30 肘，比抛光的银子还绚丽。这个园子对面，另一宽大园林中种着 400棵椰枣树……周围是挂满果实的枸橼。然后，他们被请入那被称为乐园的宫殿，其中有无数的珍宝霓裳……漫步穿过 13 个庭院之后，他们被护送至称为第 90 处的大院，这里的众多侍从衣着华美并全副武装。"❶

从上述描述中可以大体判断，阿拉伯帝国宫殿装饰豪华，建筑关系延续着古代两河流域和波斯的那种局部规则和整体错落，装饰则极尽豪华。建筑庭院多是园林环境，有各种各样的树木。水景往往在某处园林中央，以水池结合平台与园亭。园林里饲养动物的情况可以使人联想到亚述古国。中央水池和园亭表明把园区分成四部分的布局可能已经在一些庭院中出现。

阿拉伯帝国衰落后，在东起埃及、西达摩洛哥的北非曾建立起许多伊斯兰国家，埃及民族和北非柏柏尔人诸部落同来自阿拉伯的民族融合，在时间推移中形成了更广大的阿拉伯民族文化区域，并使伊斯兰教向南渗透到了黑非洲一些地区。

由于许多时候处于不稳定状态，北非历史上留下的伊斯兰园林不多，且很不完整。现在可见到的较晚宫殿遗址之一，摩洛哥统治者阿赫迈德·阿尔·曼苏尔在马拉喀什附近的阿尔巴迪宫承载了曾经辉煌的印记。这个宫殿建于 1578 年，建筑布局没有描述中的巴格达宫殿那样复杂，但四向完整围合了一个巨大庭院，据此铺开的大规模水体和植被，可以反映出伊斯兰园林在这一地区的传承和典型化(图 9-5)。

图 9-5　阿尔巴迪宫及园林遗迹

阿尔巴迪曾被誉为坚不可摧的宫殿，建筑体量巨大厚重，据说过去曾附有大理石墙面。从时间和地域上看，阿尔巴迪宫也可能借鉴了更早一些的伊比利亚伊斯兰宫殿园林格局，但在更严酷的骄阳环境中创造了远为壮阔的景象，建筑和园林一体，形成荒漠环境中的伊斯兰教天堂乐园。

宫殿庭园大约 135 米×110 米，对边建筑以大体相同的形象彼此呼应，长边上是连续的宫殿，短边高墙中央塔楼突出于院中。这种围合使园林化的庭院成为整个宫殿组合的核心。庭院纵轴宽阔的条形大理石铺地中央，是约 90 米×22 米的巨大水池。水池中央有一个小岛，同两侧池岸联系的路径极窄，使它似乎漂浮在水面上，但由这里出发的横轴路径却联合了纵轴，把池边的园地分成了四部分。在纵轴两端的塔楼两侧，还有庭院四角的四个小水池，或许以另一种方式象征着四

❶ 转引自 Yves Porter & Arthur Thévenart, PALACES AND GARDENS OF PERSIA, Paris, Flammarion, 2003, 第 87页。

条河。

水池周围的种植园地比铺地或路径低两米多。伊斯兰教园林的花床常见下沉，低于路面，阿尔巴迪是这方面的极端之一。除了便于浇灌，可能还为了让植物更深地植根于地表下湿润的土地。现在，各个园地中成行种植着大量橘树类果树，可能反映了当年的情况，因为在伊比利亚的伊斯兰园林中也有大型橘园，"苏丹想在散步时信手摘取园中的果实"的说法，❶ 也构成下沉深度和可能是橘园的一个佐证。较宽的行距株距间当年还可能种有桃金娘和茉莉等花卉。自园中向外望，非洲西北角的雪峰构成一道远方的风景线。

在北非的严酷环境下，这个园林和它的建筑在当时都是一个奇迹，形成一处沙漠中的人工绿洲。可惜在 18 世纪后的欧洲征服及其后的战乱中，这处宫殿被攻陷后就被废弃，任其毁坏了。在如今重新加入的池水和植物周围，建筑保持着废墟的面貌，使来到这里的人怀着凭吊的心情。

9.3　西班牙伊斯兰园林与实例

进入伊比利亚半岛的阿拉伯人在当时的欧洲被称为摩尔人，大体统一了今天西班牙南部安达卢西亚地区的后倭马亚建都科尔多瓦。进而，塞维利亚和格拉纳达等地也相继成为穆斯林统治的重要据点，并在后倭马亚分裂后成为各地区小王国的宫廷所在地。

科尔多瓦到 10 世纪成了一个繁荣的大城市，据说有清真寺达三千余所，是阿拉伯人统治下的欧洲重要文化中心。这里不单聚集了穆斯林贵族、僧侣和商贾、学者，大量基督徒也旅行到这里，汲取阿拉伯人的文化以及他们中传承的古西亚和希腊、罗马学术，对欧洲中世纪世俗文明发展和日后的文艺复兴都有一定的影响。

来自阿拉伯和北非荒漠的摩尔人带着对绿洲园林的深厚感情，满怀对《古兰经》允诺的企盼，并具有先进灌溉技术知识。在延续了以波斯—阿拉伯传统为主的园林艺术设计的同时，也部分吸纳了地中海北部小尺度建筑与庭院的特色。他们在清真寺中栽植树木，形成寺院园林环境，并在宫廷园林中造就了人们常称为西班牙式伊斯兰园林的庭园。

9.3.1　科尔多瓦大清真寺橘院

在阿拉伯人统治时期的科尔多瓦，最宏伟的建筑有科尔多瓦大清真寺和阿尔扎合拉宫等。今天，这里的伊斯兰园林大多已难寻踪迹，大清真寺的纳兰霍斯大庭园或橘院是较完整地留下当时园林痕迹的建筑环境之一。(图 9-6)

科尔多瓦大清真寺建于 785～793 年，在它形成多年之后的 10 世纪，阿巴德拉赫曼三世营建了橘院。它同大清真寺共同形成一个 170 米×130 米的矩形园林建筑群，并在正面与建筑并列，占据了其北部 1/3 的面积，与建筑一道形成动人的环境。

在这个由建筑和高墙环绕的园林中有百余棵橘树，分布于联系在一起三个矩形区域中。中央橘树丛的底端有喷泉水池，至少象征性地表达宗教仪式前的沐浴。橘树成行等距种植在铺砖地面上的

---

❶　Christa von Hantelmann, GARDENS OF DELIGHT The Great Islamic Gardens, London, Dumonte Monte, 2001, 第 104 页。

圆形树池中，开花时节整个院落充溢芳香。细小的水渠网通向各个树池，形成一个浇灌系统。清真寺大殿有 17 道南北向的拱廊，成排的柱子指向橘院，开有拱窗。院子其他三面皆有拱廊，橘院内大小形状均一、成排重复布局的相同树木同周围的拱券呼应，并且似乎重复着礼拜大厅内的柱列，赋予这一园林独特的个性(图 9-7)。

图 9-6　科尔多瓦大清真寺鸟瞰，可见橘院　　　　图 9-7　科尔多瓦大清真寺橘院

在塞维利亚现在已是基督教拉齐拉达教堂的原清真寺庭园中，也可见到这种园林景象。在铺砖地面上，细密水渠形成有趣的图案，水渠中还设有许多可以调整流向的小闸门(图 9-8)。

这种结合了清真寺的园林，把有关天堂乐园、树木和水的伊斯兰园林意象同现实中的宗教传播结合在了一起，树木犹如整齐排列的信徒。不过，在清真寺建筑环境的传播演变中，这种与其紧密相关的园林似乎只是一定时代和地区的特例。

9.3.2　阿尔扎佛里亚要塞园林

11 世纪，中心在阿拉贡的塔依法王国统治者贾法利亚在萨拉戈萨附近建造了阿尔扎佛里亚要塞(图 9-9，图 9-10)。其内部有一个总体布局简单，但明显反映阿拉伯小型园林特征的庭院。

图 9-8　拉齐拉达教堂橘院地面

这个庭院四周都有柱列拱廊，留下的空间长宽约 17 米×15 米，不过除了庭院正面的建筑外，其他廊子可能形成较晚。沿纵轴方向上的主入口进入庭院，引人注目的首先是庭院对面拱券上植物枝叶般的装饰，在真实的拱上以装饰线脚形成跨越两拱的巨大圆弧，加上镂空的小拱和雕饰，整个拱廊就像一排大树，形成建筑形象和园林植物的直接呼应。

园林的其他部分处理得非常小巧精致。在大树般的拱廊前，庭院地面铺装非常精美，纤细的水渠纵贯中央，并在树池周围留下回转的几何图案。花床明显低于铺地，使花草可沿铺地表面形成地毯般的绿带，反映了伊斯兰园林的常见特色。

图 9-9 阿尔扎佛里亚要塞

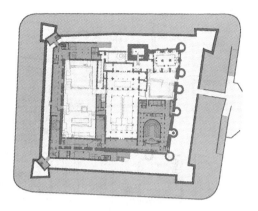

图 9-10 阿尔扎佛里亚要塞平面，
可见中央庭院

同以中轴铺地、水渠间隔的花床绿带相呼应，庭园两侧的铺地上各自排列着三个树池，今天种有修剪成球形的橘树，庭院角上还各有一棵柏树，这同原来的种植构图应当差别不大。所有植物都严格遵循几何布局，同建筑和水渠线条划分的图案成为一体，并且更像对图形关系的进一步说明和丰富（图 9-11）。

在干热的环境和沉重厚实的雕楼高墙内，这个庭院恰似一处封闭的乐园。

9.3.3 阿尔罕布拉宫

中心在格拉纳达的纳斯里德王朝阿尔罕布拉宫是伊比利亚伊斯兰宫廷建筑和园林最完整、最突出的代表（图 9-12）。

这座红色的要塞宫殿位于格拉纳达城北的高地上，由王朝建立者伊本·阿哈马始建于 1238 年，在下一个世纪陆续形成今天的布局，在连续的建筑之间，有数个西班牙语称为帕提奥的庭院相互交错。伊斯兰的天园同可上溯到古希腊、罗马的廊院式住宅在此结合在

图 9-11 阿尔扎佛里亚要塞庭院园林

了一起，小尺度建筑体量和丰富的装饰同水和植物密切呼应，形成了优雅的居住环境，在伊斯兰园林中颇具地域独特性。在地中海地区强烈的阳光下，阴凉的厅堂和阳光下的庭院交替出现，廊内留下纤细的柱子和拱的影子，草木花卉同细腻的建筑装饰争艳，清凉的阴影伴着喷泉溅落的水声。

这个宫殿中最迷人的帕提奥庭院园林有四个。它们都有伊斯兰园林典型的矩形平面和建筑围合格局，以及作为园林核心的水景和周围植物，但又有各自不同的环境效果，使穿过厅堂、拱廊的人们得到不同的庭园感受。

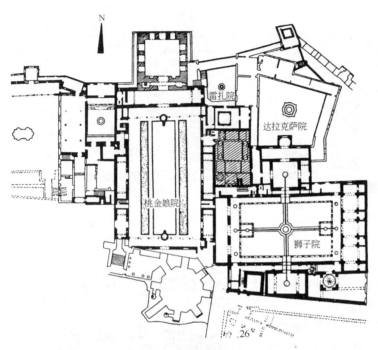

图 9-12　阿尔罕布拉宫平面

　　紧接着宫殿主入口，是一条柱廊后的桃金娘院，矩形庭院的南北纵向中轴联系北端宫中最大的仪典大厅，其上坚实厚重的科玛雷斯塔俯瞰全院。这个庭院东西宽约 23 米，南北长约 36 米。在蓝色的天空下，四周两层建筑上的红褐色瓦面坡顶檐部出挑，交圈连续。主入口和大厅正面纤细的柱子支撑拱廊，有精美阿拉伯装饰石膏纹样，东西两侧则墙面光洁，点缀数个带局部装饰的小门窗。

图 9-13　阿尔罕布拉宫桃金娘院

　　庭院中央是一宽 7 米，长近整个庭院的白色大理石水池，面积接近庭院的 1/3，水面紧贴地面，相对开阔而又亲切平静的池水，十分清晰地留下四周建筑及柱廊的倒影。水池南北两端还各有一个小喷泉，与池水形成动与静，竖向与横向，造型精致与简洁的对比。在长长的水池两侧各是两米多宽的桃金娘种植带，故名为桃金娘院。植物绿化为建筑气氛很浓的院子增添了更亲切自然气息，规整的建筑造型与庭院空间又非常协调，使桃金娘院的小小庭院虽然整个由连续的建筑所环绕，却不感到封闭。水、植物、洁净的墙面，以及精巧的屋顶和天空的和谐衔接，显得简洁、幽雅、端庄而静谧(图 9-13)。

　　在桃金娘院前部西侧，转折穿过甬道、门廊可达狮子院。它以东西长向的矩形同桃金娘院呈直角，是阿尔罕布拉宫中的第二大庭院，也是建筑和园林组织最精致的一个。

这个可能是后妃住所的园林空间长约 28 米，宽约 16 米，采用了波斯—阿拉伯式十字交叉水渠的典型布局，但水渠很细。庭院四周有 124 棵大理石柱支撑着拱券，形成环绕全院的拱廊。东西端拱廊在中央向院内凸出，构成纵轴上的两个方亭，南北端拱廊中央则各有加大的圆拱门。从它们那里伸出的石板路径在院子中央交会，将庭院四等分，形成四个花床。路径交点上立有一座十二边形平面的喷泉水池，令人产生天园中"清快泉"的遐想。喷泉水盘由 12 座精雕细琢石狮承托，成为庭院的视线焦点，庭院也因此得名。院中的四处花床现在还维持着其轮廓，但它们原本要更低，使各种花卉顶部同路面铺地大体持平，一些旁证表明当年可能种植了茉莉和橘树（图 9-14）。

狮子院的拱廊开间不大，且有不同位置的柱间距变化。纤细的柱子有单柱、双柱和转角处的三柱组合。券身与墙面上的透雕和石膏花饰极其复杂精致，形成凸凹有致并允许光线渗透的立体图案。方亭处还是带有钟乳饰的尖拱。配合着更深颜色的瓦面坡屋顶，庭园周围建筑显得十分轻盈、活泼。欧洲中世纪的旅行者说它看上去像是布鲁塞尔装饰花边组成的建筑。

庭院的水景以中央喷泉为核心。水盘和狮口喷出道道水流，落在下面的水池中。从这里沿石板路中央伸延出细细的水渠形成十字四臂，东西达廊下，南北伸延到廊后的厅堂内，并扩展出小巧的喷泉圆池，为屋顶下深深向内伸延的灰空间带来清凉（图 9-15）。

图 9-14 阿尔罕布拉宫狮子院

图 9-15 阿尔罕布拉宫
狮子院廊亭内部

相对于园林植物成分所占的比例而言，这个庭院似乎以建筑为主要景观，但它却完满体现了伊斯兰园林的天堂乐园意象。庭院中心是珍贵的水源，四条"河流"流向四方，带来水流两边的"绿洲"。在花草之后，拱廊方庭能给人以游入树林之感，拱券的装饰、透雕使其好像浓密的叶冠生长在一棵棵立柱主干上。在浓荫之下，也有涓涓细水伴着向外观望的人们。随着一天的时间推移，柱廊还有丰富的阴影变化，配合流水，为这优雅的园林带来动静对比。

沿狮子院横轴向北，在厅廊的尽端是一个亭子对着后面的达拉克萨院。这处庭院园林依地形呈不规则的四边形。有趣的是它只有大致 16 米见方，还比建筑地坪下沉了一层。其中心圆形水盘喷泉周围环绕着种在许多花床中的罗汉松，而花床依中心圆和不规则的庭院外缘也呈异形（图9-16）。这个庭院形成后宫一个浓荫之下的更隐秘之所，并可在高处的亭廊处观赏。优美的拱形、钟乳饰及彩色浮雕图案，仿佛是园景的一部分（图9-17）。

图9-16　阿尔罕布拉宫达拉克萨院　　　　　　图9-17　从拱窗看阿尔罕布拉宫达拉克萨院

第四处庭园在桃金娘院北端仪式大厅和达拉克萨院之间。这个面积更小的迷你庭园称为雷扎院，据说得名于围墙上的铁格架。它的中心也是一个小小的水盘喷泉，周围地面用碎石铺成图案。因为四角各种有一棵罗汉松，也以罗汉松院而为人所知。

四个庭院园林中的后两处实际完成于西班牙人复国之后，但在很大程度上反映了阿拉伯庭园，特别是住宅小院的园林化处理特色。宫殿东侧还有更晚的欧式园林。

9.3.4　格纳拉里弗宫

在阿尔罕布拉宫以东，格纳拉里弗宫是格拉纳达另一个伊斯兰小国王宫廷。其形成时间实际比阿尔罕布拉宫还早，至迟在1319年已经存在了，当时的统治者阿布尔·瓦利德把它扩建为自己的夏宫。

宫殿的名称来自阿拉伯语 Gennat-Alarif，意思是建筑师的花园，也有名称来自 Jennat al-Arif 的说法，可译为最宝贵的花园。无论如何，其名称都说明这里的园林经过精心设计。

这处宫殿建在比阿尔罕布拉宫高50米的山坡上，构筑了依山势而下的数个长向并列平台。在高处建筑窗口和游廊上可纵览周围的城市、宫殿和自然风光。阿拉伯人退出后，这个宫殿也曾长期为天主教西班牙贵族所有，并在环境沿革中加入了大量欧洲园林特征。

现在的园林把各台地划分成若干个主题不同的空间，形成私密性很强的小庭园。在最终的格局下，大小不同的层层台地，轻盈的建筑和随处可见的游廊、拱窗、阶梯，各种花床图案和极其丰富的植被种类，还有渠、池、喷泉等水景，带来登攀、转折、穿越、驻足和观、嗅、听闻时难以预料的种种变化，使这里成为世界上最精美巧致的几何式园林之一（图9-18）。

宫殿中比较完满地保留了当年伊斯兰特色的只有它的主建筑庭院，现在通常称为长池院(图9-19)。

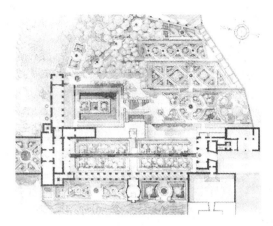

图9-18 格纳拉里弗宫平面　　　　　图9-19 格纳拉里弗宫伊斯兰式的长池院

长池院布局有些像阿尔罕布拉宫的桃金娘院，北向偏西的长度却大体是后者的两倍。庭院南北两端建筑前都有列柱拱廊，东面以条形房屋和围墙围合，西墙下则是宽大的拱廊，可观赏远景。

庭院中心是两端和中央各有一处莲花状喷泉水盘的水渠，宽约1.4米。中央横路小桥穿过水渠造就了十字划分，但沿纵轴望去，水渠仍然有纵贯全园的感觉。水池两边的石岸上全长排列的水口喷出交互的水流，在水面上方形成拱状水廊，留下涟涟水声并溅湿岸边的石板。今天的水渠和庭院周边园路间的花坛绿篱环绕，种满各种花卉，院子四角还种有树木，反映了原有的格局。不过，这里原来的花床平面也低于石板路面，深达一米。

除了比例不同和庭院有一面相对开敞外，这个庭院同桃金娘院最大的区别是水景更强的动态和声音效果。从这个宫殿中，人们还可以感受到伊斯兰庭院的简明园林化处理同巴洛克园林多变几何图形的区别。

9.4 波斯(中亚)地区伊斯兰园林与实例

由于历史上的古波斯和现代伊朗的民族渊源，波斯常被用作一个历史上的文化地理概念。它以今天的伊朗为核心，广义上西达今天的亚美尼亚、阿塞拜疆、伊拉克、土耳其，北到乌兹别克和塔吉克斯坦，东到阿富汗和巴基斯坦境内的部分地区，涵盖了中亚南部的大部分。这一地区公元前4世纪前后的古代波斯园林早就被古希腊人所赞叹，经历了萨珊王朝的延续，又被阿拉伯人所接受，并纳入伊斯兰教文化的园林环境创造中。

在阿拔斯王朝统治之后，波斯地区历史记载或遗址中留下园林艺术痕迹的，主要有10到12世纪突厥人的伽色尼王朝、蒙古人的铁木尔帝国和伊朗人的萨菲王朝。波斯地区的自然环境是壮阔的高原，在大部分贫瘠的土地上，有一些河流水网地带水草丰美，不管是怀着何种记忆和现实需要，皈依伊斯兰教的上层统治者都追求园林化的生活环境。其园林比之文字描述中的阿拔斯帝国园林有更清晰的轮廓，比西班牙的伊斯兰园林更宏大，显现了明显的古波斯传统。

9.4.1　伽色尼王朝到铁木尔帝国时期的园林

关于伽色尼和铁木尔时期的园林，人们只能从文字中了解了。

伽色尼王朝首都伽色尼城在今阿富汗境内。在接纳并融合了波斯传统和伊斯兰文化的同时，这个王朝曾多次进犯印度，掠夺来大量财富，在一个荒漠地带建立起宏伟的城市以及周边农田的灌溉系统。

当时的一首诗吟道："在宫殿前有一座绚丽端庄的园林，被围合着的尘世乐园。可爱的园林使夜莺彻夜不眠，向着园路上王座处的玫瑰歌唱。千姿百态面对甜蜜的歌声绽放，多情的红玫瑰像婴儿自绿色襁褓中露出笑脸。"[1] 这几句诗文表明了王朝园林的基本布局特征：在建筑和高墙的围合下，宫庭园林中设置了形成视觉焦点的国王宝座。这个王朝的国王还把陵墓建筑建造在园林中，在波斯和印度的伊斯兰教地区得到传承。

在伽色尼王朝之后，中亚地区曾形成过多个伊斯兰小王国。13 世纪来到中国，并数次往返于元朝和欧洲的著名旅行家马可·波罗，在其游记的"山老"章中记有这一时期的一个宫廷园林：

"此老在其本地语言中，名曰阿剌丁。他在两山之间，山谷之内，建一大园，美丽无比。中有世界之一切果物，又有世人从来未见之壮丽宫殿，以金为饰，镶嵌百物，有管流通酒、乳、蜜、水。世界最美之妇女充满其中，善知乐、舞、歌唱，见之者莫不眩迷。山老使其党视此为天堂，所以布置一如摩訶末(引文原译，即先知穆罕默德)所言之天堂。内有美园、酒、乳、蜜、水，与夫美女。""山老宫内蓄有本地十二岁之幼童，皆自愿为武士，山老授以摩訶末所言上述天堂之说。"[2]

据史证，马可·波罗描述的是伊斯兰教伊斯玛义派在现伊朗德黑兰不远处建立的阿拉姆特堡，阿剌丁是这里 1220 到 1255 年间的统治者。这段文字的特殊意义还在于从一个侧面明确佐证了伊斯兰园林欲模仿天园的意向。

伊斯兰化的蒙古铁木尔帝国中心在今天乌兹别克境内的撒马尔罕和附近的布哈拉。在征服战争中，蒙古首领和军队以善战和残暴著称，但在取得统治地位并安定下来以后，又成了知识和艺术的保护者。铁木尔及其后裔在以成吉思汗的子孙为自豪的同时，几乎完全接受了这一地区业已形成的伊斯兰文化传统。

撒马尔罕位于则拉瓦珊河畔，水草丰满，农牧发达，并盛产葡萄、苹果和石榴等水果。定都后重建了这个城市的铁木尔曾夸耀自己有一个巨大的园林，在撒马尔罕和布哈拉之间伸延。虽然这处园林的实景已经无法见到，但帝国灭亡后不久，一部 1515 年的农业著作对这个园林有可信的记载，从中可勾勒出其基本特征：

园林为南北长的矩形，大约 450 米×320 米，周围围着杨树和高墙。园门开在西侧南 1/3 处。由此进入园林，在中央纵轴线上可见一座大型凉亭，坐南朝北，倒映在它前面的水池中。从水池伸出水渠贯穿整个纵轴，渠边有地面铺装的布满红花草的宽阔长条台地。园林沿纵轴分成均等的三部分。南部种满果树，有苹果、桑树、樱桃和无花果等，傍着台地还有紫荆和黄瓜，到端头则是蔷薇和金

---

[1]　Yves Porter & Arthur Thévenart, PALACES AND GARDENS OF PERSIA, Paris, Flammarion, 2003, 第 88 页。

[2]　《马可波罗行记》，冯承钧译，北京，东方出版社，2007, 第 78 页。

盏花;中部的水渠两边各有九块花床,有在不同时节绽放的各类玫瑰、紫罗兰、茉莉等数十种花卉,带来丰富的色彩;北部水渠两侧又是石榴树、桃树和其他果树形成的果园,尽端为间植杏、李的高坝体,坝下布满玫瑰花❶(图9-20)。

由此,在形式和植被特征方面,铁木尔的园林成为中古以来中亚或波斯地区所知最详细的第一个例证,特别是有详尽的植被描述。事实上,即使在这一地区基本格局被保留下来的园林中,其植被也多发生了巨大的变化。

铁木尔帝国时期的撒马尔罕据说有十几处宫廷园林。在当时一位外国使节的记录中:一个玫瑰园由高墙环绕,5条主路和一些小径都高出种有各种树木的花床,并像大街一样有地面铺装。六个大水池一个连一个,由围着园子的水渠供水。园内的中心水池建在高台上,周围有精美的栏杆和多个建筑。另一处叫新园的园林围墙四角有高耸的塔,园中心壮丽的十字形宫殿高高升起,又倒映在巨大水池的水面上。另外,据信在铁木尔出征或离开首都时,这些园林还常向臣民开放,普通民众也可在里面游赏甚至摘取果实。❷

精心的设计使这些园林多彩又很庄重。不过,按照蒙古人的草原游牧民族传统,在值得庆贺的日子里,他们会在园林中搭设露营帐篷。划分为三部分的区域,最前部给侍卫,中部给帝王和朝臣,后部给内宫妻妾。君臣通宵共饮,纵情嬉戏(图9-21)。在帝国覆亡后,铁木尔的后代巴布尔以阿富汗喀布尔为基地侵入印度次大陆北部,成为莫卧儿王朝的奠基者。这个王朝留下了辉煌的印度伊斯兰园林,而巴布尔陵园则留在了阿富汗的喀布尔。

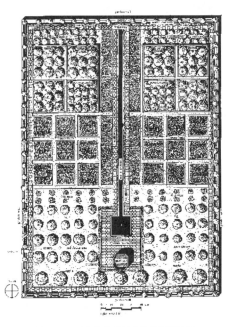

图9-20 铁木尔的园林平面想象

图9-21 16世纪绘画中的铁木尔园林宴乐

❶ 参见 Yves Porter & Arthur Thévenart, PALACES AND GARDENS OF PERSIA, Paris, Flammarion, 2003, 第91页,1515年的著作为 Ershad al-zera'at。

❷ 同❶,第93页。

虽然交叉水渠的园林划分模式在铁木尔时代的园林中没有明确记载，但这个蒙古人的帝国上衔阿拉伯帝国和伽色尼等地方王朝，下接自己后人在印度次大陆的莫卧儿王朝，以及在中亚取代它的萨菲王朝，后两个王朝的多数园林大都采用了经典的交叉水渠与四周园地布局。从历史脉络上判断，许多园林著作都认为铁木尔的园林是其后中亚和印度伊斯兰园林的直接蓝本。

9.4.2　萨菲王朝的园林——伊斯法罕改建

今天的伊朗民族是波斯人的最直接后裔，1502 年建立了萨菲王朝，国王称为沙阿。尽管是一个伊斯兰教国家，这个王朝在 17 世纪的全盛仍被认为是波斯文脉在近代以前的最后一次辉煌，更何况古波斯及其后的萨珊王朝园林本身就是伊斯兰园林的主要形式来源。最能体现这个王朝园林成就的是国都伊斯法罕改建萨菲王朝最初的首都大不里士很靠近西边的奥斯曼帝国，经常受到两国战争的骚扰。1598 年，阿拔斯一世最终定都国土中部的伊斯法罕。曾是塞尔柱帝国首都的伊斯法罕几个世纪前就成为一个繁华的城市，而阿拔斯一世又对城市进行了大规模的改建，其中的王室广场、王宫区，及其西部的四园大道地段共同形成了一个宏大的园林场所（图 9-22）。这个场所的园林现在已经发生了巨大的改变，当时的情景多来自历史上的法国旅行者夏尔丹的记述。❶

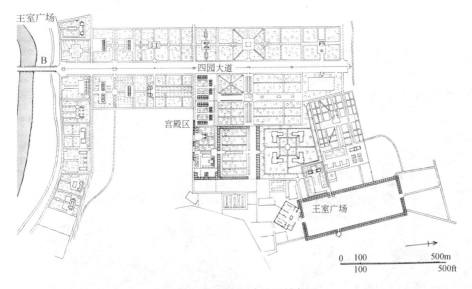

图 9-22　伊斯法罕改造区域复原

伊斯法罕新城区的主要公共区域是东部巨大的王室广场。规整的南北长向广场规模达 386 米 ×140 米，四周环绕着宏伟的建筑。广场入口在北端，南端主体是王室清真寺，东面有一系列祈祷室，西面中央耸立着上层有开敞柱廊的埃里卡普楼亭，它们之间的连续拱券建筑可作商贸市场。这个基本格局保存至今，现在中间为宽大的草皮、广场路径和巨大的水池（图 9-23）。

---

❶　下文有关夏尔丹对萨菲王朝伊斯法罕的记述参见 Yves Porter & Arthur Thévenart, PALACES AND GARDENS OF PERSIA, Paris, Flammarion, 2003, 第 94～100 页。

图9-23 伊斯法罕王室广场，尽端为王室清真寺，右侧为埃里卡普楼亭

至于当年的景象，夏尔丹写道："这个王室广场是宇宙间最美的广场之一……水渠环绕周围，水流都汇入广场北部的巨大八边形水池，可让三到四人并肩行走的堤岸高一英尺，有闪烁的黑石铺装。在水渠和广场周边的建筑间有宽约20步的空间，种着高大的树木，树冠在建筑的屋顶以上伸展。"

埃里卡普楼亭是广场上的王宫入口，带拱形门窗的下两层犹如基座，支撑着上面的高大柱廊平台和后面的房间，可让王室成员观赏广场中心的马球比赛和节日宴会。

埃里卡普楼亭后的王宫区由许多处在园林中的集中式独立建筑构成，这可使人想起古波斯大流士王宫的布局，可惜这个整体已经不复存在了。建筑保存较好并留下古代园林痕迹的只有四十柱宫(图9-24)。

四十柱宫位于王宫中心地带宽阔的园林中央，名称当源于建筑正面三面开敞的宽大柱廊。它实际有20棵雪松木柱，其中3排18棵支撑柱廊，但夏尔丹说"波斯人可能用40来表达任何可能的大数"。这个宫殿高大而纤细的柱子和前廊也比较明显地反映了古波斯建筑的特征，以充分开放的空间把建筑内部同园林连在了一起。

图9-24 伊斯法罕王宫四十柱宫及园林

四十柱宫园林留下的主要特征是进一步加强了空间联系的水。一条宽大得可视为水池的水渠纵贯宫前的园地，宫殿迎面立于高大石基上，俯瞰并倒映在水池中。此外，宫殿的中央大厅里有一个喷泉水盆流下小瀑布般的水流，柱廊内还有一处水池，据说它们在地下连通。进而还有一圈细小水渠围着建筑并衔接了主水渠(图9-25)。

图9-25 伊斯法罕王宫四十柱宫柱廊与廊中水池

除了花卉外，在宫前水池边还种植着高大的梧桐，以保持水池清爽阴凉。整个宫殿和大水池面对西南方，穿过柱廊，夏日的风将水池冷却下来的空气吹送到宫殿中。

在王宫西面，阿拔斯一世还规划了一条南北向的林荫大道和两侧的园林，称为四园大道。大道自较高的宫殿区缓缓下降通向西端的河岸，长达3000米。

四园大道景象构成了一幅绚丽奢华的画面。三条林荫道组成一处非常好的骑马散步场所，中央较宽的一条铺着宽大的石板，两侧较窄的伴着

水渠和玫瑰花床。水渠沿下行道路串起一个个平台水池和瀑布跌水。大道上有桥梁跨越，旁边还有凉亭(图9-26)。

图9-26 历史上版画中的四园大道景象

四园大道两侧有四处园林，亦或表明两侧园林皆以水渠和园路分成四份，展示了一种堂皇绚丽的园林城市景观。在夏尔丹的记述中：大量的流水使得这些壮美的宫殿"宛若仙境"。这些花园沿着长长的林荫道设置，花床中种满鲜花。其中的八边形双层构筑物的设计非常奇妙，水可从建筑物中流出，并下落在平台上，如果某人将手伸出窗外，马上就会被濡湿。庭园布局各有不同，但都由规则的水渠和植被花床组成，对称布局，中轴线突出，并有标志入口的凉亭和中央宫殿亭台建筑。这些建筑造型各异，但尺度相似。陶瓷和镀金使它们全身金碧辉煌，并装饰着花体阿拉伯文和钟乳饰。

四园大道区域现在留下的是一处较晚的17世纪园林，称为八乐园。八乐园的周围环境使它位于一个矩形园区纵轴后部约2/3处，十字轴线的一向有宽阔的铺地和水池，另一向是长长的水渠，周边是四片的几何式花床，内部再行分出图案，除了遍种各种花卉外，还有松柏、梧桐和各种果树(图9-27)。

八乐园的宫殿呈方形抹角的不等边8边形，穹顶、采光亭和处处拱形门窗反映了当时伊斯兰建筑的高度成就，立面门前又有波斯式的柱子。它的房间都在四角，中央大厅有美丽的水池和喷

泉，并有华丽的装饰线脚和色彩。四面门洞宽大，把周围园景皆引入其中，在四周呼应着中央喷泉（图 9-28）。

图 9-27 八乐园建筑与园林

图 9-28 历史上版画中的八乐园建筑内景，喷泉与拱门使内部空间同园林融为一体

9.5 印度次大陆伊斯兰园林与实例

铁木尔帝国覆亡后，巴布尔统率的蒙古人向东侵入印度北部，建立了其统治。到其子胡马雍即位后被称为莫卧儿王朝，这个王朝名义上一直延续到 19 世纪中叶，但在沙贾汗皇帝 1657 年被争夺权力的儿子逼迫退位后逐渐分裂衰落，最终同整个印度次大陆一起成为西方帝国主义的殖民地。同伊朗人的萨菲王朝园林一道，这个王朝 16～17 世纪盛期标志着一个新的伊斯兰建筑和园林高峰时代，并且留下许多比萨菲王朝保存更完整的古迹。

莫卧儿帝王从遥远的蒙古祖先那里继承了对旷野和天然景观的本能热爱，而更近的历史渊源又把他们同伊斯兰教和波斯艺术连接在一起，成为定居下来的优雅建筑与园林环境创造者。其阿克巴皇帝曾非常蔑视地看待新征服的民族，说"印度斯坦是一个极少魅力的国家。它的人民长相很差……他们没有天才，也没有什么能力，更谈不上什么礼仪……他们的园林及住处都没有流水。这些住处没有魅力，没有空气，没有规则或对称"。❶

印度是四大文明发祥地之一，其婆罗门教、佛教和耆那教的石建筑和雕塑有辉煌的历史，但在园林艺术方面却相对薄弱，蓝毗尼园、野鹿苑等早期佛教留下的传说园林形态也很不清晰。莫卧儿帝国为印度次大陆带来了辉煌的伊斯兰园林，自誉为印度规则式园林设计的导入者，进一步丰富了

---

❶ 转引自杨滨章，《外国园林史》，哈尔滨：东北林业大学出版社，2003，第 43 页。

多元的印度文化。

在建立统治之后，莫卧儿统治者全神关注现世奢侈的生活及来世的永存，并坚持不懈地探索如何才能完美地达到这一目标，把伊斯兰园林的基本特征发展到了极致，在共有的特征中更显精彩。对于莫卧儿帝国留下的园林环境，主要有宫廷城堡的园林、愉悦性园林和陵墓园林。

宫廷城堡以高墙宫殿建筑为主体，有局部建筑围合起的小庭园，也有围在独立建筑四周的园林，呈现多样化的总体环境。游赏性园林主要指特意以水、绿化等室外空间为主建立的园林。如果说城堡中的园林体现了伊斯兰天园观念的渗透，以及直接的奢侈生活需要，游赏性园林则主要就是去创造一个地上天堂乐园，建筑物虽然在景观和划分空间中仍起重要作用，但体量较小，更多同游乐和此时的一些礼仪有关。陵墓园林同游赏性园林的布局常常相像，但体量宏大的主体建筑位于中轴线上，使其环境更显庄重。

莫卧儿园林和其他伊斯兰园林的一个重要区别还在于不同植物的选择上。由于气候条件不同，多数伊斯兰园林通常如沙漠中的绿洲，因而具有多花的低矮植株，莫卧尔园林中则有多种高大植物，较少开花植物。

9.5.1　宫廷城堡园林

除了曾几次短期迁都外，莫卧儿王朝首都长期设在阿格拉。它位于今天印度德里以南的恒河支流业穆纳河南岸，作为一个几乎从无到有的城市，园林化宫廷环境从一开始就是统治者生活中的至高追求。巴布尔时代，这里就有了拉姆园、扎哈拉园等巨大的宫殿和园林，蒙古人自波斯地区承袭和发展的伊斯兰园林艺术进而在印度次大陆北部蔓延开来。巴布尔时代的园林已经没有清晰的面目了，但在铁木尔的中亚园林和巴布尔之后的莫卧儿帝国园林发展间，它们肯定形成了不间断的连续。

在巴布尔的继承者胡马雍统治时期，这个王朝的政局一度因阿富汗人的叛乱而不稳定，当今留下的园林多形成于胡马雍之子阿克巴统治时期以后。1556 年至 1605 年阿克巴统治时代的大规模建造包括数座城堡式的宫殿和它们的园林，并曾把宫廷迁到阿格拉以外的新据点中。

阿克巴兴建了著名的阿格拉红堡，内有许多庭院园林，包括以典型的台高水池为核心加十字水渠的阿古里园(图 9-29)。

图 9-29　阿格拉红堡阿古里园园景

在拉合尔，阿克巴重建、扩大了古代留下的拉合尔城堡，其后的贾汗杰、沙贾汗等帝王又不断修饰改建，以白色大理石修饰了最初的红砂岩建筑。城堡里有21幢独立的宫殿，周围是"无数"的大园和小园，使这个城堡宫殿群体相对复杂，令人想起记述中的巴格达阿拉伯帝国宫廷，并可同萨菲王朝的伊斯法罕改建媲美。其中，贾汗杰的园林有巨大的水池和中央小岛(图9-30)。沙贾汗的园林则是四个花床围着中央较高的台体水池(图9-31)。各个园林以水面、花卉绿地和树木映衬着宏伟又装饰优美的穹顶、拱廊。

图9-30　拉合尔城堡内贾汗杰的宫殿与园林

图9-31　拉合尔城堡内沙贾汗的宫殿与园林

阿克巴时代最著名的工程是阿格拉以东不远的法特普尔·西克里宫殿群。在一处伸向当时湖面的岩石地面上，1569年后的十年间形成了高大的五重殿所统辖的要塞"城镇"(图9-32)。红砂岩和大理石造就了一处处平台，连续敞廊和开敞的宫殿把石材变得异常轻盈，更形成一大建筑与环境特色。大规模的引水和种植进一步改变了基地的面貌。核心处的大水池有栏杆精美的中央平台和连接桥，而在不很规则的总体布局中，一个个水池、庭院、绿地连接起晋见厅、公事房、清真寺、内宫住房、浴室、卫士室、马厩等建筑(图9-33)。

自1638年起，沙贾汗皇帝10年间营建的德里红堡是另一处著名莫卧儿城堡宫廷，高墙围合的规则建筑群达490米×980米，其中的庭院园林也都是建筑和墙廊所围合的矩形(图9-34)。

图 9-32　法特普尔·西克里园景

图 9-33　法特普尔·西克里园景

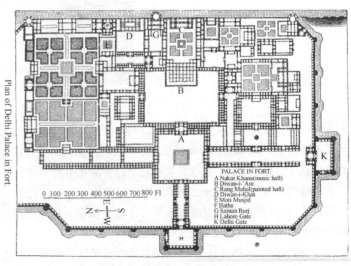

图 9-34　德里红堡历史平面图

　　红堡东边有高起的巨大平台，比邻业穆纳河，丰富的水源使其中的环境大面积园林化，大理石的水渠从这里把水引向院内各处的殿堂亭台，形成各园的水池、喷泉，并使周围下沉式的花床草木丰美。从红堡西面的大门进入(图9-35)，先是一个大的市场。其后大院中有中央形成水池，两侧大水渠横贯城堡。接下来是晋见大厅及其大院，晋见大厅后是河畔平台处的后宫区。

图9-35　红堡西面的大门

　　经历了18～19世纪的地震和战乱，红堡的许多建筑已损毁，庭院也多不具原来的格局。巨大的红色围墙内，现在留有晋见大厅和迪瓦尼卡亭、拉恩殿等一些原后宫区的建筑。许多墙面用大理石调出花卉图案，还有意趣盎然花式拱券和花格漏窗留下室内外联系的影子(图9-36～图9-39)。

　　在阿格拉以南近百里的迪格附近，莫卧儿王朝衰败后，地方统治者巴丹·辛格和子嗣们1760年建成了格帕尔·巴哈瓦宫。这个18世纪的宫殿群落延续了这一地区伊斯兰王朝宫廷城堡的基本传统，位于优美的环境中，中央大庭院的十字轴线各向都迎着底景建筑，南北两方更向两个宫外的大水池开放(图9-40)。

图9-36　德里红堡晋见大厅

图 9-37　德里红堡迪瓦尼卡亭

图 9-38　德里红堡拉恩殿

图 9-39　德里红堡建筑内景

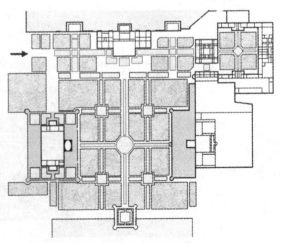

图 9-40　格帕尔·巴哈瓦宫平面

这个分成四部分的园林中央水池为八边形，由此引出十字水渠和堤岸般的路径。同许多其他园林一样，这个十字又被进一步划分，形成周边四个小一些的方形水池和16方花床。处在缓坡地上的园林水系中据说曾有五百个喷泉和小瀑布，园路上也有一个个小斜坡，而同样令人称奇的是，花床下沉达两米。当年沿着路径漫步，一边是哗哗作响的水，另一边即伴着树冠，下面深处是树木植根的土壤草皮，而远方间隙露出优美的拱廊(图9-41)。

图9-41　格帕尔·巴哈瓦宫园景

9.5.2　愉悦性园林

同祖先铁木尔一样，莫卧儿的蒙古帝王也喜欢到处巡游，在统治区域内建造了许多园林驻地，特别是在次大陆北部气候凉爽的地区，保存最好的主要在今天的克什米尔地区和巴基斯坦的拉合尔。

1) 斯利那加附近的皇室与贵族园林

现印控克什米尔首府斯利那加附近有一处达尔湖，衔接河流形成河谷，阿克巴和其后的帝王都常到这里避暑，建立了数个园林夏宫，湖边还有一些朝中大贵族的园林。阿克巴建造的尼西姆园和其他大量园林多已完全废弃，看不出完整面目。基本保留了当年格局的主要有贾汗杰始建，沙贾汉扩大的夏利马园，以及一个贵族的尼夏特园。

夏利马在梵语中意为爱之屋居。贾汗杰皇帝在巡游中发现了达尔湖周围的风景胜地，在湖北岸边建造了这个消夏园林。夏利马巨大的园林延续了矩形和三进台地的传统，分别为朝臣公众、帝王和内眷使用。围墙环绕着园林，但浓密树木的呼应仍使园林内外风光有连成一体的感觉。下层台地还一直伸延到湖边，当年可直接划船自湖上进入园林，现在两者被一条道路隔开了。宽约6米的大水渠纵贯全园。下层台地尽端为一个亭台，可以让皇帝接受朝贺，第二层台地已毁的开敞厅堂位于园中央(图9-42)。沙贾汉时代加建的黑色大理石亭是第三层台地的核心，建在一个从大水池中央升起的基座上，台上有水涌出形成小瀑布跌下，池中还有喷泉与之呼应，在大量树木陪伴下发出欢快的声音(图9-43)。

如同夏利马园一样层层平台下跌面向湖面，位于达尔湖以东的尼夏特园意为欢喜园，其布局设计多少可以使人联想到意大利文艺复兴的台地园林。这个园林没有皇家园林那样明显的区域划分，自湖边到山坡共有十二层台地，可能象征黄道十二宫。台地宽窄高差各异，带来丰富的层次感。到最上层有高大的挡土墙及其两侧的塔亭，由此还可到达更上面的园地。各层台地的水景同植被配合非常完美。伴有石径的中央水渠时宽时窄，似乎考虑了高差和台地的大小(图9-44)。

图 9-42　斯利那加夏利马园二层台地

图 9-43　斯利那加夏利马园黑色大理石亭

图 9-44　斯利那加尼夏特园山坡方向

高差处的对称阶梯或傍着水渠，或间隔短短的挡土墙。水流在台地衔接处沿斜坡石流下，有时还因斜坡石错落成阶级而溅起更多的水花，几个台地边缘在水渠上设有长石凳，让水流从下面穿过。同这些多样化的处理一致，各层平台上种着丰富的花卉以及两侧稍远些的绿树，呈现不同的造型和色彩，四季都有美妙的景色。园林底层平台的临湖凉亭向两个方向观望，一面是台地层层依山升起的园林景深，一面是宽阔的天然湖水，山水在这里都被纳入园中(图9-45)。

图9-45 斯利那加尼夏特园临湖方向

在莫卧儿王朝的园林中，尼夏特园可能因为不是皇家园林而处理得更加自由活泼。

2) 拉合尔的夏利马园

在拉合尔，沙贾汗皇帝于1643年始建了一处以壮阔水景和喷泉著称的园林，与其父贾汗杰在克什米尔地区斯利那加附近的夏利马园同名。

这处巨大的愉悦性皇家园林整个被高墙环绕，主入口在南，四角设有塔楼。园林总体布局形象地再现了记载中其祖先铁木尔在波斯地区的园林——南高北低的缓坡分出了三个台地园区，主入口在下层台地的横轴西端，下层给朝臣，中层帝王，最私密的上层供后宫内眷(图9-46)。

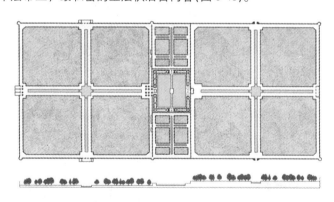

图9-46 拉合尔夏利马园平面

上下两层台地都是正方形，并采用了典型的波斯—阿拉伯水渠划分。交叉的铺石面上开出宽大的十字水渠，轴线尽端联系园边围墙上的门亭，中央交汇处则设有曼荼罗形的水池。每个台地中央水池周围的四域又以同样的方式再次划分，形成的各自的16个种植园区。今天，在这些种植园区里遍布草皮，散长着各种高大树木。这种草皮和不规则高大树木的环境，可能同英国人统治时期把其自然风景园的意趣带到这里有关。草皮边缘处排列的一些精心修剪的灌木，应该是更近的园林处理(图9-47)。

这个园林的伊斯兰风格主要体现在沿着各处轴线的视域中，无论以尽端建筑为底景，还是以优美的拱形为景框向外观望，都可感受其绿树间人字形铺装的铺石路面和水渠伸展的气魄。其中最动人的园景处理在中间平台处。

图9-47　拉合尔夏利马园上层平台

　　东西向长的中央平台是仪典时帝王所在的位置，核心是王座俯瞰下由东西两侧花床陪衬的巨大
水池(图9-48)。水池中央设有栏杆精美的观景平台，以窄小的路径同东西池岸相连，整体似乎漂浮
在水面上。水池四周都依轴线位置设置了石拱凉亭。北面成一对的是大理石的，东西两面红砂岩的
亭廊则显得更轻盈，南面池边王座平台后的三间拱门凉亭具有皇帝殿宇的意义。它们既围合着园林
的中央核心，又是周围园区面向这个方向的轴线底景(图9-49)。

　　皇帝的殿宇形体较厚重，立在高高的红沙岩基座上。基座向两侧扩展，形成分开中、上层
平台的挡土墙。墙体上设有壁龛，据说里面过去有花瓶状装饰，并可在晚上点起灯烛。上层平
台的渠水可穿过殿宇，自中央拱门前的层台斜坡瀑布般泻入大水池，让王座有漂在水面上感觉
(图9-50)。

　　虽然相对较小的建筑尺度使这个大水池周围实际有些空阔，但不同的建筑造型、色彩，联系其
背后更高大的绿色树木倒映在水池中，仍然形成绚美的丰富景观。

图9-48　拉合尔夏利马园中层平台中央水池及大理石亭

图 9-49　拉合尔夏利马园中层平台红砂岩亭

图 9-50　拉合尔夏利马园中层平台，从大理石亭看王座殿宇

使这里更显得热情的还有池中的大量喷泉。喷泉水口整齐排列于池中，池岸处还为它们形成一系列凹口。林立的水柱为水面带来洋溢的动感和声音，显示了水与富足紧密相连的意向。其他园区的主水渠中也设有相似的喷泉，有的沿轴线成单行，有的形成中心和四周五个一组的组合行列。

9.5.3　皇家陵园

对于生活在荒漠地区的阿拉伯穆斯林来说，古兰经为他们允诺了一个同一般现实环境反差很大的未来世界。为陵墓营建天堂园的园林，在伊斯兰世界也形成了一种传统，中亚地区和印度次大陆莫卧儿王朝的陵园是这类环境的集中代表。

莫卧儿王朝的奠基者巴布尔把陵墓留在了阿富汗的喀布尔，被称为巴布尔之园，其园林环境未能得到良好的保留。而在帝国中心东迁印度后，这个王朝兴盛期的四位帝王留下了辉煌的园林化陵墓，第四位帝王为妻子所建的陵墓则被全世界当作伊斯兰建筑和园林皇冠上的明珠。这些陵墓完美地表现了上层穆斯林对来世生活——伊斯兰天国乐园的向往。

1) 胡马雍陵等帝王陵园

胡马雍陵 1566 年始建于现代印度的德里城外，是莫卧儿王朝得以完整保留下来的第一座陵墓园林，并有着非常典型的波斯—阿拉伯格局。四向对称的陵墓主体建在巨大的方形场地中央，有优美的穹顶和重重拱券，以及红白相间的石贴面图案。以建筑平台为核心，中央稍宽的水渠和园路先分园林为四，进而又被次一级的同样划分成一个个种植花床，每个水渠路径交点上都扩出方形的水池，但有大小和具体处理的差别。园林地面稍向南倾斜，水渠的水有时会越下数层斜面小石板(图 9-51)。

图 9-51　胡马雍陵与园景

这个园林的平面极其简单，但为后来较为复杂的处理留下了基本模式(图 9-52)。

1604 年始建于阿格拉附近的阿克巴陵又称西康德拉，建筑与园林处理同前一座稍有不同(图 9-53)。

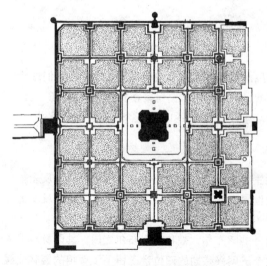

图 9-52　胡马雍陵平面

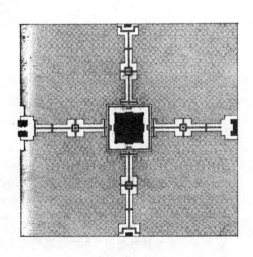

图 9-53　阿克巴陵平面

陵墓建筑周边的水渠使它犹如建在中央水池上，并且特别突出了最基本的四向划分。由中央伸出的四向铺石路径和水渠更宽阔，在各自中段又扩出平台水池，由这个系统所分开的四个植被区域地坪则明显低一些。这个陵园最引人注目的建筑是它的大门，比例优美的形体配上了四个光塔，拱门浅色墙面上有大量植物纹样花饰，同园林植物争奇斗艳(图9-54)。

图9-54 阿克巴陵门与园景

贾汗杰陵是莫卧尔王朝最后一个大规模帝陵。位于今天巴基斯坦的拉合尔，建于1627年至1630年间。主体建筑罕见地以单层水平展开，配以四角光塔。其园林格局同胡马雍陵相仿，被带水渠的园路分成了16块花床，但这些路径过于相像，如果没有建筑，交叉中轴的效果就不太鲜明。围着主体建筑，水渠交叉处的八个水池明显高出路面铺地，由各自的泉眼供水。池边水口通向一圈周围水渠，进而沿路径中央四散。这些水渠都是窄窄浅浅的，整个水系统形成的几何体量和平面都是很优美的图形(图9-55)。

图9-55 贾汗杰陵与园景

2) 泰姬陵

全称泰姬玛哈尔的泰姬陵建于1630年至1653年，是沙贾汗皇帝献给爱妻——宫中最美的穆塔兹·玛哈尔的。这位皇后为他生了14个儿子，最后殁于难产。沙贾汗为她营建了可谓宫殿之冠的陵

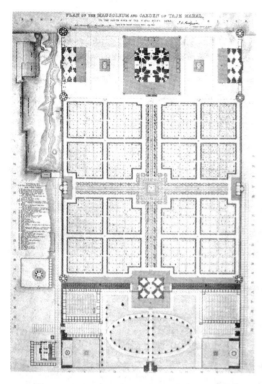

图 9-56　泰姬陵平面

图 9-57　泰姬陵寝殿与园林

墓并发誓不再娶。他真的遵守了这个誓言。参与设计园林的据说包括波斯人、当地人和欧洲人，但皇帝本人的意志起了决定作用。

这个布局精确对称的陵园位于阿格拉城外的业穆纳河畔，为长约 580 米，宽约 304 米的矩形。这个占地超过 17 公顷的园区设计为前后两重院落，前院是横向的，有如一个辉煌场景的前奏，巨大的穹顶陵墓寝宫建在大得多的主庭院尽端。现在保留的是陵墓所在的主庭（图 9-56）。

同大部分以建筑物来统辖园林景观的伊斯兰园林一样，这个陵园的建筑更加著名，并且的确奠定了整体景色的基调。白色大理石的陵墓建在庭院尽端，这种布局在莫卧儿陵园中颇为特殊，但伊斯兰蒙古人更早的陵墓曾是这样，并由萨菲波斯保留着。它以纵深底景的方式更突出了纵向轴线，使整个环境更具宏伟的气魄，让主人所在可在背面直接俯瞰业穆纳河，并保持了前面园区典型十字轴划分的完整性（图 9-57）。

在巨大建筑尺度和景深造就的宏伟感中，这个皇后安葬处也渗透着女性的纯净优雅。在宽大的尽端红色平台上，穹顶高达 70 多米的寝宫通体为白色大理石。四个穹顶小亭在主体上方烘托中央穹顶，其双心拱形曲线优美并被鼓座高高举起。寝宫墙面拱形门龛高低层次有致，门框镶嵌着古兰经文，门扉窗扇雕刻精美，并在许多时候是镂空的透雕。墙上还有珠宝镶成的花卉，柔和地闪烁着光彩。高台四角还立着四个纤细的光塔，像侍女在静静地侍奉着。陵园其他建筑和路径铺面都以红砂岩为主，并以较小的尺度在各轴线位置同主体配合，特别是红墙白穹的配殿，在较远处对寝宫形成又一层陪衬（图 9-58）。

在寝宫主体之前，红砂岩园墙环绕的陵园园林布置极为工整对称。由正面门楼而入，首先感受的当然是天穹下的主体建筑，以及两侧绿树陪衬下的大水渠对它的衬托，接下来就会更加体验到其园林布局细节同建筑的和谐一致。

在横贯园区尽端的红色平台前，园林区域是以中央平台水池为核心的正方形。升高的中央平台和水池也是方形的，下面又有铺地和水渠环绕周围，而从四向越过下方水池的双分路径同几个层次的正方形，又形成严谨又不失活泼的图案，多少预示着后面的寝宫平面。以此为核心，伸展开纵向直指主体建筑的十字型大水渠。水渠旁的四个区域又由铺石路径再分为四块下沉的花床绿地，后者同主导划分相比明显弱一些，因而整体上强烈维持着四分园地的特征，又有更进一步的区域层次感(图9-59)。

图9-58　自业穆纳河方向看泰姬陵

图9-59　由泰姬陵看陵门方向的园林

如前所述，由中央水池、交叉水渠和周围绿地构成的景观在伊斯兰教中具有神圣天园的意义。这个把主体建筑放在尽端的陵园精心营造了这样的气氛。在皇后寝宫俯瞰的园景中，中央高大平台上的水池中有数个喷泉喷出神圣的水，进而从台下的水口流向四方，滋润"田园"。水池周围还有条形石凳，现在可供游人休息，当年应是象征来到天园者"靠在床上"的卧躺休憩之处。园林天光水影交相辉映，四向水渠和其中排列的无数小喷泉，发出轻柔的声响，周围花卉甜美地微笑，绿树留下宁谧的阴影，环护在这个平台周围，烘托着被誉为"大理石之梦"洁白的建筑。沙贾汗刻铭刻在墓上的诗文这样写道："像天园一样光明灿烂，芬芳馥郁，仿佛龙涎香在天园洋溢；这是我心爱的人儿胸前花球的气息。"❶

---

❶　转引自，陈志华，《外国造园艺术》，郑州：河南科学技术出版社，2001，第246页。

泰姬陵的建筑和园林包含着复杂的隐喻，是世界上极为珍贵的象征主义杰作。阳光灼烤下的沙漠阿拉伯人喜欢月夜，伊斯兰教常见的重要标志是新月。一些园林著述也特别强调了月光下的泰姬陵。在浓暗的树影、泛着微光的水面陪衬下，洁白的陵墓呈现了梦幻般的色彩，更强化了陵墓大理石之"梦"的说法。建筑装饰中的叶片图案，混合了各种传统。在伊斯兰教中它是乐园中生命之树的一部分，这甚至可上溯到古埃及，而在古印度也是宇宙的符号。

陵园建筑和园林艺术的高度融合，大理石陵墓的洁白纯净，常绿树的端庄凝重，纤纤草坪的绿茵如毡，各式喷泉的迷蒙缥缈，粼粼倒影的虚实涵映，可谓相辅相成，交相辉映，使这个陵墓的环境艺术魅力倍增。沙贾汗曾预在业穆纳河对岸为自己建造一座黑色的陵墓，以此表明互补的夫妻永远相伴，但因儿子篡位而没有实现，在囚禁中死后被葬于泰姬陵，走向来世的结局也算完满。

今天这个园林的植被已发生了较大改变。经历了英国统治和长期的忽视之后，重整的园林花床地坪远比原来的高，大面积草皮和水渠两边的树木可能也不是原来的形态，但与其相关的花式铺地仍然反映了当初的特征。

9.6　园林特征归纳分析

如果不看建筑形体、位置与装饰细节，伊斯兰教地区的园林大都很相似，体现着这些园林的文化渊源所赋予的基本精神和形态。其主要原则是以十字交叉水渠对园区进行划分，进而，应特别注意水体在这种结构下的进一步特征，水同路径与种植地段的关系，建筑、围墙对园林的围合，以及园内的亭阁建筑点缀。

9.6.1　四园划分

以十字水渠把矩形园林地段分成四块的几何形，象征着天园，被视为波斯—阿拉伯式园林的经典布局，四园划分或四分园可作为描述这种布局的特定术语。这种划分呈现在世界各地的伊斯兰园林中，把伊斯兰精神世界的天园同源自波斯的实际园林结构高度统一在了一起，园林场所似乎是天人相合仪式的凝固场景。

包括宗教在内的古代各民族文化传统，都注重在自然中生存的人同更根本性的宇宙力量之间的对话，企求相互之间的和谐。

伊斯兰教地区及其他的东方文明，多在园林环境创造中强烈地体现了这一点，但随世界观和生存环境的差异有所不同。比如，中国传统观念中的自然之道，以阳推动"万物争天竞自由"的生命成长，以阴规定世界的秩序。园林的"自由"布局象征自然山水林木的天然性态，同规则严谨的宫室(宫殿、衙署、住宅等)对比，呈现人类精神与现实生活同自然之道相应的阴阳和合。而伊斯兰教地区则突出了天园的宇宙模型意义，园林力图展示人力同创造自然的神力间的准确呼应，要把一个从现实中高度提炼出来的，呈现在宗教理想中的环境复制到人间，人们可在这个和谐的环境中欢乐地生活。

这种以高度提炼导致规则几何形的情况，同欧洲园林相似，但后者人为思辨的作用和人的精神与实际力量在自然世界中扩张的意识表现强烈，而伊斯兰园林则要创造一个同外部环境全然不同的内部。源于宗教，归于世俗，生命最终要到达天园，而暂时栖居在一个仿照的天园。

通常，用于实现四园划分的水渠控制全园，或各自局部完整的四个园区，使其图式关系在几何式园林中成为最严谨对称的。这使伊斯兰园林相像者颇多，有时被贬为"千篇一律"，但也正是这种相像，维持了宗教天园的基本意象和仪式感。常见的四部分园地又可进一步分割，以方形为主的花床形成多种种植图案，反映着人类更进一步的创造欲望和能力，丰富园林景象。这是在理想境界基础上的发挥，但更多体现了超出宗教规范的人类天性，本能地追求创造和艺术。

这种划分的核心是水——生命的源泉。如许多例子所展示的那样，四向伸出的水渠既划分了花床园地，为园林带来清新凉爽的气息，也实际滋润两侧的园地、浇灌植被。而在并非典型四园划分模式的园林中，水仍然也经常是景观主导者。

9.6.2 水系水景

任何民族的园林都离不开水。在日本极端抽象的枯山水园林中，也要用耙梳的砂砾象征水的存在。西方文艺复兴以后的古典园林，各种喷泉水景呈现人为把握自然元素的高度技术成就，常构成壮观的景象。在伊斯兰园林中，水更体现了实际生活和宗教的密切结合，具有标示场所精神的极高地位或仪式感。

阿拉伯民族早就有在贵族宫殿中建沐浴水池的习俗，并在伊斯兰教形成后一直保留着。宗教规则把水的价值进一步强化，并扩展到更多的民族中，同他们的传统相结合。

除了天园理想中的身居水畔外，穆斯林在礼拜前都应沐浴。在清真寺前的庭院中，要么有水池，要么有喷泉水盘。在实际和宗教效用外，人们肯定也注意到了其装饰价值。水池线脚优美，并经常撒满玫瑰花瓣；水面倒映建筑形象或天空，镜射出的影像既是固定的，又是不断变化的。可以说，水在许多重要的建筑和庭院空间中都具有核心地位。在园林中，呈现为几何形的水面常是平面基本布局关系的支配者，全园景观的主导者，并因此而得到精心的处理。

从典型的四园划分模式来看，十字水渠交叉处既是园林整体的核心，也是水处理的核心。

伊比利亚半岛的阿尔罕布拉宫狮子院核心是喷泉，由此落下的水流入细细的水渠。在周围建筑的围合下，这个重要的园林核心显得非常娇小，像珍珠被捧在手中，柔和的光不时向各方闪烁。而在由铁木尔帝国、萨菲王朝到莫卧儿王朝的园林传承中，常有宽大的水渠，交叉处是大型中央水池。这个水池高出水渠两边的铺面路径，形成阔大的台体，而园地后的周围建筑或围墙则离得远远的。人们站在这个中央台体上几乎可俯视整个园林，包括轴线对着的门亭和两边渐远的花木。因而，园林景观形成了以此为核心的发散，又被最终的边界所闭锁。这是大型伊斯兰园林经典景观结构的形象。

中央台体水池得到最精心的处理，平面基本为方形，变体常成曼荼罗形。水面上常常有多个喷泉，形成一定的图案关系。四向笔直的水渠衔接台体，水流可自台体豁口斜坡流下，而更多是在台体立壁下设水口，视觉上分开了池、渠中的水。在台体下，还可以出现围着它的窄渠，在对应主轴水渠两侧路径的位置上有略微抬高的小巧"桥梁"。这样，核心水池及周围水体会呈现大面积方形、较宽的直线形和围成方形的线条之间的对比，以及更多的高低、交叉关系，进一步丰富了这个园景核心。

中央水池也常是园内水流的源头，向远处流去的水，更加强了景观的中心发散感。在分成三个园区的台地园，会有各自的中央水池。当然，当园地本身为单向斜坡时，也有高处的水经另外的源泉流向中央的情形，但无论如何，中央平台的水多数会自地下直接联系来自园外的水源，有水流在此涌出，进入四向渠道。

大型园林中央十字周围可有更多的水渠网及其交叉处的水池，构成经典伊斯兰园林结构的下一层级。它们通常比主轴上的水渠窄一些，小一些，在四个主要园区内实现再次划分，给人由主到从，沿着水渠到处都呈现四园划分的印象。

以宽阔水渠主导园林结构，给人以强烈的视觉冲击，但窄而浅的细小水渠也并非减弱了水的主导性。

印度地区的胡马雍陵、阿克巴陵等大型伊斯兰园林运用了这种手法。它们典型的四园划分没有变，中央水池却被主体建筑所取代。沿着建筑四向的主轴线，细细的水渠在宽阔的路径中央划出一道水线，到次一级的轴线交叉处扩成方池，这种关系遍布全园。配着两边的宽阔的红砂岩铺面路径、树木和草皮，这种中轴水线和水池的交替别有一番情趣。阿尔罕布拉宫狮子院的细小水渠，在四园划分的小型庭园中造就了特殊的空间连续效果：它们一直伸延到庭院端头的亭子甚至更深的敞厅内，配合依然小巧的圆形水池。在布满彩色雕饰的拱顶下，微波把光线反射到顶棚上，使斑斓的色彩更具光影迷离的神秘气氛。

在一些没有四园划分结构的园林和小型庭园中，细小的水渠可为占园林大部分面积的铺地带来明显的图形感，至少在地平面上依然具有景观主导意义。在以伊比利亚地区为主的伊斯兰园林中可见到，密集水线般的小水渠穿插转折，既把水引到一个个树池，也超越地面砖石铺砌的图案肌理，造就了醒目的优美图形。

在一些园林中，会有相对更大的水面，整体给人水园的景观感觉。伊比利亚地区的阿尔罕布拉宫桃金娘院、格内拉里弗宫长池院和北非的阿尔巴迪宫等，没有交叉的纵向水渠占据了大部分视野，相对宽度和面积使它们完全可以被视为水池。波斯地区伊斯法罕的园林也常是这样。此时，水渠同其指向的建筑体量间的配合就起了重要作用。进一步与之配合的水处理，有设置在主水池端部或两侧的喷泉，建筑周边、廊下或大厅内的窄小渠池喷泉，以横向路径和喷泉横截主水渠，或联系横向路径由窄桥连接池中平台"小岛"等。后两种处理，也把周围园地分成了四份。

在欧洲的几何式园林中，水景也常是园林结构和景观的主要成分之一。水渠、喷泉沿着轴线或位于重要的轴线路径节点上。两者相比，前者的水景常是强烈突出阶段性局部的，或是把视野引向远方天际线的。而伊斯兰园林的水池、水渠则在一个围合的内部形成明显的全园结构和景观主导。

喷泉在伊斯兰园林的水景中也是重要的成分。在最小最简单的园林中，同欧洲园林一样，也常是周围花床、树木围着中央铺地上的小喷泉和水池。在大一些的园林中，伊斯兰园林有许多喷泉。

最多的喷泉就设在水池和水渠中，略微高出水面的水口和不高的喷流活跃了景观，也使水体呈现哗哗流淌的溪流般声响。其他的水盘喷泉有在水渠端部的铺地上，有在大厅或亭廊中，台基前。喷泉结合下面小水池或细小水渠的造型具有优美的装饰性，但尺度通常不大。格纳拉里弗宫的园林喷泉在长池边形成拱形水帘，比较特殊，也因此而引人注意。这些喷泉一般不是园林结构的主导，或使某些景观节点显得特别恢宏，但却是基本水景结构的积极辅助者。

相比之下，伊斯兰园林中的喷泉绝不像欧洲文艺复兴后的许多园林那样，喷泉结构与水流热闹、激昂。在表达生命之源，并使景观活跃、带来声响中，这些喷泉的存在反而给人一种平和、宁谧的感觉。它们犹如山泉、小雨的轻轻喷涌、滴沥，会使一个宁静的处所更加清幽，或呈现一种隐喻，使人联想《古兰经》天园中的人们靠在床上互递酒杯，却不酩酊大醉，不失态妄言，"但听到说：'祝你们平安！祝你们平安！'"。❶

前面谈及大型中央水池等处理时已经提到，在伊斯兰园林的水体交接，特别是池、渠交接、宽窄不同方向水渠交接，以及细小水渠的图案处理处，经常有水在地表下连续的处理，地面上形成一些平铺或凸起"桥梁"般间断，增加了水体的图案情趣感。此外，在台地、坡地情况下，水渠中还常有斜石，有的是一道，有的构成数道间的层次关系，水流从这里滑下，或溅起小水花。在一些渠道上方，特别是有高差处，还会有石凳让水流从下面流过。重要的赏景坐席平台也会建在水池边的这种水坡前，如在拉合尔的夏利马园中央园区里的那样。

9.6.3 园路与植物种植区

议论伊斯兰园林的园路是一件有趣的事情，因为园林路径通常是水边、花床间、林地内的通道。几何式园林的园路常常结合了轴线，但在欧洲园林中也意味着引向一个园林环境的不同景观区域，有纵轴线远近不同景深上的，也有隐匿在其周围的，时常带来景观主题和场景的较大差异。而伊斯兰的园林路径，在其相关环境中却给人以别样的感觉。

在典型的波斯—阿拉伯式四园划分式园林中，园路是同表达园林基本结构的水渠直接结合在一起的。除了主轴线上的通道联系建筑，或沿纵轴分成几个院落的台地外，园路的作用与其说是重引导，不如说是重划分。因为其他路径虽有让人到达园中各处的实际作用，但它们在交叉主轴周围所联系的区域都太相像了。

在许多伊斯兰园林中，路经实际就是水渠两侧铺着石板的堤岸。在水渠比较宽大的时候，较窄的两条路径中央是连续的水，两侧植被种植区或花床多数明显低于铺面，这就在感觉中更加强了堤岸效果。堤岸凸起的水渠划分了"园圃"。在另一些情况下，轴线上的铺地很宽阔，中央是一道细小水渠，但宽阔的路面上又会点缀有连续的树池、花池、水池，配合两侧形状和种植都很规整的绿地，让人感到一种绿化广场般的铺面、绿地网格划分。

然而在此时，铺地艺术——无论它是通道的、堤岸的，还是绿化广场般的——都是伊斯兰园林装饰的重要手段之一。

在被认为具体启发了伊斯兰园林具体形式的波斯地毯上，水渠边缘的花边图案就有如华彩的花砌铺地。在以后的园林中，铺地有大理石或其他石材的，如印度地区园林中的红砂岩。它们可以用较大石板平铺，形式简单又不失典雅，在外侧花木簇拥下同水面相互映衬。装饰性更强的有小块的砖石交错，通常在水面和花床周边以简单重复的立砖形成边缘，里面有矩形交错排列，大小八边形与方形交错排列等多种，而似乎更被欣赏的是立砖或给人这种感觉的燕尾席纹。如前文所述，在较窄的堤岸化路径外，宽阔的铺地上还会间以小方池的窄小水渠成笔直的水线，或者更小的水渠成直角盘转交错，不时还因一道铺地隔断而成点线交替。在一些重要的中轴线上，结合了树池、花池草皮的铺地，还会形成更复杂的一个个较大图案，好像在同建筑呼应。

在水渠和园路铺地的划分下，伊斯兰园林中的种植区域多呈大小不同的方形或矩形，其中有多彩的花卉、草皮、绿荫和各季果树上的花果。不过，在整体构图中，由于周围建筑的完整和水

---

❶ 《古兰经》第56章，26

景的中心主导感，总让人觉得是一种陪衬。这种感觉还来自花床在水渠-园路边经常呈现的整体下沉。

在严谨几何关系中的种植园地下沉，是伊斯兰园林的独特性现象。难以找到历史上的具体文字说明这种现象的普遍原因。人们只能从古代的灌溉农业、民族生活方式和《古兰经》中推证。前面谈到古代既有的田地低于水渠，渠堤供人行走，可能直接留在了相关地区人们对人为种植环境的心理印象深处。

对于大量下沉由十几厘米到一米左右的花床，多数研究者还认为，是为了使草皮或花卉灌木的表面同铺地持平或略高，呈现地毯般的效果。无论是阿拉伯人、波斯人、蒙古人，还是其他信奉伊斯兰教的民族，在房屋、帐篷中铺设地毯、席地而坐都有久远的传统，地毯编制艺术和花卉图案也极其精致，的确可能以某种方式反映在园林中。进而，《古兰经》中的"乐园的果实，他们容易采摘"，以及根系吸取地下水等原因，可能造成了一些园圃花床下沉达两米左右的原因。在这样深的下沉种植地上，植物主体通常是果树。

伊斯兰教园林的果木花卉品种极其丰富，这在有关铁木尔帝国园林的历史文献中可见一斑。除了橘园经常出现在园林中外，果木还有苹果、李子、樱桃、椰枣、桑树、葡萄、无花果、桃子、柠檬、枸橼等许多种，依地区气候不同而各异。花卉品种则难以计数，如玫瑰、蔷薇、金盏花、紫罗兰、茉莉花、熏衣草、紫罗兰、薄荷、百里香、鸢尾，等等。夹竹桃、桃金娘常作绿篱，黄杨绿篱在现存园林中也有。不过，在伊斯兰园林历史上，绿篱似乎不似欧洲那样整齐地修剪。

伊斯兰园林的花床还有多种花卉杂处的情况，不像欧洲几何花式床那样，用一种或几种花草构成明确的图案。萨菲王朝时期一个欧洲人对其园林描述是："花床中密集播种着不同色彩和品种的花卉……在近处看，人们可能因对秩序的渴望而责备它。可从远处在阳光照耀下看，其最终效果是美妙的，每朵花都比翅膀刷过它们的斑斓蝴蝶更明艳。"[❶]

除了果树外，伊斯兰园林也经常有其他树木，依地区不同，有棕榈、梧桐、杨树、柳树、月桂、各种松柏等许多种类。它们多数不像果树那样自成果林，而是点缀在铺开的花丛中，铺地的树池内，或形成主园区侧围的高大绿带。松柏类植物和梧桐也同果树一样，有较高的宗教意义。在伊斯兰园林中，常绿的松柏也意味着永生，而梧桐则以巨大的树冠像在天园一样为人们遮荫。

9.6.4 建筑与园林的整体空间关系

伊斯兰建筑的基本形体、装饰特征在前面已经简略谈到，这里不再赘述，主要看看建筑的空间及其同园林环关系。

首先，伊斯兰教地区的园林都有一种紧密的空间围合。宫殿的庭院，围合者多是各种厅堂、门亭、房间。波斯地区的宫廷特殊一些，特别如萨菲王朝所呈现的，除了上述围合外，还有许多一个带有集中式殿堂处在围墙内大面积园地中间的情形，其中央穹顶大厅周围空间常是两层以上，有许多房间。印度宫殿建筑与园林也有这样的，特别是其陵园，但波斯的园林与集中式宫殿所呈现的关系，又同多数中亚和印度地区特别为游赏而建造的园林布局很相似。无论是建筑围着庭院，还是围墙围合园林，独立的建筑设在中央，园林平面外廓都是严谨的矩形或方形。前面所述的四园划分、

---

❶ Yves Porter & Arthur Thévenart, PALACES AND GARDENS OF PERSIA, Paris, Flammarion, 2003, p100。

水系水景和园路与植物种植，即在这类平面关系中展开。

在这类平面布局下，与同为几何式的欧洲文艺复兴园林相比，伊斯兰园林的建筑空间同园林空间呈现了非常强的连续感。造成这种连续的历史原因主要是环境气候。

在早期的古代两河流域、古波斯，以至古罗马的宫殿与住宅园林中，都有两种情况：或是成组合体的建筑外部封闭，内部成廊院围着水池和绿化庭院，房间也向这里开敞；或是四周开敞的大型宫殿处在有林木和水的周围环境中。多数处于干热地区的伊斯兰建筑，依然力图创造既阴凉又有良好自然通风的室内环境。在园林中，阴凉和通风又加上了更多的景观追求，使同园林相关的建筑大都成为向室外开敞的。最普遍的功能效果是，以空廊迎接各方的气流，以通畅的甬道最大程度促进穿堂风，将园林低平花木间的清凉空气吸入建筑主体空间内部，并经由喷泉、渠池加湿。

在由房屋建筑在四周围合的庭院中，主要建筑多有进深较大的前廊柱列或拱券，后面是大面积门窗。此外，沿着主轴线的厅堂常是同室外直接通连的灰空间，把实际上的"户外"延伸到屋顶下墙面围合的很深部位，再联系作为实际室内的房间，从而实现了建筑和园林空间的密切交融。在景观和园林环境的意义上，这里同园林中央的池渠相呼应，感受微风洞穿带来的清凉水意和花香，并有在洞深的屋顶、墙体环绕下看向园林的特有画面———段光线较暗的透视通道迎着明亮的园景。当水渠也向厅堂内实际延伸，并配合喷泉水池时，内外空间就更紧密地结合在一起了。

这种环境形成了实际园林、围着园林的回廊、中轴指向的通道，一直到后面大厅的几个递进层次，呈现逐渐由外而内的园林—建筑空间连续。阿尔罕布拉宫的狮子院之所以那样为人称道，这样的空间关系是其重要原因之一。历史上对这个园林感受最深的是文艺复兴后的欧洲人，他们的几何式园林在建筑外面，相互联系的是轴线、平面与形体构图和景观视野，实际空间却被明确分开了。

园林和建筑空间的这种连续性，在波斯和印度地区一些建筑主体位于园林中央的环境里也很明显。宫殿中央大厅往往有洞开的巨大拱门，在宽阔的拱券通道后面迎着四个方向的水渠和花木。拱券、柱廊或二者结合的前廊，以及大厅中央也会有水池、喷泉。在覆盖大厅的穹顶处有通风窗，排放室内自然上升的热空气。大厅气流通过圆顶流出时压力降低，加大了拔风速度，而其他房间就在大厅四角，门窗或向着厅内，或面对园林，并常有廊台。

许多伊斯兰建筑中采用了装饰性强烈的镂空石雕漏窗，它们图案优美，实际通透，并为室内空间和向外的视线带来奇妙的光影效果。在墙面、地面上是密集交织阴影，在窗口是明快天光、绿色前的剪影。它们造就了幻境般的景象，使身处巨大漏窗后的人们有身处林中边缘的感觉。

这里不得不再提一下伊斯兰建筑的外部装饰。细密的植物纹样，细腻的灰塑和钟乳饰肌理与小体积交错积聚，使其远看二维，近看实际三维。加上丰富的色彩，结合拱券、柱列和拱廊造型，使伊斯兰教建筑的外部形象也常常同园林景象呈现天然的呼应。在特定园林个体中，这当然也会是整体设计匠艺的反映。这些装饰往往像树木枝干、花叶映刻在建筑上，有形色，也有体积和光影变化，以形象间的连续进一步强化了空间的连续。

特别为游赏活动而建造的园林，除了门楼、门亭外，主要由墙体围合。园中的建筑主要是园亭。多数以石材建造的伊斯兰园亭有多种多样的柱间券形，而其空灵感可以使人联想中国园林的亭子。

历史上的文字记述和现存的园林，都表明主要园亭往往建造在环境的核心部位。最典型的是同十字交叉水渠结合，建在园林中央的水池台体上。一些直接结合水池，或以亭子覆盖水面，或以水面围着亭子。另一些时候，大型水池会形成特定园区，在分成三段台地的中段，如拉合尔的夏利马园。此时就可能有不止一个亭子围着水池，有些可能呈殿宇或游廊状。另一些园亭会建在台地园林的轴线交叉划分处，既有仪式、赏景功能，也表达园区空间的转换。

园亭是这类园林空间的核心点，或数个园亭围着一个核心平面，但无论怎样，它们都同轴线呼应，并以其通透实现轴线空间的连续和整体的开敞。从园林外缘看，园亭使整体空间构图具有中心积聚性，而处在更重要的园亭赏景位置，则使空间感回归到向四向景观的发散。到园林的实际边缘，围墙的重要部位还会有进一步的建筑限定，除了轴线尽端的门亭外，四角还可能有借自清真寺光塔的塔楼造型，以高耸的体量在视觉中进一步界定作为一种内部性环境园区。

可以说，在考虑了竖向的空间关系上，伊斯兰园林总是被"高墙"围着。墙内环境实际以建筑为"中心"，水体和花草树木等景色处于房屋建筑之中，或在园亭周围依附着建筑。而换一个角度，外部空间又以各种方式从不同方向和各种方式实现向建筑内的渗透，在几何式园林的内部突显了各种空间的连续。

第10章 日 本 园 林

在文化和地理概念上，日本列岛同中国大陆北部、朝鲜半岛一起构成东北亚地区。这一地区历史上形成的民族、国家，除了自身的文化特点外，都具有崇拜自然的长期传统，广泛受到古代中国哲学及其自然、社会、人文观的影响，并在宗教发展中接受了从古印度传来的佛教。

在园林环境特征与审美意境等方面，这一地区都以其自然式同欧洲和伊斯兰世界广泛流行的几何式呈现巨大的差异。接受近代西方文明以前的日本园林艺术，体现着对中国文化的吸收、转化，更反映了自身民族传统的成长，在自然式园林的共性中，具有独树一帜的鲜明个性。

10.1 主要历史阶段和一般社会文化状况

关于日本历史有各种各样的划分，没有一个固定的模式，一般可分为原始、古代、中世、近世、近代和现代等几个主要历史阶段。尽管在历史界还有争论，这样的阶段划分已经较多应用于对历史文化各方面的研究中。一般意义上的日本古代或传统园林，指的是日本近代以前的园林艺术。

10.1.1 原始与古代

日本的原始阶段，一般指旧石器时期到公元3世纪末。经历了绳文、弥生文化的原始部落到诸多小国，以今奈良地区为中心，在公元3世纪末形成了史称大和的国家，4至5世纪统一了日本大部。日本人自称大和民族当出于此，传统宗教神道也联系创世神话和自然崇拜逐渐成型。

自大和走向强盛的4世纪到12世纪末，可以视为日本的古代阶段。因大量石构高冢古坟的出现，大和时期的文化被称古坟文化。其后更繁荣的古代文化，又可分为6世纪末到8世纪初的飞鸟（奈良地区南部定都城市）时期，中间定都奈良为平城京的奈良时期，以及8世纪末后以今京都为平安京的平安时期。王宫、寺院建设以及经济活动的发展，使奈良、京都成为留下丰富历史文化遗产的古都。在这个历史阶段，日本产生了许多大庄园，庄园主称为大名，最高统治者是天皇。

古代时期的日本就同朝鲜半岛和中国大陆各王朝有大量交往。历史表明，至迟自公元1世纪起，中、朝、日之间就有了国家间的人员往来。

日、朝、中之间的联系日趋紧密，除了各种民间和官方交流外，还有躲避战乱的中、朝移民来到东瀛，使中国和朝鲜半岛的文化在许多方面影响了日本。到奈良时期，钦慕中国文化的日本派出大量遣唐使，一些人长期留居中国，甚至在担任官吏后返回日本。中国的文字、官僚体系和儒学，对日本国家法理和文化产生了巨大影响。佛教也在这一时期传入，借助一些统治者的崇尚，得到广泛传播。因中国唐末动荡和日本皇室贵族一度保守、沉靡，中日官方联系曾在平安中期一度中断，但不久又恢复了，而民间联系和贸易往来一直延续着。

日本民族是一个善于借鉴他人，同时也非常具有自身个性的民族。在接受中朝影响的同时，独有的文化也在平安时期迅速地成长，出现了 10 到 12 世纪的国风文化。

在这一历史阶段中，日本文字从直接使用汉字衍生出借用汉字偏旁部首的假名，虽然长期同汉字混用，特别是官方正式文件常用汉字，但到平安后期已有完全用假名书写的作品。日本文学也自此迅速繁荣，著名女作家紫式部的《源氏物语》就出现在 11 世纪。绘画在仿唐后出现了工笔重彩的大和绘，以突出描绘日本风土人情为主(图 10-1)。书法艺术形成，由效仿中国魏晋的雄浑苍劲，转向自身的纤细圆润，并出现了假名书法。长期传承于民间的乐舞，逐渐有了宫廷特有的主题和形式。一度被佛教压抑的传统神道，在平安后期地方势力逐渐强大时也得到复兴，与佛教成为共存的宗教，不同宗教观念相互渗透，甚至有神、佛共祭现象。从中国传来的饮茶习俗，这一时期向更具修身、礼仪性质的茶道发展。在建筑的传统民居外，大和时期形成了源自民间形式，但更庄重完美的木结构神社。飞鸟时期后，随着中、朝文化、技术和佛教的传入，建筑风格更趋华丽、规模更大，有了大型殿堂和多层的塔。皇室和贵族宫殿、府邸等大规模建筑群还突出了同庭院相关、强调中轴的对称总体布局。联系着艺术各方面的儒、佛、神道，以及传统和外来文化呈现了明显的结合，但无论这类结合体现在文化的哪一方面，具体的形式和意象都逐步显示出日本独有的特性。

平安时期的日本皇室贵族贪图安逸和享乐，以宫廷文化为主导的艺术，在绚丽中更显圆润、纤细，甚至繁琐，并对男女柔情特别敏感。也就在这一时期，另一种更乡土、更强悍的势力发展起来了。

图 10-1 《源氏物语》17 世纪插图

10.1.2 中世

公元 12 世纪末到 16 世纪下半叶是日本的中世阶段。

古代之末的平安时期，大量地方庄园逐渐拥有了自己的家族武装。负责各处皇室土地的官僚，也组织起自己的武装力量。特定的武士阶层由此产生，并促进了地方势力的强大，形成军阀集团，甚至有能力同皇室抗衡。自中世开始，日本出现大军阀集团实际长期统治国家，并不时发生军阀战争的局面。

大军阀集团的核心称为幕府。1185 建立的廉仓幕府自 1192 年起左右了皇室。经过一段两大势力对峙的南北朝，1333 年建立的室町幕府取代了廉仓幕府。到室町后期，日本又陷入史称战国的百年战乱。

中世是日本的封建领时期。在名义上的天皇之下，幕府向各国(日本古代地方行政单位)和庄园派出的守护，称为守护大名。在一些皇室和幕府权臣、庄园武装首领中还发展各种新的大名。同欧洲中世纪相仿，这些大名成为各据一方的领主，在自己的大小领地上行使广泛的权力。

廉仓时期时值中国宋、元，此时两国之间已有了较大规模的贸易，其间还有元朝扩张欲侵占日本的历史。幕府挟持中央的政治有其稳定时期，但更时常发生战乱，因而，宗教，特别是佛教显示了作为精神食粮的重要性。

佛教在发展中形成了许多宗派，传入日本的也是如此。自平安后期出现较多战乱后，突出不必经历繁复修行与仪式，只反复念诵"阿弥陀佛"即可去往西方净土的净土宗受到特别青睐。在廉仓时期，禅宗又成了备受文人、武士推崇的宗派。禅宗也不重视仪式和经文研习，突出以坐禅冥思来排除各种尘世杂相和人心欲念，领会宇宙的真谛。禅宗的形而上学思辨特别适应学者发展精妙的思维，甚至可以是乐趣；其力排杂念的坚忍修行和极端的"本来无一物"思想，则很适合文化水平较低的武士所追求的忠诚、坚韧和视死如归之类精神。

在廉仓时期传入日本的中国艺术中，最突出的是宋代水墨山水画和赏石风。自此，在日本也出现了色彩简单，象征性强，山石峰骨突出，并可大面积留白的水墨风景画。这种风景画的情调同禅宗精神有很多相通之处，在日本人的审美和许多具体艺术领域都有重要的影响。

室町时期的统治者和文人继续向中国学习，以朱熹等为代表的宋明理学也传入日本。另一方面，日本自身也形成了更强的国力，城市和商品经济进入繁荣时期。中国称之为倭寇的日本人袭扰中、朝沿海就发生于其前、后阶段，并曾受到统治者的纵容，使明朝一度断绝同日本的来往。但是，室町幕府还是意识到正常贸易的重要性，通过共同的努力，在室町时期的多数时候，两国商业来往仍得以大规模进行。

这个时代的日本艺术比较突出的是"能乐"的形成。作为一种长期积累基础上的戏剧化乐舞，能乐的内容主要是历史传说故事，但其特有面饰、坐式以及强调身段的舞姿，更令人想到禅的审美。日本的茶道在这个时期也形成了特定的规矩，有了专门的茶室，在品茶的同时，还要欣赏备茶过程、茶具和相关环境，同禅宗修身养性的要求一致。建筑方面，比较突出的是出现了楼阁，多用在同幕府家族相关的佛寺环境中。另外，还出现了许多贵族家族寺院和大型宅邸，在群体布局中以整体的不对称著称，体现了与中国建筑的更大差异，其木构方式、色彩、空间划分特征也更加本土化。

10.1.3　近世

日本近世指 16 世纪下半叶到 19 世纪下半叶，始于战国百年战乱结束，恢复军阀权臣和幕府统治的相对稳定，尽于明治天皇时代的开始。近世前期是 1573 年起的安土—桃山时期，后期为 1603 年后的江户时期。

安土—桃山时期，一支强有力的地方势力以织田信长为首，试图统一日本，在安土建立了统治核心。织田信长遇袭自尽后，其将领丰臣秀吉继续霸业，终令天皇封其为掌管天下的重臣，在京都附近的桃山统治日本近 20 年。丰臣秀吉身后，曾被其封侯的德川家康取得朝廷重权，并在今为东京的江户建立了幕府，控制国家直至 19 世纪下半叶。

织田信长和丰臣秀吉在日本历史上长期受到敬仰，特别是丰臣秀吉，由出身贫寒的武士成为国家的有力领导者。安土—桃山时期的丰臣秀吉制定各种政策，大力了推进工商业发展，并积极向外扩张，开始了一个更强大日本的发展进程。此时的统治者为自己营建了高大的城堡阁楼，周围附属建筑、庭院和墙垣复杂曲折。一般上层阶级的单层府邸也呈现更灵活转折的形体，并生成更多的内部和周遭庭院。茶道文化以千利休为代表走向高潮，结合仪式化的过程，有了专门的建筑风格和园林环境。商业和城市手工业的发展，使市民文化迅速成长。密集的城市民居、商铺，世俗性很强的浮世绘、歌舞伎，以及城市中各种大众声色犬马场所也大量出现。

日本近代以前的最后阶段为江户时期。此时的日本封建政治、经济、文化体制和传统走向传承中的完备，进而也出现了变革的迹象。江户时期掌握国家实权的德川幕府将军名义上由天皇册封，地方各国设藩。藩国相对独立，国主称大名，但一系列制度规定了它们对幕府的义务并保证其忠诚。这一时期封建身份等级制度更明确，武士道精神强化；农业、工商赋税制度完备，金融业活跃，城市的经济地位更加重要；大城市商贾云集，资本主义的生产关系悄然发展；文化艺术呈现以前各种传统的发展、并存或综合，走向近代的科学、教育也逐步发达；同中国清朝和朝鲜半岛国家关系密切，交流频繁。另一方面，新的矛盾也不断出现。严酷的等级制度和剥削，激发了更多的农民造反，在以商人和工匠为主的市民阶层中出现了追求社会平等的精神；西方推动的贸易和天主教的传播，引起了锁国还是开放的矛盾。1633 年至 1857 年，日本进入最后的锁国时期。锁国在 17 世纪后使日本传统文化得以更完整成熟，也使日本丧失了更早跟上西方近现代社会变革的机会。

1854 年，在美国炮舰的逼迫下，日本被迫开国并同西方大国签订了不平等条约。1867 年明治天皇继位，在意识到自己文化科技落后，力图富国强兵的强大动力下，各地尊皇势力 1868 年推翻了德川幕府，再一次实现了天皇集权。随之而来的明治维新运动，使日本开始了君主立宪和产业革命的进程。19 世纪末的日本成为东方唯一成功借鉴西方式近现代变革的独立国家，在许多方面成为邻国的榜样。此后，新军阀的崛起，又使 20 世纪上半叶以前的日本，以军国主义和侵略战争为亚洲人民带来深重灾难。

10.2　作用于园林艺术的主要文化因素

日本园林受到多种文化因素的影响，有的在园林艺术中得到综合体现，有的影响了某种园林类型的形成和发展。这使得日本园林总体上具有独特的东方特色，同时，又有园林布局、景观和寓意等方面各具差别的几类园林。

10.2.1　对自然的印象

一位当代日本学者在其介绍传统文化的书中开篇写道："青年时代，我曾乘船从台湾横渡到鹿儿岛。当时，我觉察到一个岛屿刚刚从视野中消失，另一个岛屿便又立刻出现在地平线上，这情形给了我一种不可言状的触动，直到鹿儿岛的开闻岳开始映入我的眼帘，我被搅动的心才渐渐平静下来。回想一、两千年以前的日本人恐怕也是一出海便会看到诸岛屿在视野中出现吧。"❶

岛是日本园林中的重要景观元素。不管是在真水还是枯山水的白砂"水面"上，都会有许多岛，虽然有些可能只是一块岩石。就像两河流域的绿洲对基督徒和穆斯林园林艺术的作用一样，生存环境的印象总会留在人的意识深处，在艺术和理想环境中呈现出来。

日本可以说是一个千岛之国。从地图上即可看到，在古代日本核心的奈良、京都地区西南不远有一片濑户内海，其蜿蜒的海岸、深远的岬角和水面上大大小小的岛屿，很容易联想到日本园林常见的景象(图 10-2)。

日本也是一个多山的国家。太平洋温暖的气流和西北大陆吹来的冷空气交汇，使这里雨量充沛，森林覆盖率很高，植物品种繁多。它们在各种地形中千姿百态，而且在不同季节呈现鲜明的色彩差

---

❶　樋口清之，《日本人与日本文化》，王彦良等译，天津：南开大学出版社，1989，第 1 页。

图 10-2　濑户内海

异。山中泉水形成溪流、瀑布，到平野成为开阔的河床，枯水季常见暴露的卵石滩。这构成了园林艺术所采集和升华的基本陆上风景。

另外，古代日本核心地区的环境还在多数时候很潮湿，许多地方都会布满苔藓。除了在生存中以各种方式应对湿气的不良影响，如架高的房屋地板，大面积开敞的格扇外，人们也惯于以审美的眼光看待潮湿。"日本人比起喜爱灼灼发光的东西，更倾慕于青苔下的绿意"；日本园林中的石灯，只有在"长出苔绿后才与周围的环境协调一体"。❶

10.2.2　宗教

日本的本土宗教主要是神道，长期保留了原始泛神论的自然崇拜特征。泛神论自然崇拜在各民族的先民中都曾存在，只是亚洲以西同集权制国家形态相关的宗教发展改变了它们，如犹太—基督教和伊斯兰教。在唯一主神意志和天国意识下，见于尘世的自然环境相对变得无足轻重了。而在东方，另一套哲学和伦理观念维系着政治和社会关系，古老的自然崇拜也长期流传。

日本创世神话认为，宇宙首先有着代表其根本和生成力的神，他们都是隐形或无形的，之后渐次生出的有形神分出了性别。男女二神自天界下降交合，生出了一个个岛屿（日本），以及代表海、山、树、风等各种自然事物和现象的诸神，由此带来万物生长。而另一些生物，如五谷，则是从一位逝去女神的各个器官中生长出来的。进一步的传说认为，太阳女神——天照大神的后代成了以天皇为嫡传的日本人。这样，诸神的自然世界和人类祖先又联系到了一起。

同中国相似，日本人长期注重人与自然的和谐，在关注自然存在与运作，努力迎合其规律的同时，也生成了取法自然的审美意识。这类审美意识虽然可上升到属性、方位、色彩等比较抽象的层次，但在艺术中并未像西方那样极端追求几何图式，而更多基于具体事物及其可能的象征，长期联系于对可见事物的直接感受，以及以一事物象征他事物，以简单形象象征无限的手法。

原始传说中的世界多是由神自水中生成的，对水的感情在各民族中自不待言。在岛国上农耕渔猎的日本人，对自然的具体崇拜也突出了高山、大树和巨石，认为各种神的灵就居于其中。富士山是日本人的神山。日本的重要神社建在林木环绕的山中或水边，常在建筑前的空地铺上洁净的白砂。山中还有许多神龛，供养着地方山神。日本还有用草绳缠绕崇拜物的习俗，一些神圣的树木和岩石

---

❶　樋口清之，《日本人与日本文化》，王彦良等译，天津：南开大学出版社，1989，第 10 页。

这样被标示出来。

在发达的古代文明中，崇拜自然的民族往往有自然风景优美的圣地，古希腊、中国和日本都是这样。在中国、朝鲜半岛和日本，即使是人类为自己创造的"享乐"性园林环境，也以自然式的特征表明了这种崇拜。

日本人同自然的亲密，在许多时候还显示为人为居住空间同自然空间的一体。传统民居的地板架高和宽阔的格扇固然有防潮意义，但房前宽大的出檐和廊台，同内外交融的席坐起居方式相配，把庭院空间更明确地引入了室内。土地在地板下延续，室内是室外的延续。在可能的条件下，庭院都要用树木、花卉来美化。日本园林艺术的发展，让人们始终生活在自然或象征性的自然环境之中，体现着传统宗教联系于自然的审美，也逐步渗透了佛教的影响。

佛教在日本园林发展中起了很重要的作用，使一些实际体现豪华生活环境的园林有了更强的正当性，带来了可进一步艺术升华的景观模式，并把审美推向了更高的观念层次。

从时间上看，佛教对日本园林影响较大的首先是净土宗。特定的佛教净土观念大体形成于中国东晋，在 6 世纪的南北朝形成宗派，并很快经朝鲜半岛传到日本，到奈良时期成为主要佛教宗派之一。这个时期人们对净土的重视，主要是对死者的追悼或对父母的报恩，期盼他们能往生极乐世界。

突出反复念"阿弥陀佛"即可达到未来目标的净土宗，称人类世界为秽土，并在其《阿弥陀经》中很具体地描绘了一个"玉宇琼阁，天雨宝花，香风圣水，锦衣美食"的西方净土，这里的众生"远离重苦，清静快乐，随心所欲、福德无量"。❶ 净土宗对日本园林艺术发展的推进，先是形成了园林化的净土宗寺庙，进而又形成了实际更世俗化的净土式园林。

虽然有更早的文献记载，日本古代留下的实际园林都在佛教传入以后。它们大多以湖池水面为核心，其周围花木茂密。这种景观意象也体现在了宫殿、府邸的寝殿造布局环境中。净土式园林同伊斯兰教园林的环境意象相仿，园林可以是极乐世界在人间的再现，人们在今生也可去体验和观赏它，只是后者的形式更抽象罢了。佛教本身是一个相对宽容其他文化的宗教，在从印度向东方传播中，很多时候同其他神话混合了。日本人心目中的海岛环境，本土甚至中国民间传说，都很容易合为一体，融入对佛教净土的想象中，使得以净土景观为基础的园林有更丰富的形态，可以引发更多的联想。

禅宗的传入及其同日本国情结合的发展，对这个国家出现其他民族园林中所没有的形式具有关键意义。除了不立文字，即不阅经传藏，只通过坐禅冥思的悟道方式，以及坚韧精神，都适合廉仓时期新兴武士阶层外，禅宗的形而上冥思带来的妙想，特别容易引发对自然事物的形态和属性加以高度抽象想象，进而产生更具抽象与隐喻性的艺术。

在实际生活中，许多禅僧就是文学家、画家和园艺师，他们营建了以修身而不是供佛为主的寺院，或被请来主持幕府将军和领主大名退隐的家族寺院，并在其中设计出表明禅宗思维方式的庭院环境，伴着特殊的审美意象，造就了既利于修行，又是日本特有园林景观的艺术环境——枯山水。

10. 2. 3 茶道
奈良时期，鉴真等中国唐朝僧人把茶叶饮品带进了东瀛，到平安时期茶种传入日本。从僧人开

---

❶ 罗照辉等，《东方佛教文化》，西安：陕西人民出版社，1986，第 94 页。

始，饮茶、种茶的习俗在日本逐渐形成了。日本的茶饮通常是把茶叶碾成粉末冲泡，更浓烈提神，僧人修行中常以饮茶辅助凝神或缓解疲惫。

带有仪式性的茶道伴随禅宗精神在镰仓时期初步发展，到室町时期的 15 世纪，经禅僧村田珠光基本成型。村田珠光扬弃了一味崇尚中国茶器，追求奢侈豪华的旧习，推进了以朴素、淡泊为尚的日本特点。茶道过程本身即是一种艺术，包括欣赏饮茶场所的建筑内外环境、茶水加工、茶具，以及接待、奉茶的主客礼仪等。茶道也受到上层贵族和武士的欣赏，室町幕府第 8 代将军足利义正就在其银阁寺(又称慈照寺)中举行过集合禅僧和艺术家的茶道聚会。

安土—桃山时期的茶道大师千利休使茶道更加完备，形成了"千家流"的模式，并进一步促进了相关建筑、书画、插花和园林艺术的发展。

他要求举行茶道的环境应具备简单、淳朴的美，追求侘－寂。侘指不加任何装饰的枯淡、孤寂，寂意味着经历沧桑的古旧感，反映同禅意和隐居相关的自然古拙、淡泊幽闭，并要让来这里的客人充分体验这些。这样，实际建在豪华宫殿、府邸园林，或城市街区内的茶室和它的周遭环境，就应使人获得避开奢侈生活和市井俗气，进入山中自然幽境的感觉。茶室形如民间简朴的草庵，并带来了枯山水以的外另一种日本特有园林，可称为露地的茶室园。露地有露水打湿的路径之意，通常狭小而树木浓密，还特别反映了日本人对潮湿环境与苔藓的欣赏。

千利休的后人继承了他定型的传统，并在发展中创立了表千家、里千家、武者小路千家这些有所区别的流派。这之后，以三个千家为基础又产生了更多的流派，如使茶室的草庵风逐渐向更华丽的风格转化的"矶部流"和"远州流"等。

10.2.4 绘画及敏感的心灵与眼睛

风景画对中国园林的山水组织有很重要的影响，特别是宋代山水画，在今天能实际看到的古代园林中，留下了很深的印记。日本园林也是如此，人们除了通过哲学、宗教和日常生活来了解自然，在园林中构筑具有相关意义的环境外，也从绘画艺术中获得启示，在园林中造就更优美的画面，中国宋代山水画在其中有重要影响。

借鉴宋代山水画最直接的是景观造型，如 14 世纪以后的瀑布叠石，岩石边的松树，明显有宋画中夸张的耸峻、虬盘形象。还有一些直接模仿长卷山水画的，在横向展开的园林视野中展示深山、溪水和广阔河流的连续景象。这些画境和园景都在很大程度上是人类心境的写照，敏感的心灵通过眼睛同自然的意蕴合一。

进而，是以留白的背景、简单的景观要素和黑白两色体现的更深邃意境，呈现在了日本园林，特别是枯山水中。其他如园林画面的不对称均衡、景深层次等等，也像中国人一样深深得益于绘画，并且也使表现自然之"意"成了构景的重点。

民族性的细腻一面和禅宗的影响，还使日本人发现和展示自然的眼睛与心灵更加敏感，非常注重一些细微精妙之处，经常产生貌似奇特或苛刻，细想却很有道理的构景与赏景方式。

一个历史故事说，茶道大师千利休的一处园地："立着一处石水钵，并能看到内海的美景。千利休在此有意种植了分为内外的两排绿篱。这种方式完全遮挡了内海景观，只有在客人弯下腰用双手汲水时，才能通过绿篱的间隙看到大海。千利休以这种方式精心设计了园林，期待客人先看到盆中的水所反映的主人内心，然后抬头看到无尽的大海。从而，阐释出水和海是一致的，同样，心灵与

无尽也是一致的。"❶

另一个故事说："千利休教儿子如何清理园子。这孩子清扫了园林路径和苔藓上的杂物，但每当他告诉父亲已经完成时，千利休总说他做得不好，所以他只得一遍遍清扫，直到地上没有一片树叶。可千利休仍不满意，他起身去摇动一棵长满秋叶的枫树，几片美丽的枫叶飘落到布满地毯般青苔的地面上，增进了自然主义的暗示。千利休告诉儿子，此时的景色就完满了。"❷

10.2.5 同园林相关的主要建筑类型

在日本园林的分类中，有些涉及建筑式样的概念，如寝殿造、书院造园林，及茶室园(露地)等，直接反映了园林环境的差异，使人们需要对相关日本建筑加以概括了解。

首先，历史上的民居和广为人知的神社，反映了日本早期本土建筑的基本特色。考古发现日本最早的房屋来自新石器时代，类似中国西安半坡仰韶文化的住房，室内地平下凹，平面近圆或方，通常由一棵中柱架起四周的木椽架，上面覆草，既是顶也是墙。其后木构墙垣出现，逐渐走向地板抬高，便于在潮湿的气候中保持室内干燥。茅草顶建筑的坡顶很陡，利于迅速排水和排雪，一些覆草屋顶上还有尽端木骨顺着坡面伸出，在脊部交叉，带来独特的装饰形象。这种形式至迟在大和时代就反映在了神社建筑中，并得到进一步艺术升华，形成早期日本神社的风格，伊势神宫是其优秀代表(图10-3)。

同其他国家的建筑发展一样，发展中的日本传统建筑也多以瓦顶取代了茅草。传统住宅在屋檐下还常有宽大的木平台，既是进入屋内的中介，也是可面对屋前庭院的席坐之处。对着木平台的房屋围护常是数面推拉格扇，在好天气里可让内部空间充分开敞(图10-4)。

图 10-3　伊势神宫　　　　　　　　　　图 10-4　居屋与庭院

在古代大和时期末的6世纪，随着佛教经朝鲜半岛传入，来到日本的还有建造佛寺的朝鲜和中国工匠。592年日本出现了第一座佛寺，继而在6到8世纪的奈良地区迅速普及，其中著名的法隆寺、唐招提寺等明显反映了中国南北朝到唐朝的建筑风格和组群布局(图10-5)。在这之后，日本皇

---

❶　Philip Cave, CREATING JAPANESE GARDENS, London, Aurun Press Ltd., 1993, 第20页。

❷　同❶，第60页。

室、幕府贵族的建筑，就长期带有同民间建筑和早期神社不同的形式了。在平安时期，外来风格和自己民族的礼俗结合，形成了寝殿造建筑风格。

初看一般的造型特征，寝殿造建筑同中国建筑很相像，但在群体和单体上都许多有不同之处。寝殿造的典型布局以高大的正殿——寝殿为核心，取中轴对称群体布局，两侧有称为渡殿的廊庑连接叫做东对、西对的配殿。进一步，在配殿处又继续向前伸出间有门的廊庑，称中门廊，到尽端以钓殿和泉殿的亭阁结束(图10-6)。

图10-5 唐招提寺

图10-6 京都东三条殿的寝殿造府邸与园林，可见寝殿(1)和东西廊庑(如图左的8、9)与园林的正面U形对应

大殿前有宽广的庭院，但通常不在中轴上设院门，须从侧面廊庑进入。寝殿造多用在寺庙、贵族府邸和宫殿建筑中，寝殿内部往往是一个大空间，用简单的屏风分隔。寝殿前的大庭院，靠近寝殿部分用于仪式，远处基于世俗享乐要求和净土宗传播的景象，布置供欣赏、庆祝和娱乐活动的园林。

另外，寝殿造反映了一种整体布局形式，具体建筑特征则依不同性质或时期而异。奈良时期的平等院凤凰堂大殿直接建在类似中国的石台基上，歇山顶上下筒瓦、脊兽、斗栱一应俱全，红色的柱子和其他装饰色彩也很绚丽。在平安时代，宫殿、府邸中这种情况也比较多，但渐趋素雅。联系防潮需要，地面还变成短柱托起的木台，并有宽大的檐廊与木骨纸间的推拉格扇。一些建筑还有可以使正面整个开敞的支撑隔扇，更显出日本特色。

在中世时期，比较突出的建筑变化体现在佛教建筑中。一是有了供佛的楼阁式建筑。同以前由单层建筑面对或围拢核心庭院不一样，它突出了外部环境中的高大独立体量，并建在园林中，共同造就特定的景观环境。另一是在佛教禅宗影响下，幕府将军和大名大量建造家族寺院，实际是退隐居住的地方。这种寺院同民间居住建筑没有明显的差别，建筑布局和组群入口都不强调中轴对称，而其方丈和书院，也就是主持僧人居住和待客说法的屋宇及庭院，相应变得更重要了。这种寺院带来了所谓书院造建筑布局形式。

近世江户时期，伴随着茶道的流行，草庵茶室也成为一种特定的建筑类型。按照茶道的侘-寂精神，典型的茶室首先借鉴乡村住宅，尺度很小，用自然的原木建造，并常覆盖茅草坡顶。茶室中还形成了后来日本住宅中流行的床之间空间：借用最初的佛龛或神龛，在建筑室内作一

图 10-7 床之间

凹龛，壁上悬挂书画，下面条几上摆置插花。茶室的建筑材料和造型都是质朴和民间化的。不过，在茶道流行中，追求古朴、优雅的情调逐渐变得有些做作，常以实际造价昂贵的建筑、园林和器皿来体现返璞归真的情调，如以很高代价寻求有些弯曲、带有结疤的古木来建造茶室或装饰床之间(图 10-7)。

这个时期的大型建筑最突出的是城堡式宫廷楼阁，主要统治者的居住和行政宫殿建在高大城墙般的体量上，如姬路城天守阁，数层楼阁坡顶飞檐，甚为壮观。其下复杂的墙垣间，以及更广的外部都有园林化现象。

建筑中的另一个变化，是大型书院造宅邸建筑的出现。中世后期以来，受乡间住宅和家族寺院的影响，大型府邸的寝殿造逐渐发生了变化。先是寝殿两侧的建筑布局不再对称，产生了所谓主殿造，群体关系趋于灵活转折，形成不对称房屋、围墙环绕的各处小庭院。进而，联系于支柱、梁架，内部空间也分为多室，采用木骨纸间壁的推拉格扇，房内铺上称为榻榻米的萱草席。出自佛寺书院和茶室的凹龛空间——床之间，也被引入了居住房屋，旁边附有称为棚的博古架，以及正面可向庭院开敞的副书院读书空间。具有这样总体布局和房间特征的府邸或其他建筑即称为书院造(图 10-8)。

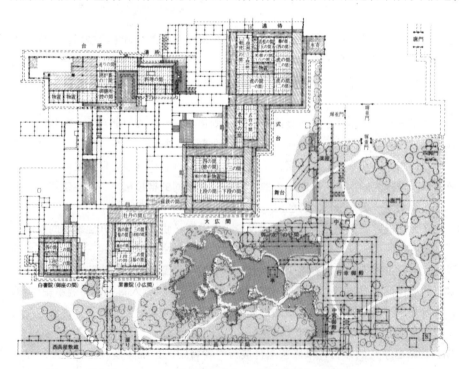

图 10-8 二条城二之丸的书院造建筑平面

书院造一度也像寝殿造一样有较华丽的色彩和造型(图 10-9)。伴随茶道和茶室审美的发展,书院造更朴素的变种——数寄屋在贵族府邸中出现了。典型的数寄屋采用黑瓦,本色或黑色木柱,柱间为白色间壁的木骨格扇或墙面(图 10-10)。

在寺庙、贵族府邸和乡村住宅之外,一般市民住宅称为町屋,木结构瓦顶,平面自由,常常围合一个或几个小庭院。

图 10-9　二条城部分华丽的建筑

图 10-10　桂离宫更素雅的数寄屋

10.3　日本的园林概念

当代文化的发展,使现在通用的园林一词实际含义很广,但细究起来多数时候有一些功能和环境特征的分类,像欧洲有园林与林苑,大体分开建筑附近的花园和较远处的林地。日本历史上的园林有些是要到景观环境中游赏的,有些是一般只能观看不能涉足的,同建筑的结合也形成一些特定的关系，某些方面同其他民族的园林呈现很大的差异。

日本园林可用汉字"庭园"来表达，当代解释为了为了观赏和游憩而种植树木，设置喷水、花坛、亭子等的人工创造的场所。突出表明庭园不是自然形成的，而是通盘考虑了建筑性质与特征，经过叠石、树种选择，水面、路径设计的。作为供人观赏、游览和思索的地方，古代庭园或其一部分反映着特定的世界观和宗教观。

"庭园"一词是一个近代的合成词，来自日语旧有的"庭"和"园"。"庭"是可从事各种活动的场所，指平坦的地段，不一定被围合起来，也不一定有植物。古代最重要的"庭"是神事和政事场所。奈良时期的《古事记》❶中倾听神托的清洁空间为砂庭，反映了神社附近铺白砂的传统。宫殿建筑的"庭"也常有这种处理。一般室外场地、住宅周围的空地等，也都可用"庭"来表达。同一时期稍晚的《日本书纪》❷中出现了"园"。不过，按照历史学家的解释，其中早期的"园"与其说是今天人们谈论的庭园，不如说是在一定管理下种植果树的场所。但是，虽然日语的"园"或"庭园"概念到此时还不确定，日本实际造园的起始却可推进到公元1世纪。至迟自那时起，人们就从欣赏自然环境，在其中游乐，逐步走向创造具有赏景意义的"庭"、"园"人工环境了。

中世以后，日本的人为造景园林大量增加，并有许多实际留存下来。形容这些园林环境时可通用"庭"、"园"两词。在16世纪来日本的传教士所撰写的日葡字典中，日本词"庭"、"园"、"前栽"均可译为帕提奥。葡萄牙同西班牙有民族和语言亲缘关系，葡、西的帕提奥原意为中庭式的庭院。至少在穆斯林统治时期，这一地区的帕提奥就是联系房屋的园林环境。近世江户时期京都的导游书《都林泉名胜图会》用"林泉"来表达园林概念。实际上，历史上的一些日本园林也常会具体称为某某院，或以具体宫殿、寺院名称来概括。

合成词"庭园"出现于近代明治时期，19世纪末逐渐固定下来，把造园场所及其环境、景观意义联系到了一起。从地域文化和自然式这种基本特征上看，当谈到日本"庭园"时，应能在概念的外延方面把日本园林同东亚以外的几何式园林区别开，也应意识到东亚共有的自然式园林之间的差异。至于其内涵，则涵盖了日本园林历史上各种园林的相同与不同之处。

在不同的场所要求和观念的作用下，日本历史上的不同园林类型有着各自的独特布局与景观特征，在日本园林介绍中总会见到一些分类阐述。

总的来讲，日本园林属于自然式园林，在此之下的类型划分可以来自不同的角度。从地形看，可有平庭、池泉园和筑山园；从赏景角度分，可有坐观园和回游园，大型回游园中还有泛舟为主的池泉舟游园和步行观赏为主的池泉回游园。从与宗教相关的意向看，有净土式园林，也有更抽象的禅宗园林；联系特定建筑，可分为寝殿造园林、书院造园林、茶室园(露地)等；在景观特征方面，又可分为常见湖池山水木石配置的自然式，以及更独特的枯山水。上述园林概念分类，实际上存在着许多审美观念、造景手法和游赏方式的交叉。

下面以历史发展脉络为线索的日本园林介绍，将尽量使读者能比较容易把握日本园林的各种类型特征，及其在不同建筑环境中的体现。

---

❶ 712年太安万侣撰汉文3卷史书。以皇室系谱为中心，记日本开天辟地至约592～628年在位的推古天皇间历史，含神化传说与史实，亦有许多歌谣，是日本最古老的文学作品。

❷ 720年舍人亲王主持完成的官修汉文30卷史书，为日本最早的编年体正史，原名《日本纪》，记述神话时代至持统天皇时代的历史。

10.4　平安时期以前的古代——园林艺术逐步成型

在 3 世纪末大和王权确立、国家初步形成的阶段，日本历史的"古代"伴着高冢式古坟的出现开始。建造古坟石室和石棺以及周围的壕沟需要大量石头，促进了石加工和垒砌技术，使用垒砌坟丘的版筑方法，进行池沟开发和筑堤等大规模土木工程。这些技术是后来日本园林建构的重要基础。

大和时期的《日本书纪》记载了日本古代早期的园林，其中对景观追求的描述常有同中国典籍相关的内容。据其记述，传说中公元 1 世纪的景行 4 年春 2 月，景行天皇在皇居的庭中放养了金鱼。其后不久的仲哀天皇 8 年春正月，敬慕中国周文王明德的百姓建成了灵沼，让人联想中国《诗经·灵台》中天空百鸟纷飞(白鸟翯翯)，池塘群鱼跳跃(于牣鱼跃)的情景。看来日本最早的人为园林环境同湖池相关，体现了各民族早期园林的共性。到历史记述更可信的古坟时期，《日本书纪》中有 5 世纪初允恭天皇 2 年皇后在园中游玩，隔着篱笆观望兰花，以及允恭天皇 8 年傍井观赏樱花的记事。说明在住宅周围设置篱笆，栽培蔬菜、花卉这样的实质性庭园空间已经形成，园林审美意识也已经进入初步确立阶段。

考古发掘出的三重县伊贺市城之越遗迹，是 4 世纪古坟前期同祭祀相关的场所，也反映了园林造景意识和相关技术，已被作为日本名胜及史迹保护下来。遗迹显示有 3 个涌泉汇成一条大渠，流到附近的村落旁。涌泉边叠石和经过加工的木材围成井状，渠道用贴石护岸，三泉合流的地方则配有叠石。这些可佐证历史文献，反映那时的池泉水景特征与营建技术。后来造园在水流交汇处置叠石的手法，以更高的艺术性与此一脉相承。

古坟后期的日本园林开始采用石山来表现佛教的中心——须弥山，这种象征性的山在 7 世纪盛行。根据《日本书纪》记载，7 世纪前期推古天皇在位时的 612 年，来自朝鲜半岛的工匠在皇居以南的庭中建造了池泮的须弥山和吴桥。其重臣苏我马子是日本本土池泉园林艺术的重要先驱，620 年前后在自己的住宅南庭中设置了水池，池中设有岛山。7 世纪中期在位的齐明天皇也营造了相似的园林。在平坦的"庭"中挖池、筑岛，形成观赏性的园林。这样的造园方法形成之时，正是经朝鲜半岛传来佛教之时，崇佛与否曾引起很大争论。结果是，崇佛的重臣苏我家族占了上风，建成了飞鸟寺等许多寺院。可以认为，池山组合的较成熟园林艺术是伴着佛教来自朝鲜的，并带有更远一些的中国痕迹。

7 世纪下半叶到 8 世纪下半叶编纂的《万叶集》，是日本现存最古老的歌集，其卷二的歌中留下了 7 世纪后期草壁皇子住宅中的园林情景。从中可知其庭中有池水，池中漂浮着小岛，岸边有叠石组群，叠石间点缀着杜鹃花。这个庭园被称为"橘的岛宫"，可能还种有橘树。

随着飞鸟宫和平城京遗址挖掘，日本文献中没有的更多园林信息被发现了。1975 年的平城京挖掘，从左京三条二坊六坪中挖掘出长 55 米、最宽处 5 米，细长弯曲，底部铺有玉石的庭池，作为可以举办曲水之宴的园林场所而引人注目。❶ 池水蜿蜒曲折，池底卵石铺垫，池边叠石石组林立，从中可以看到奈良时期的造园技法，还可更生动地想像当时的景象。

日本的神社本来就多建在山水林木之间。《古事记》所载的砂庭虽然还不能算作真正意义上的园

---

❶　同中国曲水流觞，流杯通过自己面前时必须咏诗，否则罚酒，简称曲水或曲宴。

图 10-11　严岛神社大鸟居

林，但在更往后的园林中留下了强烈的印记，7世纪起的一些神社建筑则有了同风景结合的精心设计。13世纪重建的严岛神社创建时间据信可推到推古天皇时期，按照日本传统，其基本布局应保留了最初的构思。神社位于一处树木茂密的海湾尽端，依山面海，以大海为池泉，背后的山为神体。现在的景象是，周围用曲折回廊相连的主要殿宇和平舞台伸入水中，同海上浮现的大鸟居❶由一条中轴线相贯。融入自然的空间与造型序列，构成了连接海与山的壮丽风景线，并体现了日本民族的"风土"意识❷(图 10-11)。

日本民族对海与海岛有深刻的记忆。除了严岛神社这样的地方，对远离海边、深入山间的人来说，大海，特别是濑户内海的美丽风景长期是眷恋、憧憬的对象。这一时期已有描绘曲折回转的海滨、岩石交错的海岸、星罗棋布的海岛等海景的各种记录，它们大部分成为以后日本造园的重要依据。加上佛教和中国神话的影响，筑池为海，海中筑岛在7到8世纪已成为造园习俗，并辅以白砂、卵石、曲流、瀑布、树木、花卉等来自自然的其他景观要素，一直为日本园林所继承。

在自身自然风景、古老文化和外来影响的作用下，自古代的大和到奈良时期，日本的造园传统逐步成型。

10.5　平安时期——寝殿造、净土宗园林与《作庭记》

8世纪末日本首都迁移到平安京，即今天的京都。在吸收外来文化中，日本园林的独特性开始走向成熟了。京都地处一片盆地，周围三面是山清水秀、清流缠绕的风景胜地。起伏的山峦到处都有自然森林和池泉，山溪河流中有大量美丽的卵石和白砂，盆地边缘还有若干个独立的小山点缀。这既是造园和汲取景观的上佳天然环境，又提供了丰富的树木、石、水、砂等优良造园材料。

平安时期的京都有大量的园林，如在东西2町南北4町的一个范围内就集中了神泉苑、冷泉院、朱雀院、淳和院等皇室和贵族的庭园。比之以前只能从文字和考古发掘中去了解，这一时期的一些园林留下了一些局部景观遗存。在今天的神泉苑处，就可依稀看出当年巧妙利用丰富的涌泉蓄水成池的情景。

这一时期，日本还开始形成在城郊选择风景名胜，建设离宫或别墅的传统。大觉寺嵯峨院的大泽池是9世纪嵯峨天皇在京都城外离宫中建造的园林。其主要部分为湖池，近北岸有大小两个小岛，并有叠石和瀑布，是平安时期珍贵的遗迹。

---

❶　形体和空间作用类似中国牌坊的日本建筑。
❷　日本人关于自然场所与人文的观念，有类似中国风水和古希腊场所精神(Genius Loci)的地方。

平安时期最重要的日本园林发展，是出现了寝殿造宫殿园林和净土宗寺的园林庙。

文字和遗迹显示的日本园林，到此时还没有回游与坐观的明显区分。以湖池为核心的较大园林可实现回游，而赏景也不排除坐观，特别在小型庭院是如此。在可以实现回游的园林中，坐观的意义是否得到强化则同建筑布局有密切联系。日本中世以后出现了纯粹为了坐观的园林造景，同寝殿造造就的环境特征不无关联。

寝殿造建筑的基本布局大体对称、通常朝南的 U 字形建筑围合寝殿前的庭院。坐在寝殿廊下的平台上，主人既可显示其地位，也可很好地观赏园景和在其中嬉戏的人。

寝殿造园林常自南面的遣水——水渠引入水源，但也要视具体水源方向而定。园林核心是白砂庭后面岸线自由的湖池，池中设岛，远离建筑的池后可堆山。最能够清晰反映寝殿造园林的例子是京都的东三条殿。它是显贵藤原家族最高规格的府邸，从古代画卷和贵族日记中很容易了解其布局和景观特点，并做出复原图(参见图 10-6)。

这处府邸占地东西约 100 米，南北约 200 米，寝殿前面是美丽的庭园，来自东北角的水渠注水入湖池，池中三岛和池岸间用朱漆勾栏拱桥和平桥相连。池西西中门廊后树木浓密的山林利用了原来的地形，东侧廊庑前端的钓殿伸入池中，衔接了最大的岛。水边和岛上种植着伴随季节变化的植物。在水渠处有低矮的叠石和筑山，前面栽植灌木等植物。同东三条殿类似的府邸和园林在京都一度很多，但基本都已损毁，并在历史变迁中埋入地下了。这类府邸中的高阳院已经得到发掘，出土了部分池庭园林遗址。

由于平安后期长年战乱、多次火灾，以及城市过度开发、水源枯竭，京都市区园林开始衰败。皇室和贵族又在郊区自然环境中选址建造府邸和园林，其中一些规模很大，如鸟羽离宫和白河离宫等，并将大自然的湖沼当作了宫殿的园林。

实际上，日本没有一个完整的平安时期寝殿造宫殿、府邸遗存，可留下了很多形式上同属一个体系的其他建筑和园林，特别是佛寺。贵族出身的高僧住宅和寺院庭园遗迹到处可见，其中平等院凤凰堂具有典型性。

在平安繁盛时期的 1052 年，权力曾相当于摄政大臣的藤原道长的儿子藤原赖通，将自己的别墅改造为净土宗的寺院，即平等院。利用自然溪流形成的水池，1053 年在中央岛上建造了凤凰堂(阿弥陀佛堂)。凤凰堂正殿加上两侧对称的翼廊和后面的尾廊，模仿昂首翘尾展翅欲飞的神鸟凤凰。其形体关系同寝殿造并无二致，且同水面面积的比使水面更像被它"环抱"的湖池，净土意象的寺院环境因而呈现了寝殿造园林的特点。现在的平等院从建筑物到佛像都被指定为日本国宝(图 10-12)。

从奈良时期开始，日本园林就出现了以象征性的海为主，整体上浓缩自然山水景观的趋向，这在平安时期的寝殿造园林中很明显。此外，如右大臣源融的府邸河原院和六条院等，有的园林还模仿了一些具体地方的自然海岸与岛屿景象。

随着净土宗佛教在上层社会的影响加大，反映西方净土极乐世界的寺庙园林在平安后期开始流行。

净土宗寺院通常要求一种特定的象征性环境，在山门或供奉阿弥陀佛的大殿前造莲花池，上架桥梁，哪怕只是小小的，也有很强的隐喻。主体建筑或群体布局，则强调象征宇宙的曼荼罗图式，即基本为正方，又突出正交轴线方向的图形。这一宗派对净土情景的描绘，很容易借园林环境把对净土的追求体现在现实中，在平安后期同日本造园艺术结合在了一起。

图 10-12　平等院凤凰堂

　　奈良时期的净土寺院，在主要建筑阿弥陀佛堂前建水池，里面种莲花。药师寺和法华寺净土院等具有代表性，其基本特征延续到平安时期。同寝殿造不同的是，这里的中心建筑不是寝殿及与之相连的附属建筑，而是独立的阿弥陀佛堂。堂前水面加大，并在水边营建塔和楼阁，且力求华丽。美丽的倒影映在水中，让人联想净土世界。11世纪的平等院凤凰堂有寝殿造的诸多特点，但主体是佛堂，建筑临水，倒影清晰，且原来还有钟楼、塔等，体现了净土宗的追求。

　　净土宗宗教建筑与较大面积园林结合的典型，在12世纪初期形成于在远离京都的岩手县。这里的中尊寺和毛越寺，以及京都的净琉璃寺代表了典型的净土寺庙园林(图10-13，图10-14)。建筑成为湖池前后左右相对独立的"点"，但形体和总体布局都很接近曼荼罗意象。参拜者从南门进来，越过拱桥经中岛到达主要佛堂，沿途可感受美丽的园景和华彩的鼓楼、藏经楼及其水中倒影，还有整体环境布局所蕴含的交叉轴对称关系。

图 10-13　毛越寺现状

净土宗寺庙园林导致了依据宗教，但世俗意义更强的净土式园林。相关的建筑和园林特征，是破除了寝殿造建筑和园林间比较刻板的关系。从整体环境看，建筑即使本身形成院落，也处在大面积的湖池园林边缘，可视为一个个的"点"。11 世纪末的鸟羽离宫位于平安京外南部风光明媚的地方，东西 1.5 千米，南北 1 千米，结合了自然风景和人为营建。大型湖池上有数个小岛漂浮，以水面为中心，结合南殿、北殿等居住建筑，以及与安乐寿院等堂、塔，共同构成了表达净土意象的园林环境。12 世纪著名的净土寺院园林还有西芳寺，也位于京都附近的风景名胜中。后来的改造使其建筑发生了很大改变，但自然地形和相关园林布局留了下来。

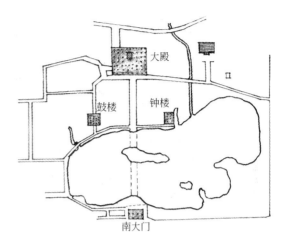

图 10-14　毛越寺平面复原

可以说，寝殿造和净土式园林共同构成了日本园林继续发展的直接源头。它们大都可归于池泉园，园中的岛可有筑山，能泛舟的大型湖池也可说是舟游园。实际上，在以后的园林发展中，较大的一般都会有掘池筑山，池泉园和筑山园很难分开。比如，对 17 世纪江户时代的桂离宫，当代形容为回游园、池泉回游园、筑山园的都有。

日本园林在平安时期走向成熟的另一标志，是出现了日本最早的园林专著——《作庭记》，又名《前栽秘抄》等，现存的最古版本出自 1289 年，最终定名《作庭记》是在江户时期。廉仓时期以后，日本出现了许多师徒传承的园林栽植技艺抄本，通常称作各种"前栽秘抄"。关于《作庭记》的作者及著作时间有各种说法，但现在基本认为是当时任专事营造官员的橘俊纲完成于 1094 年前。

橘俊纲出身显赫的藤原家族，后随养父改姓橘俊。平安时期长期专权的藤原家族是日本园林艺术的重要促进者，东三条殿是这个家族的，橘俊纲的生父是平等院的主人，而其本人是当时一流的造园家。

《作庭记》是以当时流行的寝殿造园林为基础的造园书籍，并以叠石为基本线索。该书前半部分从叠石的概要开始，论及了园林的池、河、岛，以及瀑布、水渠的做法。后半部分从口传的叠石法开始，具体论述了其造型手法与禁忌，还阐述了树、泉等。最后在杂部涉及了楼阁。这些内容反映了平安时代后期庭园的用地分割、叠石、瀑布、水渠、植物种植等技法的秘传，多数是关于意匠和施工法的，完全没有插图。《作庭记》还反映了四神相应观和阴阳五形说，具有同中国风水相关的吉凶意识，并贯穿了从自然风景中获得构思的思想，突出了人顺应自然、融于自然的造园思想。

《作庭记》是日本园林艺术的重要著作，使后人能比较详细地了解当时的园林艺术观念和手法。不过它没有插图的特点，需要读者具有非常专业的知识基础，才能真正从中把握日本园林的各种技法。❶

---

❶　国内完整的《作庭记》研究著作可见张十庆《〈作庭记〉译注与研究》，天津：天津大学出版社，2004。

10.6 中世——净土式园林的演变，禅宗与枯山水

日本中世的京城仍然在京都，园林艺术的发展首先是净土式园林的继续，进而是佛教禅宗影响下的枯山水造园成型，产生了一种以坐观为主的小型庭院园林。

净土式寺院和园林的继续发展，首先来自取得实际统治地位的镰仓幕府第一代征夷大将军源赖朝。作为平安后期的幕府将军，传说他1189年7月在作战时看到了毛越寺等净土寺院，为其庄严所感动，在镰仓继承净土式的形式，建造了永福寺及其园林，为战死的弟弟和众多的官兵镇魂。1978年镰仓市对主要殿堂和前面开敞的庭园进行了考古。到1993年已经发掘了1.2公顷，其布局和殿堂规模、庭园的情况基本明了。

净土式寺院园林在中世发展出更具世俗特征的净土式园林。曼荼罗图形在它的整体布局中不再明显，而把更多利于丰富景观的佛教传说纳入园林，并同日本对海、岛的崇尚，以及叠石传统结合在一起。园林自身景观同寝殿造园林没有根本区别，独特之处是不受建筑对称轴的"控制"。体量高大的一处楼阁相对自由地位于湖边，湖池环境向楼阁以外的更远区域伸延，并在人为加工中容纳了更多的自然景观。既强调了在楼阁上观赏的画面，又以更大区域和复杂的空间关系突出了游赏价值。这方面比较典型的有西芳寺、金阁寺(又称鹿苑寺)、银阁寺等。

金阁寺的历程很能反映这一时期净土园的发展。13世纪初，镰仓时期的公卿太政大臣西园寺公经在京都西北建设了北山第。他投入百万巨资建造了富有变化的园林，以大面积湖池为中心布置了众多的经堂和住宅。临池有钓殿，池中有中岛，岛上种植有松树。1225年访问这里的藤原定家在其日记《明月记》中描述了园中45尺瀑布的池水宛如琉璃，泉石清澄，无与伦比。另外，在《四镜》的历史故事中也可以看到它巧妙利用地形的特点。❶

北山第留下的可见景观来自室町时期。著名造园家，禅宗和尚梦窗疎石1339年的西方寺改造留下了很大影响。梦窗疎石是廉仓和室町时期的著名禅宗僧人，热爱自然，艺术修养深厚，1305年在镰仓净智寺修行，到室町时期曾任国师和西芳寺住持，是这一时期众多造园家中的突出代表。他对西方寺的改造包括在湖边增建了琉璃楼阁，并改其名为西芳寺。西芳寺的楼阁早已不复存在，但金阁寺和银阁寺之所以得名的楼阁都模仿了它(图10-15)。

1397年，室町幕府将军足利义满成为北山第的主人，进一步扩大和丰富了这处府邸和园林。作为著名的幕府将军，足利义满对艺术有浓厚的兴趣，并欣赏中国文化，有时还穿中国服装。暮年时他以禅让的方式移交了权力，精心营造了这个豪华的退居之地。

同造园师一起认真研究了梦窗疏石的西芳寺之后，足利义满在这个园区镜湖池离岸不远的水面上建造了著名的三层楼阁舍利殿——金阁。金阁是园林景观中的高大主体，站在阁上可瞭望整个园景。以相互间并非由中轴联系的楼阁和湖水为核心，水面与周围景观设计均联系于楼阁及其上的观赏点，既可实现回游，又特别注重高处看去的深远画面(图10-16)。水中的岛和林中的石景也远比早期净土宗寺庙园林丰富，并有更广泛的寓意，如反映鲤鱼跳龙门的小瀑布等。

---

❶ 编年体历史故事，作者未详，推测成书于日本的南北朝时期，为先后成书的《大镜》、《今镜》、《水镜》、《曾镜》合成，对北山第的描写主要见《曾镜》。

图 10-15　金阁寺金阁

图 10-16　从金阁方向看的园林湖面

　　北山第还曾有寝殿造宅邸和其他许多建筑。足利义满死后，这里改名鹿苑寺，但更长期以金阁寺闻名。1422 年金阁寺成为禅寺，后来经历了很多建筑迁建、庭园损毁。现在的金阁寺建筑与园林是江户时期修复的，金阁本身又经历了 1950 年的火焚和 1955 年的复建。但据信金阁及其附近的景观仍保持了当年的基本特点。

　　禅宗在镰仓和室町时期的佛教传播中逐渐普遍，精妙的思辨促进了以隐喻来表达抽象概念的文学，中国宋代水墨山水画也得到广泛欣赏。水墨山水中的山石峰骨以及单色、留白的雅致、深邃，在艺术审美中留下了深刻的印记。这类审美同日本在庭中铺砂与园林叠石的传统艺术相结合，使枯山水成为日本园林艺术的重要一支。

枯山水以石、砂为主来建构园林景观，通常色彩和造型都很简练，同一般自然山水园的最大区别是其抽象性，即并非以直接的模仿来再现山水，而是以一些简单的自然材料和造型来隐喻山水。日本是被大海环绕的岛国，自古习惯园林要有湖池，并特别热衷在水中立岛。当在一些不利引水的地带造园，同时又希望表现水时，枯山水便可成为一种方便的方法。不过，枯山水成为一种形式优雅、意义深邃的造景，更是联系于神道和禅宗的。

日本神道传统很早就有在神殿和神龛周围铺白砂的习俗，应用岩石造景也可上溯到古坟时期。据《作庭记》记载，在当时的墓石室周围因为不容易清除巨石，就索性把它们作为环境景观的一部分了。在寝殿造和净土式园林中，叠石、岛屿成为同水配合的重要元素，一些岩石也不一定在水边，《作庭记》论述的石作就有"于无池无遣水处立石"等手法，为枯山水打下了伏笔。镰仓时期禅宗流行，禅僧在寺院园林中立石，被称为立石僧。简单的岩石体现坚韧、恒久，又可表达专注和单一，能够迎合禅宗的沉静冥想，在更抽象地把握万物的属性中，领悟空的真谛。而室町后期连续战乱，经济上也没有实力营造景观丰富的湖池、筑山园林，客观上促成了枯山水的流行和成熟。

在镰仓和室町时期，叠石形式也出现了变化。此前传承流行的日本叠石多数造型以横向叠置为主，单独的岩石也多是卧石，或顶部平阔。这种情况以后也长期是日本的特色。不过，在中国山水画的影响下，禅宗园林中出现了竖向尖耸的造型，但通常不像中国园林那样组成可以攀登游入的较大山景，而是在视线的关键点上形成小尺度的象征性山峰，并时常联系于小瀑布。

枯山水可分为前期和后期，前期多在湖池园林的自然山体处形成局部景观。后期出现了在平庭庭院中的完整枯山水园景。

前期枯山水的著名造园代表人物是梦窗疎石。在他的西芳寺园林造景中出现了山林苔藓地面上的石构枯瀑布与枯溪，另外植物色彩也被"单一"化了。在改造西芳寺的同时，梦窗疎石还在另一处旧寺院的基础上营建了为驾崩天皇超度的天龙寺。禅宗的天龙寺，从方丈建筑和湖面的关系看很像净土寺庙。在与方丈相对的湖对岸，依山有一组尺度不大但很醒目的枯山水瀑布，主要构景采用了竖立的岩石。天龙寺的枯山水和西芳寺一起被视为前期枯山水双璧，这类局部的枯山水往往融洽地汇入自然山水园中，并在江户时代的大型园林中再次经常出现。

平庭枯山水最早出现在小型家族寺院中，位于礼佛修行或聚客论禅、研讨艺术的方丈或书院处。本来禅宗寺院方丈前的庭院是仪式性场所，以白砂铺地，并不是用于观赏的园林，后来仪式移到室内，这里就可以布置园林了。

在建筑和墙体围合中，枯山水园景一般占据整个矩形庭院，规模不大，且除了修葺整理外，只能在建筑处坐观。最典型的枯山水是以白砂为水，也有土黄等颜色的，配以简明的岩石，有时配少量树木和青苔。从建筑处观赏，背景是具有空白感的墙体。中国宋代山水画的似真非真同禅有密切的联系，日本的后期枯山水园林以实体环境再现了禅意。虽可象征或比喻山水，但在心境中，砂可不再是砂，石也不再是石，甚至以砂象水的水也不仅是水，以石象山的山也不仅是山。这种园林时常也有真的植物，不过同岩石配合的灌木多求低矮，烘托岩石。如有乔木也以孤植为多，在园林一角像一个伞盖，活跃画面构图(图 10-17)。

图 10-17　大德寺方丈枯山水

在铺砂地面上，一些园林以精心修剪、多为团状的灌木取代岩石，但仍给人有关岩石的联想。这种园林最初可能出于不便搬运岩石，后来也成为一种流行形式，可称为型木枯山水。一些型木枯山水园完全没有岩石，另一些在团状伏地的灌木间点缀竖立少量岩石。

在以铺砂地面为主的枯山水外，还可有苔庭和石庭。苔庭以青苔取代白砂，其上可为典型的岩石配置，或团状灌木造型。石庭在树木和围墙间的庭园苔藓地面上密布较小的石块，配以突起的岩石构景，有时辅以自然形态的灌木。白沙、岩石、苔藓、灌木构成的枯山水形式多很简单，但也有些具体象征瀑布、河流、岸线和林木的，构成一幅山水画般的景象，可称为水墨山水书画式庭园枯山水。

1490 年左右京都慈照寺园林，反映了室町晚期净土式园林和平庭枯山水的并置。它的银阁模仿了金阁寺，但尺度较小的阁楼更为素雅，而湖池园林的水体、岩石、树木、景深与曲径则丰富得多。同时，在其寺院方丈建筑外，有一片同夜晚明月相应，使人感到极为空净的白砂铺地和圆锥台，虽同其他风景处在同一院中，但呈现了全然不同的区域意境。

1499 年战国时期的龙安寺方丈庭园是平庭枯山水的极端，四壁之内的庭院满铺白砂，上面只散落着基部有青苔的岩石。大约在近世之初的 1507 年后不久的京都大德寺大仙院庭园，是室町时期以来水墨山水书画式庭园枯山水造园的代表。它具有典型的围墙、白砂、岩石，又不似龙安寺那样"极简"。竖直的尖耸岩石构成瀑布造型，更多岩石构成砂河中的成桥、岛、船等象征造型，并有精心修剪和布置的树木，比较直接地借鉴了山水画的意境。

除了特定的枯山水园，近世许多园林都常有枯山水区域。

10.7　近世——茶室园(露地)、书院造与回游式园林

室町时期茶道流行时的茶室，一些就在府邸、寺院建筑的房间中，另一些则在其园林里，这种情况以后也经常出现。但是，经安土—桃山时期，在千利休等茶道大师的促进下，茶室外的露地(茶

室园)到江户时期形成了一种特定的园林。这种园林令人感到，一切都是为了通往茶室的路径与行为过程设计的，让人进入市井外的孤寂世界，并且使心灵在逐步宁静中更加敏感，为最后在茶室中举行的茶道艺术礼仪做好充分准备。因而这种园林追求自然，但不试图展示或象征大面积山水风景，也不去象征某种抽象的自然概念。它们往往是小小的浓荫、潮湿环境，有林中隐秘之所的真实感。

茶道的分流使茶室园也形成了有些细微差别的流派。主要有千家流的露地和织部、远州流的露地。前者如表千家不审庵，有明显的三层庭园空间，除一般的内外露地外，紧接主要茶室处还可有一处被竹木篱笆围起来的专用露地；后者如薮内家燕庵，茶室外是内外两层露地，但在主入口内由腰挂围拢出一个汇聚、等待空间，形成园中三个层次的场所。

常见的茶室园内、外露地通常用不完整的竹木篱笆示意性隔开，其间称为中潜的门也是这类材料和乡村风格的。外露地是离开纷乱现实的第一步，入门后的主要建构为称为腰挂的休息、等待处所，有木棚和长凳，是参加茶道仪式的来客聚齐等待主人迎接的地方。进而，主人可能会在中潜处迎接客人进入内露地——一个更远离纷乱现实的场所。内露地也会能有腰挂，人们可再次坐下休息、赏园。之后，把鞋置于茶室前的踏脱石上，经一个非常小的门廊，转向进入隐秘的茶室内部(图 10-18)。

图 10-18　茶室园典型模式

茶室园的树木可能不太大，但小尺度的庭院会使它们足够产生曲径入林的感觉。露地中的植物多为阔叶乔木和灌木，可以有开花的，但一般没有地表处的草本花卉，总体保持浓绿的色彩与情调，并时常配以貌似随意的散落岩石，及其附近的低矮蕨类。地面会有意经常洒水，使之长满青苔，路径上也是这样。路径欲保持野地青苔、人迹罕至的感觉，又要使行走时足鞋洁净，因而采用了间隔开的天然状石板铺路，称为飞石径，曲折自然且或疏或密，变化多端。

露地中的另一个重要园林要素是石水钵或石蹲踞，并可不止一个。不高的一块大石顶有水凹，由竹管引来的一缕细流，处在绿叶环绕中或茶室门前，让人们谦逊地弯腰或蹲下洗手。露地小景还有源自宗教场所的石灯，后来广泛应用到其他园林中，也成了日本园林特有的景观。在茶室园里，石灯常同路径转折、内外露地门、石水钵或茶室门相关，夜晚在一个点上带来一缕幽幽的烛光，同更浓暗的树木阴影配合。园中还有称为雪隐的木棚砂地厕所，以及处理清扫树叶的尘穴。这样，茶室园林的一切看上去都很生活化，是超凡脱俗的隐士生活在各方面的细微反映，自然而然。

在茶室园发展中，貌似古拙简朴的茶室、篱笆、木棚门道与长凳、石灯等越来越是精心设计的结果。一方面，其选材和营建往往花费不菲，幽秘乡居小景的情调实际上很贵族化。另一方面，茶室园竹木建构与小尺度园林构成的自由组合关系，加上石水钵、石灯等，同枯山水一道构成日本园林非常有特色的一支，其各种景观元素后来也渗透到了其他园林中。

室町时期书院造宫殿、府邸的出现，为近世日本园林，特别是建筑与园林的整体关系带来了另一些变化。

在平安时期贵族住宅流行的寝殿造中，寝殿正前方是相对较大的园林环境，虽然主入口多在两侧，湖池、岛屿和植被形态自由，但以水为中心的整体布局，及其同建筑的配合仍依据轴线，颇具对称感。典型的净土寺庙园林也是这样，对曼荼罗图形的追求，轴线上的主要殿宇和庙门更加强了对称性。室町时期以后更世俗化的净土园林，则在突出楼阁和它前面大面积的深远湖池风景的情况下，走向了整体环境的不对称。

书院造府邸的主入口通常并不直接同主要厅堂或其庭院相连，往往经过前庭、廊道转折到达，主建筑组合的外轮廓也转折多变。这样，就形成数个可以园林化的庭院，面积、方位和朝向都有不同。各处庭院依照建筑的性质和主人的情趣进行园林处理，常常有不同的景观意象。

书院造建筑中的某些园林特点，已经反映在了中世以后的家族寺院中，典型的如龙安寺、大仙园方丈等建筑前的枯山水园林。进一步的书院造宫殿、府邸园林，可以包含两种园林环境。

一种是在建筑和近处墙篱围合中的较小园林，枯山水、自然式山水均可能出现，同房屋结合密切，特别适于在建筑廊下或床之间与副书院前的榻榻米上坐观，三宝院是这种园林景观的代表，面对形体转折有致、廊庑相接的非对称建筑整体，有一个相对大一些的南庭，其园林造景浓缩了以前形成的各种造景手法，有平面曲折的湖池和岛屿、小桥，丰富的叠石、树木，也有枯山水的白砂等等。二条城二之丸的庭园园林同三宝院的手法相似(图 10-19)。

图 10-19 二条城二之丸园林

另一种以京都桂离宫和修学院离宫等更大规模贵族和宫廷书院造园林为代表。进入江户时期后，原来常为寝殿造的王室宫殿也主要由幕府负责修缮，因此也变成了书院造建筑，并时常引入数寄屋形式。与此相关的园林，有建筑群体附近的小庭园，更有向远处扩展的更大规模湖池、岛屿和筑山，体现着寝殿造和净土园林的长期流传和发展。

同书院造建筑相关的园林可称为书院式园林，但也就在大型书院造建筑的园林中，联系于行动游赏方式的景观组织越来越突出，形成了所谓回游园或池泉回游园。江户时期初期是日本湖池净土、枯山水、茶室园、书院造等众多园林样式并存的时代，回游园是这些传统积累的集大成者。回游式园林和书院式园林应是不同范畴的概念，它表明的景观组织方式却主要体现在江户时期的书院造府邸、宫殿园林中。

回游式园林的基础是面积大，重要特征是景观环境可相对脱离同园林相关的主体建筑组群，其中的筑山还常带来远方借景(图 10-20)。

图 10-20　修学院离宫园林与山坡上看到的园外群山

寝殿造园林虽然有湖池和岛，但营建于寝殿的轴线上，并被建筑物呈 U 形围合。现在比较清楚知道的藤原家族东三条殿占地约两公顷，园林面积在一公顷以下。由平安到镰仓、室町时期得到大力发展的净土式园林规模面积往往很大，且具有回游式的特点。分为两部分的鹿苑(金阁)寺下园湖区占地 9 公顷余，大面积的园林可绕湖环游，但这类园林的设计往往围绕着一个核心赏景点，如金阁。并且，相对于江户时期博采历史众长发展起的回游式园林，园景特征相对单一些。

江户时期以来的大名和王室贵族，在书院造宫殿府邸外围往往营建大面积的园林，基本传承了寝殿造和净土式园林的自然式湖池，但并不同主要建筑群形成对应关系，也不用高大楼阁来控制它，而是可让人离开房屋及其近旁的小庭园，游入深远的山水环境。此时，围绕掘池、筑山等造景特意设计了回游路线，使之可称为回游式。

回游式园林突出了游赏散步中的场所和景观变化。园景中可有最佳观赏位置不同的湖面、砂岬、岛屿、山坡，以及形态、色彩各异的树木配置景观，并建少量茶室、棚户、长凳等活动和休息场所。山水之间用多变的桥梁相连，路径则依主人喜好或区域不同，有铺设整齐的石板图案或形状自由的间隔飞石。各种景观要素在回游路线上的展示，时而给人真正自然山水之感，时而让人进入一处枯山水的艺术领地。欲扬先抑的障景手法经常出现，展开宽阔的池面之前必有茂密的树木。在按时间顺序逐渐展开的各种园内主题景观之外，还可有针对特定位置的园外借景。

江户时期的池泉回游式园林是近代以前日本造园的顶峰。其他著名回游式园林还有今东京都小石川后乐园、金泽市兼六园、冈山市后乐园、高松市栗林公园、熊本市水前寺成趣园等许多（图 10-21）。由于建造时间较晚，保存良好，且有大面积园林环境，它们在今天仍是日本人日常游赏的场所。

图 10-21　栗林公园

近世城市工商、贸易更加发达，在富裕些的市民住宅中，历史传承下的造园，特别是枯山水、茶室园的一些元素，也经常用来装饰町屋狭小的庭院。它们常常没有很完整的主体景观，房前廊台、篱笆、几棵树木、几簇灌木，一片草皮或苔藓，少许岩石或石径，加上石水钵等小品点缀，便形成亲切、自然的小环境。

10.8　园林实例

10.8.1　西芳寺

京都西北的西芳寺园林是日本现存最古老园林之一。所在地山林茂密，并有温泉，古来许多显贵在此修建有宅邸别墅。

大约在古代平安后期的 12 世纪，现在的园内建造了净土宗佛教建筑，有秽土寺和西方寺，体现了净土宗的世界观。秽土寺建在山脚，西方寺建在平地，西方寺旁的湖池和园林，展示了一个宗教理想中的西方极乐世界。

1333 年，日本进入室町幕府将军足利家族 140 余年统治的时期。被封为国师的禅宗和尚梦窗疎石受命对这里作了重新规划设计，在 1339 年后的几年里改造成一处面积超过 1.6 公顷的大型禅宗寺院园林，兴建了新的楼阁亭廊和水上的桥，并改方为芳命名为西芳寺。历史上最有名的建筑是金池西侧的两层舍利殿，这座建筑虽然早已不复存在，但据说后来的金阁殿和银阁殿以及周围园林都以它为蓝本。

现在西芳寺湖池附近的园林植物以大量枫树为主，除秋季特有的红色外，主要是大面积的绿色。有探究著述推断，这里原来象征西方净土的净土宗园林，应该有大量花卉和开花树木，在梦窗国师

改造时却"让其枯萎而不再重植，以强化禅宗的审美意向"。❶

在一个世纪后的战国动荡中，西芳寺建筑全然损毁了，现在的建筑要晚得多，并且同原来的主要园区没有很紧密的联系。园林中的石景遗迹和浓密的绿色，特别是铺满地面的苔藓，体现了岁月沧桑。但是，其让人颇感古朴、凝素的园景，也具有枯山水以外日本禅宗园林的独特气息。

西芳寺园林整体分为以湖池为核心的下园和其北部的山坡上园(图 10-22)。

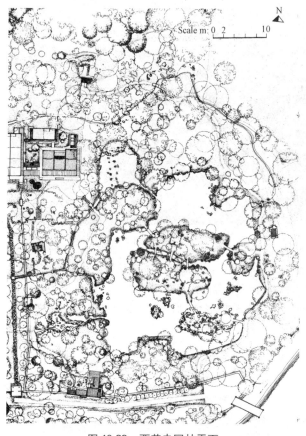

图 10-22　西芳寺园林平面

下园当是前期的净土宗园林所在。现存的金池中有三个林木密集的大岛，以及龟岛、鹤岛等许多岩石小岛，彼此和周围景象形成有趣的对比。大岛间有桥相连并联系池岸，覆土的木桥上也布满青苔。一条细流向西北还连着一个相对独立的水面，其间露出的石头排列成链状的夜泊石。除了水面外，这个园区给人印象最深的当是身处树木间的景观感受：头顶上方是浓密的树叶，许多时候遮蔽了天空；中间可让视线在树干间穿越，延伸到远处；阴影下的地面上蔓延潮湿的苔藓，间或还会有岩石、小溪和上面也附着了苔藓的木桥(图 10-23)。

穿过一处小门登上北面的山坡，上园反映了更多的禅宗意趣。在林木之间，有两处残留的枯山水石构。一处是历史上著名的枯瀑布，用叠石表达从两侧山隙间溅落的水流，其下还连着象征性的

❶　Philip Cave, CREATING JAPANESE GARDENS, London, Aurun Press Ltd., 1993, 第 36 页。

水塘，可让人坐在浓荫下的"岸"石上静思修禅。如果它的确是 14 世纪的遗构，则是后来此类常见日本园林石景的先驱。另一处石景是龟状的叠石，四肢伸出的形象在似像非像之间，既有禅的精妙，也附和巨龟驮着仙岛的古老传说(图 10-24)。

图 10-23　西芳寺下园园景

图 10-24　西芳寺上园园景

一般认为，日本此时早就有的寝殿造宫殿和净土宗寺庙园林，虽然有围着湖池的园路，但通常是基于在廊下坐赏水面、莲花来布局的。西芳寺园林却有在池岸和岛间曲折穿绕的路径，或许这同它的规模和大量树木有关，但更可能是一种有意的设计，较早体现了比较明确的回游式园林意向。

10.8.2　天龙寺

京都的天龙寺园林有着悠久的寺庙建筑历史，现在留下的基本园林景观主要来自梦窗疎石 1435 年左右的改造。寺院面积约一公顷，园林布局初看非常简单。东面的方丈建筑 面阔几乎可面对整个形体比较完整的湖池，园路环绕弯曲的湖岸，有岩石护岸和其间的灌木，水中有一座处在建筑正向画面边缘的岬和一些露出水面的孤立岩石。这种平面关系体现了寝殿造宫殿园林的基本特征，可以回游，但构景似乎主要服务于在建筑廊下的静态观赏(图 10-25)。

图 10-25　天龙寺方丈与正向的湖面园林

主要供人坐赏的画面颇为讲究，明显有近、中、远三个层次，并有远景处非常具有象征意义的叠石造景。

整个园景画面系于水面，前景是建筑近前的白沙滩，直到窄窄的坡岸才有几乎看不到的下行草皮带；中景是画面右边伸向湖中的狭窄半岛或岬，护岸岩石和中间的团状型木使它很吸引人；远景是湖水尽端浓密的树木衔接山岗，借景岚山红叶，湖边正对建筑的，是园景局部建构中著名的枯瀑布与石桥(图 10-26)。

图 10-26　天龙寺湖面景，右面近处可见伸向湖中的岬，
岬后远处有正对建筑的枯瀑布等石景

图 10-27　天龙寺枯瀑布前的
石桥和水中立石

一块竖直的岩石构成瀑布主体，突出于两侧树丛密集的湖岸边，表面平滑且有竖向的纹理，就像水流一般。这处石瀑布有实际水口的痕迹，最初可能有过水，叠石的一块石头上有"曹源一滴水"的刻字，故湖名曹源池。瀑布主体立石后还有两层岩石推后上升，间以干枯的地面联系，延续着山上"来水"的感觉。

在象征性的瀑布落水下方，一道石桥低平划过水面。大小不一、形状各异的三块石板支在石墩上，几乎没有人为材料加工的痕迹。桥前近处还有小一些的水中岩石，有的呈现常见的平整顶部，有的竖直尖耸。除了表达瀑布外，后一种石形在此前的日本园林置石中并不多见，反而很像中国宋代山水画中常见的孤峰，应该是中国影响的结果，在此后流行开来(图 10-27)。这些水中的石头同瀑布落水石和石桥一起，形成构图完整的横竖对比，组成一个绿色壁毯般背景下的视觉焦点。

步临石桥，又可感受这组石景对前后山、水的密切联系——真的树木、岩石和水，在高超的枯山水匠意中交织在一起。

10.8.3 鹿苑寺或金阁寺

鹿苑寺或金阁寺园林建于 1390 年前后的京都。室町幕府的第 3 代将军足利义满对艺术极感兴趣，并崇尚中国文化。当他效仿古代帝王禅让引退时，在原北山第大力扩展了今天主要区域称为鹿苑寺，或依其金阁而称为金阁寺的园林。整个园林面积达 20 公顷左右，有隔着林地的两处湖池。北面高处的上园给人以另辟幽境之感，南面 9 公顷余的下园湖区是三层楼宇的金阁所在 (图 10-28)。

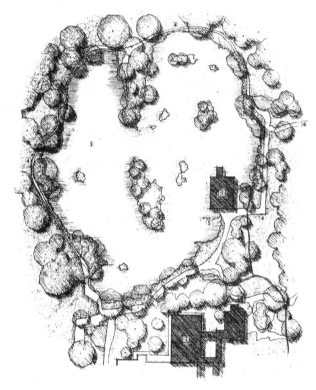

图 10-28　金阁寺下园平面

鹿苑寺金阁周围的园林，综合了古老寝殿造园林和佛教净土乐园的特点，又融合了从中国传来的华美。著名的金阁曾建在水面边缘，以廊桥同岸上的建筑衔接，从这里可以欣赏湖面和周围全景。金阁沉稳的黑瓦屋面、舒展的飞檐，二、三层檐下的黄金色围栏，以及底层的原木游廊与白墙，各部分间有明显对比，让人感到既宏伟、绚丽，又轻盈、雅致。这组建筑在历史上曾完全焚毁，但 20 世纪 50 年代的复制品具有精确的依据，只是多年的淤塞使金阁底层同湖岸直接连在了一起，不复"飘浮"在水中 (参见图 10-15)。

金阁同水面的关系，体现了净土式园林在大面积湖边营建楼阁，但不求两者以轴线连接的特征。金阁面对的湖面被一条狭长的岬和中央大岛分成了两部分：岛上种满松树，以精心的修剪保持着适当的尺度，并强化了树形的自然性态，成为阁上观赏的中景，在水面中部部分遮挡又提示着后面的景观。岛后水面衔接衬着曲折石岸的连续林木。水平扩展的水体与林木画面处理，加强了景观层次和景深，使园区在感觉中更大 (参见图 10-16)。金阁、湖面与中央大岛的关系，很具净土宗寺庙的基本特征。

金阁寺湖中还有九个岛屿，有的实际很小，仅是几块岩石围着孤松，但具有佛教神话的象征意义。"一般猜测，幕府将军本人就是设计者。当一位中国使节来参观时，这位引退的将军说这些池中石构表现宇宙的中心，叫'九山八海'。"[1] 这九岛中有龟岛和鹤岛，龟岛周围岩石像龟腿伸开，鹤岛端部岩石像鹤首昂起。另外，水面上还露出零散的岩石，象征更多的小岛（图 10-29）。

在金阁背后，两处湖池间的山坡树丛中，龙门瀑布引人注目。在两边富有自然突兀感的岩石间，由高处湖面引来的水从平石铺就的瀑布口落下，溅起在底部小池塘中一块竖立的石头上。后者的形态像一条竖起身形的鲤鱼，形象地再现了鲤鱼跳龙门的故事（图 10-30）。

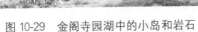

图 10-29　金阁寺园湖中的小岛和岩石　　　　　　　图 10-30　金阁寺园龙门瀑布

这个园林的其他建筑多为 17 世纪的，一些局部庭院中还有枯山水庭园和茶室园等。

10.8.4　慈照寺或银阁寺

京都慈照寺，或银阁寺，与鹿苑寺形成于同一历史时期的 1490 年左右，园林大约 2.2 公顷，创建者是足利家族的足利义正。

大概由于有相似的地形，这里的园林也分成南低北高的上下两部分园区，银阁所在的南部也以湖池水面为核心（图 10-31）。

两层的银阁规模比它所仿照的金阁小，而且只以黑白两色为主色调。这种节制感反映了佛教禅宗在日本日益加大的影响，以及愈发明显的日本特有建筑色调（图 10-32）。银阁在湖池的西端岸上，它所面对的水面所呈现的不再是宽阔的完整感，而是在两侧山坡间呈长向往东蜿蜒，在宽窄变化中又转而偏北。

湖池沿岸散植松树，到坡上则有大面积的枫树林。银阁的位置肯定考虑了东面的景观。湖池所在的谷地称作观月峡，满月就出现在建筑对面的峡谷上空，在山坡上各种树木的烘托中上升，并倒

---

❶　Mitchell Bring etc., JAPANESE GARDENS Design and Meaning, New York, McGraw‑Hill Inc., 1981, 第 26 页。

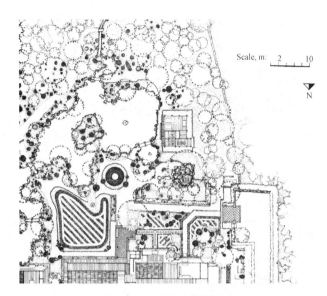

图 10-31　银阁寺平面局部

图 10-32　银阁寺园林银阁

映在湖水中。

　　正对银阁的水面上也有一处岛屿，到东北尽端还有另一处，其作用同金阁园林的障景相仿，但不是把感觉的视野拉远，而是唤醒对深远幽境的兴趣。简单的石板桥在数处连接湖岸和岛屿，使园林具有类似西芳寺园的回转游线，曲折水面的"自由"护岸岩石和灌木也远比金阁湖池更多。到湖池西端山脚下一个相对独立的小水湾，沐月泉瀑布隐在银阁的视野外，又处在环湖游线上。一股细细的水流自树木拥簇岩石的壁立处垂直落下，激起扰动湖面月影的水波。总体来讲，这个区域的园景仍然具有净土乐园园林的特点，但回游性质加强，并增添了不少清幽、深邃感，可以附会禅宗崇尚的美(图10-33)。

图 10-33　银阁寺湖景

在整个园林北部，有自成庭院的书院造寺院建筑，它朝向湖水一面是上园的主景地段所在，而它的景观同下园差异之大令人震惊。这里的景象主要是建筑前一片四周开阔的白砂铺地，以及附近的白砂圆锥台。铺砂上扒梳纹理的洁净舒展，圆锥台严谨的几何形，皆令人感到进入了另一个世界。传统上借鉴日本神社环境的白砂铺地，此时可能出于在树木、建筑丛中呈现一片月光反射，后来大量用在反映日本禅宗园林意趣的枯山水园林造景中；构型孤立且尺度很大的圆锥台，也可能出于相关意向，呼应着天上的月景，后来称为向月台，在整个日本园林史上都很特别(图10-34)。

图 10-34　自银阁上看上园白砂铺地和向月台

10.8.5　龙安寺

京都龙安寺至迟在 10 世纪就有佛教寺院，毁于中世战国时期。现在的寺院重建于战国之末的 1488 年，以砂、石为主的方丈庭园大约在 10 年后完成。这个方丈石庭现在被定为著名史迹、特别名胜。

这个宽 25 米左右、进深约 10 米的园林就是一个简单的矩形院子，一面为方丈前廊，其他三面墙体围合，是枯山水艺术极其简约的代表作。同前面的几个园林相比，体现了禅宗影响下一种新型流行园林的极端。在日本园林史上，它的枯山水在抽象的表现和沉静的禅意方面都达到极致。园林景象首先会使人感到过于简单，进而又不得不为这种简单所负载的深邃含义而惊叹（图 10-35，图 10-36）。

龙安寺方丈庭院北面的建筑前廊宽大，其他三面环绕的墙体，带瓦顶和土黄色灰泥抹面，形成规整但不高的竖向围合面。在这中间，庭院的整个地面铺满白砂，上面仅稀疏地点缀了五组不大的岩石，唯一的绿色是岩石基部少量覆土上的苔藓。

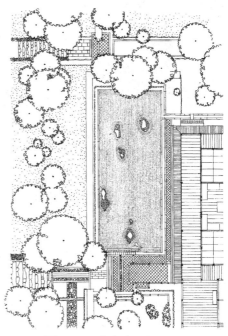

图 10-35　龙安寺园林平面

图 10-36　龙安寺园景

白砂铺地表面被扒出同庭院东西长向一致的条形纹理。到岩石处，纹理的直线变成紧紧围着石头的数道环状。同自然景象比照，这些纹理很真实地再现了急速流淌的河水，以及急流遇到体积不大的岩石阻碍时产生的漩涡状回旋。但铺砂的白色和纹理的严整，又使人不能不回到心灵的世界，联想岁月时光、人生过程，等等。

庭园简单的景观，可以使人很容易注意到岩石的数目和关系。岩石有大小 15 块，从廊下看，自左至右成五、二、三、二、三的组合，都有自己的均衡。而各组的相对位置又形成左边两组合成七，中间两组合成五，右边一组自成三的关系，这在禅宗以后的简明园林石构中很常见，或许还有数目方面更深的意义。除了最左边一组的造型竖向感稍强外，这些岩石多数低平，似乎还有更大的体积在"水"面以下，且其平衡组合方式都呈现由东至西的顺向，使石头又有在水中顺流漂浮的感

图 10-37　龙安寺园三组石

觉(图 10-37)。

除了简单和清晰特别容易产生丰富的联想意义外,这些石构的设计初衷也在历史上引发了多种猜测。它们可能同传说的海上仙岛与早前园林既有的龟岛意象相关。仙岛不是植根海底,而是由巨龟驮着飘在水上。也有日本传说故事中的"虎带幼子渡河",以及一些历史学家的"岩石释法"等解释。

另外,其岩石布置还有一处人们很难注意到的地方,就是 15 块岩石除了从一个中间角度,即方丈的中心可以看到全部之外,其他任何方向看去必然有一块被遮挡,人们一般只看到 14 块。可能是满月之时的 15 夜表达着完满,14 则表示不完满。月盈则亏,东亚传统哲学认为发展的事物到完满之时就是崩溃的开始。

从景观要素上看,这个庭院的最重要之处,在于枯山水成为院内园林环境的全部。当然,在欣赏这种枯山水时,园外的景观,即借景,在多数时候也不能不产生影响。在龙安寺庭园外,有大量的高大树木,包括樱花树。院墙实际不高,树木在上面围拢的感觉很强。可同"无"以及许多隐喻意义相关的白色环境被围起来,外围是反映实际自然生命的绿色,更强化了要人去静思悟禅的效果。同龙安寺庭园相似的例子还有许多,而其中的正传寺和冈通寺,在反映共性中可作为有较多变化的代表。

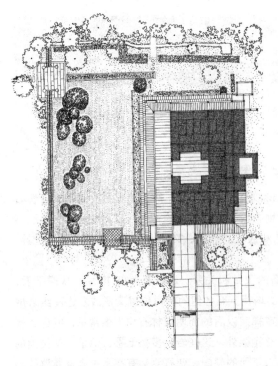

图 10-38　正传寺园林平面

10.8.6　正传寺

正传寺也是很古老的寺院,1634 年自京都中心移建到其北部边缘后,形成了现在所见的园林,其庭院和建筑的关系、朝向,以至面积都非常像龙安寺。同后者最大的差异,是以修剪成团状的山茶、杜鹃等开花灌木替代了岩石,成为典型的型木式枯山水。大小高低不一的树团组合同岩石异曲同工,但又有微妙的差别。

在白色的瓦顶墙面环绕下,除了右侧一条石板路通向南墙东角的院门外,整个庭园地面也铺满具有东西向纹理的白砂。建筑面对的墙垣近处为三组树团,也是 15 棵,自左到右呈三、五、七一组的关系横向排开,并逐渐升高。看来,在龙安寺和正传寺这样大体表达同样意象的禅宗寺庙庭园中,由东向西或由左至右的方向可能是有意义的,或许意味着修成正果(图 10-38,图 10-39)。

图 10-39　正传寺园景

对于这个庭院用植物取代岩石的做法，最初可能是"因为寺庙坐落于山上，采石十分艰难的原因所致"。❶ 不过，这种成为型木的团状修剪在日本园林中却是相当普遍的，有些在景观配置中同岩石、孤松结合，有些的确更让人感觉岩石的象征。

正传寺庭院围墙比龙安寺还矮，园外的树木、远山也成为园景的一部分，近处树形同园内绿团对比，让人感觉是更有匠意的借景。

10.8.7　冈通寺

京都冈通寺枯山水平庭园林形成的时间同正传寺相差无几。同以上两个园林的差别主要是地面以苔藓取代白砂，形成了所谓苔庭，其上又有岩石与团状型木相结合。

这个庭园的围墙被低矮的绿篱所取代，使园外景观有了更高的价值，亦或也可说，庭园只是整体景观的前景。更进一步，庭园内景甚至可以被当成一个风景画框的底托，衬起更远的完整风景画面，突出了借景手法。

在建筑面阔朝东的长长檐廊对面，横置的矩形庭院布满低平的苔藓。在稍微有些偏北处迎着人们的是九组岩石和数个孤石，成组的岩石多夹杂着团状灌木。它们大致呈三道弧形围向建筑，从中也可看出一些放射的感觉，总之，它们像陆地近海的环岛一样，可以围成一种内海，又以其间隙强烈预示着外面的大洋(图 10-40)。

紧接着这片构景元素，不高的绿篱横向展开。绿篱后首先有稀疏的一排高大树木主干，其树冠枝叶仿佛同绿篱上下呼应，形成了完整的画框和其中屏扇般的划分。在这个画框里，有中近处的丛林树冠，远处的山影和上面的天空(图 10-41)。

10.8.8　大德寺大仙院

大仙院是京都大德寺的一个庭园，稍晚于 1507 年落成的方丈殿，在其东、北两面的围墙内形成

❶　大桥治三等编，《日本庭园设计 105 例》，黎雪梅译，北京：中国建筑工业出版社，2004，第 156 页。

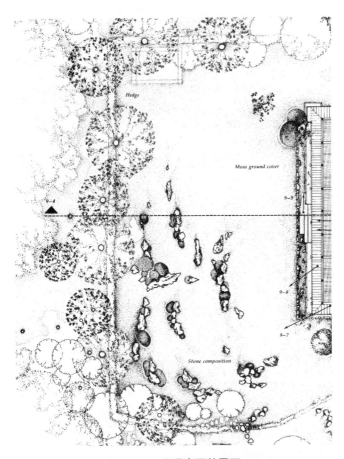

图 10-40　冈通寺园林平面

图 10-41　冈通寺园景

形庭院空间。其时的寺主是古岳宗亘禅师，据说他"对建造庭园抱有很大兴趣，经常在悟禅之余，于庭园中种植奇草珍树，布置怪石，营造山水情趣"，完成了这个园林。❶

　　这个比龙安寺园林还狭窄的庭园里的景观元素，是一系列岩石、砂砾、卵石和数种植物。在体现禅宗审美意向的日本枯山水园林中，是内部处理丰富多彩，并且同外部景观几乎完全没有关系的一种。在建筑和围墙之间，突出反映了日本以狭小庭园表征万千世界的造景艺术。坐在方丈廊下观赏，园林主景沿着白粉黑瓦东墙，像一幅缓缓横向展开的山水画卷，为典型的书画式枯山水（图 10-42）。

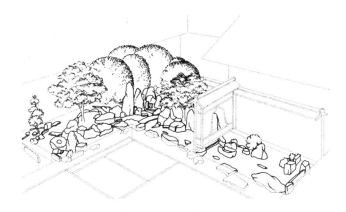

图 10-42　大仙院轴测图

　　在庭园的东北角，一组面向南方的石构枯瀑布是一切景致的起始。以密集的阔叶树为底，几块壁立的高大岩石参差，犹如绿色崇岭外缘的陡峭山峰，白砂"水流"从其间呈瀑布流下，中段还有岩石形成的小型"浅池"，使瀑布在其下又分成数股。到地平后，"水流"先在岩石间呈现溪流和湖池，接着穿过一座构图上十分醒目的低平石板桥。长长的石板桥横在山前，可隐喻通往山中的小路，并使其后实际很小的地段有幽深之感，而溪流经此则变成了宽阔的"大河"，砂砾上扒梳出向远方涌去的水波。间有大小岩石岛屿的河水，一侧是方丈的檐下廊台，拉开格扇即实现内外空间的连通；另一侧是"自然"的土石河岸，岩石间又有草皮和灌木，还种植了突出枝干水平伸展的孤松。孤松造型醒目，却只占园景很小的一部分，它们背后的大面积白粉墙，就像中日传统绘画中的留白，自有未尽的空远之意（图 10-43，图 10-44）。

图 10-43　大仙院"山水"主景

---

❶　大桥治三等编，《日本庭园设计 105 例》，黎雪梅译，北京：中国建筑工业出版社，2004，第 116 页。

图 10-44　另一角度的大仙院"山水"主景，
可见方丈廊台和院墙、孤松

　　或许出于交通原因，或许体现着某种匠意，此园中段被加上了一处东西廊桥，一度拆除又修复了。它实际上损害了园景画面南北展开的完整性。穿过廊桥之后，白砂水面显得更宽阔，其间除了体现岛屿的岩石外，顺流方向还有一块翘着头的长石，明显象征顺流而下的舟楫。

　　自石桥向东，大小岩石和其间的白砂水流呈现时而蜿蜒、时而舒展的景象，并且也点缀了树木。其尽头有卵石围成的排水设施和一个石水钵。这种处理后来成为日本小型园林，特别是茶室园景观的基本艺术特征之一(图 10-45)。

图 10-45　大仙院东拐角景观

　　白砂河流还"穿过"庭园南端的廊子，在方丈另一边的庭园中完整铺开，似乎是最终的大海，也有扒梳出的波纹，并有两处圆锥状砂堆。这种砂堆或许有某种含义，或许是最初扒梳波纹的余砂。无论如何，它也成了日本园林中流传下来的一种枯山水造景形式(图 10-46)。

图 10-46 大仙院方丈另一侧庭院的枯山水

10.8.9 不审庵露地

表千家的不审庵露地是千家露地的代表之一，总面积约千余平方米，由著名茶道大师千利休的儿孙辈 1590 年后陆续建于京都，在隐居聚友之外，还用于茶道传授教学。其最隐秘的核心是庭园东北深处的不审庵，特有的茶室园空间关系，一步步烘托着它。

在大小错落、几乎连成一体的书院式建筑南侧，园林空间自西向东分为三进院落，一层层把体现山林隐居意义的不审庵同城市环境分开，同时也充满了礼节、仪式的意韵(图 10-47)。

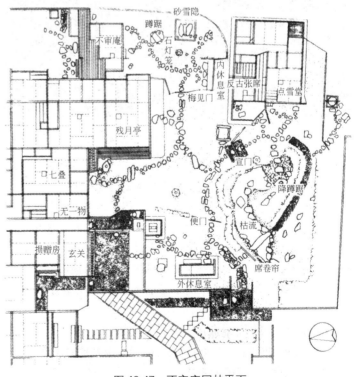

图 10-47 不审庵园林平面

　　第一个庭院很简单，建筑之间主要是草皮和宽直、整齐的满铺石径，间有型木绿篱和 U 形的长凳。顺石径进入下一层院落，才是真正的露地。其中的路径变成了苔藓上间隔铺设的曲折飞石，石板形状颇不规则。植物充满了自然山林的幽静感，点缀性的建筑也是如此。园门后首先是茶室园的外露地，近院墙处是左边的外腰挂。腰挂开敞的墙、棚和长凳朴素简单，客人在此等候主人迎接，附近还有一处雪隐。从腰挂处可以看到两个轻巧的门屏，正前方是中潜门，人们要抬腿弯腰穿过有些像窗户一样的门洞。右边是另一个有趣的竹木卷帘门。它们并不真正连接围墙或篱笆来隔断空间，但表明了内外园的划分，在主宾相见中有其礼仪性。

　　中潜后是内露地，左边有自建筑轮廓中突出的残月亭，而主径通向最深处的第三个院子，即竹篱、梅见门与内腰挂后最幽秘的不审庵专用露地。这条路径向右分叉又可见轻巧的木构萱门，引向另一处茶室建筑点雪堂，并可由此回转，观赏自卷帘门到此的局部枯山水园景(图 10-48)。

图 10-48　不审庵园林内露地反观中潜方向，近处是萱门

　　卷帘门后的路径跨过石桥，沿庭园边缘向前可达点雪堂，也可转弯出萱门。石桥下是在两门之间伸延的枯溪，岸边岩石错落，并有连续的灌木形成绿篱。"溪流"尽处是一片卵石滩，间有苔藓和蕨类植物。一个低平的石蹲踞藏在其间，当一点水汪旁放上木勺时，为整个枯溪增色不少。

　　不审庵自己的小庭园由竹篱环绕，梅见门内右侧是内腰挂，位处园中央的石灯为夜晚带来微光树影，更加强深山人家的效果，只是尺度显得大了点儿。石灯背后为雪隐，左边有石蹲踞。石蹲踞就在不审庵建筑前，经过这里，把鞋脱在专门的沓脱石上，人们就可登上木阶，通过极小的门进入茶室。包括蕨类植物在内的树木夹着潮湿苔藓上的块块小径飞石，在小空间中更显原始(图 10-49)。

10.8.10　薮内家燕庵

　　建于 1640 年的薮内家燕庵是织部、远州流露地的代表。燕庵的露地整体分为三部分，但似乎空间的连续感更强一些(图 10-50)。

图 10-49　不审庵茶室

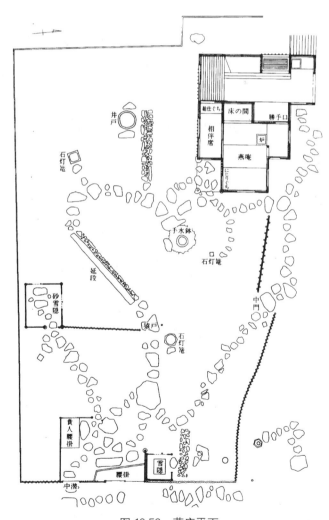

图 10-50　燕庵平面

进入东端院墙右侧的露地口，接待腰挂和雪隐形成一处半围合空间，向园内方向开敞。大小石块参差非常明显的飞石路，自此在树木间向西大致放射出三条曲径，右边一路向前又到一处雪隐，从这里伸出的一段篱笆是内外围露地最明显的分割者；另外两路通向中央的腰门(猿户)和左前方的中门。此后便是内露地。

内露地的茶室建筑几乎在腰门和中门之间的正面，但两条路径皆有意绕行。中门一路沿园林边缘滑向茶室侧后一角。腰门一路有更大的回转空间，行走间可见到弯折内外的石灯、水井、石水钵等，有的近些，有的远些，隐在绿化之间。到石水钵处就自西南接近了建筑，附近还有一座石灯，但到跟前却需要继续沿小径从建筑前转向折返。

10.8.11 三宝院

三宝院园林建于日本近世之初。1598 年，当时的统治者丰臣秀吉晚年到京都醍醐寺赏樱花，入住其三宝院，后常往来，便同寺院住持一道规划扩建了已有的园林。现在的三宝院园林大致到 17 世纪中叶逐步完成。由于丰臣秀吉的威望，各封建大名曾为此园纷纷献上珍木奇石，"丰臣秀吉显然特别热衷一块称为藤户石的著名岩石，他'用绸缎包裹，鲜花装饰，并伴着音乐角鼓和工人的圣歌，把它运送到园林中'"。❶ 有评价说这个园林所采用的手法太多，因而过于零乱，并且热闹、华美的炫耀性超过平和、优雅的艺术性。

三宝院的书院式布局占地 5000 平方米左右，现在的主入口在西南角。南面的主园占了大部分面积，面对前后错位并列的一排主要建筑。这排建筑之后，又有分开的四个小庭园。从其南庭的布局中，可以体验日本近世较小的园林对古代传统的集合，而错位的建筑之间形成的各种连廊，以及建筑的开敞，造就了极为丰富的内外空间关系，包括同后面四个小园的关系(图 10-51)。

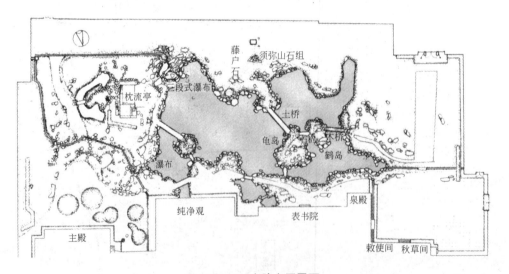

图 10-51 三宝院主园平面

---

❶ Philip Cave, CREATING JAPANESE GARDENS, London, Aurun Press Ltd., 1993, 第 92 页。

南庭的两端各有一处向建筑排列方向的凹入区域。西端正对入口石径的是紧接着建筑的矩形砂庭，除了铺砂纹理和竹木篱门外几乎空无一物；东端则是型木枯山水，由建筑和自由的土坡、岩石和树木围拢。这两处园林环境的形式独立感很强，但又向主要园林空间开放。

除此以外，横向展开的南庭可看作坐观式的池泉园，池后又有起伏的筑山。

面对庭园居中的两座建筑在池水北岸对着主要景观，近旁有多为顺向直纹的铺砂，中间点缀岩石；池岸处是曲折连续的置石，一些衔接它们的砂地也转而呈现曲纹。这种典型枯山水的砂、石处理，同自然式的水面，以及水面后的山坡植被并列在了一起。但面积的差异使枯山水处理成了自然画面的衬托，使人联想古代寝殿造庭院环境远近处理的沿革。

池水岸线曲折，有大量的水边岩石。池中三个小岛用形象天然的木桥和石桥同池岸相连，而独具特色的水处理更在于它从地板下穿过最突出的建筑，形成后面另一个小水院。

池南堆积的土山完全遮挡了院墙，时疏时密的大量岩石、灌木和乔木，让人感觉有很深的山林环境，形成池泉的背景画面。画面中的植被有明显的层次。最接近水边的是低伏的灌木，进而是稍高但突出枝叶铺散感的灌木和乔木，后面的树木则显示了高大主干的效果，不同的树种还有丰富的色彩变化(图 10-52)。

图 10-52　三宝院园景

10.8.12　桂离宫

桂离宫是江户时期桂宫家在今京都西京区的别墅，❶ 近世回游式园林的杰作。

别墅最早的古书院始建于 1615 年，后增补加建了中书院、新御殿等，到 1663 年左右形成连续的园区主体建筑体量。其布局和形式以书院造为基调，又具有数寄屋的特征。格调淡雅的殿堂相对低平、渐次错落，并有自身近旁半围合的小庭园，以古书院居中向东突出。占地约 2 公顷的回游园区即在这个方向展开(图 10-53，图 10-54)。

桂离宫掘池引水，形成以大面积湖面为核心的园林。主要岛屿和湖池周围园地皆有和缓的筑山，起伏的轮廓同湖岸蜿蜒的曲线相互呼应。

---

❶　宫家是日本皇室外被允许保留皇族身份的家族，桃山时代创设，明治时代断绝。桂宫家是宫家之一。

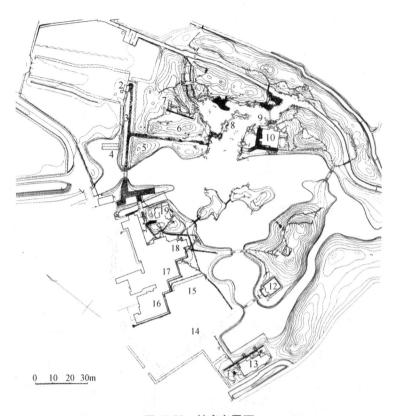

图 10-53　桂离宫平面

1 为主入口；16～18 为宫殿；10 为松琴亭；11 为赏花亭；

12 为园林堂；13 为笑意轩；19 为月波楼

图 10-54　从湖岸反观桂离宫书院造宫殿

湖中一大两小三个岛屿或许有蓬莱三岛的意象，在实际景观组织中，则遮挡了人们在宫殿处看向另一边湖岸的视线。湖面不再像中世前的园林那样有一个大体完整的形状，或沿主要视线方向伸展。岛屿、山体的分割和水面向数个方向的曲回，使湖水在远离宫殿的地方形成一个个形状不一的水域，有的像两山间的河流，有的是布满岩石小岛的水湾。加之山体沿湖岸曲线随时向水面伸出，只允许深远的视线通往某个方向，其他方向则被遮挡，园林全貌不能在某一位置得以概览。这样一种山水布局基调，使这个园林的路径和一些小型园林建筑的意义更突出出来。

在园区东北主入口到宫殿的通道、书院式宫殿、湖面南侧最大的岛屿，以及园东松琴亭面对的水湾间，可见一条主要回游路线，循序可观赏园林主景。但这条游线上还有许多岔口，引向附近的局部小环境。

园中的路径处理主要有两种。一种自入园主通道和各个建筑通向湖边，多为比较整齐的石板铺就，有的是方整的石板，且大部分是直线，同更多呈现为曲线的地形形成对比，并有明确的指向感；另一种沿着湖岸或深入山间，多为飞石，在视线中转折、消失，又在不同的位置展现新的景观（图10-55）。

沿路的景观综合了日本园林的主要特点。局部如低平连续展开或点缀在湖边、草坡的置石，多样形状和色彩的树木，建筑附近或湖岸某些部位的铺砂，以及一些石构小品；更整体性的是不同观赏位置、角度的各种画面。这些画面有的深广一些，体现着对寝殿造、净土式景观的承袭；有的近一些，类似小型池泉园的密集景观积聚。数座桥梁联系岛屿和湖岸，更丰富了景观层次（图10-56）。

图10-55 桂离宫书院造宫殿及旁边路径

图10-56 桂离宫园林多层次的园景

配合回游路径，园中相对较多的小型建筑也是这个大型回游园的特点。主体建筑之外的山水间有五座主要园林建筑，除了作为佛堂的园林堂，还有松琴亭、赏花亭、笑意轩、月波楼四处茶室。茶室成了桂离宫园林中的重要景观建筑要素，同时，其他茶室园要素如石灯、石水钵等也被引入园中。

这些茶室中的月波楼就在主体建筑旁，彼此配合围合出一个露地般的小庭院，其他三座形成水边、山体回游线上的节点，或主要游线附近更深的一个层次的景观。它们有自身近处的铺石路径、绿篱等，形成接近一处房屋的小环境，更在不同位置为人们提供了观赏园林时的依托。当茶室格扇打开，它们犹如中国园林的亭子，体现了园林与建筑景观和空间的连续，让人们有水边、山顶棚户的感觉，可以依托建筑，观赏由身边檐廊、木柱衬托的园景（图 10-57）。

图 10-57　从桂离宫园林月波楼内看松琴亭

10.9　主要造园要素的特点

从园林景观环境和布局方式上看，时至近世的日本园林在发展中大体分出了三支。

一支是同古代寝殿造、中世净土园相联系，并在近世书院造宫殿、府邸园林中完善的池泉回游园（也有以筑山园称之的），运用掘池、筑山、设岛等手法，营建了接近自然山水环境的景观。除了古老的自然崇拜外，这类园林特别迎合贵族实际生活中的观赏、游乐需要，并有较大的尺度差异。

另一支是在中世发展起来的枯山水。它主要同禅宗和家族性寺院建筑相联系，以简单的要素、抽象的方式象征大自然，突出了专一的关注与冥想，试图通过造园和赏园达到出世的精神境界。其景观手法，又大量应用在近世许多书院造建筑的园林局部。

再一支是茶室园。它也有出世的性质，但其营造的是象征深山隐士实际生活的环境，造就以古朴求雅趣的家庭般庭园小景。

在这几支园林艺术的成长中，造园要素有共同的，也有独特的，还有对同一造园要素的各种应用方式。不过，当一种新的园林造景艺术出现后，都会产生同已有手法的融合。近世的池泉回游园就经常呈现自然山水、枯山水和茶室小庭园景观的共存。以下对日本园林主要造园要素的阐释将以基本要素的特征为线索，兼顾在园林环境中的体现。

10.9.1 园林地形与建筑

粗看上去，在枯山水以外，同为自然式的日本园林同中国园林很相像，但彼此间的差别还是很大的。在园林地形处理以及建筑同园林的关系上，这种差别也甚为显著。

1）园林地形

就地形看，日本园林大体可分为池泉园、筑山园与平庭园

典型的池泉园以湖池为园林核心。如平安时期到室町时期的寝殿造园林、乐土宗园林，多数由一个主要湖池构成，园路仅达近于建筑的湖边或简单环绕湖面。这种园林大型者可行舟，并可称为池泉舟游园。小型的主要在建筑及其附近观赏，可称为坐观式。随着世俗化乐土园的进一步发展，湖池形态愈加丰富，并形成曲折变化较多的岸线，园路也加长并联系水边各个区域，到近世呈现越来越复杂的关系，形成了池泉回游园。池泉园地形有少量起伏，如湖中岛屿可象征仙山，但并不高。一些园林结合地形，有自然的山体在主要湖池边，但往往形成另一个区域，如西芳寺园林。

顾名思义，筑山园要筑就山体。由于日本追求自然景观的园林一般都有水体景观环境，所以筑山园可以说是池泉园的进一步丰富，特别是在近世江户以来的回游式园林中，筑山更丰富了景观效果及其象征意义。单独的筑山园不多见。真正构成可步入起伏地形的山体，通常是覆以草木的土山，并且一般不高，形成缓坡起伏。

平庭园是既不掘池，也不堆土山的平地园林，一般位于建筑与近距离墙体的围合中，多形成规则的矩形，面积至多数百平方米。最初的平庭可能简单地种植树木，也许有草皮、苔藓或铺砂地面，这种园林可以说长期存在，也出现在一般民众的庭院中。自枯山水产生后，平庭园林景观中最突出的就是枯山水了。这种园林是由建筑物明确围合的环境，没有真正的地形平面曲折或竖向起伏，但铺砂、置石和植树带来同西方几何式园林截然不同的自然效果，即使布局以直线及其转折为主，也多采用不对称方式。

2）园林环境中的建筑

前面的内容已经介绍了日本园林所联系的主要建筑。把中日园林放在一起比较可以发现，日本没有像中国那样大的"园林建筑"与"宫室建筑"差异。

中国的"宫室"类建筑布局同园林建筑布局有明显不同，形成有自己庭院的"宫室"和有自己建筑的园林，两者分离或呈现明显的分区。园林中突出了一些"宫室"中难以见到的建筑形式，如亭、榭等等。日本建筑在多数情况下并未呈现园林和"宫室"的明显分化，园林直接面对居住、礼仪建筑，或从这些建筑处延伸开，园中较少中国建筑艺术中的特定"园林建筑"。

现在，可再进一步从整体布局角度，看看日本建筑同园林环境的关系。

日本园林所联系的主要房屋经常在园林的某一面。寝殿造几乎以宫殿占据了整个园林正面，伸出的两廊造成U形围合，强化了建筑的正面控制性。这使寝殿造园林同建筑的关系与欧洲和伊斯兰园林有相似之处。以中国的建筑和园林观念，可以看作同中国"宫室"庭院景观不同的环境园林化，水中不高的岛山并不隔绝建筑处的视野，只是增加画面层次。日本的许多小型庭院园林也有这种现象，典型的是平庭枯山水园林，主体建筑前是园林环境，由可能带有小门的三面围墙规整地围拢。

上述两种园林的差异，首先在建筑体量与园林的关系。寝殿造的主体建筑规模较大，但园林面积也大，并且有纵向布局形成的较远视距，因而突出了正向画面的景深，可以离开建筑游入园林。但是，正位的建筑对园林形成一条纵轴线，在两廊的配合下形成对称环境，对称的大型建筑同自然式园林呈现为轴向伸延的空间环境变换。枯山水园林的相关建筑，如寺院方丈，似乎对其正面的小庭院有更强的体量控制力，但园林常呈现与建筑正面平行的走向，建筑和园林更像不同环境的并置。同时，园林景观造型的高度抽象，使人感受更形而上学的环境意象，枯山水背后的墙体"空白"背景，则进一步令"遐想"替代了景深。

自典型的枯山水产生以后，后一种情况就顽强保持了自己的形态，成为非常特化的日本式园林环境。

前一种情况则有各种变形，使园林景观的自由度更加突出。

一种变形是更紧密的湖池、建筑衔接。房屋有进深很大的廊子，水面自廊下或很接近建筑的地方展开，园林与建筑的关系有些类似枯山水，也是横向并置的，但园的面积相对大一些，格调也不同，池后可筑山，树木山石替代了墙面背景，使人感到房屋位于山坡绿树紧密围合的小水塘边。

此时的建筑也会出现较多的转折，并可能加上连廊在两面以上围合园林。日本建筑内部相对虚化的分割和转折连续，园林的水、石、树木层次和自由灵活的平面与竖向关系，使两种环境间具有很深的渗透感。这种园林可同枯山水一起，出现在同一建筑群的不同部位，有较强的坐观意义，通常结合书院造的灵活布局，其建筑也可有数寄屋的素雅色彩。如果仅看抽象的布局图形，这种环境许多时候同中国园林的某些局部很相像，但景观格调可把两者明显区别开，特别是日本的铺砂、团状灌木、石灯等。

另一种变形是向更广远伸展，让人的视线和行为远离建筑。在较早的净土式园林发展中，可以看到高大楼阁建筑成为"点"，人们在此远眺纵向伸延的，并由岛、岬带来前后层次的湖池景色，或从此处开始游览，并在某些位置反观醒目的高大对称建筑，以及它同园景的配合。

同书院式建筑相关的近世大型回游园，更突出了园林与建筑环境的分离。建筑布局呈紧凑的群体，内部或转折的建筑边缘有自己的小庭园，外部某一方则是大型湖池，伸向被筑山遮挡的远处。在其中反观建筑，多数时候见到的也是较封闭的形象，并且通常感受不倒正位轴线。由于书院式建筑比较低矮，不高的山体也可起隔绝作用，大面积的园林与主体建筑环境有明显的分离感。当然，园林中可能也出现茶室等小建筑，有的直接在园林中，有的有自己的小"露地"，但此时的茶室没有中国"园中园"那样相对完整的内庭园围合，也不像中国园林的亭子那样同园林空间真正连续，而是通过檐廊在园林和封闭的室内之间造就了一种"灰空间"。

茶室园或露地的建筑外观更随意，同园林环境的关系则即紧密又分离。朴素的，从一个角落转向进入的建筑不拘朝向，位于树木苔藓环境间，是路径导向的终点。同时，每个园林区域的面积又很小，空间层层转折，直至建筑内部，在此达到高潮。而两者空间的分离性，体现在茶室本身比较封闭，内部空间同外部空间的联系是心理的、记忆的。带着对外面园林环境的记忆，实现茶室内的礼仪活动，可以说是茶室建筑特有的品质。

无论前面哪种情况，房屋的檐廊都非常重要，既是赏景处，也是空间的过渡，多数通过打开的格扇让室内外环境交融。

3) 园林路径

环境与建筑布局的特色决定了园林的基本路径设置。如果把书院式建筑由一个园林到另一个园林，或一处房屋到另一处房屋的路径也算上，日本园林的路径大体可分为三种。

一种即是房屋前廊和联系廊形成的通道。通道上屋顶、柱列所形成的灰空间以及景框效果，在近距离内丰富了建筑与园林环境的交融。这类通道的直线转折，同"自由"布局的园林景观在对比中紧密关联。

另一种是庭院中的步道。多重院落和房屋组织的日本建筑组合，特别是家族寺庙和书院式建筑，即使不是特定的园林造景，也常有各种绿化的园林效果。院中通常是石板铺面的路径，依主人的情趣，可以是直线也可以是曲线，可以对着门生成局部轴线，也可沿着房屋或墙篱的边缘，带来错位、滑动的感觉，使小小院地也有分区的艺术布局(图 10-58)。

图 10-58　大仙院方丈外路径

第三种路径是通常所说的园路，处在特意设计的园林环境中，起游线、视线导向作用，并丰富景观。

日本园林有没有路径者，枯山水多是这样；有特别突出路径意义者，露地本身就意味着树木苔藓间的潮湿路径，回游园的概念也直接联系于路径。

刻意设计的园林路径应是伴随着寝殿造到回游式园林的发展逐渐成熟的。这些园路可有硬土、砂砾、树皮、铺石等各种材料。硬土、砂砾、树皮在林间带来原始感，规则的图案铺石显示出更接近人为环境的艺术性，而最有特色的还是草皮、苔藓间的飞石路。

最初的园林路径简单地环绕湖池水面，并可通过桥梁联系较大的岛。随着水面越来越曲折，岛越来越多，路径也变得曲折交织了。到近世的大型回游园，路径在园林景观环境中的主导感明显加强。除了自身围合或半围合的小园及其飞石园路外，建筑附近多有斜向通往湖岸、山边的路径，在与建筑平行或垂直时，则通常同轴线错位。它们多以相对规则或比较图案化的铺石衔接远处路面更自然的弯路。后者形成园中主要游线，较宽者沿着和缓的绿化土山和大面积水面的边缘，在联系、通达的意义之外，还具有景区划分作用(图 10-59)。

图 10-59　不同的铺石园路

　　日本园林的路径很少见中国园林那种钻入嶙峋假山的效果，但也讲求曲径通幽，在树木、山坡、桥梁的屏障下，激起人们对另一景区的期待。转弯处常有精心处理，或展示一处山水园景，或在树木映衬下有型木、岩石、小品点缀，转弯之后则会面对新的景色。

　　在路径一侧或两侧面对远景时，非常讲求景观的层次。通常近处有平缓的草皮、铺砂，点缀灌木团或岩石，接着是宽大的水面或绿色的缓坡，最后由浓密的树木远景结束。路径一侧只有近景时，或以密集的大小团状灌木为起伏的底，配以岩石树木；或在浓密树木边缘置一石灯、石水钵或不大的塔幢。相对来说，强调远景的路径较宽，近景的较窄；鼓励停顿的地方较宽，期望迅速前行处较窄。

　　4）园林围墙与竹木分隔建构

　　在日本园林中，庭院围合感最强的要数平庭枯山水，建筑以外通常三面都是不远的墙。此时的墙具有非常重要的背景作用，意义远远超过围合本身，是画面"空白"的底。基于建造传统，更基于这种画面意义，此时的墙体简单素雅，通常表面是瓦顶抹灰，瓦为青灰暗色，抹灰以白色和土黄色最多见。

　　有些枯山水庭园很讲求借景，其内部造景的特性，使自外而内、由远及近似乎是从真实、壮阔到抽象、典雅的升华。联系园外近景的墙通常高两米左右，后面是高大树木；联系远景的墙往往很矮，像一个画面的画框或底托，远方风景中的山峦起伏借此被引入园中。

　　在其他情况下，围墙多被隐到山石树木之后，不让人看到。

至迟在茶室园出现之后，日本园林中的竹木篱笆就成为重要园林要素，很有特色地用于间隔不同的小环境(图 10-60)。

篱笆有各种形式。不同的骨架和编织关系带来竖直感、横向感、方格感或斜向交叉感，有密实的，也有通透的。在主要骨架内外，木篱有加工精制的板条的，也有细木枝的；竹篱有整枝的，也有劈开的。特有的植物质地很自然，又同鲜活的植被形成对比。这些篱笆还形成了特定的工艺和审美意象，被赋予各种名称，有的来自它最初出现的园林。

丰富多彩的竹木篱笆，成了枯山水外日本园小型林的又一特征，除了间隔作用外，还可起导向作用，让人沿着它行走。竹木篱笆有时结合房屋、围墙形成完整围合，但很多时候是局部围合或遮挡的。从房屋或围墙上伸出一小段的，称为袖篱。

与墙篱相应的还有一些竹木门，可以是实际只能由此通过的入口，也可独立立在园中，象征性地标志背后的另一个区域，如茶室园内外露地间的门。

图 10-60　竹木篱笆之一种

10.9.2　水景

日本古代文明核心的京都地区是一个夏季闷热的地方。从实用讲，林间湖池、溪流附近是最有效的避暑地，《日本书纪》中对仲哀天皇效法周文王建灵沼的记载，反映了水在自然崇拜和中国影响下的更重要精神价值。另外，作为海岛和多山溪的国家，水所呈现的各种动静属性以及同其他自然要素的关系，给日本人留下了深刻的印象。在日本园林艺术中，水可以说具有核心价值。

1) 湖池水面

在典型的寝殿造园林出现以前，湖、池或水塘已经是日本人居环境园林化的重要要素，人们在天然水体或人工引筑的水体旁建造宫殿府邸，或在庭园中筑池。

湖池在日本园林中的位置和水面形态主要有两种，一种给人以较强的环境中心感，一种有更强的环境伸延感。

前一种主要体现在中世以前的寝殿造和净土宗寺庙园林中。湖池位于主体建筑中轴线上，并呈现被围合的感觉，形成建筑环境的核心。这时的湖池一般面积不会很大，同周围建筑呼应，或在建筑形体的控制之下，并且，曲岸也相对完整、圆润，在中轴线上大体对称。

后一种是中世更世俗化的净土园林发展所带来的，水面在主体建筑某一侧错位伸延。此时的岸线走向更加曲折，甚至可形成突出的岬岸或狭窄水面，划分、连接不同湖区。早期有像金阁寺、银阁寺那样在岸边建造高大楼阁的，近世则在书院式建筑外更突出离开建筑的曲折回游环境。多数水面距主要观赏点或建筑较近处相对宽大，远处较窄，强化了景观的透视效果和实际环境向幽深处伸延的特点。

一些书院式建筑群体近旁的小庭园中也会有池塘，稍大的也越来越突出难以形容的曲折，较小的往往有心形、葫芦形等。

2）池岸

日本园林常用岩石护岸，形成不高但较陡峭，并具有间断、参差感的边缘。在较大的湖池边，经常用于转折强烈和临水树木茂密处的岸线，以及水中的岛屿。在小型庭院池塘常用于视觉焦点，如心形的尖端，葫芦形的腰部和尖端，配以孤植或少许树木。当然，也有的园林整个水面都被岩石环绕。

更有特色的是这类池岸同缓坡池岸的配合。最简单的缓坡池岸是草皮直接伸延到水边，护岸砌石不露头，给人感受最强的是卵石或白砂坡，用在园林空间比较空阔和岸线转折缓和处，从水线以下向上延续，衔接园路或山坡。

岩石和白砂池岸都同真实的海岸景色有关，犹如峭壁和沙滩的转换交替，常在近世回游式园中造就不同水面的区域环境感。具有寝殿造园林环境痕迹的园林，建筑前的湖岸往往是缓坡白砂，对面湖岸用岩石。

日本园林也有岸线处是芦苇等水生植物的，往往同形态"自由"的岩石相配合。另外，也可见到木栅池岸，通常露出水面不高，风大时水流多可冲刷其顶部。

3）岛和岬

日本园林湖池多数有岛，或者说，除了过小的池塘难以设岛外，掘池造园必定有岛。在文化层面上，岛的重要性一方面来自日本人对自身岛国，以及濑户内海那种密集岛屿的民族记忆；另一方面来自佛教须弥山、道教和民间传说的海上仙山。它们的融合使中国皇家园林常有的一池三山意象在日本也长期存在。从静态景观上看，配以岩石和树木的大型岛屿起着丰富水面的作用，而岛在相对不大的园林中的重要价值，还在于以间隔来增加画面层次和景深。在注重回游行为的设计中，池岸和岛屿还以桥梁连接，丰富园林游线。

在寝殿造和净土园林中通常有一个大岛，称为中岛，一般可象征须弥山或蓬莱岛。三岛配置当源自蓬莱、方丈、瀛洲，尽管也会有不同的名称。另外，还有两岛的，一般为龟岛和鹤岛，取自中国也有的龟鹤延年意象。从整体景观配置角度说，一般不超过三个的大岛都可视为中岛。

中岛不能完全顾名思义，因为大量湖池岛屿的位置显示，避免处在水面中央是筑岛的原则。即使位于寝殿造宫殿或净土宗寺庙门、殿轴线上的水面，中岛轴线两侧面积也会有差异，或一侧接近池岸，另一侧留出较大的水面。迎合水面设计接近视点处宽阔舒展，反之窄小曲折的特征，使景观有大小、远近之分。

日本园林的岛虽然可象征山，但一般是平展的，一些中岛以树木形成竖向轮廓，但植树不会过于密集，经常主干高大明显，以虚障而不实隔来让视线穿越。在较为宽阔的水面上，主干嶙峋、枝叶横展的几棵松树，似乎是有利视线穿越的最佳岛屿上方轮廓塑造者。岛屿边缘的岩石护岸，在一般的"自由"布置中还会有特别的造型，在一些点上突出出来，丰富树下低平处的水石衔接轮廓。龟岛和鹤岛的护岸岩石更有形象的象征性，有些岛就是依据这些岩石关系筑就的。典型的龟、鹤岛尺度很小，周边六石的大小、形状分别象征首、尾、四足（鹤为羽、足）和尾。有些较大的岛屿也被设计为龟岛、鹤岛，周边岩石就较多了，但首尾四足处也会得到特别突出。

在主要的大岛之外，许多园林水面上还有独立的岩石，可以是露出水面的岩礁，也可以是象征性的小岛，依据设计意向有各种形状和取名。一些园林还有水面某处的石链——夜泊石，具有对时光和人生的特别象征意义。

在湖池曲岸处理中，深入水中的岬是日本园林水景的重要特色。同岛一样，细长的岬有障景和区域分隔的作用，在中世的园林里就已经出现。到近世的回游式园林有了更多的景观意义。岬岸经常由卵石缓坡构成，点缀几块岩石，还会配以石灯，似乎要照亮渔民下海之处或象征深入海中的灯塔。

4）溪流

园林溪流既有功能意义，也有景观和游赏意义。

在平安时期的寝殿造园林中，建筑前面湖池的水由称作潜水的水渠导入。东三条殿地段西侧的小山有自然涌泉，以水渠引入庭院，绕过寝殿背后，从东廊下面穿过，在东中门廊南面注入湖池。此时的溪水同建筑环境有一定关联，而模仿自然溪流的艺术加工，造就了水渠作为园林景观要素的效果。东晋王羲之等在修禊去秽活动中流杯饮酒的典故传入日本，也带来在一些庭园中营造曲水流觞式环渠的情况。

在游赏性的园林发展中，作为水系一部分的溪流成为主要湖池外围，亦或两个湖池间林木山坡处的重要景观。它们多数情况下远离建筑。有些伴着山坡、园路，有些对着特定路径上的视点，把视线引向深谷般的远处。

溪流主要有两种典型表现。一种像山谷溪流，水面较窄，两侧为密集的岩石，水面下也主要是岩石。另一种像平川溪流，展示平缓水流的水面可相对宽些，两侧卵石或草皮缓坡，点缀少量岩石，水底为卵石或砂粒。这两种情况可联系园区环境出现在溪流的不同段落，也可在一个园林中突出一种。

溪水的流淌同山坡、树木、草皮、苔藓形成良好的配合，在高差较大处，自然而然地引入了**叠石瀑布**造景，另一些地方则加上了简单的小桥，活跃着平阔湖池外的景观。

5）瀑布

同文艺复兴和伊斯兰几何式园林的人工喷泉景观对应，中国和日本园林中更具激荡感和声响的水景主要是瀑布，如有喷泉，也常是池中的涌泉。人工园林的瀑布一般规模不大，并联系于供应湖池的自然水源，上下方都是溪流，或下方直接是湖池。

日本园林瀑布许多时候也是一组关系完整的叠石景观，是叠石艺术非常关注的一部分。天龙寺瀑布直接在湖池对岸面对建筑，但多数这样的瀑布位于核心湖池的主要视线之外，在树丛中的隐蔽处给游人以惊喜。

在瀑布有关落水的造型中，水口石材的形状直接影响着流水，通常成平板状稍微突出于支撑岩石，以便形成悬空落水。水流侧畔和瀑布底的叠石处理，同水流一起突出瀑布特有的水效果造型。一般地说，瀑布口一侧会树立醒目的大石，顶端高出瀑布口，称为守护石。守护石同两侧接下来的岩石一起，进一步形成烘托水流的层叠造型。瀑布底经常为岩石围拢的小池，铺有在浅浅的水面下可以看到的卵石，有时还有不同色彩。池的一端直接对着瀑布的受水石可强化水花四溅的效果，有时有特别的造型和寓意，如金阁寺瀑布的鲤鱼石。另一端在衔接水渠时设岩石分开或阻挡水流，使池中水面环转，落叶流连。在突出禅宗审美意向的园林瀑布处，还会有特意供人席坐的平顶阔石，让修禅者在幽林水声中冥思。

叠石瀑布常见单级的，但也有两到三级的。此时的水流可以正向衔接跌落，也可左右错开，呈现更活跃的景象，但避免品字形的对称。另一些瀑布直接注入湖池，但通常也处在不直接面对建筑的位置，瀑布两侧的处理同上述完整叠石瀑布景观相似。

6) 桥梁

跨越湖池、溪流等丰富的水体，连接池中大型岛屿，日本园林中以木、石为主要材料的桥梁多种多样，依据环境特征和主人喜好，带来不同的感觉。

图 10-61　土桥

带栏杆的木桥有拱桥与平桥，但拱桥也由梁柱构架组成，因支架高度变化而成拱形。拱桥一般用于跨度较大，空间较空阔处，呈现明显的飞跃形象，平桥则多用于体现两端更密切的连接。它们都很直白地反映结构，依据园林整体风格施加色彩或保持原色。另一种常见木桥用原木搭建，一般为中间略高的三跨拱形，在跨度方向的梁上密排原木，顺着梁的位置再以较细的连续木条加固，不施栏杆，乡村气息浓厚。

木桥中最有特色的是覆土桥，即在上述第三种木桥的密排原木上附加一层熟土，并有意让草生长。这种桥通常被称为土桥，其原木和覆土、草皮的形象同水、石、草木等园林要素呼应，更具朴野感和令人遐思的欣赏内涵(图 10-61)。

一些再简单些的木桥会带来同溪流或水面更紧密的关系。有搭在溪上的一块木板或独木，上面任由长满青苔，实际几乎不能行走，其景观意义超过实际效用。在长满水生植物的浅水面上，简单搭建的木板或错接木板桥曲折延伸，会给人漫步在沼泽栈道上的感觉。

石桥有砌筑规则的拱桥，大体半圆的拱券结构和线脚，其上的桥身、地栿、栏板一应俱全，桥面坡度陡时砌筑台阶。这种桥明显有中国园林常见石桥的痕迹。另一种石拱桥以三块石板相连，交接企口保证拱的受力，不施栏板，形象简单地飞跨小跨度水面，更具日本园林的素雅感。

在石桥中，应用简单石板的平桥非常具有日本特色。这种石桥同叠石艺术结合，位于浅水处，两端桥头四角多有隆起的岩石，保证桥的稳定感。多跨时的桥墩也是自然的岩石，横竖方向皆可突出到桥面外。桥面石板有直线连续和错接的，一些更注重自然叠石效果的石桥，石板就像直接采自山间而未加工，不同跨上的石板大小也形状不一。

在实际造园中，各种桥梁的应用很灵活，取决于具体需要。如在池岸叠石众多的园林中，石桥给人以材料质地的连续感，木桥则有对比的美；简单自然原木、石板桥有自然融合的效果，人为形象圆熟的桥梁则可突出视觉焦点。

10.9.3　石景

无论是实际工程还是造景的需要，石都是日本园林最重要的成分之一。岩石的永恒、坚韧感，自古代起就受到尊崇，并认为有神灵居于其中。在可以视为园林创造的日本环境艺术中，叠石最早伴着营建水渠而出现，进而也可独赏。禅宗园林进一步加强了对石的艺术品味，中国宋代绘画和赏石风也影响了日本。

1) 置石

日本园林造景石材的选择非常讲究，一些地方因各种花岗岩、砂岩和石灰岩的石质而出名，成为园林选石的著名产地，进而像中国一样，针对不同的园景，人们也特别关注石材的形、色。总的来讲，日本园林少有中国的太湖石那样玲珑的"漏、透、瘦、皱"，但在强调石景表现力的地方也注重棱角。石水钵等一些特殊用途的，则强调浑圆敦实。但无论怎样，都注重年代风霜感。

以今天的视角看，《作庭记》以来的各种石形基本上可有高耸型（如立峰石）矮竖型（如锥形石）、平阔型（如扁石）、弓型（如树桩石）和枕型（如卧牛石）等。

一般来讲，无论是石组还是孤石，高耸型都用于有特殊目的的景点。其他石形可用在水岸的处理、苔藓草皮的点缀等许多地方，在低平处大量应用，并且横向排列感强于竖向堆积感。也因此，全景上看的日本园林，草木间的石景常给人卧在起伏的地平和回转的水体边的感觉。

《作庭记》显示，日本园林讲究石景，文化传统中对园林岩石的放置也有许多禁忌。在位置、造型等方面违反禁忌可能会遭到精灵的诅咒，带来身体病痛和家族衰败。从一般的审美角度看，事实上置石中最关键的是稳定和平衡。

在日本园林中，高耸的石形通常都上小下大，上部出现悬突感的一般都很低矮。叠石也是这样，一定要保证基部扩大稳定的造型，鲜有中国"飞来峰"式的形象。岩石的稳定经常反映在基部处理中，地面在置石处常有苔藓和低矮的蕨类植物，显示年代长久的感觉，甚至在枯山水的白砂上面，许多岩石的周围也要显露附着了苔藓的土。日本园林常有水面露出岩石，但不管石形如何，都很低矮，显示更大的部分植根水下。

日本园林有单石孤置的，有些在审美外还有特定的功能性，如茶室前的踏脱石。水中的石"岛"在相互距离较大时也会有独立感。而多数时候，岩石都成组布置。

日本园林常有大量水平延续的石景，如湖池和溪流的驳岸。其他如白砂、苔藓、草皮地坪、山坡、岛屿、水面，经常有特定成组的岩石。

除了二石和一些特殊追求的情况外，日本的石组讲求单数，孤石之上有三、五、七、九等。其中，三尊石最具典型性，在大量园林中都可见到（参见图 10-37 等）。

这类石组的组织非常讲求均衡，同时还要避免雷同，突出大小体量和高低形状的变化。如一块大石，或可以两块小石平衡；一块细高的岩石，或可以平阔的岩石平衡。典型的三尊石一大两小，但两块小石形状也不相像。除了配合桥板等加入了其他要素的情况，很少见两块相似的岩石并列放置。

在庭院园林，特别是枯山水园林中，石组可由小石组到大石组，在不同层次实现自身的均衡与变化，如三、五、七石各成一组，进而又形成"三石"组。双数的石组可如龟岛、鹤岛的石组，六块石头分别表达首、尾和四肢。瀑布石组也经常以六石为基本造型。数目较多的特定石组组织，一般会有一定主题，如九山八海、十六罗汉等等。龙安寺十五块石头以不等单数组成五组，因没有明确记载，留下让人猜测的丰富想象空间。

除了石组自身的均衡与变化外，在湖池山水园林中，更大的整体景观均衡也可通过石组与灌木、卵石、路径等其他要素的配合来达到。

2）枯瀑布与山景叠石

像中国苏州狮子林和北京北海琼岛后山那样，群石堆叠为人工石山，构成让人可游入的环境，不是日本园林所追求的景象。在石组之外，日本最常见的叠石是瀑布或枯瀑布，这种石景实际上就常常表现高山。

日本的叠石山景具有很强的微缩感或"盆景"化特征，叠石瀑布水口旁的守护石即是高耸的山峰。在枯瀑布中，一块表面平滑或带竖向纹理的高耸型岩石取代实际中的落水，或者，在数块象征山峰的高耸型岩石间，出现几层平顶的叠石，感觉中的水自此落下，各层间铺白沙，呈现瀑布下的水汪。纯粹的叠石山景同后一种枯瀑布没有特别明显的区别，较平阔的岩石叠加起来体现整体地形的上升，在错落间呈现岭间曲径的转折，一块或数块高耸者表达山峰。

在较小的园林中。叠石山景常位于园林环境一隅，可以很醒目，但只供人们欣赏。在实际联系于大型园林附有草木的土山时，叠石山景具有景观的独立性，成为草木缓坡陪衬下的一处突起的景点，而更常见的是以石组点缀环境，增进其古朴沧桑感。较多的岩石常在山脚给人横向连续或展开的感觉，经常就是水岸，山坡上少量的岩石经常具有须弥山、三世佛之类的象征性。

3）飞石径

在一定意义上，园林路径的各种飞石铺面也是日本园林的石景之一。源于茶室园时，它是出于既要使路径显得原始、潮湿，又不打湿鞋面，进而生成了飞石路径的审美。

飞石路讲求自然状的石板和各种转折节奏，有一块块均匀间隔弯曲的，也有两两一组，二三成组等各种。飞石路一般不形成两条路径的十字交叉，因为从自由式园林环境和飞石特有的审美方面看，即使非正交也会显得呆板。交叉路多为三岔，在岔口处一般会放置一块较大的石板，起到稳定转折处的作用。

10.9.4　砂和卵石

日本园林的砂是砾砂，以白色居多，也有土黄、浅灰或带色斑的。在神社前铺白砂的传统，使铺砂地面在日本具有特别的神圣感，并在园林中成为格调非常素雅的地面要素，具有独特的民族特色。在园林艺术发展中，除了特定的砂地景观外，砂经常同水景联系。在这个方面，卵石也是一个选项，造就同砂略有不同的效果。

1）砂与卵石地面

早期的寝殿造园林经常在寝殿前铺砂，成为建筑近处具有礼仪性的空间，衔接远一些的湖池水体。这种形式在中世的园林发展中保留下来，并强烈体现在枯山水中。

除了特定的池岸和枯山水形式外，直至近世的日本园林都可在建筑前、水体边或山坡上展示一片砂地，同其他园林要素对比，特别在回游式园林中形成景观环境的变化。大面积的卵石用于缓坡池岸和水中窄长的岬，小面积的则经常用在石水钵等人们要接近和取水的地方，既对洒淋下的水有实用渗流性，也在艺术上突出表现这种效果。

2）水底

除了较深的湖池，日本园林还经常有很浅的水体，如瀑布前的水池或部分溪流段落。深的湖池常可有部分砂或卵石岸，潜水则常以砂或卵石带来优美的水底效果。小水池相对稳定，经常用砂，并且可以带色斑的砂来增加色彩情趣。流水较急的溪流则以卵石更稳定、自然。在阳光充足的时候，清澈的水和下面的砂或石具有很强的光、色效果。

3）枯山水的水

日本枯山水主要由砂和岩石组成，此时的砂是最重要的要素，作为构图的底在图形上同岩石配合。在小型园林地坪上整面平铺的白砂带来一种空的感觉，是形而上心灵的神秘反映。

实际的枯山水园林铺砂多象征水，无论是满铺整个庭院、可象征大海的砂，还是局部形成河流的砂，通常都要耙梳出纹理。最抽象的纹理是单向的直线或波纹状，还可以有细纹间的垄状条纹带来节奏感。当铺砂上点缀了岩石时，常顺着其基部耙出环绕的回纹，就像真实的流水遇到岩石露头一样，其他时候也可有砂面自身的漩涡状环纹。

在比较复杂的枯山水园林，特别是呈现山岭瀑布、河流等较具体自然景观的枯山水中，卵石也经常出现，在瀑布与河流的交接处结合岩石表达湖池、水湾等水面的存在。

在风雨之后，砂地常需要重新耙梳。这种工作可由园林工人来做，但历史上却是多园林主人的行为，特别是僧人的一项重要修行活动。通过耙梳白砂的活动来修身养性，更丰富了枯山水园林，尤其是白砂铺地的深层文化意义。

10.9.5 园林植物

日本列岛植被丰富，同其他民族的园林一样，日本园林充分利用有多种乔木和灌木来造景。比较特殊的是经常有苔藓、蕨类，少见大面积铺开的草本花卉花床。

1) 乔木及配置

日本园林的乔木多取自然形态，阔叶树有大量树种，如杨、柳、槐、榉、梧桐、银杏、橡树、樟树等等，针叶树有各种松、柏、杉。在造景中，日本园林经常追求常绿树木的效果，同时注重与之相配带来不同季节效果的开花与落叶树。

常绿阔叶树或针叶树常构成大面积的园林周边景观，如在以池泉为主的园林外围山坡上，或较大的筑岛、筑山上，形成画面背景般的绿色高大浓密轮廓。同样用于大面积构景的还有枫树等，在深秋带来一片红色。樱花是日本的国花，春季的繁花带来令人兴奋的生机，但在传统园林中以少量点缀或自成区域为多。不论什么树种，都非常讲求各种季节的效果，尤其是春、秋、冬季的景色变换，如春天嫩绿的树叶或满树绚烂的樱花，秋季一片枫红中有边缘上常绿树木的暗绿色，冬日暗绿配枯枝或白雪等等。

形态的密实与通透在树木配置中也非常讲究。远景通常枝叶浓密，作为尽处景点如叠石的背景时也是这样。在用于景观画面中间层次时，通常要考虑其各种作用。中景处需要强烈视觉聚焦感的，可以植一株或数株橡树或樱花，特别注重树型的引人瞩目；需要在引人瞩目的同时强调通透的，如点缀小岛或在书画式枯山水中象征石瀑布旁的森林时，经常用松树。特定的景观树木往往移栽已生长成型者，并随时修剪，保持和强化其自然弯曲与伸展，并可让视线穿透到更远或具有空白感的背景。更突出景观层次变化的，用主干较高的树木配合其他低矮元素，更方便视线穿越。总之，在近景较为扩阔的水、砂、石等之后，远景或背景树木浓密伸延，中景以孤、疏或较为积聚的浓密点、团来处理。

在特定的茶室园中，没有真正的画面远景。这种庭园的树木常选取常绿阔叶乔木，以浓密的树叶遮蔽潮湿的青苔、飞石路径，局部也可点缀樱花和开花的灌木。

2) 灌木及其他植物与配置

黄杨、夹竹桃、山茶、杜鹃等灌木在日本园林中也大量应用，主要用于近景或中远画面中靠前的层次。茶室园和中世前池泉园的灌木通常不加修剪，一些时候还特别选取其枝叶铺散效果，同乔木主干和岩石形成对比，并结合岩石形成池泉园水边、山脚低平处的环境。

到枯山水园林出现后，灌木以自然形态配合岩石的也常见。称为型木的精心灌木修剪，有西方园林也可见的绿篱。比较特别的，是"代替"岩石的团状者。团状灌木修剪进而成了日本园林的一大特色，同西方园林不同的是，它们通常有大小差异并"自由"组合，参差错落，在低平蔓延中给人一定程度的自然感，到近世园林中可大量种植在山坡上、湖水边，在特定季节还有花卉色彩效果。

此外，日本园林有时还特意应用小型蕨类植物和爬藤植物。在林间青苔的岩石边、树根处、溪流旁，甚至在枯山水白砂上的岩石脚，蕨类植物进一步带来悠远的年代感。爬藤植物通常用在小型庭园中，如枯山水和茶室园，主要取其叶子在围墙上营造一个绿色的表面，犹如一处浓密的背景，同墙面可以在景观上引发空境的想象一样，带来密林的联想。

10.9.6　特色小品

日本园林的一些石、竹小品，如石灯、石水钵、惊鹿器，既有实用功能作用，也有景观审美作用，几乎成了当代人心目中日本园林的标志。

1）石灯与小塔幢

石灯的原型当是神社、寺院的铜灯、香炉等设施，由茶室园带进园林艺术中，并逐渐减少了线脚，讲求古拙的形体。如前面引文所说，可能还要"长出苔绿后才与周围的环境协调一体"，符合最终的审美要求。

石灯由底座、灯箱和攒尖顶盖三部分组成，有一人多高的，但多数尺度较小，最小的仅及人的膝盖。石灯往往结合所在位置的园林景观产生联想意义。在茶室园中，它带来小院中悠悠的光亮，产生"山中夜晚"的人气；在湖边卵石岬上，它可象征灯塔或为汲水的人照亮。石灯常出现的部位还有小桥头、石水钵边、山脚处等等。大一些的石灯可能还有两块配属的岩石，表现换灯烛的功能意义。用于站脚的一块大而低平，用于放蜡烛或油灯的一块小却高一些。在实际造园中，石灯的大小应很讲究，不然会在环境中造成别扭的尺度感。

图 10-62　小塔幢

同石灯比较接近的还有小塔幢，即小型佛塔或经幢。小塔幢经常在园林一隅形成醒目的标识，有两三米高的，但大量是小小的，不到一人高，成了特化的园林小品石构（图 10-62）。

2）石水钵和石蹲踞

石水钵多用竹管引水，同石灯一样常见于小型园林或大型园林的一隅，带来明显的生活气息和洁净意象。在园林中，这种高矮在 60 到 90 厘米的设施有要让人弯腰体现敬意的意象，偏向低矮者被称为蹲踞。它们常用一快较浑圆的大石凿成，顶部平滑并有一中心水窝，但周围轮廓经常保持自然。

石水钵和石蹲踞的位置往往有依附感，傍着篱笆、灌木丛，以及比它高一些或尺度较小但放置位置较高的石灯，但避免与明显的水面或溪流并置。它周围近旁往往有一小片较大的卵石,可让漫出的水和洗手撩出的水渗下去,并且也是渗水的象征形式(图10-63)。

在石钵体旁、卵石间还可能有一个三石组。中间一块扁平,用于站人;两边的略小但高一些,右边的放水罐,左边可放手里的或要洗的东西。水钵体上放上一个木勺,旁边置一木桶,既有实用性,更具情趣性(图10-64)。

图 10-63 石灯与石蹲踞

图 10-64 带三石组石水钵

3) 惊鹿器

惊鹿器是日本园林中结合了流水的小型竹构,源自农家维护农田果实的实用器具,为园林带来动感和更强的乡村情调。惊鹿器的木、竹架上架着一个中悬竹筒,做成平阔承水、出水切口的一端较轻,无水时上翘。在它上方有竹管引来的落水,水流注入竹筒后造成翻转,流出后复又翘起接水。此时,另一端敲在下面设置的石头上发出声响。这样重复接水、出水翻转,发出连续的清脆响声。

惊鹿器情趣盎然,但小而单薄,经常也靠近一处篱笆、一丛灌木,或一组较大的岩石,以它们为背景。惊鹿器周围也常是一小片较大的卵石,更外围的岩石松散地围成的小水塘,在更远一点的地方,水流渗入地下的排水设施或流入水渠(图10-65)。

图 10-65 惊鹿器

10.10 园林特征归纳分析

联系前面各节涉及的寝殿造、书院造、茶室,净土宗、禅宗,筑山、池泉、枯山水,以及坐观、回游等相关概念,可以看出作为东亚园林艺术独特一枝的日本园林有着许多历史的、观念的和场所的分支。

这些分支的具体环境和景观组织，自身呈现了可以视为不同园林类型的较大差异。很难把日本园林这个概念对应于意大利文艺复兴、法国古典园林这样的概念，因而，试图归纳总结一些一般特征也相对困难。或许，以取法自然、反映心境，以及一些主要造园要素的日本化应用为基础，多种园林主题、多种环境意象、多种景观形态的传承沿革，以至到近世很大程度的共存，正是日本传统园林艺术的最一般特点。

同其他各章一样，下面所尝试的一些园林特征归纳，主要是基于景观形态和构图特征的。联系前面的园林发展脉络、园林实例和造园要素来理解，这些特征可视为在日本园林中显得比较突出的几个方面，有的有较强的共性，有些则更显示了某类园林的个性。

10.10.1 形式的自然与抽象

一般地说，日本园林主要以湖池或人工掘池为中心，充分利用地势起伏，筑山、置石、植树，创造四季均可欣赏的景色，并时常模仿山水边岩石簇生、瀑布从高山落下、大河缓缓流动的具体自然景观，具有东亚园林艺术追求自然的鲜明特点。在这种自然性中，又有一些抽象形式展示了较强的日本园林特色，在追求自然意蕴的前提下，突出了园林作为人为艺术环境的本质；或者说，以人为痕迹极明显的艺术手法，一些日本园林把人为艺术同自然世界的意蕴联系到了一起。

园林艺术环境是人类的创造，在这种环境中突出自然性，并非简单地去模仿自然。在东亚传统园林艺术中，各种景观要素的提炼和组织具有高度的夸张性，人为强化自然山水、植被性态的差别，以此造就丰富的景观，并能以小见大。这本身就带有抽象性与象征性。而日本的园林艺术，还在许多时候把抽象性提高到了几乎纯粹的形式象征层次。

抽象形式的最高境界是龙安寺所代表的那类枯山水。平铺的砂及其纹理可以象征水，但整个平面却是严谨的矩形；岩石的象征就更难说了，其形象、布局、数目可象征具体事物，也可象征性表达某些抽象概念。这种园林的景象绝不是中国园林或其他日本园林的那种自然，完全是利用自然要素来展示人为艺术的创作。但反过来，这类抽象又同欧洲和伊斯兰园林那种纯粹几何构图的意境大相径庭。

欧洲和伊斯兰园林的抽象几何构图，把人的大脑和手中的标尺所把握的几何图形当作理念或唯一主神的启迪，在大自然这个柏拉图所说的影子世界，或宗教的被创造世界之上，体现着一个至上本体的完美。人们以天赋能力或接受神的启示去接近这种完美，进而要在自己的创造中改变不完美的自然现实。而日本园林的抽象艺术，并非接近某种本体在现实世界之外的抽象形式，而是让人有可能更广泛地联想各种自然存在：可以是山水实体，也可以是时空关系；可以是自然为生活带来的情趣(如虎带幼子渡河)，也可以是禅宗世界的"本来无一物"。

由于枯山水的出现和演变，日本园林中出现了以团状灌木为典型的型木。虽然不同于西方园林那种全面的几何图案化，这种植物修剪的审美属性毕竟显示了明显的人为形式。同局部地面铺砂及其纹理一起，它们使日本自然式园林的要素也渗透了一定程度的抽象形式。

局部铺砂并施以直纹，以及团状的灌木本身，都具有较强的人为几何感，但在环境整体中又融合在自然的曲折与起伏中，许多时候在对比中成了自然环境特质的强化辅助者。大小团状灌木"自由"地在山坡上成片组合，或在水边草皮、砂地上的簇状点缀，在自然与非自然的有趣对照间，让人感到大自然是有这种景观生成意向的，人为艺术把握了这种意向。铺砂也常是这样。水岸边的铺砂实际很自然，而建筑前的铺砂也形成了一种过渡，并在传统上联系于生活和自然崇拜场所。如可以在格扇开敞时使园林同床之间的艺术特质更好地配合，反映神道把自然奉为神圣的传统，甚至在较随意的联想中，体现要房屋地板干燥的实际功能。

10.10.2　场景的主题象征与转换微缩

日本园林经常具有环境的主题性，在表达特定的象征意境时，不同的主题还呈现明显的景观个性。

如果说寝殿造园林的湖池和岛屿是了模仿自然的日本园林渊源，净土宗把此类景观进一步理想化，进而传承下来的大型山水池泉园，则不管在具体处理中参照了什么地方的真实风景，具体联系于净土还是神仙思想，都延续了把理想山水当作主体环境和画面的主题。这种主题多以水面展开，以岛屿及其树木的隔与透带来层次变化，以树木浓密的山坡结束。

基于特定的精神和实用功能，枯山水、茶室园显然使日本园林场所有了很强的主题差异，并非常鲜明地体现在园林布局和不同要素的造景组织中。它们的主要景观视距都很近，但枯山水追求静态视点上一览无余的画面，并高度抽象；茶室园追求动态视点上不断增加幽深感的变化，并体现一种生活行为的场景。

近世回游式园林把不同层次的主题分散到了各处。理想自然场景有的宽广、有的积聚，虽然有意避免展示在一个视点上，但可以让人意识到。而一片枯山水、一处通向茶室的小径，以各种次要主题和景观画面的共存，丰富了环游中来到不同场所的感受。

为了在有限的空间内展示一些联系广远时空的场景，景观的浓缩或微缩是日本园林常见的手法。除一般意义的以有限山水象征大自然，时常同中国园林一样有"一壶天地"意象外，日本园林还通过景观要素的转换来实现微缩场景的象征性，海上众多小岛变成了露出水面的数块孤立岩石，高山溪谷变成了浓密树木前不高的一处瀑布叠石。

造园要素的转换性微缩象征，更在联系禅意的典型枯山水中达到极端，一片砂地数块岩石，也许加上一棵孤木和一些苔藓，把思维可及的世界皆浓缩在其静寂的抽象形式中。画卷式的枯山水则走向具体象征的高峰。大德寺大仙院园林那样的微缩景观并非直接缩小的山水植物，转换造园要素的微缩象征的手法，在没有真正堆山、引水和密集植被的环境中，营造出由水流引导的地貌一路壮观变化的象征图景。

10.10.3　视点的集中与分散

大规模的日本园林地形曲折、地势起伏，景观层次丰富，游人可以在很多地方观赏。但是，考虑其他的园林环境，日本园林在联系观赏视点的设计方面明显有两类。

一类园林突出集中的视点在景观设计布局中的作用。坐观是对这种视点集中方式的最好说明。在景观布局方面，历史上许多可以游入的园林也突出了人们位于建筑主体处的"坐观"。

这种情况可见于古老的寝殿造园林和稍晚一些的净土式园林，它们的景观布局都针对大型建筑物，在建筑前面对称或不很对称的位置上，展开了最佳观赏画面。中世到近世的枯山水和一些天龙寺、三宝院那样的小型池泉、筑山园，更因结合一幢或连续的数幢建筑正面的设计，使檐廊或开敞的室内成为景观设计所针对的视点集中处。

当人们伴着近现代园林艺术发展回顾传统园林艺术时，具有独特景观画面的坐观园林场景，可能在人们对日本园林，特别是小型园林的印象中留下最深的印记。

茶室园和近世的典型大型池泉回游园，突出了离开建筑的视点分散。特别强调这一点，是因为这些园林回避了可在主体建筑处概览全局的景观画面。茶室隐藏在园林深处，露地是通向建筑的路径；大型池泉回游园式的书院造建筑通常并不很高大，园林路径引人离开建筑，走向被遮挡的、令人期待的景观变化。这些路径首先以直线同建筑物呈斜向或错位关系，进而曲折蜿蜒，其引导方向避免直接呼应建筑的局部对称，或避免同建筑正面对应。

在园中的游赏也是如此，大型回游式园林的水面有更多的局部伸延，筑山更阻隔视线。不同特色的环境，不同的画面分散在各处。有似中国园林常见的"步移景异"，园林路径不断刺激观赏者对下一个转折处的期待。

10.10.4　园林环境同建筑关联的延伸与并列

在文艺复兴以来的欧洲和伊斯兰教地区，园林与建筑的关系多呈现纵向的延伸感，自一座横置的主要建筑正面沿中轴线伸向远方。而中国园林环境本身的多样化，很难针对一处主体建筑来说一个园林突出纵向延伸，另一个园林突出横向并列。除了一些皇家园林有"居中"的高大主体建筑外，多数时候同"宫室"分离的园林，形成建筑与山水错综复杂的关系，把实际地形的整体平面形状掩饰掉。日本近世回游式园林的布局，在其山水环境部分同中国园林异曲同工。

然而在另一些时候，日本园林却呈现了同主体建筑相对明确的纵向延伸或并列关系。

结合视点集中的特点看视线方向与景深，在某种程度上，日本寝殿造园林可同地势较平缓的意大利文艺复兴园林类比，园林环境在同建筑距离较近处配合建筑中轴；净土式可在一定程度上同法国古典园林类比，可观赏的画面更加深远。这类园林布局都针对主要赏景建筑形成了纵向的伸延。上述两种情况在天龙寺、金阁寺（鹿苑寺）、银阁寺（慈照寺）等现存园林中留下了痕迹。当然，它们供人欣赏的园林环境和景观意境同西方园林有明显差别。另一种差别是，日本园林由建筑形成的中轴在园林景观中是模糊的，如寝殿造和净土寺庙的园林湖池和岛并非在中轴上完全对称，而且突出自然形态；较世俗的净土式园林则不同楼阁形成明显的中轴线对应，只表明一种方向。

在一幢或连续数幢建筑正面的枯山水和小型池泉园，呈现了园林环境与建筑的横向并列。这种情况在中国园林局部很常见，但中国园林中，此类并列常体现在一个幽秘的园林角落，如一处小书斋及其点缀了梅竹的小院，向外联系于更大的园林环境。而在日本的常是一个完整环境或景观整体，即家族寺院或书院府邸庭院中的一处主要园林，展开一幅整体画面的追求更强，体现着主人要突出表达的景观意境。

到目前为止的艺术分析所关切的日本园林，一直是一处完整的园林环境，联系于园林的寺院、宫殿、府邸建筑一般在其一侧，大型回游式园林内部有以茶室为主的小型建筑点缀。

实际上，日本的书院造园林还形成了同西方和中国园林都有很大差异的建筑与园林关系。西方园林的建筑常是园林入口或近端的线性体量，中国园林的建筑常是园林中的散点，至多以通透的廊连接，自成庭园的"园中园"则有"园外"的山水景观区域。日本的书院造建筑布局常为完整连续的建筑组合，以其房屋错落分出一个个相对独立的中间或周边区域。建筑成了整片的，园林则散布其间和周遭围墙内。二条城二之丸和三宝院都反映了这种情况，大型回游园的书院式建筑附近也会如此。

这就造成一种可在建筑及其廊下通道中穿行，一会儿左边出现一个庭园，一会儿右边出现一个庭园的现象。不同部位、不同环境特色的园林，可以呈现自建筑出发的伸延，也可呈现同建筑的横向并列。由于园林同建筑的虚实对比，也可在关系而不是图形的意义上把它们看作一种并列。它同中国一些府邸"宫室"与园林并列的差异，主要体现在中国的环境并列常是完整的宫室对完整的园林，各有其建筑和外部空间布局特色，而日本的则是两者交互在一起。

同中国园林"散点"建筑与连廊造成的空间不同，这种在连续的建筑间形成园林的空间交互情况，更同伊比利亚伊斯兰的格拉纳达宫建筑与其数个庭园的关系相像一些，但日本园林没有伊斯兰园林式的轴线、对称，无论是建筑布局还是园林景观都显得更自由、随意，且没有后者那种建筑围合的四向完整性。

第 11 章　英国自然风景园

英国主体位于北大西洋近海上的不列颠诸岛，土著居民曾是统称凯尔特人的西北欧民族，公元前 1 世纪曾部分被罗马帝国征服。5 世纪罗马帝国灭亡后，经中世纪不同时期的盎格鲁-撒克逊人、诺曼人等民族融和，逐渐形成了岛上的英格兰、苏格兰等封建国家，15 世纪后逐步统一，发展出包括爱尔兰北部的不列颠及北爱尔兰联合王国，因其核心在英格兰而习称英国。

继意大利文艺复兴、巴洛克和法国古典园林艺术之后，18 世纪英国自然风景园是欧洲园林艺术在资产阶级革命和工业革命前后的一场重要变革。各种历史文化因素使英国人以先行者的姿态，在造园活动中展现了这一时期欧洲认识方法、审美与园林环境追求的剧变，在跨入近代的门槛上背离了传统的几何式样。

11.1　历史与园林文化背景

英国土地上的古代园林可上溯到古罗马时期，拉丁人把他们的宅园——廊院和后花园带进了英国。中世纪英国的修道院和世俗贵族园林都相当发达。同早期基督教著名教父圣·奥古斯丁相关的坎特伯雷修道院，拥有很具代表性的修道院园林；来自欧州大陆的诺曼人，带来亨利三世那种同《玫瑰传奇》插图相仿的城堡园林。英国贵族还非常喜爱狩猎等林间激烈娱乐，拥有大面积的林苑。

中世纪后的英国园林，首先经历了几何式的发展历程，接着，更剧烈的社会文化变革改变了英国人的园林环境追求。

11.1.1　16 至 17 世纪的规则式园林

中世纪后，1485 年建立的都铎王朝使英国走向实现君主集权的统一，文艺复兴文化在英国也得到广泛传播。在此时的国王、贵族城堡内外，以及形式上日益古典化的宫殿前后，园林越来越几何图案化。它们的规模往往比意大利园林大，但不像意大利园林那样形成完整、单一的愉悦性园林整体，常有纵横方向多变的区域，形成最接近建筑的花床园区，某些区域的菜园、果园等。不过，花床园区最能得到艺术的关切，常有花结花床、迷宫花床、水池、喷泉，并配以格架凉亭等。中世纪以来的花床设计和种植经验，得到意大利文艺复兴园林艺术的滋养，其规则布局、轴向主路径，以及同建筑物的正面配合逐步突出。

到 1603 年至 1714 年的斯图亚特王朝时期，同巴洛克相关的法国古典园林以更恢宏的气魄影响了欧洲，加上一些亲缘关系，英国园林艺术也很快转向效法法国。这个王朝的查理二世是法王路易十四的表弟，一主政就曾邀请勒诺特赴英。虽然没有勒诺特成行的记载，许多法国著名园艺师的确直接协助和影响了 17 世纪英国的造园。1620 年，著名园艺师家族莫莱家的安德烈曾到英国介绍法国园林艺术，1660 年代初，在其侄子，也是著名园艺师的加布里埃协助下，担任过英国圣詹姆斯园的园艺师，其著作《愉悦性园林》也于 1670 年在英国出版。

17 世纪的大量英国园艺书籍直接译自法文，园林艺术几乎全盘接受了法国的影响。到 1712 年，英国人詹姆斯的《造园理论与实践》几乎是对英国法式园林艺术的总结。法式花床、林荫道、大水渠，正对建筑的花床区，花床区外伸展的几何平面林苑等，成为园林景观的典型。汉普顿宫园林是 17 世纪后期英国人自己设计的著名几何式园林代表，参与者包括一直活跃到下个世纪初的著名造园家亨利·怀斯和乔治·伦敦。它堪与法国宫廷园林一比高下(图 11-1)。

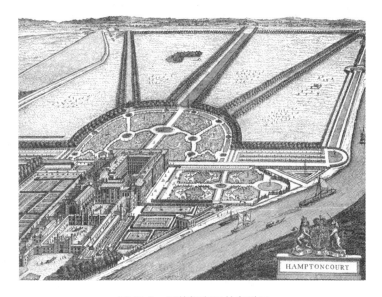

图 11-1　汉普顿宫园林鸟瞰图

18 世纪初，英国几何式园林又曾一度走向同荷兰园林影响有关的精致。

由 16 世纪到 18 世纪初的荷兰园林也接受了意大利文艺复兴和法国古典园林的影响，但更突出了丰富的设计细节。16 世纪的荷兰园林通常还结合城堡，面积不大，并在严谨的古典构图方面保持了较多的自由。人们利用各种手段丰富园景：细腻的花床分格与图案，点缀在花床内外的树木，加上不高的阶梯、矮墙，不大的水池、格架凉亭，以及北欧的尖顶房屋、园亭和装饰细部，在近距离内形成似乎比意大利园林更多彩的小环境。到 17 世纪后期，荷兰也有了由对称的宫殿统辖的、效法法国气魄的大型园林。纽堡宫是这类例子之一，其花床分格的细腻感，以及环视视野内的周边空间层次感、领域感依然很强，不像典型的法国园林那样，给人的第一印象总是沿着中轴线的壮阔透视画面，一切周围布置都为它服务，有趣的小景藏在林间(图 11-2)。

然而，也就在宏大的几何式园林盛行的 17 世纪，以经验主义哲学为基础，一种新的审美和艺术观念在英国出现，并伴着更多的周围文化影响，促成了自然风景园在下一世纪的产生与发展沿革。

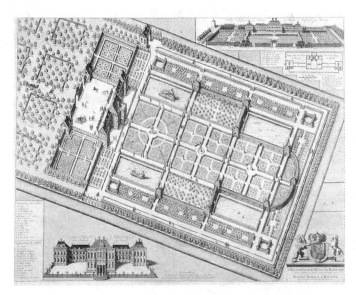

图 11-2 17 世纪末的纽堡宫图

11.1.2 经验主义哲学、自然神论对审美和艺术的影响

17 世纪是欧洲哲学迅速发展的时期，从完善思辨和推进感知两个方面促进了西方学术走向近代。当以笛卡儿为代表的唯理主义主导了欧洲大陆哲学方向的时候，以培根、霍布斯、洛克等人为代表的经验哲学却在英国占了上风。

培根的划时代著作，1620 年的《新工具》指出：为了正确和深入认识自然，"必须替智力的动作引进一个更好和更准确的方法"，即"从感官和特殊的东西引出一些原理，经由逐步而无间断的上升，直至最后才达到最普通的原理"。[1] 同以突出概念化思维、演绎性推理来获取普遍原理的唯理主义互补，经验哲学强调首先应该谦虚地面对现实事物，以全面细致的感知为第一步，客观地了解事物本身，进而归纳出规律性的东西，对近代科学发展起了重要推动作用。

在传统理性哲学及其发展的影响下，欧洲审美意识曾长期同形而上的思辨联系在一起，人为艺术因能达致抽象完整的几何数理关系而高于自然世界的"杂多"形态。与此相对，经验哲学在审美领域肯定了个别、动态与意蕴的美，以及被柏拉图到笛卡儿视为"含混不清"的人类感觉和想象。培根认为：美决不仅在于比例恰当的形式，"容貌之美胜于服饰之美，端庄优雅的举止之美又胜于容貌之美。美的最好的那部分，是既不能用图画来表达，也不是一眼就能看到的。凡是卓越的美，无不在比例上有某种奇妙之处。"[2] 霍布斯指出："感觉在一个时候显出一座山的形状，在另一个时候显出黄金的颜色，后来想象就把这两个感觉组合成一座黄金色的山。"[3]

多样化的真实和感觉在审美中的价值，使自然世界的美在艺术中的地位也得到大幅提高。17、

---

❶ 培根，《新工具》，许宝骙译，北京：商务印书馆，2005，第 12 页。
❷ 培根，《培根论说文集》，东旭等译，海口：海南出版社，1995，第 178～179 页。
❸ 转引自朱光潜，《西方美学史（上）》，北京：人民文学出版社，1979，第 2 版，第 206 页。

18 世纪之交的英国文人艾迪生是经验哲学在美学领域的重要拓宽者。他强调想象的审美原理肯定了自然美:"如果我们把大自然的作品和艺术的作品都看成能够满足想象的东西,那么,我们就会发现,后者与前者比较是大有缺陷的……比起艺术的精雕细琢来,大自然的粗犷而率意的笔触就更加胆大高明。"❶ 与此相关,艾迪生也肯定了效法、"比拟"自然却又高于自然的艺术升华,指出:从因"比拟"而导致的想象快感而言,"人工艺术品由于肖似自然景物而获得更大的优点"。❷

　　进入科学发现越来越多和启蒙运动思想逐渐形成的 18 世纪,新的人类精神加上古代传统,使先进思想者中形成了一种自然神论,把由上帝或某种理念所造就的自然世界本身也视为神圣的,人类则不再是上帝负有原罪的奴仆。在思想方法上坚持传统理性的许多人,也在审美中肯定了自然美。崇尚柏拉图的英国哲学家沙夫茨伯里 1709 年在其《道德家》中指出:"带着荒野自身令人生畏的全部魅力,甚至粗糙的岩石,覆盖着苔藓的洞穴,嶙峋而原始的岩洞,以及瀑布跌折的水流,都因为更能体现自然而愈发扣人心弦,它们展示的绚丽壮观,远在那些堂皇园林拘于规则的冒牌货之上"。❸

　　文艺复兴以来园林艺术在上层社会生活环境中的重要作用,使哲学对审美和艺术的见解许多时候直接以它为对象。培根早在 1625 年就提出,园林的一部分要"尽量形成自然原始的状态",其中的花草"应该这儿一簇,那儿一簇地生长,不要任何次序"。❹ 同真正的自然相比,沙夫茨伯里把几何式园林视为冒牌货。培根议论园林是因为在发展其学说时联系多广,沙夫茨伯里批判几何式园林主要为了对比、突出自然美。到艾迪生那里,对自然美的肯定就直接关切园林艺术实践本身,成为 18 世纪初倡导园林艺术效法自然的著名先导了。

　　17 世纪的英国经验哲学,导致审美可面对自然,艺术应效法自然的见解,为 18 世纪自然风景园的产生奠定了重要基础。

　　从欧洲传统审美和 15 世纪到 17 世纪的园林艺术观念看,几何化的形式未必不符合自然,人们认为它显示了自然存在的根本原理。法国的勒诺特式园林就曾被认为展示了自然的壮阔。17 世纪经验哲学的审美,18 世纪启蒙运动的自然神论,使这种观念发生了根本变化。当真实的世界在认识中变得更重要,在情感中变得更神圣时,几何式的园林艺术处理,就逐渐被视为违背自然美了。

11.1.3　乡野景象的变迁

　　英国自然风景园实践的重要起步之一,是取消了园林的围墙,让建筑附近的园林环境同更远的乡野风景联系起来。进而,很多园林环境注重了田园情趣。这同中世纪以后英国乡野景观的变化有很大关系。

　　中世纪欧洲农耕土地曾是一块块横竖交错、相互间隔的条田,由被"锁"在封建领主土地上的佃农各家分别耕种,规模不大的村庄散落其中。贵族城堡高耸在领地"中心",围墙内外有尚且"幼

---

❶　陈志华,《外国造园艺术》,郑州:河南科学技术出版社,2001,第 198 页。
❷　转引自范明生,《西方美学通史,第三卷,十七十八世纪美学》,上海:上海文艺出版社,1999,第 204 页。
❸　转引自 Timothy Mowl, GENTLEMEN & PLAYERS, Gardeners of the English Landscape, Stroud, Sutton Publishing Ltd. 2000, 第 80 页。
❹　培根,《培根论说文集》,东旭等译,海口:海南出版社,1995,第 194 页。

图 11-3　中世纪封建领地条田

稚"的园林，更远处的成片林地往往被贵族当作骑射的林苑(图 11-3)。

15 世纪后期，羊毛纺织业在英国迅速发展。对羊毛的需求使牧场收益远超农田，在随后两个世纪引发了形成数次高峰的圈地运动。许多贵族圈占沼泽、公地，还把大量可世袭租种其土地的农民强行驱离，变耕地为牧场。英国政府公开支持圈地运动，并把在同罗马教廷斗争中没收的教会地产贱卖给贵族。圈地运动被形象地喻为"羊吃人"。与此同时，农业技术的发展，特别是源自中国的犁铧和条播方式等，到 17 世纪也使农作物单位面积产量大幅提高，减少了农田及其人工需求，许多农牧庄园还采取了资本主义雇佣方式。这些情况使许多农民流离失所，为资本主义原始积累提供了大量产业工人，也改变了小农经济的乡村田野景象。

至于田野附近的林地，文艺复兴后的英国贵族追随法国园林的高贵时尚，在宫殿、豪宅附近打造了几何形化的花床和林木园地，同时又更多保留了在野性的自然中骑马、打猎、放鹰的中世纪传统。16 世纪的英国曾为海上霸权而大规模伐木造船，加之燃料、建筑材料、大面积牧场需求的增长，造成了林地面积迅速减少。为此，1544 年王室颁布禁伐令，确定了 12 种树木必须加以保护，在相当程度上维持了原野上的林地景观，而一些被砍伐区域的再种植，又为新的园林艺术提供了可能性。

进入 17 世纪后，英国许多乡村庄园已经是被篱笆或绿篱圈起的大片连续田野，其中许多是牧场。牧场中有河流、池塘，不时还有沼泽；草地上点缀着一丛丛树木，散布着悠然的牛羊，还有野兔、狐狸等动物出没。万顷碧野地毯般随着地形自然起伏，其间又天水相映，树荫点点，这种景象直接联系于人类的生产活动，就在人类身边，并远比中世纪的农田赏心悦目(图 11-4)。

图 11-4　17 世纪以来的英国乡野

在英国自然风景园初期，新型园林的景观设想，许多时候就以现实中的田野，特别是牧场景观为基础。到其盛期，此类景观追求也很突出。

11.1.4 诗情画意中的自然美

与哲学及其审美对人类感觉和自然的肯定相伴，17 世纪英国诗歌对自然美的描绘也非常突出，诗的想象力和语言使自然的面貌在人的印象中更加瑰丽。

欧洲诗作结合各种内容描绘自然景象的并不罕见，一直可以上溯到荷马、维吉尔等人。文艺复兴以来，各国诗人对自然美的讴歌大量增多，许多诗篇联系古代或基督教神话，时常具有比拟、隐喻的性质。借助于经常被描绘成神的园地的环境，有歌颂英雄和爱情的，有为了使心境沉醉于宁谧或激荡的，也有道德说教的，其中对各种自然美的敏感越来越强，描绘越来越生动。在大量富于自然景色描绘的诗篇中，弥尔顿 1667 年的宏篇巨著《失乐园》，被认为是影响了英国自然风景园的最重要诗篇。

《失乐园》完成于 1640 年英国资产阶级革命发生后的王室复辟时期，作为革命者的弥尔顿利用宗教传说，以恢宏的气势阐发了自己的信仰和憧憬。这部力作与同一时期的《斗士叁孙》和《复乐园》等，使他被誉为文艺复兴到近代社会转折期最伟大的英国诗人。

《失乐园》写的是最著名的基督教传说之一：造反的大天使撒旦被打入地狱，不服输的他无力与上帝直接抗衡，便去寻找上帝创造的新世界和人类，引诱始祖犯罪被逐出乐园。他有意或不觉把撒旦写成了一个坚忍的英雄，在极度痛苦的失败中勇于反抗权威。另一方面，他通过天使之口激励失乐园的人类："神无处不在地显现，充满在陆、海、空和一切生命里，用生命的动力鼓动并暖和它们……不要以为神只存于乐园里……神住在这里……同样也住在山谷中、野地里"。而亚当决心"挺起我裸露的胸膛迎向灾难"，"在命定撒手之日到来之前，把此生烦难的负重弄得美而易举"，"从此出发，饱求知识，满载而归"。❶ 这首长诗在当时的革命者中引起广泛共鸣，而他对伊甸园的描绘，也以比同代人更强的笔力唤醒着人们对自然美的爱。

在弥尔顿的诗里，伊甸园周遭"山坡上有茸茸密林，荒莽瑰奇……层林翠叠，荫上有荫"；园中清泉"在两岸垂荫之下蜿蜒曲折地流成灵醴甘泉，遍访每一株草木，滋养乐园中各种名花，这些花和园艺的花床、珍奇的人工花坛中所培养的不同，它们是自然的慷慨赐予，盛开在山上，谷中，野地里"；"森林之间有野地和平坡，野地上有牛羊在啃着嫩草，还有棕榈的小山滋润浅谷，花开满山遍野，万紫千红"；"另一边。有蔽日的岩荫，阴凉的岩洞，上覆茂密的藤蔓"。总之，"这里的自然，回荡她青春的活力，恣意驰骋她那处女的幻想，倾注更多的新鲜泼辣之气，超越乎技术和绳墨规矩之外；洋溢了无限的幸福"。❷ 神圣的自然美，那最初的伊甸园就是这个样子，文明人类的"绳墨规矩"、"人工花坛"则使园林丧失了使这种美。

诗中还有大量联系基督教以外神话的美景描述，进一步把人拉到人、神、自然未被分开的传说时代，可以海阔天空地想象各种自然和其间古代自然神与人物的景象。

此外，《失乐园》提倡回归"天真"纯洁的审美："那时人体的隐秘部分还没被遮掩；也还没有不纯洁的羞耻。对自然作物的不纯洁的羞耻，这不荣誉的荣誉心，罪恶的根源啊，你的外表，貌似

---

❶ 弥尔顿，《失乐园》，朱维之译，长春：吉林出版集团有限公司，2007，第 315～316、321、351。

❷ 同❶。

纯洁的外表，是多么的使全人类烦恼呀！"❶《失乐园》还是一首无韵诗，作者为它补写的"本诗的诗体"指出，韵脚成了风气之后就成了障碍和束缚性的装饰音，妨害更强的表现，而他效仿荷马和维吉尔，"恢复了英雄史诗原有的自由"。❷ 这同中国老子"大道废，有仁义"的观念非常相像，几乎在一个世纪前就开启了浪漫主义向自然回归一面，在艺术中也构成要求返璞归真的隐喻。

多数园林史书在写到英国自然风景园时，都不会忽略此前半个世纪弥尔顿对伊甸园的描绘，而诗对园林变革的影响还有另一方面。在传统审美体系中，对诗的关切主要围绕其对真实的把握、道德作用和韵律美。而在 17 世纪，"诗性思维"更深远的价值得到了展现和关切。

诗的那种符合常理却亦真亦幻，使万物好像有生命一样的自由想象与情感介入，可以把严肃的问题和浪漫的情怀联系在一起。到 18 世纪末，英国还出现了一些专门刻画风景的诗作和风景诗人。德国诗人、美学家席勒此时曾这样评价自然式园林的产生与诗的关系："园林艺术脱离建筑师的谨严纪律，而投身于诗人自由的怀抱，从严峻的束缚突然变为毫无拘束的放纵，除凭想象外不受其他法则的拘束。"❸

英国自然风景园起步的重要推进者之一蒲柏是著名诗人。在造园实践多还没能真正反映自然的瑰丽多彩时，他就以丰富的想象展望了自然式造园的原则，以优美的语言刻画了新的园林景色。像他一样，英国 18 世纪的许多诗人不单在诗里描写自然和园林美，还成为著名的造园家和园林艺术理论家。诗人沈斯通更以自己的李骚斯园闻名，他指出："自然风致园完全有可能搞得像一首史诗或一出诗剧"。❹

在艺术上影响了英国园林变革的还有风景画的成就。

17 世纪以前的欧洲绘画多以人物为主，风景只是点缀，加之注重"写实"但色彩、透视、笔触等技法有待成熟，很难说有真正突出自然美的名作。经历了文艺复兴的艺术成长，"真实"地描绘自然风景成为可能了。17 世纪时欧洲风景画的主要代表者是荷兰、法国和意大利人，对英国园林艺术起了较大作用的是法国画家洛兰、普桑和意大利画家罗沙 17 世纪 40 年代到 80 年代的作品。三位画家的风景写生对象多是意大利郊野，特别是富于古罗马园林遗迹的蒂瓦利风光，历史故事与神话又给了他们丰富的创作灵感(图 11-5)。

图 11-5　洛兰结合神话故事的风景画

---

❶　弥尔顿，《失乐园》，朱维之译，长春：吉林出版集团有限公司，2007，第 103 页。
❷　参见弥尔顿，《失乐园》，朱维之译，长春：吉林出版集团有限公司，2007，扉页。
❸　转引自利奇温，《十八世纪中国与欧洲文化的接触》，朱杰勤译，北京：商务印书馆，1991，第 101~102 页。
❹　转引自陈志华，《外国造园艺术》，郑州：河南科学技术出版社，2001，第 206 页，原文用"自然风致园"。

　　洛兰和普桑的著名画作常以传说故事为主题，但以自然风景为主，常配上古典建筑，人物是很小的点缀。他们的画境依据具体的风景，也体现了古典构图的熏陶，还有想象的加工，呈现了理想自然环境结合古代人文的色彩。人们常用古希腊传说中的阿尔卡狄亚来形容他们比较柔和的画面。罗沙的绘画则以坚硬的岩石、摇曳的树木和强烈的光色对比更突出了自然的野性。进入 18 世纪后，英国也有了自己的成熟的风景画艺术，其著名奠基者威尔逊对洛兰等人推崇备至。

　　风景画的成就激发了文人、艺术家，甚至更广泛的富裕阶层到自然及其间的古代遗迹中旅行的热情，真切体验那些画境所呈现的美。在艺术领域，它进一步启示了自然美的表达方式。诗中的自然还是文字，绘画可能不如诗的联想那样海阔天空，但毕竟带来更具体的形象。虽然欧洲人的画风笔意同中国的风景画相距甚远，但对园林艺术的作用异曲同工。以画家敏感的眼光和娴熟的艺术带来的画面风景，刺激人们在二维画面以外借鉴绘画的模仿与创造、透视与构图，以三维环境来实现优美风景画面的欲望。

　　向风景画学习，是英国自然风景园初期许多人提出的"口号"，并一直延续在这种园林的发展与争论中。自然风景园也被称为画意式园林，人们借鉴逐渐广为人知的著名风景画来造园，也借助它们来品评风景和园林。在 1748 年汤姆森的《惰性城堡》一书中，"多彩的、乡村的、自然的和充满情感气氛的景象都被说成'被洛兰用柔和的彩笔轻轻触动的，被野性的罗沙撞击的，被博学的普桑勾勒的'"。❶

　　17 世纪描绘自然风景的诗歌、绘画，都对下一世纪的英国自然风景园具有直接的影响，但英国18 世纪著名历史学家和园林艺术评论家渥尔波尔更愿强调自己的诗人所起的作用。他 1771 年出版的《现代造园情趣史》对英国自然风景园的发展做了最详尽的即时阐述。联系著名的园林，"他指出：'从哈格莱园和斯托海德园看，对伊甸园的描写是比克劳德·洛兰的绘画更具直接激励性的时代风格画面'，进而引用了 28 行弥尔顿的诗句来支持自己的观点。"❷

　　应该注意到，诗、画的影响有其共性，也有其差异。在英国园林的变革中，诗画都推进了对自然的模仿与加工。诗的关键是使人的想象更丰富，眼界更开阔，而绘画的影响，还具体体现在模仿风景画面构图、景深的园林环境组织中。

11.1.5　资产阶级革命、工业革命与浪漫主义

　　自 15 世纪后期许多欧洲地区形成君主制国家后，资本主义生产方式迅速发展。资产阶级与君主、贵族由最初的妥协到矛盾逐渐积累，最终发生了资产阶级革命。在生产力发展的要求下，科学的进步也加速转化为技术。英国是这类发展最早引发社会革命，并迈向工业化时代的代表。

　　1640 年，内外矛盾使英国新旧势力爆发激烈冲突，导致了积蓄已久的革命。经历了几个阶段的反复，在 1688 年确立了君主立宪制度。欧洲各国资产阶级革命，确立了近现代国家的君主立宪与共和两种基本政体。君主立宪后发展起来的英国自然风景园，被英国人视为政治进步的象征，而凡尔赛那样的园林，"是强把自然套在一件直挺的外衣里，体现着法国式残暴的专制政治"。❸ 在新制度

　　❶　Christopher Thacker, HISTORY OF GARDENS, Berkely and Los Angeles, University of California Press, 1979, 第 185 页。

　　❷　Timothy Mowl, GENTLEMEN & PLAYERS, Gardeners of the English Landscape, Stroud, Sutton Publishing Ltd. 2000, 第 81 页。

　　❸　唐纳德·雷诺兹、罗斯玛丽·兰伯特、苏珊·伍德著，钱乘旦译，《剑桥艺术史 (3)》，北京：中国青年出版社，1994，第 64 页。

建立初期，代表各种利益的竞争比稳定的封建社会和君主集权时期还复杂。离开政治漩涡或政治失意的权贵绅士，更愿在园林经营中寄托情感，许多著名自然风景园主的经历反映了这一点。

新的政治体制确立不到百年，以工业文明取代农业文明的工业革命也首先在 18 世纪 60 年代的英国发生了。这场以蒸汽动力、铁材料为标志，带来大机器生产的革命使欧洲人占据了现代化的先机，在 19 世纪称霸世界。机械化生产使商品产量大增，占有市场和资源，赢取最大的资本利润，成为最重要的竞争目标。同时，也引发工业化大城市的快速膨胀，带来城市化初期的许多问题。受到残酷剥削的工人阶级和城市贫民生活环境恶劣。在上层阶级和冒险家眼里，大城市带来机遇，也带来需要费尽心机的激烈竞争，还充满烟尘污染，流行疾病。伦敦给人留下的"雾都"印象，就主要来自工业革命初期(图 11-6)。

图 11-6　英国工业化初期烟雾笼罩的曼彻斯特和
　　　　　画面近处的乡野

在资产阶级革命和工业革命的大环境下，18 世纪的欧洲发生了两场重要思想的文化运动，一个是启蒙运动，一个是浪漫主义运动。以法国为中心的启蒙运动主要延续了文艺复兴的理性精神，更突出提倡科学普及与社会公正。启蒙运动在相当程度上受到英国革命的激励，在 18 世纪中叶形成高峰，以自由、平等、博爱的口号促成了 18 世纪后期的法国大革命。在广泛意义上的启蒙运动中，还出现了特别强调人类本性，反对社会约束的声音。

作为启蒙运动一员的法国思想家卢梭认为"人们一旦把权力交给了整个社会，他们就丧失了所有的个人自由"，强调"我们的自然感情朝着正确的方向，而理性将我们引入歧途"。[1] 除了反对君主制外，他还号召人们冲破各种社会关系的制约，回归自然和朴野的生活状态，极大影响了其后的浪漫人类精神，甚至可被当作浪漫主义运动的旗手。

浪漫主义更受情感而不是理性的引导，时而忧郁，时而激昂，带有愤世嫉俗的精神。狭义的浪漫主义运动发生在 18 世纪 60 年代到 19 世纪初的英国。此时的大英帝国蒸蒸日上，但宦海沉浮，商场竞争，大量案头工作的枯燥，城市环境的恶劣，加之看到法国革命"无节制"的暴力，也使一些

---

❶　转引自罗素，《西方的智慧》，崔权醴译，北京：文化艺术出版社，2004，p251，第 257～258 页。

人从另外的角度思考人生价值。远离社会，追求个人精神自由的浪漫主义由此发生。不过，多数浪漫主义者并不像卢梭那样极端，不去全盘否定社会秩序，而是常常把目光转向现实以外，暂时回到自我世界里寻求更自然的情感抒发。由此导致的浪漫主义文学、绘画、音乐、建筑艺术风潮，也体现在了英国自然风景园的变革中。

浪漫主义的表现有多个方面，不一定都直接联系自然，但大都可在英国自然风景园中得到反映。其一，是把中世纪田园理想化：面对工业化初期的城市环境，知识界和新贵渴求回归以乡村田园为主的生活环境。其二，是带来古代人文、自然同现实的更多交集：在社会激变的时刻，看到芳草萋萋、林木苍凉中的古代遗迹，回想古代圣哲、诗人的生活，复杂的心境转化为各种情调的精神享受。其三，是民族意识对相关艺术的促进：资本主义初期的欧洲民族国家竞争非常激烈，当法国一度代表了欧洲最传统又最时尚的文化的时候，英国竭力推进自己的民族文化艺术，表达民族精神，也表达先进的政治自由。这类文化艺术倾向也可被归于浪漫主义。其四，是对异国情调，特别是东方世界的着迷：15 世纪以后的航海促进了东方贸易，也丰富了欧洲人对东方文化艺术的了解。到工业社会初期，东方情调也成为浪漫主义追求的一部分。其五，是把目光转向人类力量未曾介入的自然：为寻求震撼性的精神激荡，欣赏并歌颂更能显示大自然塑造伟力的、与现实生活有距离的荒蛮世界。

17 世纪经验主义的审美，18 世纪联系于启蒙运动的自然神论，还有诗歌与绘画的发展都使欧洲人能够主动欣赏自然。浪漫主义对现实社会的远离与情感色彩，使自然在人类的精神世界中有了更多的意义。在上述浪漫主义的表现中，前四个在 18 世纪 60 年代前的英国园林中已经呈现出来，浪漫主义可以是许多实践现象在意识形态领域的上升、转移，引发更深刻的意义和反响，进一步促进相关艺术。最后一种表现则带来 18 世纪后期英国自然风景园的一个特定发展方向。

11.1.6 "东风西渐"的中国园林艺术

在英国园林艺术走向不规则，以及自然风景园的丰富中，"东风西渐"的中国园林艺术也留下了它的印记。

16 世纪以前，欧洲与中国的联系多以西亚、阿拉伯人为中介，一些到过中国的人，如马可波罗带给人的印象也不够清晰。进入 16 世纪以来，远洋航海的发达和海上扩张，使中欧之间的直接交流日益增多，欧洲人也竭力想真正了解这个遥远的神秘国度。许多国家的商人、旅行家、使节前往中国，教会也派出有学术实力的传教士。这些人更准确介绍了他们的亲身经历，一些传教士还在中国担任官职，把西方科技带进中国，也带回并翻译了许多中国典籍。19 世纪前的欧洲人多以赞许的态度面对中国。中国的实用和艺术品影响了他们的审美趣味。儒家的礼乐人文价值观，道家的崇尚天性自然，科举制度对社会等级的缓和，等等，也被先进的思想家理想化，对启蒙运动等思想文化变革起了推动作用。

对中国园林艺术较准确的见闻，在 17 世纪逐步增多。这个时期介绍了中国园林的著作，主要有意大利人利玛窦、金尼阁(原利玛窦笔记，金尼阁整理、增补发表) 1615 年的《基督徒中国布教记》(汉译有《利玛窦中国札记》等)，卫匡国 1655 年的《中华新图》，葡萄牙人安文思 1668 年的《中华新记》等。它们大多描述了眼见和耳闻的中国园林假山、岩洞、曲流、池塘、亭台、塔阁，以及丰富的树木花卉。在诸多著述中图文并茂，以大量写实绘画使欧洲人知晓中国的，当首推荷兰东印度

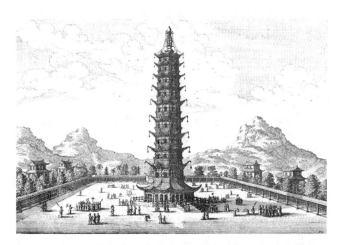

图 11-7 纽霍夫画中的中国塔

公司使节纽霍夫 1665 年的《荷兰东印度公司使节晋见鞑靼大汗》（简译《荷使初访中国纪》）（图 11-7）。

中国艺术对欧洲的广泛影响，首先是瓷器、丝绸、画屏图案和建筑中细腻的曲线与柔和的色彩，它们是 18 世纪初以法国为代表的洛可可艺术的成因和特征之一，呈现在大量家居物品、室内装饰和园亭建筑设计中。英国园林变革之初的曲线应用，一度也被视为洛可可风格的一部分。18 世纪中后期，欧洲许多国家园林出现了中国式的塔、亭、桥、叠石，形成园林艺术中的中国风。不过，这类艺术所体现的"东风西渐"还主要是表层的，较深层次的影响，在于对艺术观念的作用。

17 世纪中国园林印象在欧洲园林艺术领域的最重要作用，是为已在审美中开始更积极关注自然的英国人提供了进一步的启迪，使他们能借助来自另一个伟大文明的艺术原理发出变革呼声。在培根倡导园林的一部分要自然之后，威廉·坦普尔爵士的《论伊壁鸠鲁的花园》被视为英国园林最终能走向自然的更直接信号。

坦普尔是代表英国资产阶级上层的辉格党人，著名政治家、作家，崇尚孔子的哲学，并爱好园林艺术。坦普尔并未到过中国，但在国外特别是荷兰旅行和工作中，接受了许多关于中国的信息，见到过大量来到当时东西方贸易大港——阿姆斯特丹的中国货品上的园林形象，较准确地意识到中国园林美的一种基本原则。

在 1685 年完成《论伊壁鸠鲁的花园》中，坦普尔就自己所知的中国园林艺术写道："他们把至为丰富的想象力用于如此这般的形象，优美极致，引人入胜，但布局上并不依赖各部分共有的或容易被发觉的规则或秩序。尽管我们对这种美几乎没有任何意识，他们却有一个特定的表达词语。当他们发现自己的眼球一下就被吸引住时，就说，其夏拉瓦机真完美或妙极了。"❶

坦普尔的"夏拉瓦机"很可能来自不准确的口头交流，因此很难还原，各种猜测有"疏落有致"、"撒落瑰奇"，甚至"诗情画意"等。1685 年的英国还是几何式园林盛行的时代，针对欧洲人的艺术和审美意趣，坦普尔并未特别倡导效法中国，而是赞誉"中华民族的思维方式似乎与我们欧洲

---

❶ Timothy Mowl, GENTLEMEN & PLAYERS, Gardeners of the English Landscape, Stroud, Sutton Publishing Ltd. 2000，第 65 页。

人的思维方式同样开阔"，他们的园林艺术却遵循了当时西方仍"非常陌生的美学标准"。❶

　　这种陌生可以从海峡对岸法国人的见解里看到。1696 年，法国传教士李明从中国归来发表的《中国现状新志》说："中国人的各种艺术观念是不完整的"，他们的宫殿"适合于一位如此之伟大的君主的庄严"，而在园林中"他们营建洞窟，兴筑玲珑美丽的假山，用石一一堆砌起来，但除了模仿自然外并无进一步的设计"。❷ 这种不以为然的态度，反映了多数欧洲人对几何美根深蒂固的认可。

　　18 世纪下半叶以后，许多欧洲园林局部景观模仿中国风，主要也还是形象的新鲜、时尚，以小品建筑居多，周围环境有自然的，也有几何环境的(图 11-8，图 11-9)。然而，"模仿自然"的美在 17 世纪后期就得到坦普尔的积极评价，进而得到更多英国人的响应。

图 11-8　意大利热那亚——18 世纪　　　　图 11-9　叶波兰比亚韦斯托克——18 世纪
下半叶园林的中国风景观　　　　　　　　下半叶园林的中国风景观

　　进入 18 世纪，艾迪生开始明确批判几何式园林，一些言语几乎完全借助了坦普尔对中国的论述。他在 1712 年的一篇《旁观者》期刊文章中指出："描述过中国情况的作者们告诉我们说，那个国家的人民嘲笑我们欧洲人……因为他们说任何人都会把花木摆成一样的行列和相同的图案。中国人宁愿在大自然的作品上展示才华，从而永远把他们指导自己生活的艺术隐藏起来。他们自己的语言中有一个词专门用来表达他们在种植园内一见便能浮想联翩的美。"❸ 这里的专门词就是坦普尔所说的夏拉瓦机。同样，另一位自然风景园理论与实践先驱，把坦普尔视为造园艺术权威的蒲柏，也从他那儿得到了这个词，借助它阐释了自己的园林艺术观念。

　　从坦普尔到艾迪生和蒲柏，在 17 世纪到 18 世纪初的英国，形成了一条赞赏中国园林美的基本特征，进而借助它来强化批判旧传统的力量，推进园林艺术变革的线索。最先把中国文化艺术介绍

❶　转引自葛桂录《雾外的远音——英国作家与中国文化》，银川：宁夏人民出版社，2002，第 91～92 页。

❷　转引自赫德逊，《欧洲与中国》，王遵仲等译，北京：中华书局，1995，第 255 页。

❸　同❶，第 18 页。

到欧洲的并非是英国人，在实用和装饰品中首先模仿中国艺术意趣的也不是英国人，但在涉及对自然美与艺术美的根本态度时，英国人对中国的认识更深刻，并能在批判自身传统的制约时积极借助。其原因有社会政治、经济、文化领域较早的变革，也同经验哲学的普遍影响有关。英国经验主义的重要特征之一，就是对不同的传统普遍采取了宽容的态度。

18世纪20年代到70年代，英国自然风景园逐步成熟，形成了自己的风格并向其他国家传播。基于对这种园林艺术的理解和中国风的流行，整体环境上仿效英国，但更注重丰富环境，或许还加入了更准确的中国景观局部的园林，在欧洲大陆常被称为英中式园林。在这个时期，长期任职中国宫廷，亲身游历甚至绘制过著名皇家园林图景的传教士，还有一些游历过中国的学者，以详尽的环境记述、评议和图绘资料，把更多、更具体的中国园林艺术知识带到了欧洲，并在英国传播。如意大利人马国贤的避暑山庄36景图1720年代传进英国，法国人王致诚发表在《传教士书简》的圆明园介绍英译本1749年在英国出版，还有后面要谈到的钱伯斯的著作，等等(图11-10)。

图11-10　马国贤避暑山庄图之一

18世纪的许多图、文对中国园林环境组织的描绘非常准确、具体，引起了广泛兴趣，但在实践中的影响可能更限于局部景点。许多成熟的英国自然风景园点缀了中国建筑，叠石岩洞等也有同中国园林相像之处，但在整体环境和景观布局上同中国园林却有很大差异。以布朗为代表的艺术，又在50年代后把英国园林引向一种空阔的牧野般环境，大大降低了建筑的地位和区域变化的情趣。不过，中国园林艺术却在对英国自然风景园自身的争论与批判中呈现了它的力量，并对70年代后的另一种倾向起了变了形的引导。

在英国自然风景园发展的进程中，借助中国批判自身缺陷的声音主要来自钱伯斯。

18世纪40年代，青年时期的钱伯斯在瑞典一家贸易公司任职，其间到过中国广东，对包括建筑和园林之内的设计艺术非常感兴趣。其后他到法国和意大利学习了建筑，1755年回英国从事建筑设计，并像这个时代的大量文人一样，投身于造园及关于园林艺术的争论。1757年，他的《中国建筑、家具、服装、机械和家用器皿设计》（简译《中国建筑设计》）出版，之后，1772 年的《东方造园论》进一步阐发了他对中国园林艺术的理解。此时，他的批判对象已经不是几何式园林，而是针对英国园林景观组织的相对简单，特别是布朗的"过分自然"与"空洞无物"了。

前文提到的渥尔波尔被许多人视为当时最经典的英国园林描述与评价者，他在 18 世纪 70 年代骄傲地说："恰临乡村的面貌是如此丰富、如此华丽、如此如画之时！我们已经发现了尽善尽美的关键。我们为世界造就了真正的造园典范。随其他国家去效法或讹传我们的品味吧，但让它在自己青绿的王座上统治这里，露出优雅简单的本色，并为艺术中只有缓和自然的杂多和复制她的雅致格调而骄傲。"❶ 而钱伯斯在这前后出版的上述两本著作却指出："中国人的园林布局是杰出的，他们在那上面表现出来的趣味，是英国长期追求而没有达到的"；中国人"虽然处处师法自然，但不摒弃人为⋯⋯他们说：自然不过是供给我们工作对象，如花草木石，不同的安排会有不同的情趣"；布朗式的英国园林"与普通的旷野几无区别，完全粗俗地抄袭自然。人行其中，不知是在野外，抑在花园中⋯⋯顶多只是一幅旷野风景，毫无情绪上的共鸣"；"明智地调和艺术与自然，取双方的长处，这才是一种比较完美的花园"。❷ 结合中英园林的对比，他特别强调："造园者必须是有灵性、经验和判断力的人，洞察敏捷，智谋多广、想象丰富，并完全通晓人类心理的作用"。❸

钱伯斯的著作较准确地介绍了中国，并就此论证了他引起相当反响的园林艺术观。其中，也有一些臆想发挥的成分。他的《中国建筑设计》把中国园林效果分为愉悦、惊惧和奇幻的，并在《东方造园论》中进一步突出了惊惧与奇幻的恐怖性，对 18 世纪晚期英国园林寻求荒蛮的画境风景起了推波助澜作用。

在 18 世纪中叶以后英国自然风景园走向更丰富的组织，出现更特殊的情调时，中国园林艺术又一次起到了它的作用，至少在景观风格的争论中被一方引为理论支撑。

11.2 初步转向自然

作为一种新的园林形式，英国自然风景园在 18 世纪第二个十年逐渐显露端倪，在随后的十余年后完成由几何式到自然式的根本转变，到这个世纪中叶成为英国人的骄傲，并且向欧洲大陆其他国家传播。进而，又联系于关于"自然"与"艺术"的争论，在 18 世纪后期发生了一些进一步的变化。

坦普尔 1685 年的《论伊壁鸠鲁的花园》就积极评价了中国园林，但仍认为西方人对中国园林的那种美还非常陌生，因此，"在任何地方，运用几何形象都很少造成明显的大错"。❹ 保证成功的造园方式仍然是几何式的。然而，进入 18 世纪的第二个十年，随着欣赏自然美的文化氛围日益增强，以及中国园林艺术印象的传播，以艾迪生、蒲柏、斯威泽等人为代表，批判几何式园林、追求自然

---

❶ 转引自 Laurence Fleming & Alan Gore，THE ENGLISH GARDEN，London，Michele Joseph Ltd. ，1979，第 136 页。

❷ 转引自陈志华，《外国造园艺术》，郑州：河南科学技术出版社，2001，第 280 页。

❸ 同❶，第 132 页。

❹ 同❶，第 96 页。

式园林的声音变得越来越明确、具体，带来了新的园林或景观概念。

他们的见解很快在一些著名绅士和造园家那里得到了反映，如具有很高文化素养，乐于接受新鲜事物的卡莱尔伯爵、柯伯姆子爵等地产主，以自己的园林成就了和布里奇曼等人在 1720 年代引人注目的园林艺术。虽然他们的实践还未带来真正意义上的自然风景园，却在一些方面具有重要突破性意义。

11.2.1 突破几何与墙篱制约的呼声

艾迪生在 1712 年 6 月的《旁观者》上明确批判坚持欧洲传统的英国园艺师，"不是适应自然，而是喜欢尽可能地偏离它。我们的树木成圆锥形、球形和金字塔形。在每棵树和灌木上我们都见到剪刀的痕迹。"并且声称："不知道我的见解是否孤立，但对我来说，我宁愿崇尚一棵树木的茂盛和枝干扩展，而不是被剪裁成精确图形的时候；不能不喜爱繁花似锦的果园，胜过所有形式完整的花床和小迷宫。"❶

艾迪生对几何式园林的批判借助了对中国园林"夏拉瓦机"美的了解，而他更具体的园林形象，可能来自自己具有自然随意性的田园地产。在同年 9 月的《旁观者》中，艾迪生阐述了他"一个菜园与花床、果园与花卉园的混杂体"，花卉"从一条普通的绿篱下、一块田地或一片牧草中长出来，构成这个场所的最美之处"。❷ 把不很清晰的中国"夏拉瓦机"同貌似无序的田园自然联系在一起，可视为艾迪生园林景观基本设想的来源。

艾迪生不是园林艺术实践者，也没有特别具体的园林艺术阐述。在初步的景观设想之外，他对英国园林变革的贡献，更在于从观念上把园林艺术推向了更广阔的天地。艾迪生认为，可以把园林同田园乡野直接结合起来，造就既实用又令人愉悦的风景环境。在倡导自然形植被的同时，他还指出："为什么不能通过不断的种植把整片地产都融合成一种园林，使主人获得与收益同样多的愉悦呢？长满柳树的湿地或橡树成荫的山岗，不仅比任其裸露与不加装点更美丽，也更有效益。农田带来美妙的视野，而且，假如对其间的小径更精心一点，假如用土地所能接纳的艺术稍加补充，帮助和改进牧场的自然装点，用树木和花卉改变成排的绿篱，一个人就能把自己的属地造就成一处可爱的风景。"❸

综合艾迪生的见解显然可以看出两层意义：一方面要园林向乡村田园学习，以更自然的景观要素来组织环境；另一方面可把乡村变得更美，用一些补充和改进使广阔的田园牧野成为具有园林艺术感的场所，进而把两者联系成一个整体。

艾迪生的观点得到许多共鸣。联系古希腊荷马史诗《奥德赛》中阿基努斯朴实的实用蔬果园，蒲柏在下一年 9 月的《卫报》上积极呼应了艾迪生对几何式园林艺术的批判，并更明确提出艺术应向自然求教。他指出："有天分和最富艺术才华的人总是最热爱自然，尤其因为察觉到一切艺术都在于模仿自然和研究自然，相反，见识平庸的人才热衷于艺术的精雕细琢和古怪作用，总认为最不自

---

❶ 转引自 Laurence Fleming & Alan Gore, THE ENGLISH GARDEN, London, Michele Joseph Ltd., 1979, 第 79 页。
❷ 转引自 Timothy Mowl, GENTLEMEN & PLAYERS, Gardeners of the English Landscape, Stroud, Sutton Publishing Ltd. 2000, 第 85 页。
❸ 同❷，第 83 页。

然的才是最美妙的。"❶ 在 1715 年的一篇诗体论文中他写道："首先要追随自然，形成以它那公正标准为依据的判断……最佳的艺术最像她，她从来都是主宰，但又从不显现"。❷

同艾迪生的见解既相同也有不同侧重，蒲柏更把目光集中在园林环境本身。除了发出呼声以外，他还亲身投入造园实践，自 1719 年起营造了自己在退肯汉姆的园林。

蒲柏的园林还未能把诗人的想象和美妙语言切实反映在实际景观中，但在相当程度上呈现了破除拘谨几何形式的意识。其主轴线上有了更多的景观形态变化，两侧结合了晾衣场和菜园等实用园地，加上更自然的曲径与天然形态的林木，贝壳装饰的曲线园亭，被视为一种洛可可园林。

蒲柏还把园林景观组织同绘画艺术联系在一起。结合这个园林的设计，他向友人指出："通过面向尽端把事物变暗并布置得越远越窄，你可以使它们变得更远，就像在绘画时所做的一样"，"所有的造园都是刻画风景，就像墙上的风景画一样。"❸ 蒲柏所指出的透视手法在意大利文艺复兴，尤其是巴洛克园林中已经存在，而把造园同绘画般的风景刻画联系在一起，则突出了风景画境中的自然美是园林艺术应该模仿的对象。尽管蒲柏的实际园林还有很强的局限性，却使英国自然风景园被称为"画境式"可以追溯到最初的变革年代。

在这一阶段响应艾迪生和蒲柏，并有较大影响的园林专著，主要有斯威泽 1715 年的《贵族、绅士和园艺师 的修养》，兰利 1728 年的《造园新原则》等。从落实在图上的平面布局上看，他们设想的园林多数时候还不能全面背离几何式的总体构架，但明显开始倡导一些自然的园景和广阔的视野。

例如，斯威泽要求一些园林树木环境应"按照其自身本性成为幽密的，由一些平地、高岗和洼地自然构成。这是大自然为一个天才心灵的造园实践进行的场所设计"；"如欲置水，应寻找适宜的场所设置源头，并使其轮廓最适应低洼处的特征"；"如果林地树木过稀，最好把它清除，造就一个开敞的草皮；如果林地效果显著，值得欣赏，那就应清除它外面的所有杂乱事物，以打开远景视野；但如果远景贫乏而不入目，就让林地遮挡它。"❹ 他还期盼"把所有邻近的村庄都置于开敞的视野中"。❺

兰利指出：花卉可以是"一片开放荒野中的各处居民，以随意的种植形成区域。并非以习惯的方式呈规则线条，而是相反，处在成簇的树木和灌木之间，看上去除了自然的指引之外没有别的秩序。同其他形式相比这是最美的"。❻

同艾迪生园林联系田园乡野思想，以及蒲柏结合实用园区的做法一致，斯威泽还明确阐释了一种部分依据审美和娱乐需求，部分依据生产实用的乡村庄园地产——装饰化农庄的概念。十来年后兰利的《造园新原则》更具体化为，乡村优美园林的各部分应包括"葡萄园、蛇麻草园、苗圃……小块农田围地……簇生的灌木丛，干草堆，木堆，野兔出没的地方"，其中"依着牧草中的潺潺细

❶ 转引自 Timothy Mowl, GENTLEMEN & PLAYERS, Gardeners of the English Landscape, Stroud, Sutton Publishing Ltd. 2000, 第 103 页。
❷ 转引自 Laurence Fleming & Alan Gore, THE ENGLISH GARDEN, London, Michele Joseph Ltd., 1979, 第 92 页。
❸ 转引自 John Dixon Hunt, THE PICTURESQUE GARDEN IN EUROPE, London, Thames & Hudson Ltd, London, 2002, 第 15 页。
❹ 同❶，第 91 页。
❺ 同❷，第 96 页。
❻ 同❷，第 94 页。

流，穿过农田、灌木丛等处的小径带来令人欣喜的乐趣"。❶

斯威泽和兰利都做过一些具体园林规划设想，它们通常还有笔直的林荫道构成的宏大几何构架，以及主轴线上的花床、喷泉等。但在其间会有形式自由的园区，带来小型乡村牧场、农田的景象。这表明在自然风景园的发展初期，这类环境首先被接纳为对园林局部的改变，但从一种进程来看，艾迪生、蒲柏、斯威泽等人基本奠定了 18 世纪 30 年代后英国自然风景园的观念意向，这就是：欣赏真正的大自然，结合造园场所的自然地形，追求自由多变的环境；艺术加工尽量把人工隐藏起来，把更广阔的远景收入园中，在考虑各种视觉效果时向风景画学习；使园林和乡村环境在景观意义上更接近，进而把园林主人在宅邸附近的园林同整个地产环境合为一体。

11.2.2 带状曲径、"荒野"区域、哈哈沟、林苑及其装点性建筑

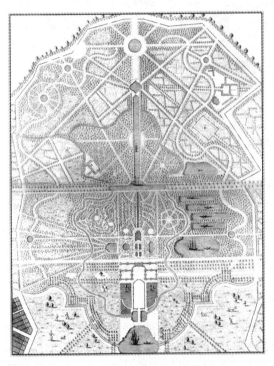

图 11-11 斯威泽的理想园林设计

伴随着艾迪生等人的声音，在 18 世纪 30 年代前的英国园林中出现了一些新的具体造园手法，最突出的是带状曲径、哈哈沟、"荒野"区域，以及林苑风景中的装点性建筑。作为新型园林艺术的起步，它们为更成熟、更丰富的园林景观奠定了重要基础。可以说，无论其后的英国自然风景园突显了哪种环境品味和景观规模，这些手法都留下了深刻的印迹。

设想中的带状曲径雏形可能出现很早，培根关于一部分园林要"自然原始"的建议，就可能意味着在没有任何秩序的花草间形成曲径。经历了坦普尔、艾迪生、蒲柏等人对几何式的批判，斯威泽的园林设计已把这类路径落实在了图纸上，只是仍处在在林荫道构成的对称几何构架之间（图 11-11）。18 世纪头 30 年的带状曲径实践，除了蒲柏的退肯汉姆园林，还出现在布林汉姆宫、切斯威克园、霍华德庄园、斯陀园等许多园林中。虽然它们仍然只作用于园林的局部区域，但其环境的成功对后来的园林起了重要引导作用。

在直线林荫道形成的几何构架之间，常以砾石铺就的带状曲径在自然的树木和灌木区域穿行，引导人们在林间散步，配合雕像、座椅等点缀。这同文艺复兴后的几何花床园景和法国式的林间小景有明显区别。霍华德庄园和斯陀园最早形成与带状曲径相关的一部分完整环园林境，反映了几何与非几何规划的较量，或联系于几何构架本身的不规则化，在那个时代最引人注目。到 1730 年代

❶ 转引自 Timothy Mowl, GENTLEMEN & PLAYERS, Gardeners of the English Landscape, Stroud, Sutton Publishing Ltd. 2000, 第 125 页。

后，这种园路就逐步成为园林布局的主要骨架，以各种方式联系隐秘幽深或舒展开阔的景观，并可直接联系园林化地产上的住宅主体了。

卡莱尔伯爵的霍华德庄园园林，可被视为英国真正迈向自然风景园的第一个伟大实践。这个园林的专业建筑与造园家主要是凡布娄，不过，霍华德家族府邸周围领地上的风景环境特色，特别是瑞林地内 1705 年至 1706 年形成的带状曲径，当来自园林的主人，第三代卡莱尔伯爵查理斯·霍华德的坚持。卡莱尔伯爵同坦普尔同是辉格党人及园林爱好者，1697 年曾拜访这位前辈，当从他那里得知了"夏拉瓦机"的景观意向，影响了自己的园林环境追求。

瑞林地是山坡草场上一片自然的树林，边缘在凡布娄 1699 年设计的府邸以东仅几十米，凡布娄还为这巴洛克宫式府邸配置了南北主轴线上的几何式园林。一度按 17 世纪艺术传统形成的园林规划，几乎使林地的自然状态消弭在几何式图形的扩张中，但它幸运地留了下来，成为可"独立"游赏并备受赞誉的"园林"。

据斯威泽 1718 年的记述，18 世纪初仍然活跃的著名古典造园家乔治·伦敦为瑞林地规划的直线大道和图案，"是会毁掉这片树林的星形"，而"爵爷非凡的天才阻止了它，并以最超前的设计赋予了我们现在所见的曲径转向模式"，并称赞卡莱尔在这个林地实现了一种革命。❶ 1725 年的一位参观者把这"林间曲线小道缠绕在树木间"的场所称为"美的所在"，记述了沿着曲径见到的雕像、石瓶瓮、喷泉、小瀑布、座椅和凉房等等，指出它自身"完全可以被视为最美的园林"。❷ 林地内的路径与景观设计有可能由凡布娄依据主人的意向具体参与，但他对自然风景园的贡献，更在于园林环境中的装点性建筑。

斯陀园的变迁几乎完整经历了英国自然风景园的整个历程。它也有 17 世纪末留下的府邸及其几何式园林，通过这以外的扩建区域走向变革的第一步大约始于 1713 年。到 18 世纪 30 年代前，主要布局出自另一位自然风景造园先驱布里奇曼。凡布娄与其合作，为园林点缀了优美的建筑。

布里奇曼规划最引人注目的是结合地形或场所特征，使直线林荫大道的组织呈现了灵活的不对称关系。他还在大道间的三角形或不规则梯形地段内，留下大面积的荒野式植物杂处区域，以带状曲径穿行其间，既可带向各种自然的景观变化，也能通往凡布娄设计在这种环境中的特定庙宇。由于大道不再构成完整对称的几何图形，更具有边界效果，荒野和带状曲径的区域就显得很突出了。联系斯陀园旧有的中轴几何园区和布里奇曼更大、更醒目的扩建部分，1724 年的一位参观者帕西瓦尔爵士指出：这个园林"'整体上再不能更不规则，局部中再不能更规则了'，其中的弯曲小径使参观者迷失或惊奇，'你 20 次认为没什么可欣赏了，可一瞬间又发现自己在一处新的园地或小径上'"。❸(图 11-12)

布里奇曼能有这样的设计也有赖于地产主人，同样姓坦普尔的柯伯姆爵士。曾是海军将领的柯伯姆也是一位见多识广的辉格党人，1713 年曾遭解职，次年被重新启用后于 1733 年再度解职，此后便专心经营斯陀园直至 1749 年去世。他的园林在 1730 年代后的继续扩张，为英国自然风景园更重要的代表者肯特与布朗提供了重要成名机会。

---

❶ 转引自 Timothy Mowl，GENTLEMEN & PLAYERS，Gardeners of the English Landscape, Stroud, Sutton Publishing Ltd. 2000, 第 64~65 页。

❷ 参见 Timothy Mowl，GENTLEMEN & PLAYERS，Gardeners of the English Landscape, Stroud, Sutton Publishing Ltd. 2000, 第 64~65 页。

❸ Andrea Wulf and Emma Gieben - Gamal，THIS OTHER EDEN Seven Great Gardens and Three Hundred Years of English History，London，Little Brown，2005，第 92 页。

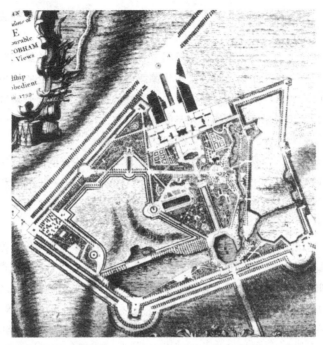

图 11-12　18 世纪 30 年代的斯陀园图，南北轴线左边为 20 年代布里奇曼改造区域，右为布里
奇曼约 30 年代初规划的爱丽舍园区，再外的直线大道与哈哈沟内为霍克威尔园区

在斯陀园外柯伯姆家族领地的更大范围内，布里奇曼也以同样的手法做了没有得到实施的规划。在布里奇曼的参与和影响下，这种规划手法还部分实践在布林汉姆宫、切斯威克等同一时期的其他大型园林中。渥尔波尔归结道：布里奇曼"决不返回过去年代循规蹈矩的精准。他扩展了自己规划的范围，不屑于让每种划分都有对面的呼应。尽管仍然坚持伴着高大修剪树篱的园路，那也仅仅是他宏伟的线条。在这以外，他以荒野的手法来多样化"。[1] 不过，此时的"荒野"主要是未加特别修整的树林灌木地带，从中穿过的曲径设计本身也较多从平面出发，同 18 世纪晚期的"崇高"荒蛮追求和设计方法还有很大差别。

除了带状曲径穿行的荒野，在斯陀园的扩建中，布里奇曼还以哈哈沟的形式把园外的景观纳入视野。第一步的扩建结果，让人们可以在园林中面对一片湿地草场。使英国园林同更广远的风景联系在一起，并最终使英国园林自身田园风景化的最重要实践或许是哈哈沟。渥尔波尔给予哈哈沟极高的评价，说它是自然风景园初期"最重要的一笔，后来所有步骤的第一步"，并"相信最初的想法来自布里奇曼"。[2]

哈哈沟是一种作为内外场所边界的干沟，内侧是较陡的挡土墙，通常为砖石的，外侧则相对较缓的土坡，用来作为防止牲畜进入园内。远远看去，哈哈沟外的自然、农牧土地同经过艺术设计的园林就像连在一起。哈哈这一称谓来自人们突然发现其存在的惊奇声音。有当代西方园林史著作指出：使这种设施和称谓首先见诸文字的是法国人德阿格维莱 1709 年出版的《造园理论与实践》，

---

[1]　转引自 Laurence Fleming & Alan Gore，THE ENGLISH GARDEN，London，Michele Joseph Ltd.，1979，第 91 页

[2]　Christopher Thacker，HISTORY OF GARDENS，Berkely and Los Angeles，University of California Press，1979，第 183 页。

但哈哈在法国园林中并不具广泛的重要意义，而且
这种设施可上溯到中世纪的防御工事。在哈哈沟业
已实践在英国造园活动中的 1712 年，这本书被译成
英语，其称谓随之迅速传开❶(图 11-13)。

1712 年，一位还不知"哈哈"的旅行者记述了
马尔布鲁斯公爵在牛津郡的布林汉姆宫园林情景：
"这个园林……向外连着林苑，甚至可以说是其一部
分。这是通过把外墙落入壕沟来达到的，它带来可
以看到周围景观的视野，取消了明显的限定及其对
眼睛的制约"。❷ 表明，位于布林汉姆宫殿南部几何
园林边缘的哈哈沟在这之前就有了。

图 11-13 哈哈沟示意

布林汉姆宫园林的哈哈沟可能出自布里奇曼。
这个园林 18 世纪初的主要设计者有凡布娄，以及同乔治·伦敦齐名的老一代园艺师亨利·怀斯，布
里奇曼作为后者的助手参与了工作。另外，同样曾是军人的园主和凡布娄的作用也不能排除。18 世
纪 30 年代前，在包括布林汉姆宫、霍华德庄园和斯陀园在内的一些著名园林处，同布里奇曼和凡布
娄相关的哈哈沟常会内侧较高，并带有棱堡——间隔出现的六边形台体(参见图 11-12)。这是明显的
防御工事痕迹，在园林中被做了一些变形。凡布娄为霍华德庄园园林设计了一段有中世纪城堡般碉
楼的围墙，以及瑞林地东北边缘带棱堡的哈哈沟。在斯陀园的哈哈沟边，布里奇曼醒目的棱堡成了
凡布娄装点性建筑的台基。

布里奇曼 1713 年到 1720 年间的斯陀园规划带来这种设施的突出艺术表现。他不仅使"墙"下
沉，还把它同园林边缘的林荫大道结合在一起，并同凡布娄合作，造就了沟边使园林内外景观更紧
密关联的装点性建筑。斯陀的哈哈沟从西南方完整围合了最初的扩建区域，内侧同高一些的林荫大
道一体。大道的几个关键节点向外扩展出棱堡般的台体，分别建有凡布娄设计的圆厅式庙宇、金字
塔等，并有维持几何感的空间向园林内伸展，形成景观视廊。从远处看去，林荫大道多数时候仍有
高大绿篱边界感。而在上述节点处则树木行列间断，以大道上扩大的台体和醒目的装点性建筑为中
介，园内外景观被连在一起。

哈哈沟的关键在于体现一种意识的转变。实际上，并非多数英国自然风景园都有精心设计的哈
哈沟。在 18 世纪上半叶布里奇曼等人的设计中，它反映了把内部性的艺术环境同外部的广远景观在
视线上连起来的意向，同时，沟内侧稍高或棱堡又明显表达了区隔意义。在园内园外环境还明显不
一样的阶段，让人可以意识到这里是打开的边界。到这个世纪中叶，环境意识和景观意趣的进一步
发展，真的把英国园林推向艾迪生提倡的"整体"地产环境设计，哈哈沟两边的风景不再有根本的
区别，它就成了非常简单的功能设施。当一些大面积园林追求以牛羊点缀的牧野效果时，哈哈沟就
只用于少量场所的必要分隔了。

在了解英国园林的"整体"化地产环境设计时，还需要注意园林和林苑两个概念在这一时期的

❶ Christopher Thacker, HISTORY OF GARDENS, Berkely and Los Angeles, University of California Press, 1979, 第
183~184 页。

❷ 同❶, 第 184 页。

意义。

从中世纪到文艺复兴，欧洲的"园林"一般指围墙中的人为几何式花床园地，"林苑"指天然林地。17世纪法国古典园林以林荫道及其树木修剪把花床区外围的林地几何化，或人为种植此类林地，也可称为林苑。它们往往树木密集，其间有相对较小并做成各种几何空间场所的林间小景。

到英国自然风景园时期，首先是一些具有自由式带状曲径、相关装饰景点处理细腻的林地环境也被称作了园林，接着，哈哈沟又把几何式园林同天然林地、田野牧场在视线上连在一起。在18世纪30年代后的英国自然风景园盛期，园林形态的非几何自然化、对乡野的改造，以及二者结合构成的大面积优美风景场所，使园林和林苑概念没有什么区别了。典型的英国自然风景园多有开阔的草坡起伏、水体蜿蜒，并结合了疏密、大小不同的林地或树丛，用园林和林苑来称呼都可以。一般泛指时可通用园林，当特别强调环境形态时多以林苑形容。在18世纪早期的变革阶段，许多园林留有建筑轴线上的几何式花床园林区域。在这以外，经过艺术加工但更自然的园林，以及作为园林景观一部分又有意维持自然树林、草场、水体的环境，可称为林苑区域。

为林苑环境加入装点性建筑，也是英国园林变革起步的重要实践之一，并在欧洲园林变革中形成一大景观特色。

回顾意大利文艺复兴以来的园林，它们都是由住宅、宫殿等主体建筑统辖的环境。意大利园林中的砖石建构，主要是水池、挡土墙、栏杆、阶梯等。到17世纪以法国为代表的大型园林，有了一些景观环境中的点缀性建筑，但像凡尔赛宫园林的圆环柱廊之类，往往处在密集的修剪树木围合之中，共同构成藏在林中的几何化林间小景。英国自然风景园的发展，使住宅、宫殿不再是新型园林环境的统辖者，林苑也不特别是密集的树林本身。在较大面积的自然式或林苑化园林中，点缀性的建筑被用来丰富广阔的景观画面，并表达特定的环境意义。

1730年代前以建筑点缀风景的最著名设计师当推凡布娄。自1704年起他为数个园林同时工作，1720年前在斯陀园哈哈沟棱堡上的维纳斯圆亭庙，可能是第一座独立建在开阔的园林中，仅用于点缀风景的古典式建筑(图11-14)。在环境布局上，这座建筑同林荫大道、园内景观视廊的关系还留有几何构图的意味，但更具有把各向景观聚拢在一起的启发性。其后，在霍华德庄园的瑞林地外，凡布娄设计了把林地、草场和更远的风景联系在一起的四面风神庙。这座神庙完成于凡布娄去世后的1728年，但基本依据了他的设计，并是他生前非常渴望见到的。在霍华德庄园的府邸及其附近的几何式园林以外，这座建筑配合起伏的草场、林木，加上更远处另一位建筑师设计的古典式陵墓庙堂，最早显示了英国自然风景园的典型景观。

凡布娄的园林建筑设计很多样，在霍华德庄园、斯陀园还有他设计的金字塔等其他建筑。结合特定环境，他还为布林汉姆宫园林设计了溪水上的巨大桥梁，景观意义远超实际意义；为达科姆园设计了两座圆形庙宇，在一条山岗的两端相互对应，等等。

装点性建筑在英国自然风景园中起到了各种

图11-14 斯陀园维纳斯圆亭庙，周围环境已在
18世纪后期发生很大改变

活跃景观的作用。在以后的园林艺术发展中，它们会以古典式联系于阿尔卡狄亚般的怀古环境，或以中世纪特别是哥特式联系于民族情感，以废墟体现自然的力量与带有伤怀感的历史记忆，等等。

作为建筑师或造园家，凡布娄和布里奇曼两人因与霍华德庄园、斯陀园等 18 世纪初的园林艺术变革相连而闻名。但是，他们最初接受的园林艺术还是几何式的，如果没有卡莱尔和柯伯姆这样的雇主，他们很可能还局限在几何式园林法则中。1718 年，凡布娄和布里奇曼设计了伊斯特伯里宅及其园林。这里的主人赋予他们完全的设计自由，结果，配合着 U 形住宅的园林成了完全几何式的，似乎他们在这里真正自主地实现了自己最娴熟掌握的园林形式。因而，像计成的《园冶》说中国园林三分匠人，七分主人一样，有研究者特别强调，在英国自然风景园发展的最初进程中，是文人和园林的绅士主人而不是具体设计操作者激励了创新。❶

11.3　走向成熟与理想的阿尔卡狄亚

展示在变革中的新手法、新景观，进一步刺激了蒲柏这位自然式园林倡导者和诗人的想象力。他曾多次游赏斯陀园，大加赞叹并据以发挥，写出了 1731 年《致伯灵顿书》所阐释的园林艺术。

在这封几乎每部园林史都要引述的书信中，蒲柏嘲笑那些仍然设置在围墙内的几何式对称园路、树丛、平台花床的枯燥，强调园林设计"时时都切不可遗忘自然"。他以诗的比喻指出："要待这位女神如端庄的美丽女性，不浓妆艳抹，也不裸露神形；不可让她的美处处显露，这技巧的一半在于体面的遮掩。那以变化带来快意的迷惑和惊异，并隐藏了边界的人，理解这一真谛的全部。"❷ 还特别强调"各方面都求教于场所的灵魂：是它使水面涨满或跌落，帮助雄心勃勃的山岗攀向青天，或掘出圆剧场般的空谷；招来乡野风光，捕捉开阔的湿地，连接起自在的树林，并让它们疏密有变；忽而断开、忽而导引那些欲为边界的线；你种植时它绘画，你劳作时它设计。"❸ 1730 年代，肯特对斯陀园进一步扩建区域的改造，就更直接反映了蒲柏的观点。

成熟的自然风景园设计代表人物，专业造园师中以前一阶段的肯特和后一阶段的布朗最突出。同时，在这个园林艺术几乎体现了英国绅士最高文化品位的时代，一些非专业园主的创造也非常引人注目，特别是银行家霍尔和诗人沈斯通等人。他们的园林有相当程度的共性，如追求洛兰风景画境般的景观，在以地形起伏和水面、树木、草皮组成的柔和风景中点缀古典式建筑，使其环境气氛具有理想中的古希腊阿尔卡狄亚意味。在具体园林规划设计方面，一些园林则富于景观组织的典型差异。另外，随着更多精神需要的融入，英国园林的景观要素也在进一步丰富，产生了多样化的环境气氛和景观画面。

一般认为，是肯特首先最明确地参考洛兰等人的风景画艺术，带来了阿尔卡狄亚般的园林风景，在很大程度上被当作成熟英国自然风景园的开创者。

在肯定了布里奇曼"以荒野的手法来多样化"，并把哈哈沟当作自然风景园的头一步之后，渥尔波

---

❶ 参见 Timothy Mowl, GENTLEMEN & PLAYERS, Gardeners of the English Landscape, Stroud, Sutton Publishing Ltd. 2000, 第 71 页。

❷ 转引自 Andrea Wulf and Emma Gieben-Gamal, THIS OTHER EDEN Seven Great Gardens and Three Hundred Years of English History, London, Little Brown, 2005, 第 101 页。

❸ 转引自 Timothy Mowl, GENTLEMEN & PLAYERS, Gardeners of the English Landscape, Stroud, Sutton Publishing Ltd. 2000, 第 104 页。

尔的《现代造园情趣史》说："肯特在此刻出现了，他有足以体验风景魅力所在的画家品位，足以进行挑战和支配的胆略和见地，并且是能把不完善的初步尝试引向一个伟大体系的天才。他越出樊篱，把整个自然视为园林"。他"体验山丘和谷地不知不觉中转换的美妙对比，品味缓缓的隆起或凹陷的美，并注意到稀疏的树丛如何为带有悦目装点的祥和高地加冕：优雅的枝干间现出远方的景色，迷惑人的对比使景观加深和扩展。"并指出：肯特以"自然厌恶直线"为座右铭，"用铅笔而不是罗盘"来创作。作为画家，特别注重"透视和光影"；作为建筑师，他又经常为"景深的焦点"创造一些"活跃地平线的客体"。❶

肯特是在画家的基础上成为园艺师和建筑师的。自 1712 年到 1719 年，他在意大利学习绘画。罗马附近的自然风光和古代遗迹，特别是蒂瓦利风景以及洛兰和桑普等人的风景画，以不大的空地同树木、山形、水流的柔和对比，以及点缀在其间的古代庙宇，在肯特身上留下了深刻的烙印。

肯特后来的成就还要感谢伯灵顿伯爵等一批富有的辉格党贵族绅士。比肯特小十岁的伯灵顿曾同一批友人在 18 世纪头 20 年间不止一次亲历意大利风光，也喜爱那种尺度不是很大，但山岭河谷交融，又随处可见古典建筑、雕塑的景观，收藏有洛兰等人的绘画。同一时期他还得到了景观刻画极为准确的中国避暑山庄 36 景图，对中国园林，特别是其景观在绘画中的展示有较准确的知识。伯灵顿伯爵在意大利遇到肯特后，就成为他毕生的朋友和资助人，还使他结识了蒲柏，在园林向风景画学习方面发生共鸣，并有机会在伯灵顿的切斯威克园和另一些名士的园林中实践自己画境。

从 18 世纪 30 年代到 40 年代，肯特多数时候就住在伯灵顿家，为他伦敦附近业已形成的切斯威克园补充了许多更自然的园景。肯特标志性的园景画面之一，为林间小谷地正面配上石拱粗糙的小瀑布水流，就从切斯威克开始用在许多园林中（图 11-15）。在更大范围的园林布局方面，肯特参与的园林设计以斯陀园和罗沙姆园最具代表性。

图 11-15　肯特为切斯威克园设计的石拱小瀑布

❶　参见 Laurence Fleming & Alan Gore, THE ENGLISH GARDEN, London, Michele Joseph Ltd., 1979, 第 98、102 页；Timothy Mowl, GENTLEMEN & PLAYERS, Gardeners of the English Landscape, Stroud, Sutton Publishing Ltd. 2000, 第 106 页；陈志华，《外国造园艺术》，郑州，河南科学技术出版社，2001，第 206 页。

　　肯特以对自然曲线的热爱和画家的眼光，完全抛弃了布里奇曼的直线林荫道，及其运用"荒野"和带状曲径时的相对平面化方式。他非常擅长用画笔在一幅竖直的画面上来构思，关照自然、田园或旧有的园林地形与植被，发现一个个环境的基础画面价值，经常设计一处建筑性质的底景，并以植物种植来进一步丰富。他用凹谷、坡地、草皮、树丛，以及溪流等多种形态、质感的元素组合，把水平的蜿蜒同竖向的起伏，及其在距离上的变换组织在一起。可以使视线延伸的不大坡谷，常是肯特经营其园林景观画面的理想场所，联系景深突出渥尔波尔所说的"缓缓隆起或凹陷""在不知不觉中转换的美妙对比"（图 11-16）。

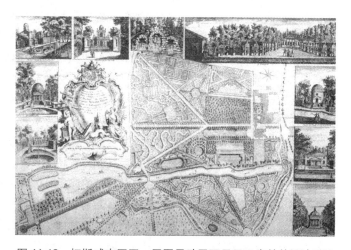

图 11-16　切斯威克园图，周围景致画面显示了肯特的设计手法

　　肯特水处理的自然化也是英国自然风景园成熟的标志。1730 年代后，平阔区域的和缓水流、曲折岸线、平缓草皮伸延，及其上点缀的各种树木，峡谷地带林木岩石间自然跌落的小瀑布，广泛取代了曾是西方园林水景标志的雕塑喷泉、大理石水阶梯和直线大水渠（图 11-17）。

图 11-17　肯特的斯陀园爱丽舍园区古代道德庙及环境

除了园林环境的自然化，肯特所追求的画境还在凡布娄之后继续推进了以景观建筑来装点环境的艺术。依据不同的场所，他的建筑设计包括古典的、中世纪的，甚至在设想中更原始的，还包括中国式的，但古典建筑是他多数园林环境意境的核心。这同他的意大利的经历，文艺复兴后的主要建筑艺术潮流，以及把阿尔卡狄亚设想成同伊甸园一样的人类理想家园有关。除了建筑物之外，肯特还非常喜欢联系于古代神话的雕像，以及配合水流、瀑布的粗糙石拱。后者尺度不大，因而有把人为与自然的"艺术"合为一体的亲切感。

18世纪中期的许多英国园林景观都在相当程度上与肯特的基本追求相似。一般以地形隆起间的大小谷地为核心，并引入岸线弯曲的水体。水边有大面积的草皮，在这里平缓伸延，那里形成坡岗，并常有成簇的树木。表达主要园林景观意向的古典建筑点缀在草皮上，也有在水边结合桥梁的。草皮背后多是浓密的高大乔木林带，在设计者的组织中灵活伸延、交错，并时常配以灌木，形成更丰富的层次。林带多沿水岸顺向展开又有远近变化，并时而凸向水边，时而又让草皮凹入树丛，结合装点性建筑造就环境和画面的区域感。依据不同的需要，林木可枝叶垂地遮挡视线，也可让人从高大树干间窥视或游入，间或也会有不大的缺口，带来园外更远处的视野。

柔和变换的风景结合了古典建筑与雕塑，可称为阿尔卡狄亚式的，也因令人直接想到洛兰的风景画而被称为克劳德(洛兰的名)式的。而具体到肯特本人，装点性的建筑和雕塑通常还特别用于创造画面正向深处的核心底景，这一点可从肯特的许多园林景观设计草图上反映出来。

1730年代中前期的斯陀园爱丽舍园区，名称出自古希腊神话中的天堂乐土，是使肯特名声鹊起的作品。它以一段北部狭窄、南部开阔的谷地为基础。除了北部粗石拱洞中涌出的小河，水上的小拱桥，以及岸边密集的树丛外，完成后的园林最引人注目的是南部的景观。这里的树木向小河两侧远处退去，前面有开敞的草皮，一面低平伸展，一面缓缓升起。肯特把民族精英和古代先哲放在一起，设计了相互错开又隔水对话的弧形纪念墙和圆形古代道德庙。站在其中一座建筑旁看对方，它们都可在河对岸形成画面核心底景，前者在低平处被密集的树木紧紧簇拥，高处的后者则有数棵大树在蓝天下衬托。

除了柔和自然的优美以及古典建筑带来的意境，把肯特同画境式园林特别联系在一起的，还有他常刻意进行的视野、景观限定。在确定了一些主要观赏目标后，他会用浓密的树丛来分割画面或遮挡画面以外的部分，用多为带状曲径的小径来联系观赏点。许多时候，他既突出园内景观画面的精心设计，也重视园外的景观观赏，并在必要时加以自己的设计点缀。在一些视点上，人们可同时欣赏园林内外景观，内外不同的画面相互映照。这种特点强烈体现在罗沙姆园中。

肯特的斯陀园爱丽舍园区实际依据了布里奇曼留下的规划，罗沙姆园也曾按布里奇曼规划完成，但肯特在这里做了更完整的改造，渥尔波尔等园林史家把它当作肯特式园林内部注重"透视景深"，同时又"越出樊篱，把整个自然视为园林"的典型。

1730年代后期，肯特在一条弯曲的河侧畔设计了罗沙姆府邸轴线以东的园区。在不大的园林范围内，高低不同、核心底景有异的画面处在被树木隔开的一个个视廊中。大体与河流平行，并有时伴着狭窄溪流穿越树丛的弯曲小径，引导人们背对河流欣赏向缓坡上延伸或依托两侧树丛的几处特定景观，尤其是他精心设计的维纳斯溪谷(图11-18)。这个小溪谷有中央水塘、粗石拱小瀑布、喷泉和茂密树丛衬托的维纳斯雕像，其画面通过路径回转两次出现在不同视距上。与此同时，身在各个园林画面所在视线通道，也可以反过身来从不同角度欣赏河对岸的乡村和田野。为了使它们的画面

图 11-18　肯特的罗沙姆园维纳斯溪谷小瀑布设计

图 11-19　从罗沙姆园看河对岸田野上的乡村建筑和中世纪式大门楼

丰满一些并聚焦视线，肯特还为乡村建筑增添了一些装饰建构，并在远处田野上建了一座被称为目光吸引者的中世纪式大门楼(图 11-19)。

在肯特的设计里，水体以溪流或小河比较突出，而水面更大的湖景也在肯特活跃的时期出现了。其中最具代表性的是霍尔 1740 年代初开始营建的斯托海德园，伴随它的还有另一种景观组织方式。

银行家霍尔有着丰厚的古典文化修养和旅行经历，并收藏有洛兰等人的风景画，在一些建筑师和具体景观设计者的协助下，自主设计了也以阿尔卡狄亚气氛为主的斯托海德园。如果说罗莎姆园体现了一种狭义的肯特式，斯托海德园则是另一种情况：前者的浓密树丛把数个特定场所隔开，曲径串起几乎完整独立的不同画面，特别突出各个视廊上的景深；后者在较开阔的谷地里有一个完整的湖，环湖曲径上的视线可随时穿向对岸，湖边的装点性建筑——几座庙宇构成的局部重点景观——可以呈不同角度的画面展现在湖边几乎任何视点上。

较宽阔的中心湖面、环湖路径以及开放的视线，带来斯托海德园与肯特手法的不同特色。

就湖面及其周围园区来说，斯托海德园比罗莎姆园大不了多少，而且几乎连续的四周坡地形成了内向的围合，能向外扩展的视线范围很小。但是，由于中心水面的开阔感和各处景观都能展示在对岸，其环境和景观尺度显得比罗莎姆园大得多（图 11-20）。

图 11-20　斯托海德园绿色山坡围绕的湖面，装点性建筑散置在湖周围

斯托海德园的自然式湖面呈现了同溪流、小河不同的效果。后者活跃密林"深谷"的景观，或丰富一片开阔园区的线型、质感，而湖面在斯托海德园前后时期的出现，让人意识到大面积水面本身及其衬托其他景观的魅力。这以后的英国几乎无湖不成园，布朗园林艺术的名气在相当程度上也同大面积的湖水联系在一起。

与罗莎姆园曲径通幽，让人发现一处处"隐藏"画面的那种突变节奏不同，斯托海德园的湖面和环路使各处景观局部可自身连续，在游人行进、转向中不断变换画面位置和角色。在同一视点上的目光转向中，水面衬托下的一座庙宇、一架桥梁或一片优美的绿树草坡，时而是画面核心主景，时而成为另一部分景观的陪衬，实现了环状全景画般"在不知不觉中转换"的效果。

斯托海德园坡地树木围合中的全景画面，还形成一种景观寓意的整体表达。园主的古典文化知识，使这个园林的具体意象出自古罗马诗人维吉尔的史诗《埃涅阿斯记》。如果按罗莎姆园所呈现的手法，就可能具有单线叙事感，但斯托海德园可环视的园景及其建筑并非单线叙事的，而是在远观整体与近游局部的交替跳跃中引发联想，展示寓意。

当然，罗莎姆园和斯托海德园体现了两种园林景观组织的典型。实际上，两种景观组织在英国园林中常同时存在。肯特在斯陀园爱丽舍园区的两座古典建筑有相互对话的全景特征，他在切斯威克园也营造了湖。在斯托海德园，湖边高坡有一个向外远眺的缺口，其间的哥特式高塔和后面的村庄景色，具有与罗莎姆园异曲同工的画面限定和景深感。

11.4　装饰化农庄

虽然引入了园外的乡野景观，借鉴洛兰等人的绘画，以古典建筑配合柔和风景的园林艺术，主要还是体现在内部性很强的园区，其艺术环境同园外差别很大。在这种园林流行的同时，斯威泽回应艾迪生并早在 1715 年就提出的"装饰化农庄"概念，也逐步成为造园艺术中的现实，使阿尔卡狄亚意韵转移到英国现实的农庄环境中。

一般认为，沃特莱 1770 年出版的《当代造园观察》记述的苏里郡沃本农庄是英国第一个完整的装饰化农庄。1735 年，主人苏斯科特对其农庄的一部分进行了园林化改造。

沃特莱写道："这里的规模达 150 公顷，占其五分之一的 30 公顷得到了最精心处理"。

"一条以砂子或砾石为主的小径成波状曲线，时而接近树篱，时而又远离它。同两侧的草皮之间有成簇的灌木、冷杉或其他小树，也常有花床。花床点缀有点儿过分，并因太小而不很悦目，但花香在空气中弥漫，阵阵微风都伴着芬芳"。

"小径即是园林，其内则都是农庄。它们整体位于一个山岗两坡和山脚下的一片平地上。平地被划分成农田，牧场占据山坡，都被小径环绕"。

"小径所引导的景色非常优雅。到处都很充实，令人赞许，充满一种特别的振奋感。牧群牛羊的叫声，风铃的叮咚声在农庄林间回响，甚至家禽的叫声也难以忽略"。

"园中有一条蜿蜒的小河，它形成小瀑布，或在岸边的花卉灌木间、在比邻的草皮间争流。"❶

除了庄主的家居，装饰化农庄也建有装点性建筑。沃本农庄的小径就会把人引向两座古典式庙宇和一处小教堂废墟，但从整体环境看，它体现了 1730 年代英国园林环境追求中的另一种热情，即精心处理的艺术环境同活生生的农庄环境交织共处(图 11-21)。

图 11-21　18 世纪中叶沃本农庄图景

典型的阿尔卡狄亚式园林营造的是令人联想古代的风景，进入罗莎姆园的维纳斯溪谷、斯陀园的爱丽舍园区，或在斯托海德园的湖边，人们感受的是现实生活之外的理想境界，从中可窥视、展望外面的乡村现实景观。装饰化农庄更贴近现实，农田牧场位于让人穿游的线型园林环绕之内、穿插之间。园林的内与外在此成为一个更有机的整体，精心处理的游线、景点与周边环境紧密结合，实现了"依着牧草中的潺潺细流，穿过农田、灌木丛等处的小径带来令人欣喜的乐趣"。

❶　转引自 Laurence Fleming & Alan Gore, THE ENGLISH GARDEN, London, Michele Joseph Ltd., 1979, 第106～107 页。

在沃本农庄之后，装饰化农庄也成了一种时尚，一些园林在特定区域采纳了这样的景观环境，如斯陀园。沈斯通的李骚斯园更在 18 世纪 40 年代以后名噪一时。李骚斯园沿着沃本农庄的道路更进了一步。沃本农庄相对简单，而李骚斯园的特定环境与景观组织意识更强，又有农场主人特有的诗人印记。

诗人、农场主沈斯通才华横溢，21 岁就出版了一部诗集。他曾在牛津读书，沉醉于文学和交友，接受了艾迪生、斯威泽等人的园林艺术观念。在自然风景园林热情高涨的 1740 年前后，他继承了不大的李骚斯庄园，并就此放弃学业，在此度过了一生。

李骚斯园有和缓的山坡、狭长的谷地和丰富的水源。并不很富有的诗人运用自己丰富的情感和想象力，以自己的设计使它成为当时最著名的装饰化农庄（图 11-22）。自 1745 年到沈斯通去世，李骚斯园几乎成了英国园林文化的心脏。作为沈斯通的友人，当时热衷园林的大量著名文人、政治家、地产主来这里游赏，并同主人切磋，留下许多关于李骚斯园的游记、评论。在沈斯通去世后一年的 1764 年，他的《造园随想》出版，好友德斯利也发表了《李骚斯记》，最详尽地沿着主游线序列描述了这个园林的环境和景观。贯穿英国自然风景园最辉煌的时代，李骚斯热一直维持到 1770 年代中期。在这以后，多次转手和经营不善使这个园林逐渐衰败，到 19 世纪基本丧失了原来的面貌。

图 11-22　18 世纪后期的李骚斯园景图，近处是另一处农庄，湖对岸可见
废墟式小修道院，远处是住宅，它们的左侧为下行至湖边的一条绿谷

以一条时上时下的环路连接，李骚斯园有 40 处特意要游人注意的观景点，有些突出路径自身两侧的特定环境处理，有些联系庄园的牧场，有些引导观赏园外的广远景色。庄园中央的住宅造型朴实，园中不多的几处装点性建筑也比其他园林的小而简单，并多建成废墟或片断状，表明它们是从属自然环境并经历了自然风雨的。沈斯通要求"别打扰自然"，强调"造园者的能力应能有助于使自己的主题不那么显眼"。❶

---

　❶　转引自 Christopher Thacker, HISTORY OF GARDENS, Berkely and Los Angeles, University of California Press, 1979，第 200～201 页。

除了风景和建筑外，园中沿路有各种风格的许多小型座凳、雕像、瓶瓮和石碑、石柱等。沈斯通用它们对各处环境和景观作出诗意化的阐释。如在林荫溪水间的爱情小道上把石瓶瓮献给忠实的伴侣，阿尔卡狄亚感较强的树丛草坡上放置意大利式座凳或牧神雕像，更英国田园乡野化的景观设哥特式座凳、墙屏等。这些小品大都配以拉丁语诗句铭文，有些来自古代诗篇，更多出自沈斯通自己，明喻或暗示主人希望人们去体验的景观寓意。在一处隐秘溪谷的树根屋旁，沈斯通的诗碑告诉人们："这阴凉的苔藓洞穴，是我们乡村仙女和仙子的住屋；凡间的眼睛很难看到，当淡蓝的月亮高高升起，我们在水晶般的溪水中，扰动她洒下的光。"❶ 表达了诗人对溪谷的丰富想象，告诉人们在此应分享这种浪漫的情感。在一些地方，干脆还有简单的风景画对应着要人观赏的真实风景。

像 18 世纪以来的其他造园家一样，沈斯通也肯定风景画家是造园者最好的老师。他的园林也可以归为画境式，但他注重更多的变化，不仅仅突出以建筑或雕像为尽端底景的画面，也不让整个园景得以随处环顾。

在以住宅为核心的缓坡牧场周围，坡谷的上升和下降、树木的密集和稀疏、水的不同运动与形态，都得到沿着游线的精密规划和展示。各种环境的景观特性在限定、扩展，近游、远观，侧顾、回望中不停变换。峡谷有浓荫幽闭的林间处所，也有树木剪影下敞亮的谷口远景。高岗有空阔草地上巨伞般的大树，也有灌木丛依着嶙峋的岩石。人们游入其中，在一处处座凳、小品和铭文的提示下，可在私密感极强的谷底同小溪间的愉快精灵为伴，也可在树荫下同牧神一起照看开阔草场上的羊群。有些地方主人特意提醒人们回望，例如：一个修道院废墟在湖岸边不远依着隆起的草坡，内部景观丰富的谷地掩在一条暗绿色带之下，近前一侧是农庄草场，另一侧有湖对岸别人家的牛羊。在回望中，它们构成刚刚穿行的一系列环境的整体画面。另一些地方建议在高处远瞻，视野中有李骚斯园外的城镇、田野，他人的农庄、园林，以及更远处天际下的山岗轮廓。

记载中的李骚斯园内瀑布，反映了英国自然风景园的另一种水景典型。几何式园林瀑布结合喷泉水池、水盆等雕塑性建构，英国园林瀑布多联系"自然"地形和聚水坝体造就直落水帘，不过常是较大景观画面中很小的一部分。以肯特为代表的做法还让水流穿过石拱跌下。李骚斯园有一处实际不大的瀑布，但被陡坡、树丛限定在狭窄谷地视野中，成为非常强烈的景观核心。自上而下的水流同错落的岩石紧密地结合，造就了层层交织、溅落下跌的效果。德斯利写道："另一些瀑布可能得益于更高的落差或更大的水流，但比这更野性、更浪漫，同时又以其自然性震撼人心的水景，是我在其他任何地方未曾见过的。这处景观虽然相对很小，但被高超的艺术所提升，使我们足以忘记流过这狭窄林荫谷地的水量，极佳地传达了景观的复杂，掩饰了水的实际落差。"❷ 18 世纪下半叶的英国园林中，这样的瀑布也成为较常见并比较醒目的(图 11-23)。

李骚斯园游线上的丰富景观变化让人经历了多种形态的自然美。沈斯通说园林可以是史诗或诗剧，但从李骚斯来看，人们不能从字面上理解这里的"史"和"剧"。这个园林并未通过景观序列来讲述一个故事，而每个景点都可引申出自己的故事，如仙女、牧神、古代诗人、爱情、友谊、宗教信仰，等等。更重要的，是景观变化的跌宕起伏具有史诗或诗剧般的想象与结构。在游赏李骚斯园

---

❶　转引自 Christopher Thacker, HISTORY OF GARDENS, Berkely and Los Angeles, University of California Press, 1979, 第 202 页。

❷　同❶，第 200 页。

图 11-23　令人联想德斯利李骚斯园瀑布描述的布林汉姆宫园林小瀑布

时，游线要人从林间溪谷中最幽闭的水泽仙女住所开始，经历各种环境和画面，感受各种意境，到地段最高处是概览远近广阔景观的高潮——题铭为"神圣乡村的荣耀"，此后，又缓缓进入距开始处不远的维吉尔林，伴着对古代诗人的怀想回味自己的经历。

沃本农庄和李骚斯园的地段核心都是田园牧场，以艺术加工来突出多样化景观的场所环绕或穿插其间，彼此相互衬托环境意蕴和景观美。而沈斯通又把李骚斯园田园边缘的一些景色经营得更像未经人力，或人力已经褪去印迹的自然。理想的阿尔卡狄亚式园林会让人联想已经转移为英雄、哲人的古代牧人同诸神——最完美的人形——之间的交往，李骚斯园的田园则是当代牧人的家园，另一些地方有的像阿尔卡狄亚，有的像北欧民间故事中那种小精灵、小动物出没的场所：树木枝插交织，小径难料始终，间或有原始的岩石和激缓不定的水流，就在人类田园不远，人类不时进去采摘浆果、蘑菇。

英国乡村的府邸、园林多是人们暂时避开资本主义初期纷乱的城市、官场和商场的地方。李骚斯不像同时期的典型阿尔卡狄亚式园林那样具有贵族气息。它代表了 18 世纪中叶自然风景园的另一种类型，以更直接的乡村住宅和田园，附近更富野趣的自然，加上那些略带伤感气息的浪漫抒情诗句，成了许多人模仿的理想乡村隐居所。

结合自己的园林艺术实践，并且很可能借鉴了其哲学家朋友博克的审美理论，沈斯通把造园分为菜园式造园、花床式造园和自然风景或画境式造园三种。从艺术、审美和享受环境的角度，他最赞赏自然风景式。在自然风景式造园中，沈斯通又分出了三种美的特征：优美、忧郁或沉思，以及崇高的。"对他来说，崇高体现在粗鲁而朴实的壮观景色中——'大山'粗重的轮廓或'一颗大型的，枝杈伸展的老橡树的景象'。而优美就少一些可畏，多一些秩序，因为后者少一些对我们想象力的强力搅动，它是'只是美'的……'忧郁或沉思'的景观（常联系于废墟的出现）可以设想为处在崇高和优美之间。"❶

---

❶　Christopher Thacker, HISTORY OF GARDENS, Berkely and Los Angeles, University of California Press, 1979, 第201 页。

在多变的装饰化农庄园林景观中，沈斯通试图纳入崇高的意象，但仍主要体现在一些局部和远眺的景色中。他那些与田地、牧场和理想的阿尔卡狄亚不一样的野趣环境，也仍然是离人类生活环境不太远的那种，朴野而不过于荒蛮，隐秘但不过于峥嵘。美国哲学家博克对崇高美的阐发，却在18 世纪后期促进了对另一种园林画境的追求。

11.5　更舒展的牧野

18 世纪 30 年代到 50 年代，理想的阿尔卡狄亚和装饰化农庄代表了英国自然风景园的成熟。自40 年代末起，英国自然风景园又出现了另一种园林形式，并在 60 年代到 70 年代风靡一时，其代表人物是布朗。

布朗出生于一个园艺世家，早年曾在几个园林中作园艺师助手。1741 年，他到斯陀园在肯特手下工作，1748 年成为斯陀园的首席园艺师，主导了这个园林的进一步改造。从这里开始，他在将近200 处地产上留下了自己的园林印记，并成为英王乔治三世的宫廷园艺师，赢得了"英国最伟大风景园艺师"的声望。他被人称为"能人布朗"，因为在对一处地产进行园林化设计时，他总是指出既有环境的潜能，并对风景进行较全面的改造。

布朗也会用古典建筑装点环境，因而他的园林在一定程度上依然有阿尔卡狄亚气氛。在使布朗初步成名的斯陀园，他的希腊式神庙与作了大规模土方挖掘的"自然"环境共同构成希腊谷。然而，在他的多数园林创造中，装点性建筑的地位被远远降低，数量很少，在环境中的相对尺度也变小。可以说，在前一阶段的英国自然风景园中，装点性建筑和雕塑往往是园林艺术的重要组成部分，离开这类元素就难于恰当描述园林。而在布朗这里，装点性建筑只是附带的，在观赏和理解园林时并非必不可少。他重点塑造的是各种自然要素，以及它们之间的关系。

布朗要发掘的潜在可能性，即可通过改造形成的潜在景观，就来自对英国乡野本身的感受。他的园林也具有"把整个地产变成一种园林"的"装饰化农庄"的意味。不过，他并不像沈斯通那样刻意结合地形创造一个特殊景观带，或"多样化"的园林区域，让人在农庄的牧场附近经历一系列多变的场所，不时忘记自己是在现实的农庄还是林间野境。布朗常骑在马上观察周围广远的环境，进而创造出浑然一体的整体风景。经他设计的园林景观元素简单、视野开阔，似乎就是草地、水流和它们附近的树木构成的舒展牧野，可以散布羊群，也最适合骑马游赏。

布朗 18 世纪 60 年代后的实践对几何式园林实施了最后的冲击。他的创造有些是在未加艺术开发的处女地，但更多时候是对已有园林及其周围环境的全面改造。在布朗以前，英国园林艺术已经进入成熟的自然风景园时期，但主要体现在新开发的园区，许多园林的住宅轴线上还留有旧的几何部分，布朗的手则将它们多数改变了。在斯陀园、布林汉姆宫等很多地方，建筑前方正的几何台地园林被换成了草坡，中央通道被两边的弯曲小径代替；直线的林荫道变成弯曲的树木带，在有些地方展宽成树丛，有些地方断开(图 11-24)。

以大面积水体协调风景是布朗园林艺术的主要特征之一。在布林汉姆宫的园林中，他的水体改造使旧有的景观建构同自然要素更加协调，并广受称赞。布林汉姆宫殿所面对的平展园林中有一条横过的沟谷，谷底很细的水流在景观上同宫殿及其几何式园林没什么联系。为联系沟谷两边的园地，也出于个人对建筑物的偏好，凡布娄在世纪之初为它加上了一座巨大的桥梁，与过小的水流很不相配。1764 年布朗来到后，除了改变了原有几何园地外，还在河的下游筑坝，使水面大大升高、展宽。宏伟的宫殿好像建在了一条充分宽阔的河流一侧，桥梁也成了风景中和谐的一部分（图 11-25）。斯陀园旧有几何轴线上的八边形水池、布里奇曼时期的不规则直线水池，在布朗时期被连成一体，并向东引出一条较宽的河流。连续的水面横越整个园林，托起北部一片优美的"自然风景"。

通过观察谷地和溪水，在下游筑坝，让水沿着地形的轮廓上涨，他在英国造就了许多宽阔、自然的湖面。著名的布朗湖景还有伯伍德园蛇形蜿蜒的长湖，谢菲尔德园串在一起的两个湖，赛恩园同泰晤士河相连的湖，等等。这些湖在英国自然风景园中非常出色，甚至成了他的标志（图 11-26）。

图 11-24　布朗改造原几何花床后的布林汉姆宫园林

图 11-25　布朗改造后布林汉姆宫园林水体与凡布娄的桥梁

图 11-26　谢菲尔德园湖景，湖边树木经 19 世纪重植，包括异国品种的树形与色彩更丰富了

在更早的典型湖景园林斯托海德园，霍尔以景观建筑和带状曲径围绕湖面，形成了围合式的内向景观。布朗的湖则多是外向的，成为更广远景观的一部分。除了面积更大，它们还往往是两个以上的组合，有被转弯、树木和灌木隐藏起来的几重坝体，或看上去像一条宽阔的河，在眼前转过一个弯后还可能再向远方流去。在湖岸四周，多数时候会有起伏的牧场般草皮远远伸展开去，其中可能有一处巨大的宅邸，原来曾伴随着几何式花床台地。湖岸上有时也会是浓密的树木，顺坡生长一直蔓延到了水边；在坝体与自然或人造岩石突起的地方，会做规模不大却同湖面形成对比的瀑布；在连续的或孤立的湖边树丛下，也会有一处小庙，轻轻点缀一下风景（图11-27）。

图11-27　伯伍德园湖边树丛中尺度很小的小庙

受布朗的影响，17世纪下半叶英国到处出现了形态自然的大型人工湖，甚至被视为对英国乡野田园风景的重要补充。

在英国自然风景园中，布朗的大面积牧场化草皮和树木景观也具有新的开拓性。在布朗以前，开敞的草皮缓坡已经大量出现，但多点缀了建筑、雕像、瀑布、岩洞等等，并伴着其间或一侧的水流由树木围合或半围合，意味着树木间、水流边的一处特定场所。这在最能体现肯特艺术的罗莎姆园非常典型。另一些园林草皮的实际连续性很强，如斯托海德园湖边的多数情况，但它不同高低的位置上多有特定的景观建筑和相关树木配置，使草皮也有段落感。在典型的装饰化农庄，牧场的草皮多成为一种间隔，人们沿着小径穿越它们，感受一下园主更现实的生活，进而到达一处装点性建筑或幽谷林间环境。

布朗的草皮不是这样，它们真正实现了大面积的绵延景观，远远地伸展，在伸展中有和缓的起伏。在布朗的园林改造下，许多巨大的古典宅邸就像建在了无边的草场上。布朗有意建造的装点性建筑很少，旧有园林建筑周围也常被改造成空阔的，许多时候丧失了由园路引导、由树木遮挡的特定局部环境意义，使它们成为广远草场环境中的不多的散点。

布朗绵延的草场可以被看作一幅水平铺开画面的底，树木则像画在上面的画。他是大规模树木的栽植者，曾在一个地方植树 10 万棵。

在注重大面积树木景观的园林中，早期的霍华德园有很重要意义。园主注意并开发了林间环境和草场上的树丛景观。布朗的树木沿着霍华德园的后一种意向发展，更注重树木在广阔视野中的效果。

布朗常以大面积的丛林或厚厚的树木带形成园林边缘，但并非把园林整个围起来。弯曲的树木带处在园中的草场边有厚有窄，草皮穿越其间的缺口或绕过两条树木带的交错处。视野可在许多方向向远处伸延，有些地方留下旧有园林的哈哈沟。在丛林和树木带之间，会有独立的或成簇的树木或灌木，疏密、距离不同地点缀在草场上，装点坡岗、谷地、湖岸或平野。园路往往顺着弯曲的树木带伸延，可从住宅到达湖边、小庙或不同的树木、灌木丛处。

布朗的树木以地方树种为主，如榆树、橡树、山毛榉、酸橙、苏格兰杉，也有少量外来梧桐、雪松等。树木常以浓暗的绿色同草皮对比，各种树形及其密实、疏松带来更丰富的美感和空间效果。几棵主干高大、枝叶舒展的树木点缀在草场上，有如高贵的冠冕，留下宜人的树荫。整体对比关系中更动人的是坡地上枝叶垂地、面向园内的"莽林"，有时自然凸凹弯曲感强烈，如同暗绿色的波浪和涌流顺势而下，在山坡、沟壑中翻滚(图 11-28)。

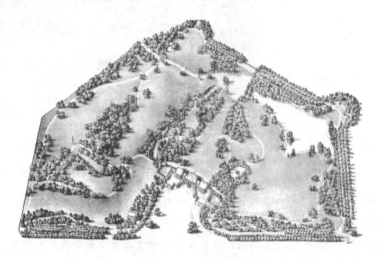

图 11-28 布朗改造后的斯陀园图景

布朗以更"简单"的整体眼光创造园林风景，不再有那么多的局部主题。当行走在园林中或让目光转向，人们如同感受环状屏幕上的同一幅画，各种眼前的环境和画面是一个主题的不断变化。他用土地、水面的轮廓，加上草皮、树木的关系，把园林布置成朴实而宏伟的自然曲线，在自然的质感和形态对比中舒展开去。

布朗的园林提炼并再造了英国乡村的自然美。一般地说，园林艺术要使特定场所区别于周围环境的真实，而布朗让多数人感到这里的自然风景本应如此，渥尔波尔说："他对自然的复制太真实了，使他的作品会被误认为自然所做。"❶ 再者，他的园林环境过于空阔，驻足

---

❶ 转引自 Laurence Fleming & Alan Gore, THE ENGLISH GARDEN, London, Michele Joseph Ltd., 1979，第 120 页。

观赏可感受舒展的乡村牧野美，但以赏景为目的游入其间，则缺少多变的艺术环境和景观所带来的情趣（图 11-29）。

　　布朗的艺术招致一些人的激烈批判，其中最辛辣的讽刺来自以赞美中国园林而闻名的钱伯斯。在 1772 年出版的《东方造园论》中，钱伯斯指责布朗及与之相似的园林"不容忍艺术的显现……一个外来者常惑于他是否走在建造和维护花费昂贵的草场或游戏场上。当他一进来，就面对一大片绿地，零散覆盖着一些树木，周围是混乱的小灌木和花卉边缘；在进一步期许中，他见到的是一条曲折的小径，有规律地'呈 S 形摇摆'在作为边缘的灌木丛中……一次又一次，他看到倚着一堵墙立着的一个小凳或庙宇；他为此发现而舒心，坐下来歇息劳累的双腿，然后继续蹒跚，诅咒这优美的曲线。直到他疲惫不堪，因为没有树荫而快被阳光烤焦。对乐趣的希冀变得麻木，他不想再看什么了。可这是多徒劳的决定呀！这里只有一条路，他必须把自己拖到尽头，或从那乏味的来路回去。"❶

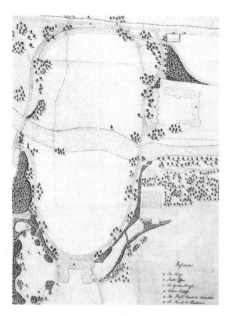

图 11-29　布朗 1762 年
的一幅设计图

　　在 1770 年代，同钱伯斯一起批判布朗的还有吉尔平、普赖斯和奈特等人。结合博克的崇高美、罗莎式的画境，以及对中国园林的某种扭曲见解，还有浪漫主义的文化艺术环境，他们倡导了一种体现自然荒蛮美的园林艺术。不过，布朗的园林艺术也有其后继和发展者，其中最著名的是雷普顿。

11.6　哥特建筑、废墟、岩洞、隐居所与园林意趣的丰富

　　18 世纪 70 年代前，在以阿尔卡狄亚、装饰性农庄和牧野般的舒展环境为主导的自然风景园发展进程中，古典建筑一直具有重要地位。多数营造了附近自然式园林的豪宅是 17 世纪的，或延续了 17 世纪的传统，不是巴洛克式，就是更严谨的帕拉第奥式。在英国自然风景园的起步阶段，凡布娄为园林配置的古典园亭、神庙，带来非常引人注目的景观点缀方式。进入 1730 年代后，对阿尔卡狄亚画境的追求和古典道德情操的崇尚，更把古典式建筑和雕塑当成一种象征，风靡一时。然而，在古典建筑流行的同时，中世纪建筑、废墟、岩洞等景观在园林中也越来越多。这与当时同另一个强国——法国的政治体制、意识形态和流行文化竞争有关，也伴随着对自然风景越来越深的感触，以及更浪漫的人类情感。

　　在许多英国文人和绅士眼里，同源自南欧的古典建筑不同，中世纪哥特式建筑是北方民族文化

---

❶ 转引自 Laurence Fleming & Alan Gore, THE ENGLISH GARDEN, London, Michele Joseph Ltd., 1979, 第 130～131 页。

传统的携带者，也是不列颠人民自由的象征，并同自己乡村的自然紧密相连。从古典艺术和哥特艺术中，英国人获取针对不同精神需求的创作资源。在资产阶级革命后的英国，自然式园林和民族建筑，还有同法国专制政治及相关艺术对抗的意义。

与完整的建筑相比，残破的废墟更具历史风霜感，为自然风景增加朦胧、神秘和忧郁的意蕴，更能触动人的心灵，吻合逐渐形成的浪漫主义文化思潮。英国本土的实际建筑废墟主要来自中世纪，但随着以废墟装点环境的逐步流行，18世纪中叶以后也出现了设计成废墟的古典建筑，联系自古希腊、古罗马、中世纪以来的整个历史，展示自然的沧桑。

装点园林的哥特式建筑"第一座可能建于牛津郡的舒特韦尔园，其长长的水渠尽端有一个三圆心拱的联拱廊，每边有一个小尖塔，中央是带雉堞的山花，其年代据认为是1721年"。❶ 稍晚一点，凡布娄为霍华德庄园移来了中世纪城堡的雉堞墙。

1730年代后的英国园林大都建有哥特式建筑，有的建成废墟状，还有的把园外中世纪建筑引为借景。在罗莎姆园林之外，哥特式尖拱门装点着供远眺的乡野，村庄中还刻意加上了有雉堞、尖拱的磨坊。在斯陀园的霍克威尔园区，建有象征民族自豪的哥特式庙宇，同周围的古典建筑对话。在斯托海德园，从古典建筑环绕的谷地湖景向外伸延的间隙中，可以看见移建到一片村庄前的哥特十字架塔，园中还有哥特式的小屋。在李骚斯园入口附近的一个谷地，一端有废墟般的墙门，另一端则有建成废墟的小修道院，立在农庄牧草覆盖的缓坡下，但它们都是小小的（图11-30）。

园林中的第一座大型废墟式哥特建筑可能建于沃塞斯特郡的哈格莱园，是带圆形塔楼的城堡建

图11-30　斯陀园哥特庙

❶ Christopher Thacker, HISTORY OF GARDENS, Berkely and Los Angeles, University of California Press, 1979, 第190页。

筑片断，大约建于 1745 年左右，是著名哥特复兴建筑师米勒设计的。❶ 他还设计了另外许多园林的哥特废墟。

　　园林景观中的哥特和废墟建筑很快被称作"活宝"，也许是因为比古典建筑更联系自然和英国现实，并在其最初出现时带来出乎意料的戏剧性效果(图 11-31)。

图 11-31　潘希尔园人为建造的哥特废墟

　　同样的"活宝"还有岩洞、隐居所等。岩洞并非是英国自然风景园独有。意大利和法国几何式园林早有岩洞，但它们多数是结合挡土墙或高地水池的拱状洞口，放着反映古代神话主题的雕像，粗质的材料质感和砌筑方式使其具有一定朴野感。或许受到中国园林的影响，英国自然风景园岩洞的突出之处，在于注重天然感的岩石，以及内部洞穴空间的游赏。蒲柏 1719 年始建的退肯汉姆园岩洞或许基于实际功能——穿越一条公用道路，但蒲柏把它做成了在外观和穿行过程中都充满惊奇感的洞穴：内外表面都是嶙峋的天然石材，还贴上碎玻璃和贝壳，并引入哗哗作响的溪水，为幽暗的内部增加了神秘感。

　　18 世纪 40 年代最令英国人赞叹的岩洞出现在斯托海德园，它可以是沿湖园路的一部分，用岩石搭成的洞穴钻入地下又上来，里面有古代河神雕像，还有贴近湖面向外窥视的洞口，让人体验一段神话传说般的经历。这处岩洞历经了直到 1770 年代的数次改造、增补，反映了对岩洞环境的高度兴趣。这种兴趣还造就了一些因岩洞而闻名，并形成一条传承线索的设计者。

　　斯托海德的岩洞由普利维特设计。1760 年代初，其弟子约瑟夫·雷恩设计了潘希尔园岩洞，以更重要的位置、更大的规模、更具自然野性的形态结合湖水营建，成为醒目的园林景观标志之一(图 11-32，图 11-33)。后者的儿子约西亚 1780 年代的伯伍德园岩洞位于布朗的湖旁一角，配合瀑布的高耸岩石活跃了局部景观；1790 年代瓦多堡园的岩洞面对中世纪城堡，洞内视线有更明确的对景。雷恩父子设计的岩洞不再采用碎玻璃、贝壳等，突出了洞内外岩石形体、肌理本身的富于自然沧桑的造型。1770 年代形成的霍克斯通园岩洞山可能出自园主的设计，山体内部洞穴同外部裸露的自然岩石一体，成为自然风景园后期追求荒蛮、险峻环境的典型。

❶　参见 Laurence Fleming ＆ Alan Gore，THE ENGLISH GARDEN，London，Michele Joseph Ltd.，1979，第 109 页。

图 11-32　潘希尔园景，图右为湖边岩洞，远处岸坡上为哥特庙

岩洞使人品味某种原始的、古代自然神的世界，隐居所则体现了宗教信徒在荒野中隐修的历史，反映远离工业文明起步的早期中世纪情结。1730 年代肯特就为里奇蒙德园和斯陀园设计了隐居所，斯陀园隐居所还特意献给早期基督教著名教父圣奥古斯丁。两个隐居所设计相仿，都是树林中的粗糙石屋，小小的门窗洞口似乎表明修行者要把自己同外界进一步隔绝开（图 11-34，图 11-35）。隐居所也有建成岩洞的，在斯托海德园就有一处，但更多是石屋、茅棚或树根屋（图 11-36）。沈斯通的李骚斯园仙女住所，把自然的精灵同隐居的意象结合在了一起，还有一处面对林间瀑布的树根屋。为了烘托环境，有时还会真的请来或雇人扮演隐居者。

图 11-33　潘希尔园岩洞内景

图 11-34　肯特的隐居所设计

图 11-35　斯陀园霍克威尔园区的隐居所

图 11-36　18 世纪画中的潘希尔园树根屋

这类景象丰富了园林的情趣，并在 1730 年代到 1770 年代有相对增多的趋势，甚至在一些园林中替代古典建筑，成为环境装点的主导。苏里郡的潘希尔园是这种环境的典型。这个园林由园主汉密尔顿自 1738 年开始经营，自己主导了 1770 年代前基本完成的景观组织。它大面积的松林间、湖水旁也有古典式的酒神庙和罗马拱门。而更令人注意的园林景色包括：坡地上框架般的集中式哥特庙，像一个统辖下面领地的中世纪王冠；湖中水面上升起周边岩石嶙峋的岛屿，并形成水流穿行的幽深洞穴；另一处草皮上的哥特教堂，是精心设计的残垣断壁；隐居所建在树根和巨石上，木骨架上涂着泥巴，覆盖着茅草顶。同它们的气氛一致，园中的古典式建筑也建成了废墟状。

园林艺术对废墟形式的热情逐步转向了真正的废墟。中世纪后期战乱和 17 世纪资产阶级革命，为英国留下许多乡村修道院、教堂和城堡废墟，文化历史价值远比模仿者要高。

早在 1709 年参与布林汉姆宫园林设计时，凡布鲁斯就曾建议保留一处中世纪庄宅住宅废墟，但这个建议最终没有成功。当时，马尔布鲁斯公爵夫人认为它在一个新园林中很怪诞，坚持拆除，但凡布鲁斯认为它"带来了最好的风景画家能够创作的、最令人欣赏的景致之一"，可以从"苍古的形象同其背后林木的随机结合中得到更多的景观变化"，并"具有同历史的有力关联"。他还指出了"接受已有景观而不是再造一个的相对廉价"性。❶ 到 18 世纪中叶以后，一些大型废墟充分展示在了园林画面中。

约克郡达科姆园附近有几条高岗和其间宽阔的牧场，其中的瑞谷地里矗立着里瓦克斯修道院废墟。在废墟旁的里瓦克斯岗两端，凡布娄曾参与设计了两座庙宇，一条宽阔的草皮带削平岗顶连接它们，其中一个是开敞的圆亭。1758 年，园主达科姆进一步经营这处园林，在山坡灌木和树木交织的废墟一侧的山坡上，开出多条顺坡而下的视廊，都集中在废墟身上，从不同角度为岗上的游人展示由牧场陪衬的废墟(图 11-37)。

图 11-37　里瓦克斯岗和里瓦克斯修道院废墟

同一个郡的斯塔德里堂皇园有另一种画面中的教堂废墟。这个园林基本形成于 1720 年代到 1740 年代，结合一条高岗下河流，在树丛间修建了一组月亮湖，水面以两侧的月牙形烘托中央的圆形，岸边有古典神庙和雕像。这一时期的主人约翰·阿什拉比已经把还在地产外的芳汀教堂废墟纳入了视野。到 1767 年或 1768 年，他的儿子威廉买下了教堂的土地，把园林加以扩展，清理了原来遮挡视野的树木，修整了河湾，造就了水流远方开阔、平整草皮上的教堂废墟画面(图 11-38)。

图 11-38　斯塔德里堂皇园和芳汀教堂废墟

---

❶　参见 John Dixon Hunt, THE PICTURESQUE GARDEN IN EUROPE, London, Thames & Hudson Ltd, 2002, 第23页。

不过，游览了这里的吉尔平却认为如此展示废墟是荒谬的，他和同道们更愿让废墟处在充满荒芜感的环境中。霍克斯通园让废墟充分结合了吉尔平等人要求的风景。园中有一处山顶有中世纪城堡废墟的红城堡山，山体岩石、树木维持了自然的状态，与之相对可远观城堡的山岗包括岩洞山，也以艺术突出了自然的荒蛮、险峻感。

11.7　中国风和异国情调

使英国自然风景园的景观更加丰富的还有所谓中国风和与此相关的异国情调。包括中国塔、亭、桥之类建筑的东方建筑，曾在 18 世纪中叶到 19 世纪初的欧洲大量园林中流行，许多岩洞石构也非常像中国的假山。

从时间上看，英国自然风景园的成熟期正好也是越来越确切了解中国园林的时期。

马国贤亲手刻制的中国避暑山庄 36 景雕版画，从景观元素、关系和尺度上都确切反映了中国园林的特征。积极赞助肯特的伯灵顿伯爵 1724 年得到这套画的印本，他和他的贵族文人圈子肯定通晓马国贤描述的中国园林"通过艺术来模仿自然"的准确景象，如："人工的山丘造成复杂的地形，许多小径在里面穿来穿去，有些是直的，有些曲折；有些在平地和洞谷里通过，有些越过桥梁，由荒石磴道攀跻山巅。湖里点缀着小岛，上面造着小小的庵庙，用船只或者桥梁通过去"。❶

王致诚在《传教士书简》详尽介绍圆明园的英译本在 1749 年后多次再版，钱伯斯 1757 年的《中国建筑设计》，则使中国园林特征更广为人知，并涉及艺术的多个方面。

王致诚谈到圆明园地形、建筑的多样化与分区："人工堆起来的二丈至五六丈高的小山丘，形成了无数的小谷地"，"由蜿蜒的小径从一个谷地出来……穿亭过榭又钻进山洞，除了山洞便是另一个谷地，地形和建筑物都跟前一个完全不同"。❷ 钱伯斯的假山洞窟描述注意到规模较大园林的远景和近景："当它们较大时，他们在里面营造岩窟和洞穴，通过其处处开口，可以看到远处的景色。在不同的部位，他们为其覆上树木、灌木、带刺的花卉和苔藓；在其顶上有小庙或其他建筑，你可以沿着岩石间辟出的不规则崎岖阶梯攀向它们"。❸

在钱伯斯《中国建筑设计》发表的年代，英国自然风景园已经向欧洲其他国家传播，并常被称为英中式园林。当时一些英国文人对此很不以为然，著名诗人格雷断言："毫无疑义……我们只以大自然为模范……这种艺术是在我们中间产生出来的；在欧洲当然没有类似的东西；在这方面，我们也断然没有从中国得到任何材料"。❹ 这显然带有罔顾事实的傲慢，英国人手中拥有许多关于中国园林的材料。从坦普尔到 18 世纪中叶，英国自然风景园能走向自然与多变，决不能否定对中国园林艺术的了解，以及以此为基础对传统几何式园林的批判，它至少启发了思维，开阔了眼界，活跃了手法。中国园林艺术对英国自然风景园的影响，在过去和当代都得到许多西方学者的承认。当代《剑桥艺术史》指出："大约 1720 年以后，在伯林顿勋爵(即理查德·博伊尔，〈Lord Burlington, Richard

---

❶　转引自陈志华，《外国造园艺术》，郑州：河南科学技术出版社，2001，第 265 页。

❷　同❶，第 277 页。

❸　转引自 Christopher Thacker, HISTORY OF GARDENS, Berkely and Los Angeles, University of California Press, 1979，p179 页。

❹　转引自利奇温，《十八世纪中国与欧洲文化的接触》，朱杰勤译，北京：商务印书馆，1991，第 101 页。

Boyle〉)的圈子里，出现了一次'英国式中国风景花园'运动(它的名称就是这样)。"❶ 特别突出了中国园林在英国自然风景园走向成熟之际的作用。

不过，在承认中国影响的时候肯定英国自然风景园同中国园林的差异，又是另一个问题。中国大型自然山水园林园中园的同构异趣手法，小型园林艺术山水对自然的强化象征，园林中大量分布的可居型房屋建筑，建筑与山水空间的相互渗透，以及连廊、围墙、景窗、月门所实现的景观联系与分割等等，一直没有真正出现在英国园林的布局结构中。中国式塔、亭、桥伴着石山、岩洞、水面出现在许多园林中，多是一种局部小景的模仿。到18世纪下半叶，布朗的园林和其后的荒蛮化园林，同中国园林又有了更大的区别。

在西方思维传统中，看待和描述事物和现象要用精确的概念，所以，中国园林对英国园林艺术的影响，除了自然、自由的曲线外，在他们心目中就被两种园林更多的结构差异所抵消，英国自然风景园中的中国风，更多指以装点性建筑为主的局部景观。

1738年，斯陀园中出现了一座肯特设计的小型中国建筑，就目前所知应是最早的。❷ 1740年代以后，更多的中国建筑在英国园林中出现了，如潘希尔园的中国桥、斯塔德里堂皇园和斯托海德园的中国亭、萨格博鲁夫园的中国屋和中国塔、丘园的中国塔和孔庙，等等(图11-39)。

图11-39　丘园中国塔

钱伯斯1750年代应邀参与伦敦西南的王室丘园建筑与园林设计。这里的中国建筑出自他手，并收入由他编纂、王室资助的《丘园诸园林和建筑的平面、立面、局部及透视图》中。钱伯斯的参与可能使丘园的一些景观有更明显的中国特征，他的园林理论书籍和实践，在欧洲引起了不小的反响。不过，除了中国塔等一些保留下的建筑外，这个园林后来被当成英国王室植物园，环境发生了很大改变，从一些当时的形容中也很难归纳出上述马国贤、王致诚和钱伯斯自己形容的各种中国式环境

---

❶ 唐纳德·雷诺兹、罗斯玛丽·兰伯特、苏珊·伍德著，钱乘旦译，《剑桥艺术史（3）》，北京：中国青年出版社，1994，第64页。Lord是对侯、伯、子、男爵等各种爵位贵族的尊称，通译勋爵，伯灵顿（钱乘旦译柏林顿）实际为伯爵。

❷ 参见 John Dixon Hunt, THE PICTURESQUE GARDEN IN EUROPE, London, Thames & Hudson Ltd, 2002, 第55页。

与景观关系。在西方园林著作中，有人断定他大力推崇中国园林是为了阐述自己的观点。

虽然设计建造了中国建筑，钱伯斯在丘园并未真正营造出一个中国式园林。整个丘园还包括其他许多其他国家的建筑。除了一般意义的自然风景式园林外，更从狭义上被视为一个异国风情园。

中国风一词并非出自英国。实际上，中国风在 18 世纪的法、德、瑞典等国体现得比英国还要强烈。一时间，似乎在自己的园林中有一处中国式的亭台假山是人们竞相炫耀的。同中国风一道的还有更广泛的异国情调，许多英国园林有印度、土耳其、埃及等其他东方国家的园林殿宇、亭台、帐篷等。它们被称为"快乐的小建筑"，"在英国园林广阔的区域中看来是适合的"，❶被用于使自然和人文情趣更加多样化，令人感到游入自己城市和乡村以外的自然环境，可以遇到各种各样的异域文明。在更大的文化领域内，它们都可归于 18 世纪下半叶的浪漫主义情调，但它们得以留存下来的不多，萨格博鲁夫园是留有中国房屋的少量英国园林之一。在潘希尔园，有当代复制的土耳其帐篷。潘希尔园湖中以中国桥连接的岩洞岛，岩石材料和造型效果都类似中国园林的太湖石假山，也是一处很像中国园林的局部景观。

另外，在园林中引入外国植物情况，也随着英国海外扩张的加剧而增多。18 世纪后期以来，许多自然风景园成熟期典型园林的植物发生了较大的改变。包括来自遥远美洲的树种，多样化的自然植被带来更丰富的造型和不同季节的色彩。如今天见到的斯托海德园景象，基本格局还是原来的，但树木和灌木已经发生了巨大变化。布朗留下的许多园林，在其后以更多的树木来丰富环境时，也不再呈现典型的英国乡土气息了。

11.8　自然风景园晚期的变化

18 世纪 70 年代，在前一段发展基础上，英国自然风景园出现了两种新趋向，反映在不同的园林中，又都在搜寻更英国式的画境景观。其中，联系审美中的"崇高"概念和浪漫主义中的激情追求，崇尚荒蛮景观的呼声非常强烈。尽管这样的环境在园林整体风景中真正实现的不多，但其艺术追求在园林史上不可忽视。在更大范围的实践上，延续了布朗但更细腻的环境、更入画的景观，代表了 18 世纪英国自然风景园的最后阶段。

11.8.1　崇高美与蛮荒的"画境式"风景

同人类的伊甸园对比，弥尔顿 1667 年的《失乐园》还描写了另一种自然景象："茫无际涯的大陆，黑暗，荒芜，凄凉"，"险峻荒凉的山崖……无尽的丛林，灌木丛薮下蔓生枝藤相纠结，阻塞所有人兽能行的蹊径"。❷这是失乐园的始祖要面对的苍凉世界，而到 1709 年的沙夫茨伯里那里，"荒野自身令人生畏的全部魅力"就"因为更能体现自然而愈发扣人心弦"了。

在英国园林最初的变革中，富于野性的自然已经显示了它的一些痕迹，但主要是留在园内的一部分未加修饰的天然树丛。18 世纪中叶以后，审美中的"崇高"概念加上浪漫主义的激情，进一步肯定了自然荒蛮美的价值。这种美进而也成为园林艺术追求的一部分，首先是局部的，联想象征的，

---

❶　参见 John Dixon Hunt, THE PICTURESQUE GARDEN IN EUROPE, London, Thames & Hudson Ltd, 2002, 第 55 页。

❷　弥尔顿，《失乐园》，朱维之译，长春：吉林出版集团有限公司，2007, p78, p98 页。

进而在 1770 年代上升为整体环境的，在景观中直白表达的。

早在古罗马时代，朗吉努斯就在《论崇高》中把人的崇高感同与大自然竞争的精神相连。1756 年，英国著名哲学家博克发表《关于崇高与优美观念渊源的哲学探究》，把这种感受同审美联系到了一起。博克认为，崇高感来自引起惊惧的对象。与具有一般优美感的对象不同，那些引起惊惧的自然事物和现象是巨大、粗野、暴发和晦暗、无序的，只有在更大范围的自然中才具备真正的荒蛮景象。对这种崇高美的欣赏同浪漫主义的激情一面不谋而合。

依据沈斯通对园林美特征的划分来看其时的英国园林，理想的阿尔卡狄亚、装饰化农庄和田园牧野等环境在整体上主要追求"优美"。一些局部环境，如斯陀园一度存在的树木与灌木枝杈纠结的林地，潘希尔园大面积的暗色松林，李骚斯园的幽谷，大量园林中可让人联想早期人类与自然或感悟风雨沧桑的废墟、岩洞和树根屋，则带有从"忧郁或沉思"到"崇高"的意象。潘希尔园被认为是整体上崇高感较强的园林之一，在一幅具有整体环境意义的宽广景观画面中，是浓郁的树木、宽阔的水面烘托斑驳和水蚀效果的岩洞积石。

以精心设计的荒蛮景象整体突出博克那种崇高美的园林艺术设想，主要形成于 18 世纪 70 年代以后，被钱伯斯冠以中国式的园林景观描述也有它的影响。钱伯斯 1757 年的《中国建筑设计》认为中国园林具有愉悦、惊惧和奇幻三种景观效果。到 1772 年的《东方造园论》，他又为惊惧进一步强加了一种恐怖景象的源头："房屋是废墟，或半被火焚毁，或被水冲塌；没有什么是完整的，只有少量凄凉的棚屋散落在山中，表明居民的存在和他们的不幸。蝙蝠、猫头鹰、秃鹫和各种猛禽在洞中焦躁地拍打翅膀，豺狼虎豹在林中嚎叫，饥饿的野兽在旷野游荡，大道上可以见到绞刑架、十字架、刑车等各种酷刑刑具"。为了惊惧和奇幻效果，中国园林中藏有"熔铁炉、石灰窑和玻璃熔炉"，带来火山般的火焰和浓烟，游人还可见到"岩石间开出的阴暗通道，龙、地狱恶魔的巨大形象，以及其他可怖的形式……一次次被不断出现的雷击、人工暴雨、突然掠过的疾风，以及瞬间爆发的火焰所震惊"。❶

钱伯斯对中国园林的夸张描写达到了荒诞程度，更像以丰富的想象迎合博克的崇高原则，还把惊惧同灾难联系在一起。这类景观也真出现在这一时期的一些绘画中，但无法想象这是现实的园林所要的环境。中国园林不是这样，英国园林同崇高——惊惧相关的荒蛮景观追求也未真正像钱伯斯设想的那样。与这种追求更紧密相伴随并直接影响园林的，是联系浪漫主义文化在绘画和园林艺术领域对画境式风景的进一步阐发。

应用于西方园林艺术的画境一词源于意大利语，原指一种版画技术。随着风景画的发展，在 17 世纪同对自然的描绘有了密切联系，具有风景画技法的意义，强调构图、透视景深和明暗对比，并越来越突出景观刻画的生动性。自英国自然式园林之初，向风景画学习就被蒲柏、肯特等许多人当做重要的造园原则之一，画境一词逐渐被广泛使用，并在广义上可被当做英国自然风景园的代名词。到 18 世纪 60 年代的崇高审美意识、浪漫主义激情兴起时期，经过吉尔平、普赖斯、奈特等人的推进，联系于怎样定位画境式风景，画境式园林一时成了更具限定性的概念。

在造园效法绘画方面，18 世纪上半叶的对象主要是洛兰、普桑，而罗沙则在吉尔平等人以后更

---

❶ 转引自 Christopher Thacker, HISTORY OF GARDENS, Berkely and Los Angeles, University of California Press, 1979, 第 217 页。

突出。这里还需要再明确一下，所谓"风景"概念不只意味着自然面貌本身，还包含了人对自然面貌的感受与描绘，甚至对特定景观的渴望，在这一点上西方同中国一样。中国历史上发达的风景诗画无不表明了这层意义(图 11-40)。

图 11-40　罗沙的风景画

　　一般认为，在英国最先结合园林艺术批判，综合论证了画境式风景的是吉尔平。他本人是一位教会牧师，同时也是在绘画、园林、风景评论方面很有造诣的学者。1768 年，他的《论雕版画》最早阐释了画境式风景的概念。1770 年代初他在英国广泛旅行，浏览各种自然、乡野和园林场所，据此完成的《1770 年夏以画境美为主的怀河与南威尔士部分地区等地观察》，进一步阐发了以画境眼光来审视风景的见解，在与友人交流中引起巨大反响，在他们鼓励下出版于 1782 年。

　　吉尔平明确把适合呈现在绘画中的景观称为画境式风景。经过寻找画境式自然和园林景观的旅行，他认为："没有比认为在实际中令人快乐的每种景致在绘画中也都可爱更虚妄了"，"不能把乡野所展示的每一个景色都肯定地视为画境"。❶ 大自然有丰富的景观元素，但不总有入画的良好构图。为此，他肯定艺术的加工，包括绘画中的调整、提炼和实际中的地形、植被改造，追求有选择的欣赏视角、多层次的景深，以及完整的构图。

　　与此同时，他接受了博克关于优美和崇高的划分，并特别欣赏荒蛮的景观。像这一时期富于浪漫主义激情的许多画家、诗人一样，吉尔平把目光投向苏格兰的英国湖区，高度赞扬那里的画境自然美："空中碎云舞动——山峦半隐在漂泊的雾气中，并在令人敬畏的阴影中同天空混合——树木在狂风中伸张——湖水被从底部掀起，翻卷的泡沫冲刷着处处岬岸，这些都是被画笔高度接受的。"❷他用与博克的崇高相似的壮美来形容这类景观，在景观要素的特征与组织方面，突出纠结、粗糙和断裂之类的强烈视觉效果。

　　吉尔平批评自己见到的一些园林同自然的壮美相比毫无生气，加以修整的废墟配合整洁的园林草皮更显得荒谬，在这个世纪末明确指出："没有自然的蛮荒和粗犷，园林是绝不可能如画的。"❸

❶　Laurence Fleming & Alan Gore, THE ENGLISH GARDEN, London, Michele Joseph Ltd., 1979, 第 136, 第 140 页。
❷　同❶, 1979, 第 136, 第 141 页。
❸　转引自陈志华,《外国造园艺术》, 郑州：河南科学技术出版社, 2001, 第 210 页。

延续吉尔平，普赖斯 1794 年发表《论可比照崇高与美的画境》，奈特同年发表景观哲理长诗《风景》和更晚些的《品味原理探析》等著作，把画境式理论引向了更强的批判性。在确立具有荒蛮特征的绘画与园林审美趣味时，批判布朗的园林特别不具画境，并同在相当程度上延续布朗风景的雷普顿争论。

普赖斯说："我常听说，本质上很可爱的一片绿草皮在绘画中却奇怪地不恰当。必须承认，它的确在画中显得很糟糕，呆板而枯燥，但这不全是画家的错，因为，没有比发明点缀着灌木丛，围着绿带的连贯草皮更易产生可悲的枯燥感了。"奈特完全迎合："当周围全部平阔整敞，枯燥的四方形大宅孤独地暴露……宽广的草皮中间夹着不规则的树簇，或大片森林与水面，我真不知是否还有比这更苍白的事物……这些刻板的大宅面对的景观甚至比朝着它看的效果更沉闷。"❶

在批判布朗的"苍白无物"时，普赖斯并不完全反对优美，而是突出"特性"。针对不同位置的环境追求。他肯定"紧挨着豪华寓所时……雅致的林间步道、时常修剪的草皮、开花植物和灌木，经由艺术的培育和布局，具有非常恰当的特性"。这一点实际同雷普顿很相似。不同的是，当雷普顿在更大范围内营造布朗式舒展牧野的时候，普赖斯强调，结合废墟建筑、追求画境的园林"需要具有荒废感的小径，岩石嶙峋的崎岖狭路，以及富于野性的、自然生长的浓密树丛……转折突然的多岩水岸"。❷

普赖斯和奈特提到的"豪华寓所"、"四方形大宅"通常指古典的，尤其是盛行一时的所谓帕拉第奥式建筑。它们雕饰简单，但追求规范的柱式，中轴与配衬构图严整、体量方正庄重。伴着浪漫主义的兴起，中世纪建筑情调广泛复兴，除了园林中的装饰建筑，乡间大型宅邸也转向罗马风或哥特的样式，其参差的体量比古典式建筑更能同具有荒蛮美的环境结合。

真正的自然荒蛮处于人类文明以外的世界，引起惊惧的崇高形态体现着自然塑造能力的率性、强大，应是巨大、粗犷的。虽然钱伯斯等人在许多方面介绍了中国园林艺术，它象征自然、以小见大的精髓却未得到真正效仿，西方人对自然美的感受更需要"真实"。在英国乡间庄园中一般不可能真有自然大山大川那样壮阔、激荡的风景，但可以具备一定程度或经营造强化的野性环境。渴望景观能够入画，则在追求具有荒蛮感的粗糙、纠结和断裂中隐藏着对优美秩序的肯定。普赖斯的《论可比照崇高与美的画境》提出"画境式应被视为介于优美和崇高之间的类型"，❸成为比较能够反映园林艺术现实的定义。同时间上最接近的布朗式园林相反，这种画境式让园林不再是开阔的和缓起伏，野性的景观要素及其组织更全面叛离布朗及其以前的园林，突出整体的幽深原始，局部的险峻粗犷。

追求荒蛮的画境式景观要求园林有坎坷的地面，杂草中间或出现突兀的岩石；谷地应显示深陷的阴郁潮湿，布满苔藓和蕨类；山坡植被间要露出坚硬的石崖，参差壁立或呈现断层般的犀利线条；树木要有强烈对比和纠结效果，高大树冠下配以纷繁的灌木和藤蔓，不时还要有倒伏的枯木；水流要在杂草、乱石间穿行、急转、跌落。这种环境中的路径要狭窄崎岖，时而在高处岩石间攀援，时

❶ 转引自 Laurence Fleming & Alan Gore, THE ENGLISH GARDEN, London, Michele Joseph Ltd., 1979, 第 157、第 160 页。

❷ 参见 Laurence Fleming & Alan Gore, THE ENGLISH GARDEN, London, Michele Joseph Ltd., 1979, 第 161 页。

❸ Andrea Wulf and Emma Gieben-Gamal, THIS OTHER EDEN Seven Great Gardens and Three Hundred Years of English History, London, Little Brown, 2005, 第 145 页。

而进入峡谷的密林，小桥则用原始的树干简单搭建；树根屋可很恰当地处在这样的环境中，隐居所有时可以就是岩洞。在这以前的园林里，岩洞、废墟都可处在大面积的平整绿草皮中，现在人们更强调让它们融入上述环境，显示植根于人类未到或离去的荒野中。

就景观关系或画面看，荒蛮的画境一般要给人以深邃、悠远感，但更突出效果强烈的近景和中景变化，让适当的掩饰使更远的景深不很清晰。回顾蒲柏、肯特以及 1770 年代前的园林，让人欣赏透视效果强烈、通常以有某种建构为核心的底景，附近的自然环境起烘托作用，曾是景观画面的重点。布朗追求牧野般的舒展环境，完成了向更宽深画面的转变，但难免出现重点不突出的空阔感。1770 年代后的荒蛮画境却提倡以较近层次的景观震撼力来体现险峻、野性的荒蛮。在奈特的诗体论著《风景》中，体现其园林风景设想的插图很能说明问题。

园林史书常引奈特《风景》中希恩所作的两幅园景图。针对同一地形，前一幅是布朗式的园林景观，后一幅体现荒蛮的画境。除了前面提到的园林要素外，可以看到近处更强的图形对比。画面近前的岩石和蕨类清晰显示地表的荒芜，右侧稍远的土岗造型、阴影都更强烈；左侧延至中景的树木纠结，肌理、光影对比使它们更醒目；还有枯木横在杂草丛生的溪岸边，使原来很弱的中景得到强化。园景中的建筑成为形体参差的中世纪式，这很好地配合了近景，但吸引人的分量被弱化了(图 11-41，图 11-42)。

图 11-41　希恩图中的布朗式园景

图 11-42　希恩图中更野性的画境式园景

突出较近的景观和环境，可能是要在现实的园林环境中造就真实的荒蛮使然。实际上，英国很少有园林达到全面荒蛮的画境式，最容易实现的是奈特的一些局部景观设想，而绘画的特性还强化了实际中可能的野性(图11-43)。当一种无需很大的"荒野"能被限定在一个画面中，人的视线无法穿透到更远，或被近景强烈吸引时，受到"震撼"的想象就能把荒蛮推进到更大范围。这很像许多时候的电影取景，在整体上优美感更强的园林中，一些特意创造、更突出环境野性的画面，通过视野的限定影响了对大环境的联想。

图11-43　希恩的另一园景画作，近景是嶙峋的岩石
和隐居所，小路绕过它通向远处

在园林中较大范围体现荒蛮景观的典型是霍克斯通园，其根本在于地产主人幸运地拥有特别的地形。在一片牧场田野中，几座山岗突兀地耸起，有丰富的树木和灌木，露出醒目的红砂岩断层，其中两座山岗之间形成深渊般的峡谷，还有一座上有城堡废墟。带着具有崇高意象的园林趣味，园主对它们进行了加工，形成了呈现各种险峻景色，游入和观赏都能让人赞叹自然伟力的园林。配合山下的人类宅邸，人工湖和"牧场"使这个园林在许多地方也有优美的景色，整体上较完满地体现了普莱斯定义的画境园林美(图11-44)。

图11-44　霍克斯通园险峻的岩石山岗与牧场

11.8.2 优美方便的乡村宅园与外面的风景画面

相对于追求荒蛮的画境，雷普顿的艺术代表了 18 世纪最后时期更广泛的英国自然风景造园实践，并向 19 世纪初延续。

在园林设计生涯开始前，雷普顿曾是荷兰一家贸易公司的职员，在那里学习了绘画、植物和造园，并奠定了很好的文学、音乐修养，18 世纪 80 年代回到英国致力于园林和风景设计，成为布朗之后英国最多产的著名园艺师。他经常被当作布朗艺术的继承者，实际上又对布朗的风景做了相当的变革。雷普顿肯定画境构图在园林风景中的重要性，但不赞同普赖斯等人一味追求的荒蛮，他在 1794 年给普赖斯的一封信中指出："英国造园的整洁、简明和优美，已经得到了这个世纪的认可，有着自然的野性和艺术的规矩间令人愉悦的中道。"❶

结合自己的实践，雷普顿的观点主要反映在世纪之交的著作中，如 1795 年的《自然风景式造园草图与提示》，1803 年的《自然风景式造园理论与实践观察》，1816 年的《自然风景式造园理论与实践片断》等。雷普顿在这些著作中肯定布朗对英国乡野的景观改造，但质疑他把"过于自然的"牧野直接放在住宅周围的做法。在雷普顿看来：园林"是一片把牛群隔出去，用来适合人的使用和愉悦的土地：它是，或者应该是由艺术来耕耘和滋养的，产品不像乡村那样自然。其经营一定是人为化的，面貌也是这样，这个结果没什么不恰当。然而同自然相比，艺术又那么狭隘渺小，以至于它们不能被很好地融合。因此，人们希望一个园林外部处理应同林苑景象或自然风景相似，而内部布置可依据多样、对比、甚至古怪之类，这能造就悦目的对象。"❷

在英国自然风景园的最后阶段，也是西方社会与文化艺术普遍进入近现代的阶段，此时，雷普顿又把园林和林苑区别开了。园林被定位在住宅附近的较小范围内，而外面也是经过艺术加工，但联系于画境的乡间林苑风景。在理论或观念上，雷普顿使宅旁园林回归同外部有区别的人为艺术环境，对 19 世纪折中主义时期的园林又返回几何式有相当影响，但雷普顿还是更热爱质朴的乡村风景画境。

在自然风景园的整个进程中，不管园林风景是怎样的，17 世纪的巴洛克、18 世纪的帕拉第奥主义曾主导着地产上的宅邸，它们往往被建成宏伟的"宫殿"，布朗式园林的牧场宽阔草地上也主要是这种建筑。普赖斯等人推崇中世纪建筑，在这一点上雷普顿同他们相似，但他不求大型建筑的那种高耸和巨大体量，更倾向带有中世纪气息的乡村式住宅，造就多变的小体量或小群体。

在设计哈利福德郡的加浓斯地产园林环境时，他指出："没必要建造一个宫殿来成就宏伟的特性，一个住宅应该是宜人之所……不仅邻居的家庭，连他们的仆从、马匹也受欢迎——必须从整体面貌上来造就一种具有宏大气氛的建筑体量。"相对于源自古典体系的严谨对称协调，广义上可称为哥特式的乡村住宅建筑有更多变的形体，"看上去不一致的各部分维持着一种协调，富于技巧的组织在较远距离上造就壮观的整体效果。"❸ 联系于浪漫主义所崇尚的中世纪乡村环境，他简单质朴的乡村哥特更多体现为直接表达砖、木材料质感，造型不强求严谨的左右对称、上下划分，较陡的坡屋顶上有阁楼和老虎窗，各房间壁炉的烟囱自由地立在屋顶上。

在雷普顿的"园林"中，规则或不规则不是重要问题，他强调，对一个场所进行改进的"首要

❶ 转引自 Laurence Fleming & Alan Gore，THE ENGLISH GARDEN，London，Michele Joseph Ltd.，1979，第 157 页。
❷ 同❶，第 149 页。
❸ 同❶，第 151 页。

目标是便利，美应该适应这一点"。❶ 他把"愉悦"、"美"和"便利"、"使用"放在了一起：乡村化的住宅常设于向阳坡上，用篱笆围起近旁的园地；恢复了宅前平整的台地，可以有几何式的花床、规则的路径和小水池；在花床旁的草皮上又种植未加修剪的成簇灌木，同花床中色彩绚丽的花卉相映衬。为了便利，他也在园林中考虑由灌木、篱笆等适当分隔和隐藏的菜园、晾衣场之类环境。菜园不是观赏的主要对象，但也应同住宅有必要的联系，"应该在条件许可时尽量靠近，并在住宅和菜园间有最令人愉悦和方便的交会"。❷ 不过，同更大的林苑"自然"风景设计相比，雷普顿配合朴实乡村住宅的园林显示了内部性的小尺度，并未回到 17 世纪大型几何式园林的那种规模，呈现为住宅近旁可以依着篱笆或绿篱外望的一片人为亲切环境，令人回想艾迪生的说法和蒲柏的园林(图 11-45，图 11-46)。

图 11-45　雷普顿曾设计的伯韦克厅园林湖景

图 11-46　伯韦克厅园林的一处房屋和小园现状，
　　　　　可反映雷普顿的设计思想

---

❶　转引自 Laurence Fleming & Alan Gore, THE ENGLISH GARDEN, London, Michele Joseph Ltd., 1979, 第 153 页。
❷　同❶，第 153 页。

雷普顿把在更大范围中围绕住宅的草皮和林地称为"林苑"，并为布朗显得平淡的舒展乡野加入更多的景观元素，在重要视点上考虑可以呈现为风景画境的构图。同奈特在论证自己观点时采用对比图的方法类似，雷普顿的设计图也常用对比的方法，并利用透明纸叠加来体现对原有场所的改进。可能同自己追求的舒适、实用有关，他完成的许多设计画面上都有悠闲的牛羊，住宅等房屋在构图中不很突出，常常伴着小花园和篱笆隐约处在远景中，再配上弯曲的小径，增加人文活力。另一方面，广阔的景色不是简单的原野扩展，而是依据地形特征及其更理想画面，以路径、水体和山岗、牧野上的适当种植，改造不入画之处，使原有的和谐更和谐，均衡更均衡，展现为"明显对一个场所的必然结果及其高贵性起极大贡献的，不能被割裂的领地。"❶（图 11-47，图 11-48）。

图 11-47　雷普顿图中未加设计的温特沃斯景象

图 11-48　雷普顿图中经过设计的温特沃斯景象

他的"林苑"设计发展了布朗的艺术，在比肯特更大的范围内明确追求风景画般的效果，又不是普赖斯、奈特等人的画境。他在给普赖斯信里说："你和奈特先生都习惯欣赏美妙的绘画，而且都忘情在粗犷和画境的景色中。这可能使你们对那些取悦普通观众的优美柔和景致麻木了。我并不责备你们的品味，或称其为有缺陷的，但你们的偏爱的确要求很难出现在园林景观中的'刺激'程度。我相信，这个国家的良好观念和品味永远不会走向鄙视一条砾石路的舒适、一处灌木丛的美妙气息、一个宽阔

❶　转引自 Laurence Fleming & Alan Gore，THE ENGLISH GARDEN，London，Michele Joseph Ltd.，1979，第 154 页。

视野精心扩张的雅致，或一处望下陡坡的景观，其原因仅仅是它们不适合绘画主题。"❶

基于"优美"的观念，雷普顿及其观念相似者，特别是另一位在 19 世纪初自然风景园中很有影响的卢顿，引导了一种"园境式"风景概念。在注重园景要素的多样化与自然感，如水流的多变、小径的曲回、岩石的坚硬等方面，"园境式"的追求与一般意义上的"画境式"并无根本差别，但避免了普赖斯等人强调的荒蛮野性。在 19 世纪大量异国植物引进英国中，卢顿还特别关切它们的自然造型与色彩，让它们使自然风景园的景观显得更丰富多变。

雷普顿习惯把每个设计装订成册，加以红色封皮呈现给客户。到他逝世多年后的 1840 年，卢顿精选了他大量设计中的 200 件，汇集出版，通称《红书》，对园林艺术继续产生着影响。

11.9　园林实例

英国自然风景园在一百年左右的历程中呈现了较多的差异。这些差异在园林艺术中的意义，远比各个意大利文艺复兴园林、各个法国古典园林间的差异要大。然而，综合现有资料，很难较完整地出一些园林实例的全貌，又使之涵盖各种类型。下面的园林实例对全面、深入了解英国自然风景园还有较大的局限性，如布朗的园林仅反映在斯陀园的一部分中，没有雷普顿的园林作品等。不过，本书还是尽可能通过这些实例的典型特征，大体反映英国自然风景园的发展过程，以及艺术特点。

11.9.1　蒲柏在退肯汉姆的园林

退肯汉姆在伦敦以南十几公里的泰晤士河北岸，河两岸集中了许多名人的住宅地产。蒲柏的园林在 1719 年到 1722 年间基本完成，以比较规则的矩形自河边向北伸延，大约 2 公顷，围着密集的树篱。园林在蒲柏生前的最后 20 余年不断装饰、修整，但基本结构没有发生大的改变，不过后来却逐渐失去了原貌(图 11-49)。

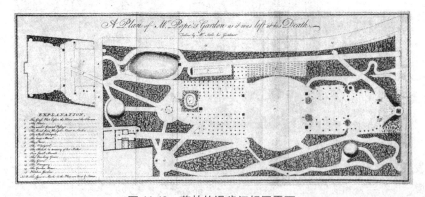

图 11-49　蒲柏的退肯汉姆园平面

这个园林分两部分，入口在泰晤士河边，同更高处的主体隔着由伦敦到汉普顿宫的大道。在泰晤士河边有一片大体矩形的草皮空场，可欣赏沿河景色。空场两侧树丛逐渐内收，导向大道下通往园林主要区域的地下隧道。河岸与树丛旁有古代河神和荷马、维吉尔的雕像，表达诗人对他们的敬仰。

---

❶　转引自 Laurence Fleming & Alan Gore, THE ENGLISH GARDEN, Michele Joseph Ltd., 1979, 第 160 页。

　　蒲柏把面对泰晤士河的隧道入口及其两边的房间做成了自己最为骄傲的岩洞，装饰了岩石、燧石、贝壳和碎玻璃。穿越大道前的洞顶上还有钟乳石和角度奇特的玻璃天窗。一条小溪从隧道高处一方流下，间或形成小瀑布和水湾，带来神秘的光影和声响。逐渐变暗变陡的岩洞隧道在进入主园时分为三岔，中央通道把人引向园林纵向中轴区域(图 11-50)。

图 11-50　18 世纪版画"蒲柏之死"，把场景放在了岩洞中

　　中轴线上的景观首先是树木密集的通道面对圆形空场上奇特的贝壳神庙。18 世纪 30 年代以后更为著名的造园家肯特留下了这处景象的素描：神庙有王冠般的穹顶，下面 8 棵弓形石柱贴满贝壳，中心处的祭坛香烟缭绕，还加上了设想中的仙女雕像(图 11-51)。此后，在大体规则的轴线上是稍偏开神庙一点的"大高丘"岩石屏障，人们可先螺旋而上在高处观赏园林和周围远景，进而下来穿过两侧为阵列栽植树丛的宽阔中央通道，到达满铺草皮的滚木球场。球场周围装饰着石瓶瓮，另一端的两侧又分别有一个小高丘，连接点缀着雕像和石瓶瓮的两进花床区域。自球场起，中轴园地两边的树木成弧线层层内收，到园林尽端变得更狭窄密集。尽端处最初可能有绿色剧场，1735 年蒲柏修建了纪念母亲的方尖碑。蒲柏在提倡园景处理借鉴绘画的透视时，常常联系这最后一段园林空间的收束效果。

图 11-51　蒲柏的退肯汉姆园贝壳神庙场景

在主轴区域之外，左侧通道导向实用园区。树丛中首先是一片据说用来晾晒洗涤物的椭圆形空场。以它附近的石瓶瓮为起点，另一条直线园路由南向北，右侧是同中轴区隔着灌木丛的温室和葡萄园，左侧是园林边缘长长的菜园。葡萄园外侧有园中唯一的墙面，使葡萄园仿佛倚在墙上，并使菜园同其他园区有了视觉上较明显而有趣的空间分隔。

主轴区右侧首先有蒲柏的乡村风格住宅，进而是被人赞叹为重要变革的自然树丛和小径环境。带状曲径与直线小径在密集的树木和灌木丛中交织，联系小树林中的几个圆形小空场，其中一个是橘园，天气好时摆放盆栽橘树。在主轴左侧的葡萄园以后，也有一片类似的区域。

沃尔波尔称赞这个园林是"艺术和独特品味的超凡成就，为一处仅5英亩的场地加载了如此多变的景色"。[1] 园林总体上还是规则的，比较刻板地沿纵向分成主轴和两侧三个区域，但是，它又在不大的区域之间和区域内力求活泼。矩形、圆形、椭圆形、点、面、线的应用，以及各种园林要素和特征带来娴熟自如的变化。即使是几乎对称的中轴区域，构图的变化也呈现了同一般几何式古典园林的差异。

这个园林通常被当作洛可可式的——法国古典主义和巴洛克的庄严、喧嚣之后的一种轻松、柔情、自然、时尚的风格。园林中的洛可可艺术手法为几何对称的中轴加入了曲线所主导的周边环境，同时把景观尽量细碎、柔和化，有意追求小尺度的空间环境及其变化，以及灵巧细腻、常为自然元素的装饰表面与相关形体。这些在蒲柏园林的平面关系、造景元素及其形体、装饰中都得到了体现，其贝壳神庙更是洛可可风格园林建筑的典型。

由于英国自然风景园从一开始就常有小区域内的带状曲径、雕像、瓶瓮、喷泉，以及贝壳装饰的岩洞或其他石构，特别在自然风景园早期，外界很容易把这类园林处理对比于17世纪下半叶几何式园林的宏伟、张扬，而不是注重其自然随意，加之人们心目中自然的形式与洛可可这一术语间的一些联系，[2] 就把早期的英国自然风景园也叫做洛可可式了。但是，像18世纪初的霍华德庄园和斯陀园那样的园林，是很难归于蒲柏的园林所体现的那种洛可可风格的。

11.9.2 霍华德庄园

霍华德庄园是这个姓氏家族在约克郡北部的祖传地产，周围地形以一个谷地为中心，有和缓的山坡起伏。第三代卡莱尔伯爵查里斯·霍华德继承庄园后，1699年请凡布娄设计了在谷地北坡上的府邸，大约在下一年另一位建筑师霍克斯莫也加入进来辅助凡布娄，并在他去世后继续工作。除了宫殿般的府邸和它南面的几何式园林，两人还设计了周围风景中的许多优美建筑和装饰建构，但卡莱尔伯爵本人在风景规划中起了最重要的作用。

整个地产初步的在18世纪头30年内形成宏伟的林苑景观，其后的建筑和环境改造使这片地产的景致更丰富了一些，但基本是在原有格局上的补充。被纳入设计视野的风景面积达400公顷左右，形成英国最豪放的自然式园林之一(图11-52)。

---

[1] 转引自 Timothy Mowl, GENTLEMEN & PLAYERS, Gardeners of the English Landscape, 出版地, Sutton Publishing Ltd. 2000, 第98页。

[2] roc—法语 rocaille, 岩石; co—法语 coquille, 贝壳。John Dixon Hunt, THE PICTURESQUE GARDEN IN EUROPE, London, Thames & Hudson Ltd, 2002, 第10页。

图 11-52　霍华德庄园图

感受这里 18 世纪初的风景设计，首先可从自约克大道到达府邸的南北向林荫大道开始。沿接近 5 公里的林荫道缓缓上行，两侧是宽阔的牧草地，间或有连续的浓密树木、灌木和酸橙树枝叶漫地。除了一些更晚的建构外，人们在这条路上首先遇到凡布娄的雉碟墙，大道从霍克斯莫为其设计的卡迈尔门中穿过，其怪诞的形象能把古希腊、古罗马、中世纪和古埃及连到一起(图 11-53)。再向远处是凡布娄设计的带护卫室的金字塔门，其两侧的墙上还有堡垒。接下来又有凡布娄设计的方尖碑。除了沿路行列栽植但维持自然形态的树木外，林荫道一线的周围景观中没有对地形、植被的特别修整，但笔直的大道，间或的横墙和建筑像一条骨架，让人们感到整个风景是由它们串联的，给人很大的震撼力。

从方尖碑向东便可到达府邸北面。霍华德的府邸是一座巴洛克式宫殿，体现了 17 世纪形成于意大利和法国的壮丽风格，构图严谨又雕琢丰富，中央穹顶高耸在鼓座上。府邸北立面遥对一处自然的湖面，南边曾是凡布娄的几何式园林杰作，由法国式的平台、花床和修剪成几何体的树木迷宫构成。今天的花床仍然是几何式的，但已不是最初的样子(图 11-54)。

府邸东部古老的瑞林地是卡莱尔伯爵在营建府邸的同时最关切的，前面已介绍过它的林间带

图 11-53　霍华德庄园卡迈尔门，后面是金字塔门

图 11-54　霍华德庄园宫殿南立面及几何式园区

状曲径和哈哈沟。林地的路径大体还保留了原来的状况或依据历史进行了修复，不过哈哈沟已不存在，植被也发生了较大变化，成了包括许多稀有树木、灌木在内的植物园。林地以南有凡布娄设计的湖，是凡布娄生前为庄园带来的最后景观。它基本为矩形，但相对自然地斜置在府邸、几何式园林区和林地之间，泛着天光的水面配合树木、草坡形成一个优美的局部景观核心。

在建筑与几何园区、林地和水池的东南方，园林主人和凡布娄等人都注意到了更壮观的乡野风景，草坡缓缓下行又上行，一片片同瑞林地相似的自然林地在绿野上相互错落，间隙中还可见更远的农田。1725 年后的霍华德庄园风景处理重点转向了这里。

凡布娄死后的 1728 年到 1731 年，他生前提出了可贵设计但没有看到的四面风神庙被霍克斯莫建造起来，在林地东南角成为府邸之外聚焦一带风景又寓意向各方远望的核心（图 11-55）。它多少有些像帕拉第奥著名的圆厅别墅，穹顶覆盖方形体量，四个山花门廊面对四个方向。紧随四面风神庙的构思，霍克斯莫在府邸南面稍稍偏离轴线处设计了一座金字塔。它把数百米外一处向东伸延的林地从端头拉住，并在整体上同府邸与四面风神庙形成一个比较均匀的三角形构图，互为对景，丰富了视线，并控制住周围的风景（图 11-56）。这个时期的最后一座建筑在东面更远处，是霍克斯莫建在两个林地之间的陵庙。它高耸的穹顶跃过树梢。同前三座建筑像三角跳跃一样，把人类把握自然风景的印记投射到更远的地方。

图 11-55　霍华德庄园四面风神庙，可见新河桥、
　　　　　　远处的风景与陵庙顶部

图 11-56　霍华德庄园金字塔

此后，最难同这片风景的最初构想分开的较大规模造园活动，当属 1740 年代初某个时候从凡布娄的水池引出的新河，在它向陵庙方向流去的蜿蜒水面上，一座拱桥建于 1744 年，使东南方向远至群山隐约轮廓的宏伟场景有了更丰富的层次和意涵。

从整体风景来讲，霍华德庄园的景观在于充分利用了自然和田园，用建筑为它添加意趣，引导和点缀景观的方向和场景。最后出现的自然水体在英国园林早期变革中似乎并不很突出，但却是成熟自然风景园中的关键景观要素之一。

11.9.3　斯陀园

白金汉郡斯陀园今天的规模大约为 100 公顷左右，在 17 世纪末的几何式园林之后，经历了布里奇曼和凡布娄、肯特，以及布朗三个阶段的扩展改造，可谓 18 世纪 70 年代前英国自然风景园林发展进程的缩影。因此，需要结合设计者按几个阶段来看斯陀园。

斯陀庄园早在 16 世纪就是一个坦普尔姓氏家族的地产，这个家族的里查德·坦普尔爵士 1683 年兴建了一座帕拉第奥式府邸，宅北为林荫大道和入口广场、宅南为相应的意大利式园林：沿着中轴线，宅邸近旁的花床、雕像和喷泉水池顺几何台地跌落，接着是白杨林荫道，通往对边长度最大达 120 余米的不等边 8 边形水池。水池中有方尖碑形的喷泉，之后是园林的南入口。这时的园林面积只有十来公顷，东边是一条与它平行的道路和斯陀村，西边有大面积的树丛和湿地草场。

1713 年，老坦普尔也叫里查德的儿子，海军将领和辉格党人柯伯姆子爵聘请布里奇曼为园林设计师，在他的主导意向下，园林经历了自布里奇曼到布朗的 30 余年变革，越来越自然风景化。

到 1733 年布里奇曼离开前，除了在宅北入口广场设计了水池与树木阵列外，他为斯陀园带来的变化主要体现为园林向主轴以西的扩张。其间凡布娄加盟建筑设计，带来这一区域主要的古典建筑，直到 1726 年去世。后来的建筑师有也很著名的吉布斯，还有在园林史上更有名的肯特。

在旧有的几何园区以西，临近住宅处地势较高，坚实的土地上有各种树木和灌木，其他多为过软的湿地草场，甚至类似沼泽。两者的交接很不规则，不便按传统的几何图形进行园林布局。虽然布里奇曼最拿手的规划手法是直线林荫大道，但他顺应斯陀园的自然地势和植被环境，抛弃了整体上追求中轴对称的观念，设计了数条斜向交叉的林荫大道。

这些林荫道对内划分出锁在一起的两个主要地段——北部的三角形和南部的不规则多边形。面对外部较低的湿地草场，又形成 Z 形转折的边界。一条连续的哈哈沟贴着边界上的大道，棱堡状的突出台体同大道相结合，在视野中把湿地景观和人为设计的园林拉到了一起。无论对内还是对外，一个棱堡台上的维纳斯圆亭庙都成为景观交织的核心。

凡布娄设计的维纳斯圆亭矗立在南部地段西面突出部的棱堡台上，向外面对开阔的湿地草场和更远的风景，园内则有非对称设置的三条直线视廊在这里交汇：作为边界的东南向林荫道指向宅邸中轴南端的八边形湖，进而联系南园门，门两侧加建了凡布娄的一对山花柱廊湖亭；另一条林荫道先是面对湿地草场的西边界，接着是北部三角形的东边界，直达后者越过宅邸的顶点——纳尔逊堂；中间一条是宽阔的水渠，两侧有规则排列的树木阵列，底端是装饰了古神雕像和纪念柱的露天圆剧场，接近府邸轴线上的林荫道。

北部三角形也显示了类似的设计手法。沿南边有规则的水池、林地、纪念柱和庙宇。林荫道和哈哈沟边也建有棱堡，最西端一个上面是凡布娄设计的金字塔，中段一个上面的纪念柱同维纳斯圆亭呼应。

新园区的直线林荫道形成不规则的地段划分，其中有明确的局部几何图形，包括一些道路、水体、绿化，配合着装点其间的古典建筑。然而，各地段局部几何图形间的大面积地带又留下了成片树木和灌木，好像几何图形的底。带状曲径在树木和阻挡视线的灌木中迂回穿行，经常让人不知所终，但也会出人意料地引向林间的庙宇——凡布娄更迎合浪漫、狂放意象的睡神庙和酒神庙。

1726 年，这个园林再向西南扩张，布里奇曼的又一层林荫道和哈哈沟把一部分湿地草场也围了进来，称为家苑，并在其南端作了一个更大的十一亩湖。湖岸仍然是直线围成的不规则几何形，从废墟式的拱下穿过的水流衔接八边形湖。

整个园林西部改造在 1732 年左右完成。蒲柏多次到这里参观，在 1731 年给友人的信中赞叹："如果天堂之下有什么能使我超越尘世所有的思虑，这可能就是斯陀。"❶

在斯陀园的西部大体完成时，柯伯姆开始扩张府邸主轴园林的东部，去掉了原来的道路并迁走了村庄。布里奇曼依据主人的意向为它作了总体规划，有紧挨着主轴园区的爱丽舍园区，以及它外面被哈哈沟围着的霍克威尔园区。在布里奇曼的规划中，爱丽舍园区的路径已经采用曲线，水体也成为弯曲的河流形态，成为他迎合时代的园林设计顶峰，但 1732 年布里奇曼因身体原因离开了他的岗位，为 1730 年代中后期肯特在爱丽舍园区赢得巨大成功提供了非常好的机会。肯特早在 1730 年就参与了斯陀园的建筑设计，如建在整个园区西南角哈哈沟边巨大棱堡台体上，面对十一亩湖的帕拉第奥式别墅此时已经完成(参见图 11-12～图 11-14)。

爱丽舍园区是一条南北狭长的谷地。谷地北段较为狭窄，尽端流出一股曾推动村庄磨坊的涌流，此时被加上了粗石拱的岩洞。河道经过重新整理，在谷的中部形成一个小湖。其北边一段河流称为阿尔德河，浅浅的河床铺着黑沙砾，河边有小祭坛和石瓶瓮，处在桤木和榛子树的浓荫遮蔽之中，使这段谷地风景有一种忧郁的美(图 11-57)。

湖水经肯特设计的粗石拱桥下流出，来到较开阔的谷地南段，这里的树木退到沿河草皮后的远处。在河东，肯特建造了一道弧形的纪念墙，壁龛中放置英国著名英雄和学者的胸像，称作不列颠名士庙或撒克逊祭坛，河流也因此称为名士河。不过，也有称此河为冥河的，因为对岸不远的高处建有肯特的另一座著名庙宇，穹顶柱廊圆殿的古代道德庙，里面有荷马、苏格拉底等人的雕像，跨过冥河的英国过世伟人可同古代先贤对话(图 11-58)。肯特设计的第三座庙宇是当代道德庙，在同这片优美对话场

图 11-57　18 世纪斯陀园爱丽舍园区北段峡谷图景

图 11-58　斯陀园爱丽舍园区同古代道德庙
对话的撒克逊祭坛

❶　转引自 Andrea Wulf and Emma Gieben-Gamal, THIS OTHER EDEN Seven Great Gardens and Three Hundred Years of English History, London, Little Brown, 2005, 第 95 页。

景隔开的地方,这座庙被建成废墟状,并置于一片任其自然的荒草中,据说隐喻着道德的衰败。

几乎与爱丽舍园区同时,柯伯姆把同爱丽舍园区基本平行的草场,即霍克威尔园区改造成了同沃本农庄相似的装饰性农庄。在 1720 年代的西部园区家苑,斯陀园实际上已经具有了围在园内的乡野景观,但仍主要让人在周围的哈哈沟边或大道上远赏,但霍克威尔园区可真正游入,不时可见近旁装饰性灌木、树丛、花卉和小品的小径绕行在牧草中,边缘上则有大型建筑。在南端,这片英国乡村般的朴野环境同阿尔卡狄亚传说般的爱丽舍园区交汇。

霍克威尔园区的布局大体来自肯特,建筑则主要是吉布斯和其他人设计的。吉布斯的友谊之庙坐落在东南角,方形的主体上有金字塔般的屋顶,且附带具有实际功能的房间,主人可在这里招待朋友。从这里向北,地段中部高处东面立着暗红色的自由之庙(参见图 11-30)。为赞美英国自身民族的历史,主人和吉布斯采用了带塔楼、尖拱和雉堞的哥特风格,使这座平面大体为三角形的建筑又称哥特庙,上书来自一出戏剧中反抗罗马帝国英雄的铭文:"感谢上帝,我不是罗马人"。在园区北端,还有一座纪念杰出女性的女王庙。

在霍克威尔园区接近南端的平坦地带,一条自西向东川流的新河自八边形湖引出,东端横跨着一座宏伟的石廊桥——帕拉第奥桥。它位于友谊之庙和自由之庙间,柱式拱廊向霍克威尔园区开敞(图 11-59)。

图 11-59 斯陀园霍克威尔园区帕拉第奥桥

爱丽舍园区和霍克威尔园区大体都在 1743 年前完成,在布朗时期仍然一度保持了原貌。柯伯姆似乎是一个永不满足现状的人,1741 年,他请来能人布朗,对斯陀园进行了又一步改造和扩张。

布朗的局部改造主要是去掉府邸北面的树木阵列,使其成为和缓的曲线;把南立面前的台地花床改成一大片草皮缓坡,路径成弧线在其两侧绕行;对包括十一亩湖的西部园区风景加以自然柔和化,把八边形湖改成自然形状,并加宽水向东伸延的河面等(图 11-60,图 11-61)。而他更重要的成就,体现在完全是布朗风格的希腊谷,以及这种风格对斯陀园变迁的进一步影响。

希腊谷原是横在爱丽舍园区和霍克威尔园区以北的平坦地带,当柯伯姆要把这里改造成园林的一部分时,曾同布朗商议,最终决定要用艺术去造就一处最为自然的环境。1745 年,布朗按照自己充分开拓地形可能性的信条,在此进行了大规模挖掘,造就了一个底部宽阔,四周缓坡下降的三叉谷地。其原意是要造就一处森林中的河谷景观,并在它西端接近住宅处建造一座希腊庙,人工谷地也因此得名。

到 1749 年,希腊谷基本完成了。虽然因水源不足而没能形成理想中的湖泊,但仍然强烈体现了布朗的风景特征:除了一端的神庙外,人工的艺术不见踪影,弯曲的大面积谷坡非常自然,好像就是自然造就的。在谷中,树木多是孤植或几棵一簇的,一些有高高的主干,顶着优雅散开的树冠,另一些成团状衔接地面。在坡面上,最引人注目的是密集的林地,枝叶坠地、曲线轮廓摇曳的丛林好像浪涛一样向谷底下泻。它们的形状、距离多变,却没有过多的细节,总是在大范围的自然画面中起作用。在各种质朴而迷人的树木遮挡与开放，阳光与阴影之间，草地漫坡满谷，连成一片。这景象同斯陀园到此为止的其他园区大不相同，却启发了进一步的园林改造（图 11-62）。

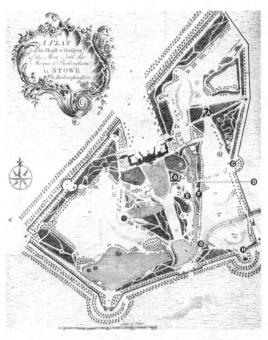

图 11-60　布朗改造后的斯陀园平面，
右上为新开辟的希腊谷

图 11-61　斯陀园府邸前经布朗改造后的
原几何轴线、八边形水池地带

柯伯姆于 1749 年 9 月病逝，布朗在其夫人要求下为他建的纪念柱也在这一年完成，位于希腊谷东部靠近霍克威尔园区处。柯伯姆身后无子，侄子格雷维尔继承了地产，继续按布朗的风格改造和经营园林，形成了它 18 世纪末全面布朗化的最终面貌。

格雷维尔是新古典主义的崇尚者。在柯伯姆时期，斯陀园还其女巫屋、隐居所、圣奥古斯丁洞窟，以及肯特设计的中国庙，等等，但像后面的斯托海德园一样，园中的神秘与异国情调在 18 世纪末被清除了。

图 11-62　19 世纪绘画中的希腊谷

11.9.4　罗沙姆园

罗沙姆园在牛津郡的多莫家族府邸北面，大体自北向南的彻维尔河在这里转弯向东，横过府邸不远处。这处地产上旧有的府邸和环境形成于 17 世纪上半叶：府邸大体南北向，对外入口朝南，北立面到彻维尔河间有几何式花床园区，园区东边是围墙内的菜园；自然形成的罗沙姆林苑擦过府邸的西边，南高北低，沿河伸延。园林至今仍为多莫家族地产，内部面积 12 公顷左右。

18 世纪 20 年代布里奇曼对这里的园林进行了设计改造。几何花床园区被相对简化、开放，结合加入了直线林荫道和一些林间景观的林苑北部，共同构成沿着河湾的 L 形园林地段。1737 年到 1741 年间，肯特应当时的主人詹姆斯·多莫将军的邀请，在这个基本骨架上又进行了改造，带来更精心安排的路径引导下的一个个画面式场景(图 11-63)。

经过肯特设计的罗沙姆园在府邸处保留了布里奇曼的矩形草皮滚木球场，其北端立着一座狮子袭击马的雕像，雕像周围的绿色缓坡滑向河边，伴着两边的紫杉树丛展开河对岸的乡村田野画面，树丛边缘还有大理石凉亭坐凳(参见图 11-19)。

进入西边的树林，小径上有垂死的角斗士雕像。出了树林是一片较陡的草坡，称为普利奈斯特，低的一面是河湾，高的一面依着保留下的自然林地，建有肯特设计的七间拱廊，内有坐凳对着拱门，每个拱门都是一个景框，特别让人在此坐下欣赏换了角度的对岸风景(图 11-64)。

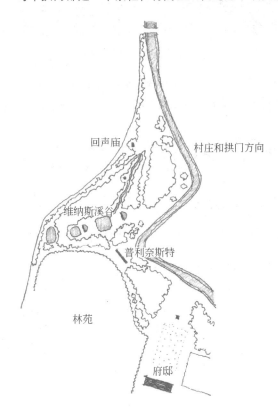

图 11-63　罗沙姆园平面示意

图 11-64　罗沙姆园普利奈斯特

自拱廊继续向西，经过又一树林可到达古代爱神的领地——维纳斯溪谷中间的八角形水池。和缓的小谷地大体东西向，在水池处可向两个方向观赏风景画面：东面逐渐高起，维纳斯雕像在密集的树丛衬托下立在粗石拱小瀑布顶上，两侧是拿着弓箭的小爱神，还有牧神立在谷地边缘的树荫下；

西面向彻维尔河与对岸景观开放，八边形水池之下还另有一个瀑布作为间隔(图 11-65)。

从八边形水池引出的一缕细流在蜿蜒的小径中间向北偏东进入林地，其间有一个小水池，可在此观赏一处树丛中的小岩洞。继续前行，溪流和林地终结于园区北端的三角形草皮。草皮西缘树丛面对着河水继续伸延，起始处形成弧形凹地，几棵雪松围着肯特献给太阳神阿波罗的回声庙，前方南侧是阿波罗雕像(图 11-66)。在神庙正面又一次可面对对岸景观，而站在草皮上北望，可看到园林尽端一座中世纪留下的桥。

图 11-65　罗沙姆园维纳斯溪谷

图 11-66　罗沙姆园回声庙与阿波罗雕像

从这里折返，另外两条路径都可返回维纳斯谷的河边开口。一条取直线，是维持了布里奇曼规划的林荫大道；另一条沿着河迂回，可连续感受近处橡树、榛子树陪伴的河水，以及远处乡野景观的伸展。

肯特的设计画稿，展示了自河边面对维纳斯溪谷的画面，有理想的阿尔卡狄亚主题特征，坡地上的八边形水池几乎隐去，前后两个瀑布衔接，透视效果深入林间远处，但实际效果看来不及肯特展现在设计画稿中的景象。

继续回返的沿河路径先有岔路可进入树林，见到布里奇曼留下的绿色剧场，原来有修剪树篱的一片半圆林间空地，现在装饰着雕像。越过滚木球场前的草坡，还有肯特设计的带金字塔顶的圆亭，同样用于欣赏河对岸远景。

这个园林内的主要景点由向南、向西深入或依托这两个方向树木的建构、雕像组成。它们皆迎着彻维尔河方向，由几乎顺向但又具有曲回感的路径衔接，展示不同意境的画面，不同特征的景深。反过来，彻维尔河对岸的园外风景，除沿河展开连续画面外，也处在绿树构成的一个个不同角度的视廊中。

肯特的园林"越过藩篱"，罗沙姆园布局刻意要在园中向外远眺，但彻维尔河对岸的乡村田园景观过于平淡。注意到了这一点，他为对岸一处村庄磨坊加上哥特装饰，更远在 1.5 千米外建了一个中世纪式三拱大门，正对府邸，被称为"目光吸引者"。

11.9.5　斯托海德园

在环状路径围绕湖水，并连接周围古典建筑，形成以阿尔卡狄亚式风景为主的园林环境等方面，威尔特郡的斯托海德园是 18 世纪中叶英国自然风景园的典型。它至今在 16 公顷的临湖区域内大体维持了原有的格局，以湖面为前景，远观树丛绿草和万神殿的画面经常出现在园林史书中。

　　斯托海德园位于霍尔家族更大的地产上。在 18 世纪初期的帕拉第奥式大宅以西，田野中有一片绿岗坡地间的斯托河谷，溪流串起一个个水塘。自 1741 年继承地产后，这个家族的银行家亨利·霍尔在溪流上筑坝，使河谷低处形成一片酷似不列颠岛的湖面，还有临岸的小岛，造就了以水面为核心的风景园林(图 11-67，图 11-68)。

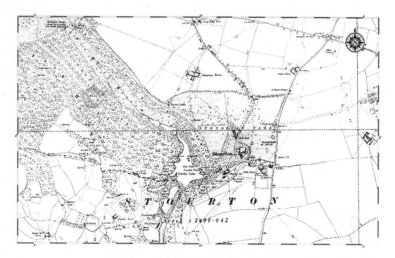

图 11-67　斯托海德园及周围地段

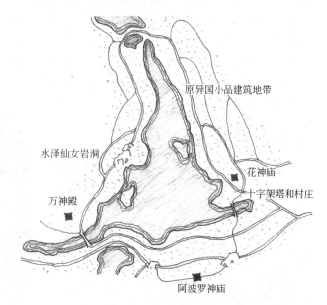

图 11-68　斯托海德园平面示意

　　斯托海德园林景观最丰富的时期是 18 世纪 50 年代。主要由建筑师佛立克劳福特设计的古典式建筑依托着山坡树丛，点缀在湖水周围，反映了主人的文化情趣和主要园林景观意象。同时，霍尔也受到当时其他园林时尚的强烈影响，园中还有迷人的岩洞，哥特式建筑景观，以及充满异国情调的区域。

从府邸隔田地西望，一条大体南北向的林荫大道形成湖景园区的边界。在大道后的下行坡地上，小径迂回在树丛中，通向湖面的东北部。树丛不时开敞，越过下方的树冠，可看到湖对岸的庙宇，以及东南方的乡村。小径上不时出现威尼斯座椅、中国"伞亭"、中国亭子和土耳其帐篷等东方小品建构，但到18世纪后期，亨利的孙子，追求纯正新古典主义品味的理查德·霍尔把它们清除了。

在园林核心景区，湖面周围满布草皮的缓坡和高岗。各类树木和灌木、建筑和桥梁形成连续的景观带；三向岔开的水面、较大的建筑间距，以及地形的起伏，又使一个个画面具有相对的独立性：如代表古代诸神和英雄业绩的万神殿处在水平展开的草皮上，象征光明与未来的阿波罗神庙占据一个高岗，体现民族意识的哥特十字架塔和村庄位于峡谷深处，唤起人们不同的情感共鸣。在人们的行进和视角变化中，各种景观要素随时转换位置和角色，供人游入，或构成呈现另一种相互关系的画面。

这个园林更具体的环境意象，来自古罗马维吉尔的史诗《埃涅阿斯记》：战败出逃的特洛伊英雄埃涅阿斯在地府中受女预言家西比尔的指引，最终走向罗马，建立了光辉的业绩。这使斯托海德园具有了沈斯通所提倡的"诗史"内容，但同故事相关的建筑和岩洞并非按情节顺序联系。"下一个情节"可以在对岸，而非顺着路径直接到达的另一游赏景点。

沿湖景观的游赏从东北部开始，可先向南行。在一路隔水远望万神殿和阿波罗神庙之后，人们首先到达隐藏在树丛中的古罗马花神庙，也有说这个庙宇是献给谷物女神的。不过无论怎样，它都是女神的庙宇，并很容易幻化出另一种形象：将要游入地府见到的女预言家，因为山花下的檐壁上刻着地府的警告："离开吧，你这还未入门的人，快离开！"❶（图11-69）

与此相对，如自北绕行到湖的西岸，在沿路变换的远景之后游入的第一处景点是水泽仙女庙。它实际是一处要下行钻入的幽暗岩洞，在这个时代的英国园林中非常有名。洞内通道曲回，有河神和熟睡的女仙雕像；水从神的瓶瓮中流出，小瀑布和溪流带来淅沥的声响；中段一个洞口引入光线，还可擦着水面看到对岸左右的花神庙和阿波罗神庙，中央是帕拉第奥桥；尽端通道上升，引向离万神殿不远的温润草地（图11-70）。

图11-69　斯托海德园花神庙

图11-70　斯托海德园，从水泽仙女庙岩洞外望

---

❶　Timothy Mowl, GENTLEMEN & PLAYERS, Gardeners of the English Landscape, Stroud, Sutton Publishing Ltd. 2000，第145页。

　　从花神庙向南登上帕拉第奥桥，桥的一面是另一个角度的万神殿处在开阔园景中，另一面是两边坡地树丛中的十字架塔、教堂和乡村，欧洲古典文明的光荣和英国人的自由在这里相互对应(图 11-71，并参见图 11-20)。

图 11-71　从万神殿附近看的帕拉第奥桥，桥后见十字架塔和中世纪乡村景象

　　帕拉第奥桥后的曲径引向阿波罗神庙。这座圆形柱廊的穹顶神庙立在后来又加入了隐居所岩洞的高坡上，可大体向北俯瞰湖面园景：中世纪景象隐去了，两侧伴着古代故事的水面越来越窄，隐入远处更深的幽谷中(图 11-72)。

　　从高坡下来再跨过一座桥，在一次次远观之后，人们可进入万神殿了。万神殿山花门廊后是圆形的殿堂，内部壁龛中立着诸神的雕像，穹隆天窗洒下温暖的光。从里面出来，可站在开阔的草皮上又一次观赏各方向的湖景。在北面水泽女仙的洞窟附近，还有一处隐藏在树丛中的哥特式小屋，可能是园丁的住房和库房。

　　在坡地和浓密的树木围合之下，斯托海德的园林景观基本是内向的，只在东南部有一线村庄和哥特式建筑的远景。这里的树木曾经主要是山毛榉、冷杉、橡树和各种松树。现在的树木主要是 19 世纪到 20 世纪的，有更丰富的外来珍稀树种和大量灌木，带来各种季节丰富的植被色彩。

图 11-72　阿波罗神庙

11.9.6　李骚斯园

　　沈斯通在西米德兰郡的李骚斯园形成于 1740 年到 1763 年间，占地约 60 公顷有余，几个不宽的

谷地中有丰富的水源。作为一处典型的"装饰性农庄"，这个园林的特征之一是大型景观建筑很少。环绕着以住宅建筑为中心的一片牧草坡，一条小径上上下下，穿行在各个绿篱环绕的围地，时而深入浓荫遮蔽的峡谷，时而登上视野开阔的山坡，串联一处处景点，大量铭文甚至绘画提示着人们该欣赏的景观和更丰富的联想。

这个园林早已不复存在，借助德斯利的园林描述，以及当时的平面图，❶ 能展示的情况大致是：

一条弯路从农庄外大路向东，下行通往绿荫中窄窄的谷地进入沈斯通的地产。入内后有通往谷地另一面坡地上沈斯通住宅的两条上行小径，而穿过这附近的另一个小门，则是主人欲引导的40景园林游赏历程(图11-73)。

人们首先可以感受一个极为幽静、神秘的环境，坡上的树木几乎完全遮蔽了谷地的一段，同谷地外开阔的草皮形成鲜明对比。其中浓荫密布，小径伴着细细的溪水蜿蜒，溪旁有一个树根屋，石碑上刻着前面提到过的铭文——生活在此的仙女的歌(3、4、5之间)。

接下来穿过一个废墟般的墙和拱门，进入谷地向南下行的另一段(6、8之间)。谷地相对宽阔，左边是住宅前草坡边缘的橡树林，右边有许多小瀑布，卵石上的溪流在岩石和高大的树木间穿行。其间有数个座凳，配着提示风景和抒情的题刻，在谷底开口的方向，可以看到不远处的小镇和教堂的塔尖。

溪流在谷地南端注入一个湖，对岸是他人的地产，也有优美的牧场风景。从谷地出来的小径沿低平的湖岸绕着缓坡向东弯去(8、11之间)，间或也有座凳，有意设计成废墟的小修道院塔(9)立在缓坡转弯处(图11-74，并参见图11-22)。

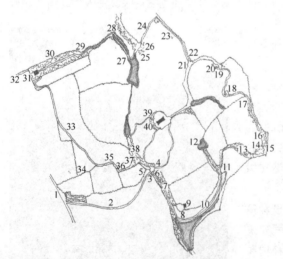

图11-73 李骚斯园平面示意图

图11-74 18世纪后期绘画中的
李骚斯园废墟式小修道院

❶ 参见 http://books.google.co.nz/books? id = UIaCllp3t6IC & pg = PA11 & dq = Dodsley's + Description + of + the + Leasowes & hl = zh − CN & ei = tR7iTfX9A4TKvQP1rqDyBg & sa = X & oi = book _ result & ct = result & resnum = 1 & ved = 0CCcQ6AEwAA # v = onepage & q & f = false 的 DISCRIPTION OF THE LEASOWES, by Robert Dodsley.

　　湖边小径逐渐进入另一个谷地，进而很快分成两岔(11)，这里有一巨大的老橡树，下面有座凳，观赏周围地形和风景的进一步变换，附近还有带题刻的石瓶瓮。

　　游线先沿左路向北，进入一片柳树密林，有一个更大的树根屋，除了它本身形象外，还是从屋中观赏一个瀑布的处所。这瀑布便是德斯利大加赞赏的那一个。精心的设计使这高仅约 7 米且水流不大的瀑布在岩石间层叠交错，流程很长，非常动人(11、12 之间)。

　　欣赏过瀑布之后，要转向穿过右边的谷地，到达较高处一片宽阔的草坡(13、15 之间)草坡上的橡树就像自然的凉亭，溪水边有古代牧神的雕像，主人还提示人们回望入园以来经历环境的全景。

　　自此，园路沿李骚斯东缘边界向北曲折攀升(16，23 之间)。一路上有几处树丛或灌木丛需要穿过，也有几处坐凳以及一个哥特凉亭，让人停下观景：园外是东面的乡村和其他园林地产，还有远方的群山；园内有再次隆起的草皮山坡，逐渐出现的水湾，还有下面的小修道院。哥特凉亭上方的路径边，还有更野性的岩石悬崖。

　　接着转向西南的路径(24，26 之间)到园区北面的水塘，情人小道又在高处的一个谷地转而向北(27，28 之间)缓缓上行，小道两侧都是跌落的溪水，有小卵石滩、小瀑布，水流还不时钻入地下又冒出来，柔情而调皮，幽会小凳处在巨大的山毛榉冠叶之下，小道尽端装饰着铭记爱情的石瓶瓮。

　　此后小径再次转向西南(28，31 之间)，在树木和灌木的遮蔽下上升，经过两处赏景坐凳，到达有意建造得非常粗糙的牧神庙(31)，反映乡野的古朴。在它侧旁，继续伸延的小径到达这个地带的制高点(32)，周围的远近风景尽收眼底。沈斯通为这里的坐凳刻上简单的铭文"神圣乡村的荣耀"。俯瞰视野中的住宅(39、40 附近)半被树篱环绕，周围草场先是平缓的坡地，有独立的、成簇的树木，接着出现形态和缓的高岗和下行的谷地陡坡，浓密的枝叶从谷地中冒出来形成绿带，还有小小的湖泊点缀其间。

　　此后，小径在庄园西侧向东南下行(33，37 之间)。几处坐凳间可见一个影壁般的哥特墙屏(34)立在一排杉树前，对景即是更高坡上的住宅。随着路径前行返回庄园入口附近，谷地景观再一次逐渐显露在一个坐凳前，直到迅速下降，进入称为维吉尔林的地段(38)(图 11-75)。维吉尔林中有丰富的树木、溪流间的瀑布和喷泉，其中一个喷泉从拱形岩洞门下喷出，其间还有纪念诗人的方尖碑。它上方联系一串水塘，下方通往庄园入口和最初提到的有水仙住所的幽谷，内部空间比较宽敞，景观丰富，周围视野又被封闭，是一处林间徜徉的好去处。

图 11-75　18 世纪后期绘画中的李骚斯园维吉尔林

11.9.7　霍克斯通园

　　霍克斯通园位于施罗普郡，是一个著名新教徒与政治世家希尔家族巨大地产的一部分。18 世纪下半叶，这个家族的两代人，罗兰爵士和理查德爵士营建这个园林。

　　这处希尔家族的地产总共达 4000 公顷，其间有一处非常独特的风景，四座险峻、突兀的山岗围起一片绿色谷地草场。体量最大的是 L 形的泰拉斯山，长边南北向伸延，北端的岩洞山同它隔着一

图 11-76　霍克斯通园平面

条裂隙。在它们西面有北部的红城堡山和南面的爱丽舍山（图 11-76）。这些山的名字或许是在造园过程中起的，红城堡山则以一座已成废墟的中世纪城堡而得名。两代希尔以它们为基础构建的风景环境达 140 公顷左右，在山岗、谷地的自然风光中精心创造的路径、景点具有多种景观特征，但最鲜明的特色来自给人崇高感的恢宏、险峻和野性。在 1783 年前一段不很清楚的年代，罗兰·希尔初步完成了岩洞山上的岩洞和泰拉斯山的小径。1783 年后，理查德·希尔进一步完善它们，并加入了新的景观。

这些山岗有许多红砂岩突起和悬崖，特别是泰拉斯山和岩洞山，岩石间又有树冠高举的高大树木和密集的灌木丛，构成一幅壮美的景象（图 11-77）。

泰拉斯山是这处景观的统治者，长近 5 千米，山脊高处达 200 余米。其艺术加工主要是南北向的山顶路径（图 11-78）。一条崎岖的小径时而跃上山脊，时而迂回到悬崖下。有时是在岩石中开凿的，又窄又险地向上攀去，引向蓝天下的山顶；有时弯入密集的树丛，在灌木垂地的枝叶或苍古巨木的阴影屏蔽间穿行，不知所终。同这类景观相对的，是不时出现的岩石或树木枝叶间豁口，人们可驻足观看远方的景色，包括北方遥远天际下的群山，西北近处红城堡山的中世纪遗迹，以及地势和缓、一派祥和的山间谷地草场。在泰拉斯山脊上，理查德还为第一位新教徒伦敦市长，自己 16 世纪一位也叫罗兰的祖先建造了高 30 来米，顶部立着雕像的纪念碑。

图 11-77　霍克斯通园泰拉斯山

图 11-78　霍克斯通园泰拉斯山小径

在泰拉斯山的东南山脚下是塔幽谷。这里有理查德的父亲罗兰时期建造的塔和理查德在塔下营建的洞窟。由山上而来的小径引向越来越有封闭感的深邃丛林，直到立着石瓶瓮洞口前。

泰拉斯山北的岩洞山相对小得多，但具有极富魅力的自然景观和艺术加工，甚至是比泰拉斯山更重要的游览目标。从远处看，它上面覆盖着高大的杉树，隐约显露出下面的岩石(图 11-79)。建于山顶的废墟般哥特式拱门对着自西面攀上的小路，而从泰拉斯山到这里的路上，要经过一处"瑞士桥"。它惊险地跨越一道山间裂隙，用粗糙的橡木造就，像是史前时代留下的(图 11-80)。岩洞山最迷人的环境即是它的岩洞，狭窄的通道把人引入巨大的地下"厅堂"，洞壁曲折，各种形状的洞窗从一侧引入天光，中间又立着许多粗大的石柱，斑驳的光影和空间虚实交织，使它好像一座迷宫(图 11-81)。出洞可经过数条隧道，行进过程往往越来越暗，直到一点光亮把人引到蓝天下。可洞口往往就在悬崖边，从黑暗中出来，刚看到舒展的谷地和远方的山岗、云天，就会意外发现近前惊险的岩石跌下百余米。美和险更紧密地交织在一起。

图 11-79　霍克斯通园岩洞山

图 11-80　霍克斯通园瑞士桥

图 11-81　霍克斯通园岩洞山岩洞

图 11-82 霍克斯通园从岩洞山看红城堡山历史图景

红城堡山矮得多，只有不到百米，但有非常引人注目的古城堡废墟。它的塔楼、墙面上布满攀爬植物和苔藓，墙基就是山上的岩石，雉堞被树木半掩住，充满苍凉的历史感。为了更清晰的远观效果，理查德清除了遮挡它的部分树木（图11-82）。爱丽舍山形象比较平和，较矮的山坡布满美丽的草木，被用古希腊的乐土来命名。

18世纪英国自然风景园大都以水为最重要的景观元素之一，而自然造就的霍克斯通风景唯一的遗憾是没有水景。为此地段北部的一条小溪就成了竭力要利用的对象。1784年，在布朗之后的著名造园理水专家厄麦斯被请来，通过筑坝、掘河、围堤形成了环绕霍克斯通园区北部的河流。由于它相对不长但很宽，更像一个狭窄的湖泊，大大充实了园林风景，并且形成了园区入口到山岗之间的另一景观区域。

在地段西端的园林入口，人工河的起点附近，主人营建了一座旅店，招待大量慕名而来的游人。经这里入园穿过树丛小径，可先看到取自荷兰风景画的河边景观，对岸有草场上的风车，近处有荷兰乡村房屋，伴着喷泉雕像被称为海神的狂想。附近还有一个亲切的小花卉园，据说是献给海神之妻的。

由这里向东至红城堡山的路上，有取自英国著名航海家库克船长航海日志的"塔西提场景"。树丛间的空地上铺着沙子和卵石，放着独木舟，小屋用树枝和芦苇建造，墙面是粗糙的席子。这处南太平洋的塔西提风光既是游赏环境，又起普及知识作用。越过红城堡山及后面的谷地，另一处位于丛林中但给人全然不同感受的小景点在岩洞山和泰拉斯山的裂隙以东。穿行于密集树丛中的小径引向一个林间隐居所，茅草房处在乔木枝叶和灌木、蕨类交织的环境中，当时还不时有雇来表演或真想在此住一段的隐居者。❶

11.10　园林特征归纳分析

经历了长时期的几何传统，英国18世纪园林艺术走向自然，称为自然风景式。一眼就可看到的基本特征，是园林环境维持了宛如天成的形象，如：不再依据对称、直线和圆弧来规划，把坡地改造成规整的台地；不再用水渠、水阶梯，或方圆水池制约水；不再把植物修剪成几何体，或按花床图案来布置它们。一些更具体的特征也在前面阐释过，比如：以独特的哈哈沟造就内外的联系；展现阿卡狄亚、农庄、牧野、荒蛮或乡居自然的几种园林环境类型；借鉴风景画、利用地形和植物带来的视觉效果；各种装点性建筑、废墟、岩洞和异国景观小品，及其进一步丰富的环境意蕴，等等。不必再冗赘重复。再有一些审美、行为和空间组织等方面的特征归纳分析，通过与中国园林的

---

❶　霍克斯通园主要内容参见 Andrea Wulf and Emma Gieben-Gamal. THIS OTHER EDEN Seven Great Gardens and Three Hundred Years of English History [M]. London：Little Brown, 2005, Chapter4.

对比来看可能更清晰。

11.10.1　写意与写实

英国自然风景园和中国园林最基本的审美对象都包含自然山水。而就审美意象和园林艺术景观来看，中国园林突出写意，英国更重写实。这与东西方的自然美意识和风景画的差异很类似。

无论早晚，人类欣赏自然的情感总是相通的。不过，中国天人合一的传统，使自然美同人类价值观有了紧密的联系。中国的比德自然、寄情山水很容易把自然事物拟人化，山的耸峙、水的流动，以及梅兰竹菊等植物特性常比征人的品性。在一个小小的空间中，一块奇石配以几棵青竹，常是刻意的艺术处理，但对人的心灵来讲，自然美表现得很充分。中国山水画也多数是写意的。这当然同技法有关，但技法又反映审美。中国山水画的各种笔法，形象夸张、晕染层次、留白虚无，在似真非真中突出实体的丰富多变、空间的深邃缥缈，多展现自然的气韵。18世纪英国人所欣赏的自然美主要还是一个外在于人的世界。自然世界的形象引起情感的各种波动，如沙夫茨伯里的"扣人心弦"，伯克的"崇高"。艾迪生的"想象"、"比拟"也主要是由一事物到他事物。英国人借鉴的欧洲风景画多表达直接的视觉真实，笔触、色彩更接近自然事物的肌理，构图、透视反映理想但真实视角下的自然。画面展示的风景中有作者想象力，但主要集中于各种形象的关系，使富于真实感的视像更完美。

除了一些大型园林的真山真水成分外，中国园林所"隐藏"的人为艺术实际上非常突出。山石水木造型和关系小中见大，有更深更广的人文象征性，或意指自然造物的万千气像。中国园林的艺术美不是实际自然环境的真实，这几乎可同欧洲的几何式类比，都是对自然的高度抽象，只是方向截然相反。英国自然风景园的自然真实感很强。布朗的园林自不必说，英国人自己就认为它太像直白的乡村牧野。其他园林的美来自更多的环境变化，有浓荫的坡岗、幽深的谷地和起伏的草皮，宽广的湖面、蜿蜒的溪水和参差跌落的瀑布，树木枝干高耸或密叶垂地，不时还配上外面的村庄、远方的山峦。斯托海德那样的园林，在环幕般的视野中容纳自然湖水、岸坡的形态起伏、空间进退。李骚斯那样的园林，以串联和并置把各种自然的、田园的环境集中在一起，让人们在自己的田庄上享受多样化的自然环境，看到各种可能的画面。即使在肯特的罗沙姆园，维纳斯溪谷形成象征古代的对称画面，在水景建构和雕像之外，也给人地形的真实感。

在人类艺术中，写意与写实不是高低之分，而是取向之别。中国园林带来很多现实以外的遐想，英国园林让人期盼自己生活的真实世界随处都能这样。

11.10.2　历史与现实

中英园林都富于人文精神的体现。除了对自然美的欣赏本身即有其各种人文蕴含外，人文精神还常显示为联系历史。许多中国园林景观同古代故事相连，表达对传说环境、先贤精神的崇尚。如水中设岛与海上仙山的神话、曲水流觞和古代修禊中的文人自娱，景观提名非常讲求历史典故，等等。不过，这类联系往往以现实的景观面貌出现。自然美中显示历史时间的环境意义并非很突出。一片松林可以很苍古，但不一定意味着一个特定的历史环境，园林建筑并未刻意仿古，即使有古人雕像也置于当代的祠庙中。

在英国园林中，古代精神或典故常通过刻意设计的环境、明显的建筑形式、人物雕像来实现。

文艺复兴传统使 18 世纪欧洲建筑以延续古典形式为主，浪漫主义让中世纪风格一度流行，英国园林建筑的历史风格也因此具有现实性，但在艺术表现中，建筑形象明显是有选择的。阿尔卡狄亚应该是竖向起伏柔和、平面围合完整、树木水面草皮带来宁静绿色环境的，其中的古典建筑和雕像联系古代诸神和圣哲；英国的乡村应该是环境组织散漫一些、开阔一些，伴着灌木的曲径穿过田园，可以看到悠然的牛羊的，中世纪建筑用来表现民族的历史和自豪。

中国建筑环境常有寺庙的园林化。传说中的菩萨、神仙道场和高僧寺观，以及为先贤建立的祠庙，经常有天然和人为结合的园林环境。英国人则愿意在庄园地产的园林中特意仿造诸神和古人的环境，犹如文学、戏剧中的历史情节再现一样。水仙幽居处、古代修士的隐居所、设计成各时代废墟的建筑，概括或具体表达了传说和实际的历史。它们往往结合环境的变化，处于特定的园区局部，如平野上的密林中、狭谷里的溪流旁，等等。

废墟是英国自然风景园特有的景观。前文曾经提到，吉尔平批判把废墟放在平整草皮上，这进一步把表达时间的历史建筑同自然环境的时间意义联系到一起。当展示自然风景荒蛮一面的园林艺术同废墟结合，历史感就更明显地突出在了现实的园林中。

11.10.3　居与游

中英园林中都有许多建筑，而狭义的住宅，无论是中国的庭院组合还是英国的大型单体，多数相对独立于园林环境。不过，中国园林讲求"可居、可游"，不仅供人游赏于艺术山水中，还是园主家族日常生活的场所。在中国文化传统中，反映"礼法"的宅邸、衙署、宫廷、寺庙形成相对固定的形式。园林作为它们的"别院"和"乐"的体现，在亭榭廊桥之外，还有大量厅、堂、屋、斋、馆、轩、阁、楼，甚至纳入真正的寺观，以及大型皇家园林的"宫殿区"，等等。它们丰富的空间、造型和交互关系同山水艺术结合，共同构成美的景观，也满足居住、读书、会客、宴饮、珍藏、宗教等活动，以至处理家政国务等需要。以更丰富的建筑形式与功能类型，中国园林把游赏和居住以至更多的行为随时融为一体，把观赏性与实用性随地合于一身。与此相关，园林内部经常出现虚实分隔多样的大、小庭院，成为一个个特定生活场所。在当代中国作为公园的古代园林失去了居住功能，但游赏仍然联系于对过去生活环境的感受。

在把整个园林化地产视为一个整体的情况下，英国自然风景园也是居、游一体的，本身就是一种刻意追求的乡居环境。18 世纪以前，传统的几何式园林在轴线上与宅邸配合；彻底的自然式园林改变了这种关系，住宅常位于园林边缘，或位于园林之内。然而，居住建筑自身的完整集中，使它同外面的大面积园林分开了。在住宅以外的园林里，人们主要是到风景环境中游赏，其中的建筑往往只是景观的装点。包括异国风情在内，多种风格的建筑装点环境，在整体或局部场所中丰富了园林的寓意。神庙、教堂、隐居所，甚至中国屋之类的建筑也反映各种功能，但实际意义是与特定功能相关的表现，内部空间也多用于游赏，而不是其他功能的使用。在装点性建筑，特别是园亭内外歇息、茶饮，是游赏活动的一部分。人们可以从园林主人的宅邸中出来，游赏带有各种装点性建筑的园林，但像斯陀园友谊之庙那样离开宅邸在园中留客的建筑很少见。

11.10.4　融合与分离

无论从山水植被环境自身，还是建筑与周围空间的关系，中国园林多体现了一种分离中的融合，融合中的分离。英国园林给人比较强的感觉，则是园林环境自身更多体现着一种空间的融合，而建筑空间往往是同前者分离的。

中国的大型自然山水园往往有明显的分区，典型的如清代避暑山庄的山区、湖区、草原区等，相关建筑也适应特定环境的游赏，或在各区域以其功能来规定和提示不同的活动，许多时候还形成人为艺术感更强的园中园，具有自己的景观个性。小型园林则以墙门、廊、假山甚至不大的水体来分区。王致诚等人对中国圆明园的描述也特别注意到了这个集合式园林的各种区域变化。与此同时，这一分区又呈现了很强的融合感。各区域可通过敞廊、漏窗等相互"借景"，在视线上把不同区域或园中园的内外连在一起；一些园林有特别强化其意义的场所，尤其是在园区高点，可以联系这里的场所意义概览全园景观；更重要的，还是山水地形与植被的自然起承转合。山体、水体、林木的分隔，实际是自然整体的多样化，特意的路径、视线，甚至包括突然变化的惊奇，在自然式园林中仍使整个园林成为一体。

英国园林的环境融合，在后两个方面同中国园林很相似。在以曲线路径联系，建筑不是形成干扰而是装点的园林环境中，各种环境和景观是坡谷、水木和草场一体中的区域变化。无论是罗沙姆园以一条线穿起、向两侧看的视廊，斯托海德园的全景，李骚斯园的线性路径环境景观和扩展成面的远景，都有其自然的整体性。斯陀园的不同园区体现了历史的进程，最终的改造也使它们融为一体。

中国园林环境和空间既融合又分离的现象，也体现在园林建筑与环境的关系中。小尺度、通透，又以多种方式相互间联系的建筑，有室内和进一步围起来的庭院，同时又维持内外空间的一体感。爬山廊跃升叠岩、半边亭背倚粉壁，榭依水畔、楼窗望云，山崖下一间小筑盖半坡瓦，湖池前数进斋馆盖勾连搭。园林建筑的形体与空间变化同多姿的环境融为一体，不仅是山水的点缀者，也常是与山水同等重要的一体环境构成者。

英国园林建筑有自身完备的造型。古典建筑的柱列、穹顶，中世纪建筑的高塔、雕镂各有自我的造型目标，多数不构成密切相关、难以区隔的内与外，也非刻意以建筑手段造就环境空间、造型和质感上的更丰富关系。它们明显是一种特别的添加，在标示特定的环境意义的同时，以独立的造型为自然环境增加情趣。当然，从另一种角度看，英国园林中的装点性建筑也有增强园林环境一体化的作用，体现在某些环境变化、自然景观转折处。建筑的点缀能把周边各种风景更紧密地聚合在一起。

第 12 章　18 世纪至 19 世纪末以前的欧美园林概况

18 世纪到 19 世纪是西方历史发生巨变的时期。发生于 17 世纪的英国资产阶级革命促进了欧洲更广泛的变革。特别是 18 世纪下半叶以来，启蒙运动、法国大革命激发的普遍革命与改革浪潮逐步在欧洲扩散；工业革命改变了生产、生活方式与城市的面貌，也产生了大规模机器生产、大公司运作，以及大量社会新机构条件下的城市工人阶级和中等收入者。曾是英国殖民地的美国，在社会、经济、文化上也很快站到了这些巨变的前列。

由于传统的顽强作用，除了极强的外来刺激外，文化艺术的剧烈变革一般会晚于经济、政治领域。在园林艺术中，如果刻意要用"近现代式样"这样一种术语，这种式样还要等到 19 世纪末以后才会逐步到来。不过，虽然在形式领域还未出现根本的突破，同以往不同的一些现象已经在艺术传统及其与社会变革交织中出现了。

12.1　传统园林风格的多样化、折中化

18 世纪的英国自然风景园，是欧洲古代园林艺术沿革接近现代时期，甚至是在时间上迈进近代的最后一次重要变革。17 世纪后期到 19 世纪，法国和英国园林先后风行欧洲各国。在这之外，从人为形式的角度看，除了自然适应某些社会条件和需要的现象外，直至 19 世纪末的园林艺术主要呈现了各种风格的折中(汇集)状态。几乎与英国自然风景园同时出现的所谓洛可可(经常被称为中国风)园林艺术，也未像英国那样带来给人印象深刻的完整园林艺术特征，而是渗透在已有的艺术框架内。

国内园林史书对这一时期各国园林的介绍，多从法国古典园林和英国自然风景园的流行情况出发。借鉴英法的各国园林，在艺术法则上同其蓝本没有根本的区别，但国情和自然环境，以及某些具体情趣追求会产生一些差异。在园林艺术发展脉络上，可以把这类差异看作一般和个别、普遍性与特殊性的关系。即使是勒诺特本人的园林，也可看到丢勒里园和凡尔赛宫园林的不同；英国园林的差异更大，在共同的自然式原则下，许多园林明显反映了特殊的景观追求。

到各国同类园林中去寻找差异，并在基本框架下梳理出国家与地区特征，以及这些特征在形式方面的意义，特别是它们是否在某些国家与地区内具有一般性，是一项需要很长时间的细致工作。因此，在英国自然风景园之后，本书从园林艺术发展梗概的角度介绍洛可可艺术对园林的影响，以及 18 世纪下半叶以来欧洲园林的多样、折中(汇集)化情况。

12.1.1　洛可可与英中式园林

洛可可是继巴洛克和古典主义之后，从法国某些艺术领域兴起的又一种欧洲艺术风格，伴随着 18 世纪广泛流行的中国风传到各国，并在西班牙和德国比较突出。随之而来，也出现了所谓洛可可式的园林艺术。在多数时候，洛可可园林艺术并不像英国自然风景园那样带来全然新颖的整体园林

环境，而渗透在 18 世纪到 19 世纪的多样化园林共存之中。

回顾巴洛克，这种艺术在园林中有两方面的体现，一种是建筑、雕塑和植物造型，以及花床图案方面的，一种是园林布局和整体景观方面的。前者在形式多变中透着热烈、奔放，后者则反映了壮阔、宏大的气魄。这种艺术同法国君权盛期的意识形态结合在一起，促成了一些时候也被称为巴洛克风格的法国古典园林，在路易十四统治的 17 世纪下半叶，达到以勒诺特及其凡尔赛园林设计的高峰。

1715 年路易十四去世后，法国的君主集权走向衰落，在绝对君权与 18 世纪中后期的启蒙运动、资产阶级大革命这两个激情时代之间，出现了一个社会上层文化艺术的矫饰、轻佻阶段。贵族中的高尚忠君爱国精神让位于享乐，沉醉于轻松自在、柔曼迷醉的生活。严肃清晰的理性、雄壮豪放的激情不再是这些人的追求，相反，他们更渴望沁心于暧昧的、女性化的情感中。在许多建筑外观仍然维持着古典的，或巴洛克形式的时候，更多注意力被放到了室内装饰上。前一阶段园林艺术所展现的广远、壮观视野也随之被暮色笼罩，人们更看重近景环境，喜欢身处于小巧、亲切，又充满妙趣的园林中。洛可可艺术就是这一时期文化的标志性体现。

洛可可艺术逐步形成于 17 世纪最后十年，此时，路易十四的雄心已大受挫折，但他仍然竭力抑制艺术中这种令人精神懈怠的倾向。到 18 世纪上半叶路易十五时期的法国，宫廷和贵族生活的许多领域就到处弥漫着洛可可艺术了，古典主义的凡尔赛建筑内部也随处可见洛可可装饰，园林中的林间小景其实也有反映洛可可艺术的，如"舞厅"等。由此到 19 世纪初的欧洲，既有法国洛可可艺术的实际传播，也有一些国家出现的相似艺术手法被当作洛可可的一部分。洛可可的最重要特征，是在装饰艺术中模仿自然美的柔和、细腻之处，并使其图形弥漫在整个装饰对象中。在 18 世纪，巴洛克艺术仍然流行，它喜欢采用的卷草形式也逐渐细腻，有时同洛可可很难分开，或者直接向洛可可转移了。

洛可可这一风格术语的词源不是很明确，但很可能来自法语的"岩石"、"贝壳"，❶ 由"岩石工艺"和"贝壳工艺"引申而来，尤以贝壳的意义最强。成为一种流行装饰艺术风格后，在建筑室内墙面，以及家具、生活器皿、帘罩之类染织品等方面，体现得最为明显。

在装饰艺术中，小巧的贝壳(或贝壳形、椭圆形图案)、花朵和卷曲草茎是洛可可常用的母题，柔和、纤巧，突出细小、密集的曲线趣味。典型图案常以贝壳类椭圆为核心，也常见这些形状的镜子、画框，环以卷曲的繁复花叶枝蔓。其色泽粉嫩，线条轻快、飘逸，即使有时以深色为底，也给人轻松舒适的感觉。采用洛可可曲线雕琢、装饰的小型器具、染织品很精美，但当这种装饰充斥一个环境整体，如布满整个建筑内墙面时，则显得过于浮华，并有些俗媚(图 12-1)。

图 12-1　凡尔赛宫内的洛可可装饰

洛可可深受中国艺术的影响，甚至可以说，"洛可可风格直

❶　参见第 322 页注❷。11 章，11.9.1 蒲柏在退肯汉姆的园林的页注。

接得自中国，这在一定程度上是美术史家公认的"。❶ 17 世纪下半叶以来，中国的绘画、工艺品和实用艺术品越来越多输入欧洲，深受人们的喜爱。丝绸、瓷器、漆器、家具、画屏图案激发了丰富的想象，相关挑丝、雕刻、镶嵌手法影响了装饰工艺。在中国文化艺术热中，一些洛可可格调的家具和墙面装饰，还直接采用了中国的镶嵌画，多是"小桥流水人家"的乡村生活和风景。

绘画中的洛可可艺术最常描绘的是柔情主题，特别是男女情爱和女性美。除了显示贵族生活场景外，古代神话中的此类故事也很突出，画面强调近景的人物和自然，色彩、光影则呈现柔和迷离的效果。

在园林艺术中，很难把洛可可联系于一种明确的整体布局形式，只能从几个方面来看它在园林艺术中的体现。

就像巴洛克园林的壮阔轴线并非完全对应于其建筑对古典规则的变异一样，洛可可园林艺术也不是其装饰形式的直接翻版。很难想象园林环境能达到洛可可装饰那种浮华的繁琐程度，在追求小巧亲昵的气氛时，洛可可中有时透着一定程度的典雅或自然感。另外，18 世纪是一个园林艺术多样化的时代，几何式的传统仍在延续，中国和东方艺术在丰富欧洲人的情趣，英国自然风景园在传播。这些情况都反映在了洛可可园林艺术中。

虽然在装饰艺术中以细碎曲线为标志，洛可可园林艺术并非意味着全然反叛 16 至 17 世纪的园林法则，而是突出了小范围、小尺度场所的价值，以此使园林环境显得更轻松。作为法国古典园林的一种柔和化，一些园林在延续几何特征中呈现了洛可可情趣。法国古典园林除了宏大的轴线景观外，还有许多林间小景，在树丛的围合中造就各具特色的隐秘局部环境。洛可可艺术风行期的园林强化了它们作为"绿色房间"的价值，愿意突出绿树围合中的一个个小小情趣场所。

这种情况下的园林布局仍然可以是方形或矩形的，突出中轴园路，使园景对称。但是，园林核心区避免像以前的花床布置那样相对开阔，更不是宽阔的林荫大道和大水渠。它们常是密集树丛中一处可让人停留，并忽略外部的地方。此处有结合雕像的喷泉水池或小品建筑，装饰细节带有洛可可图形；或以花床来组织的小面积植物景观，造型多见流畅的曲线。配合矮墙、坐凳，迎合幽秘场所中轻松倾谈、嬉戏的需要。这使蒲柏的退肯汉姆园林很有理由被视为洛可可式的，尤其是贝壳神庙和周围场景(参见图 11-51)。

此类园林中的树木，在依据基本几何平面来种植的同时，可以保留自然形态，也可以作各种各样的修剪，但都注意富于想象力的奇妙环境感。洛可可植物修剪造型的形象很难同手法主义和巴洛克分开(自小普林尼书信中的园林描绘被文艺复兴特别是手法主义再现以来，欧洲各国园林都有奇特的植物造型情况。在把握历史上的园林艺术方面，与其把它们联系于同时间、国家相关的各种历史风格，不如归入一种情趣和形式类型)，但它们的尺度和关系常用来配合比法国古典园林林间小景要小的"绿色房间"，形成更适应私密友人的场所，可以看作比较明确的特点(图 12-2)。

与此相关的，是较小范围内的园林景观多变。无论在视线上和实际游赏中，都会很快从一处到另一处，各局部环境之间相互有别，以突变打破平面几何图形与环境的连续性，不像以前的几何式园林追求那样，突出一个在主要轴线视点上的深远景观序列。在欣赏泰晤士河的远景后，退肯汉姆园要通过装饰了贝壳的岩洞进入，在贝壳神庙与格调不同的下一步几何景观间，又加入"高丘"遮挡，也可被视为洛可可式的。

---

❶ 赫德逊，《欧洲与中国》，王遵仲等译，北京：中华书局，1995。第 247 页，原译文为罗珂珂。

图 12-2　赖伯润特园迷园中的小空间及门状植物修剪

　　在这些方面，西班牙巴塞罗那北部边缘的赖伯润特园也是一个较清晰的例子。这个始建于 1791 年，到 19 世纪上半叶还不断添建的园林，建筑中轴线上的环境明显具有几何布局下的洛可可特征。周围的景观环境则更加多样化，有中国式小品，也有受英国影响的自然式风景环境❶(图 12-3～图 12-5)。

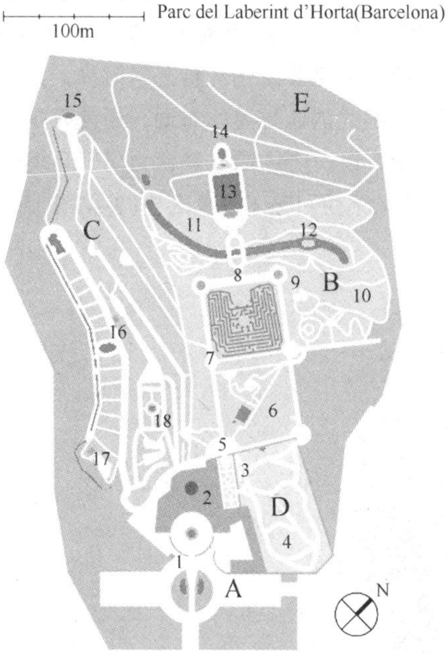

图 12-3　赖伯润特园平面

A—公共园区；B—新古典园区；C—浪漫园区；

D—黄杨与家庭园区；E—林木区；8—有平

台接下面的迷园；18—曾为一东方式园地

图 12-4　赖伯润特园平台上的花床

小环境，更远处是迷园

---

　　❶　参见张祖刚，《世界园林发展概论——走向自然的世界园林史图说》，北京，中国建筑工业出版社，2003，第 202～203 页。

图 12-5　赖伯润特园中国式门

1748 年建于波茨坦的无忧宫及其正面园林，整体布局有很强的意大利台地别墅园林感。但这处为自在消闲而建的宫殿，依当时普鲁士王国腓特烈大王的意趣采用了洛可可风格（洛可可装饰在德国建筑外立面上也体现较强），相对较小的台地园处理，则适应了建筑主宰下的洛可可环境气氛。南向山坡的葡萄园被改成层层不宽的弧线台体，仍然种植葡萄。台地上的树木间隔带来一处处小环境，各层挡土墙还均匀布置了一百多个壁龛，设置了时髦的玻璃门，给人洛可可细腻的图形变化感（图 12-6）。在无忧宫更大的林苑范围内，还有洛可可装饰风格的凉亭，以及中国式的小品建筑（图 12-7，图 12-8）。

像蒲柏园林中的贝壳神庙一样，洛可可园林艺术也常以一些奇特的小品建筑为标志。在法国，对这类建筑也有可译为"活宝"的称谓，与英国人对时代风格以外的另类园林建筑及废墟的称呼一样。❶ 两国的用语很可能有先后影响。

关于中国园林对欧洲的影响，本书主要放在了英国自然风景园一章。除了这种园林的形式接受了中国启迪外，中国艺术在 18 世纪欧洲装饰艺术领域的广泛影响，以及洛可可同中国艺术的关联，使中国风与洛可可经常是可替换的艺术称谓。中国风在欧洲园林中主要泛指一种艺术时尚，具体多反映在局部园林景观。在可冠以中国风的园林中，并非都有中国式的园林整体布局，经常只是中国式建筑及其近处配景的应用。联系于对小尺度亲切环境的追求，以一个中国式亭台为局部环境的核心，有时甚至是在几何式"绿色房间"中的，也可以是园林中的洛可可艺术现象之一（参见图 11-9）。

图 12-6　无忧宫与台地葡萄园

---

❶　法语 Folie，同英语的 follies 相似，本义为某种精神发狂、狂热。当代一些园林、公园中组织点景的奇特小品也被称为 Folie，例如巴黎拉维莱特公园（La Villette）内的红色建筑小品。

图 12-7　无忧宫园林洛可可亭　　　　　　图 12-8　无忧宫园林中国亭

18 世纪欧洲园林中的中国风建筑，有的形式相当准确，但更多具有夸张、臆想，编造求奇的特点。中国热使欧洲许多国家的园林都有中国式装饰建筑、桥梁，以及局部与之相配的岩石、水塘小景，但多数实际造园和建筑设计者没有中国建筑的直接经验，贵族和公众更没有准确的知识。建筑师若想涉猎中国宝塔、中国人和中国风景等等，他们可以不必担心出手不当，或违背某种规则。一旦有了这种自由，中国风就同洛可可精神结合起来，而洛可可的图案也就常常同对中国式装饰进行胡思乱想的杜撰结合起来。即使是钱伯斯说他在设计时手头有权威性的中国建筑模型，但细节也是凭空想象的。塔上弯曲的塔顶、镀金的顶尖、奔腾的飞龙和精致的廊台，都从洛可可风格那里受惠不少。❶

洛可可园林艺术并不一定意味着非几何式，然而，联系于其细腻的曲线装饰图案，并伴着 18 世纪英国自然风景园的广泛传播，洛可可这一艺术名称同园林平面中的某些自由曲线，以及英中式园林也混杂在了一起。

据现有的资料看，并未见英国自然风景园的初步推进者蒲柏推崇洛可可，但他的退肯汉姆园却常被当成洛可可式的，包括不大尺度内的环境多变、独特的园林建筑、贝壳与碎玻璃装饰的岩洞，以及轴线外的曲线小径、林间小环境。这里面有时间上的巧合与人们对艺术手法的归类。除了蒲柏的园林外，英国自然风景园中其他小规模的林中曲线小径，用贝壳装饰的岩洞，异国风情的园林装饰建筑，当具有亲密、奇妙而不是乡野的环境感时，也经常被后来的评论者当作洛可可式的，例如斯托海德园的一些特征。在欧洲其他国家伴着中国风效法英国时，一些园林环境既不同于以前的几何式，也不同于英国园林给人印象最深的肯特式轴线底景、布朗式广阔环幕，具有较多的环境曲回、景观遮挡之类变化，包括中国亭台的建筑也比较多。这类园林常被称为英中式园林，同时也被视为洛可可艺术的一部分。

无论当时或多年以后，对于英国园林影响下的欧洲其他国家园林，都有英式园林和英中式园林

❶　参见马德琳·梅因斯通、罗兰·梅因斯通、斯蒂芬·琼斯著，钱乘旦、罗通秀译，《剑桥艺术史(2)》，北京：中国青年出版社，1994 年，第 242～243 页。

图 12-9　小特里阿农宫在
凡尔赛园林中的位置

两种称谓。这两种称谓通常没有什么要区分差别的特殊意思，但如果出于比较细致的形式分析，是可以对它们加以区别的。英式园林多有大面积铺开的树木、草皮、缓坡、湖面风景，点缀性的建筑物在其中显得比较稀疏；英中式园林可以有更多环境变化，大量弯曲的小道、水流穿插其中，带来富于亲切感的小区域景观，并时常有较多富于奇妙生活气息的、小尺度建筑，同周围环境密切结合。

1774 年法王路易十六即位，其王后非常喜欢英国自然风景园的新时尚，凡尔赛宫园林中的阿波罗泉池就是路易十六时期出现的。同一时期，路易十六把凡尔赛园区一隅的小特里阿农宫赐予王后。这个完成于 1768 年的建筑具有严谨的古典风格，但"从精神上说，仍然是洛可可的。它小小的，远离豪华壮丽的凡尔赛和大特里阿农，静静地隐在偏僻的密林中，与大自然亲近，只求安逸、典雅而不求气派"❶（图 12-9）。

在较小的尺度上，小特里阿农宫周围园林延续了几何花床，但在宫殿北部，1776 年左右形成了自然式的园区，最北端是一片以湖面、树丛和茅草顶村舍为主要景观的园林。多间村舍形体多样、灵活布局，隐在高大的树木中，并在建筑之间形成活泼、亲密的外部空间。园区湖岸蜿蜒、小河曲回，水面倒映着轻松的园景。王后和侍从常在这里模仿乡村生活。虽然小特里阿农园林的村舍建筑是荷兰式的，但从园林环境上可以把它看作英中式园林里最中国式的（图 12-10，图 12-11）。

图 12-10　小特里阿农宫园区，
左下为小特里阿农宫与几何式园林，右上角为荷兰式村庄

❶　陈志华，《外国古代建筑史》，北京：中国建筑工业出版社，第三版，2004，第 207 页。

图 12-11　小特里阿农宫英中式园林

总的来看，洛可可园林似乎不能同意大利文艺复兴园林、巴洛克和法国古典园林，以及英国自然风景园等相提并论。它体现了柔情和奇趣向当时各类园林艺术中的渗透，包括英国自然风景园，并时常联系于中国风和其他异国风情。

随着启蒙运动的兴起，文化艺术中出现了更能代表新时代理性精神的新古典主义，洛可可因多反映旧贵族没落期的情趣而受到批判，它的繁琐装饰艺术在 18 世纪后期基本退出了历史舞台。但洛可可园林艺术可适应现实生活的成分，如轻松、小巧的环境，联系其他民族的景观情趣，像历史上各种园林可资借鉴的因素一样，进入 19 世纪甚至 20 世纪后仍然反映在许多园林中。

12.1.2　18 世纪下半叶与 19 世纪的传统园林风格多样、折中化

从 15 世纪到 18 世纪，欧洲流行园林艺术先后出现了意大利、法国和英国三个主要源头，相关审美意象和造园手法广泛传播，由几何式的逐步完善、辉煌一度转向崇尚非几何式，进而，各种形式的园林到 18 世纪末以后都成为可接受、欣赏的，各种手法也成为可综合应用的。

自英国资产阶级革命和工业革命以来，欧洲各国的资本主义和工业化进程先于世界其他地区，多从 18 世纪末到 19 世纪末陆续完成，把人类文明带入了近现代范畴。不过，自这个进程开始以来，文化艺术领域中的历史传承，包括较近期间形成的传统仍然延续。除了一般意义上适应近现代社会生活、观念和科学氛围的一些现象外，园林形式的变化，更多还等待着 19 世纪末开始的激进文化艺术变革，以及 20 世纪现代城市空间带来的冲击。在整个欧洲范围内，近代门槛上的园林呈现了各种传统艺术风格共存的多样化。特别是 19 世纪，传统园林艺术显示为一种折中(汇集)的面貌，就像同一时期建筑中既有针对使用性质采取不同历史风格的，又有各种历史风格杂合于同一建筑一样。习惯上用于形容这种 19 世纪建筑文化的折中主义一词，有"同时汇集"之类意思。

古代罗马的扩张，中世纪之初的民族迁徙，以及基督教的传播和拉丁语在学术界的普遍应用，

使欧洲各国形成了近似的传统。除了一些专史，园林著作在介绍欧洲中世纪时多不分国家，但地域性与民族性特征依然存在，并且因进一步的发展不平衡而带来以后的差异。比如，西班牙曾受伊斯兰教民族的影响，15世纪后又匆匆补足基督教传统；南欧的意大利和北欧的荷兰最先发展出较强的市民文化，但经济和自然地理位置大不相同；意大利文艺复兴的基础是中世纪后期的城市文明，传到法国则最先体现在中世纪封建主的乡村领地；法国古典园林和英国自然风景园是在统一大国基础上产生的，而德国在借鉴它的时候还是一群封建国家；俄国曾与欧洲文化相对疏离，彼得大帝在18世纪后把西欧流行文化一股脑搬进俄国等等，难以一一枚举。文艺复兴以来，在借鉴意大利、法国和英国的园林艺术时，欧洲许多国家都有自己具体国情下的一些独特园林特征，一个国家不同地区、不同造园家也会有艺术追求的差异。

对这些复杂的历史，本书仅从发展变革的角度梳理了主线。沿着文艺复兴以来欧洲园林发展的主线，这里所说的风格多样化、折中(汇集)化主要有几种情况。

有两种情况几乎不言自明：一种是旧有的园林依然维持着，新的时尚反映在同一园林的另一些区域中。这种现象在17世纪甚至更早就已经存在，并延续下来，到18世纪后期尤为明显。如法国18世纪后期流行英国自然风景园，但除了新建和全面改造的园林外，在枫丹白露等一些园林中，时间变化造就了明显分成不同园区的环境，有最早的意大利文艺复兴式园区，中期的法式园区，以及后期的英式园区。另一种情况是各类园林几乎同时流行，这在大规模园林热出现较晚的国家比较明显。如德国和俄国，18世纪已有的主要园林风格虽有传入先后(英国自然风景园艺术的出现与传播在法国园林之后)，早一点这种形式的园林比较多，晚一点那种形式的园林比较多，但时尚性、情趣性远高于这些风格形成时期的深层文化意义。而且，当人们已经普遍认识到不同园林形式的环境价值时，可视为园林艺术迎合多样化需求的平行结果。意大利的卡塞塔宫园林也反映了这种情况，当人们营造了配合宫殿的恢宏几何式园林后，很快在旁边又造就了一个小巧的自然风景式园林。

更进一步联系于折中(汇集)的多样化情况是形式的综合。其中一种现象是在既有园林中加入另外风格的形式，也许是再现过去的一些形式，带来迎合人们某种需要的环境感受；另一种是更明显的共时杂合，或许从一个角度看某种风格强一些，换一个关注点又显示了另一种风格的特征。

在自然式园林风靡欧洲其他国家后，英国自身到19世纪却出现一定程度上向几何式，特别是意大利台地式园林回归的趋向。这与雷普顿的园林艺术引导有关，也同新古典主义理性有联系。

在关于英国自然风景园的一章提到过，英国园林所在地产上的宫殿豪宅，形式上多属于古典体系，并建于自然式园林之前。18世纪的园林改造，某种程度上使这些建筑同园林失去了环境过渡，特别是布朗的手笔，还让人抱怨一下房屋台阶就是湿漉漉的草地。到同下世纪相交之时，雷普顿强调园林与生活环境的适合，在重视乡居格调建筑与园林的同时，重新肯定了一些意大利园林手法对大型古典式宅邸的适应性。随之而来，19世纪的英国又在一些建筑前重新加上了人工的台体，中轴或其两侧布置喷泉、雕像，配以几何花床，并有醒目的栏杆和阶梯。比如伯伍德园曾是布朗改造的典型，宫殿建筑前大面积草皮缓坡点缀树木，滑向远处湖面。1860年后这里又有了同建筑紧密配合的台地园(图12-12)。

图 12-12　在布朗的宽阔草皮上又加上了几何式园林平台的伯伍德园宫殿

　　这种环境让人感觉是建筑场所的延伸，形成同自然式远景的过渡。人们可以在此凭栏远眺更远的风景，也使对大范围自然风景园的观赏具有了较强的意大利式意象。

　　19 世纪建筑中的新古典主义（又称古典复兴）复古意象，提倡较准确把握各时代建筑艺术的精髓，摆脱法国古典主义的僵化和巴洛克的放纵。古希腊、古罗马的建筑艺术在其中比较突出，但也包含意大利文艺复兴建筑。意大利文艺复兴园林的理性、平和、适度再次为人们所欣赏。在维多利亚女王时代大英帝国最盛期的 19 世纪中叶后，大型建筑附近环境园林设计，多是效仿意大利文艺复兴几何关系的。同意大利风格有较大差异的是，没有大的高差，并在花床艺术传承中更重视花卉。大量鲜花许多时候取代黄杨等，使一些园林花床的色彩更丰富，给人的感觉甚至超过图案组织本身，成了新时代几何式园林的一种时尚（图 12-13）。

图 12-13　伯伍德园宫殿几何式园林平台上的花床

　　从 17 世纪末直到 19 世纪初，国家还未统一的德国王公们在各自领地上大造其园，并长期热衷于巴洛克和法国式的壮阔，典型的如海伦豪森宫、尼姆芬堡宫、夏尔洛腾堡宫、卡尔斯路埃宫、路斯特海姆宫、无忧宫的园林，等等。（图 12-14）但是，18 世纪 20 年代洛可可情趣迅速渗入，接着是英国的自然式。18 世纪后期以来德国也出现了英国热和相应的沃利兹园、霍恩海姆园、穆斯考园等自然风景式园林，但反映这一时期园林文化同以前有别的，是不少园林成为混合风格的。

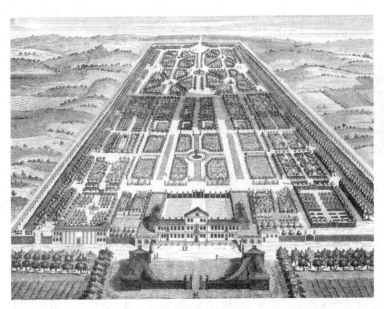

图 12-14 18 世纪版画中的海伦豪森宫园景

　　这类混合有的来自较长时间后的改造，反映主人喜好的变化。例如尼姆芬堡宫园林，18 世纪它全然是几何式的，主要部分的花床、中央大水渠、林地内的放射路径等，看上去就像维康府和凡尔赛园林结合的翻版(图 12-15)。来自 1837 年的一幅设计图显示了英国自然风景园影响下的改变。但是，新的设计并未像沃利兹园等另一些例子那样彻底。中央直线上的大水渠和林荫道，依然强调着建筑近处几何景观的延伸，并且一直留了下来(图 12-16，图 12-17)。

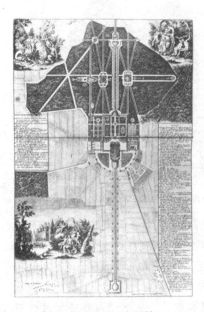

图 12-15 1772 年的
尼姆芬堡宫园林平面图

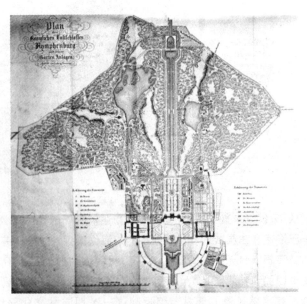

图 12-16 1837 年的尼姆芬堡宫园林平面图

图 12-17　现尼姆芬堡宫园林中轴线景观

不知 19 世纪的尼姆芬堡宫改造设计是否参照了无忧宫的大范围园林。后者是一个一气呵成的折中
(汇集)式园林典型。在洛可可的无忧宫建筑还没完成时，腓特烈大王就在它的台地园下开始了远大其
数倍的林苑设计建设。一条东西向长轴穿越无忧宫台地下方的水池，一端有方尖碑，更远的另一端形
成无忧宫组群中更大的宫殿，以及宫殿前的几何草皮花床。有意思的是，轴线的近三分之二是林荫道，
其两侧园林是英国式的林地、草皮，很像布朗风格的再现。在接近洛可可式的无忧宫处，轴线又结合了几
何式花床，以及树丛中近距离星形布局的一连串小巧路径和林间小景(图 12-18)。很遗憾，没能找到无忧
宫林苑中的中国风和洛可可小品建筑的准确位置。它们或许在自由的林地内，或许是星形布局林间小景的
一部分。19 世纪后，轴线两侧原有的英国式园区又经历了改造，更多弯曲小径进一步丰富了环境。

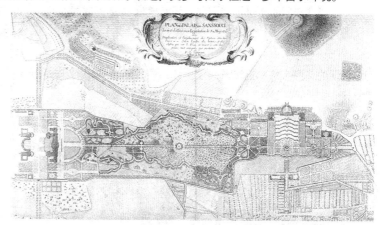

图 12-18　1772 年无忧宫大范围园林平面，轴线右端上方
为洛可可的无忧宫与台地园

从 18 世纪初到 19 世纪初逐步形成的德国威尔舒冰山园，是一个巴洛克和法国式园林轴线远景、
英国式自由平面布局交织的综合体。从宫殿到远处山顶有笔直的轴线视廊，但两边的园景却是自然
式的。顺山而下的小瀑布正对宫殿，显示了轴线的存在，但视廊本身却没有构图上的几何式元素，
湖泊水塘自然舒展，弯曲的小径穿越草皮，大小树木组团时远时近(图 12-19)。瀑布两边的岩石处
理，多数时候被认为是巴洛克式的，但也有人认为其间渗透着洛可可的影响(图 12-20)。

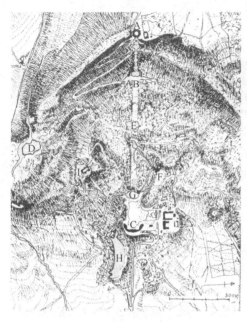

图 12-19　威尔舒冰山园平面　　　　　　　　图 12-20　威尔舒冰山园小瀑布

　　在俄罗斯，为了使国家中心更接近西方各国，彼得大帝 1703 年兴建了新都圣彼得堡，1725 年基本完成了彼得霍夫宫及园林。彼得大帝极为崇尚法国文化，在他的影响下，上流社会一度以说法语为荣。彼得霍夫宫及园林因其整体格局和气魄被誉为俄国的凡尔赛，宫殿在高坡上俯瞰海湾，轴线中央的大水渠通往海边的园林码头（图 12-21）。不过，这个宫殿建筑内外都有大量明显的洛可可细节，并在一些地方同拜占庭时期的俄罗斯风格结合（图 12-22～图 12-24）园林也是如此，主要园林空间中满眼的华彩装饰和近距离多变景致，使其情调远比 17 世纪的凡尔赛柔和得多。

图 12-21　彼得霍夫宫大水渠

图 12-22　彼得霍夫宫及其同大水渠间的台地喷泉

图 12-23　彼得霍夫宫室内中国风——洛可可装饰

图 12-24　彼得霍夫宫园林
边上的小教堂

与彼得霍夫宫同一时期形成的彼得堡夏花园，把法国的宽阔远景、巴洛克的放射线花床划分、意大利的方格花床划分糅合在了一起，并在彼得大帝去世后建造了相应的皇家夏宫（图 12-25）；战神园也有相似特征，在具有巴洛克特点的草皮、路径图案上，植物种植布局小巧精致，具有洛可可时尚感（图 12-26）。基本为法国式的园林一直到下个世纪仍然流行，然而，在崇尚法国的同时，彼得大帝也很愿接受其他时尚，他本人的夏宫建成了荷兰式的河边小楼，配以同样的小巧园林（图 12-27）。

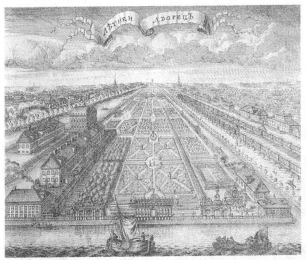

图 12-25　19 世纪的彼得堡夏花园

图 12-26　保留了 18～19 世纪风格的彼得堡战神园

图 12-27　彼得大帝 18 世纪的夏宫

　　18 世纪后期，俄国紧随欧洲许多国家的风潮，也开始流行英国式的自然风景园。圣彼得堡附近的巴甫洛夫斯克宫始建于 1781 年，随之而来的园林草坡紧接宫殿园林一面，园景具有经典的英国自然风景园特征(图 12-28，图 12-29)。在圣彼得堡最重要的地段，面对海军部 1819 年沿街建成的亚历山大园也采用了英国式的园林自由布局，但在短向有同海军部正门对应的轴线、几何喷泉等景观(图 12-30)。英国式园林同古典的、巴洛克的、洛可可的，以及俄罗斯人对自己园林艺术发展的努力共存。

图 12-28　巴甫洛夫斯克宫园景

图 12-29　巴甫洛夫斯克宫园林友谊之庙

图 12-30　海军部与亚历山大园

12.2　初步走向现代园林的发展

19 世纪的欧美，已经走入近现代社会，传统上局限为特定环境范围、属于特定人群的园林，得到各种新型绿化美化场所的补充，园林类型增加，园林服务对象扩大。19 世纪末以后，艺术领域不断出现的广泛、激进变革，建筑内外空间关系的日益丰富，城市空间的逐步立体化，更使现代社会的园林形式、园林空间呈现远比这以前更丰富的形态。

在这些变革的最初进程中，有些情况同更久远的历史和 16 世纪以来的社会、科学、人文观念发展有关，比较突出的是植物园、城市公园、国家公园的出现，以及风景建筑学的诞生。

12.2.1　植物学与植物园

自意大利文艺复兴以来，包括植物在内的博物学兴趣在欧洲持续增长，以广泛收集栽植各种植物为目标的植物园在欧洲陆续出现了。一方面，它是科学研究所需的植物种植场所，另一方面，也是公众游赏和知识普及的展示场所。

人类对植物的研究有很长的历史，中国传说中的神农尝百草表明，在有记载的历史以前，人类的祖先就出于实用目的而关注植物的分类和特性了。在欧洲古代，古希腊提奥弗拉斯特以其分类方式，奠定了到现代科学中仍有其生命力的植物学基础；由老加图等人的农业著作到大普林尼的《自然史》，从实用和更广的知识角度，古罗马人都记述了大量植物。在中世纪，对植物的关切可以体现在由查理曼大帝的法令集到克里森奇的农业著作中，宗教在关注实用之外，也从研究上帝的创造和目的论的角度延续着植物研究。相关历史成就有许多体现在了园林中，如克里森奇对园林分类及其植物种植的阐述。文艺复兴带来的精神解放，无论从审美和科学意义上，都使人们对植物的兴趣倍增，推进了更广泛植物栽植和植物学发展。

植物园的主要特色在于种植可能收集到的各种植物，特别是异地植物。就种植"从外国带回的植物"方面看，古埃及、古西亚当拥有人类最早的"植物园"；在研究的意义上，亚里士多德的莱希厄姆学园可能是最早的。据说它种植了大量植物，包括亚历山大大帝远征带回的，既用于研究和教学，也构成美的环境。历史上的菜园、香草园、草药园、果园之类实用园，也多联系于栽培、育种等方面的朴素研究实践，其中一些以其美的环境成为可以游赏的园林。

在对外交流和知识与情趣的扩展中，意大利文艺复兴的一些别墅园林就以栽种丰富的异地植物著称，如美第奇家族的卡雷吉奥别墅。专门为了研究植物的种植园也在这一时期的意大利出现了。它们往往属于从中世纪逐步发展起来的大学，在 16 世纪的比萨、帕多瓦、佛罗伦萨等许多城市都有。从这个世纪后期到 17 世纪，欧洲更多国家也相继出现了专门的植物园，如荷兰的雷登植物标本园，法国的巴黎植物园，英国的切尔西植物园、爱丁堡皇家植物园，等等。植物园很快就成为一种游赏环境，巴黎植物园 1640 年向公众开放，因其新引进的植物数量，在 17 世纪后期成为许多学者关注的对象，并且吸引了大量民众前来观赏。

一直到 19 世纪上半叶，欧洲的植物学研究多仍限于提奥弗拉斯特所奠定的分类领域，但视野更开阔了。西亚和北非洲植物早就进入欧洲人的视野，从 15 世纪后的航海大发现到 18 世纪后欧洲列强的大规模海外扩张，使远东、美洲植物也逐渐被引入欧洲，种植在植物园甚至一些私人园林中。学者得以研究更广泛地理、气候条件下的异国植物，观察其形态，进行分类。

1605 年，荷兰人克鲁苏斯出版《异国生物十书》，记述了大量东方国家的动植物，他协助创建的雷登植物标本园形成于 1587 年，是意大利以外欧洲最早的植物园之一。一个多世纪后的 1735 年，瑞典人莱纳乌斯出版《自然系统》，对更多植物加以分类，被视为那个时代最伟大的植物学家，并且也主持着一个植物园。

18 世纪的中西交流对欧洲植物学研究也有所贡献。如法国传教士汤执中同时是位植物学家，他曾在北京郊外进行植物考察，采集种子，1748 年寄回了加注的中国植物录志，被进化论的法国早期推进者拉马克等人所借鉴；另一位法国传教士韩国英有关许多中国植物的资料，发表在 1776 年后出版的多期《中国论丛》上，进一步丰富了欧洲人对植物的知识。

在广泛的植物学研究气氛下，一些园林著作也更多关切了包括异国物种在内的植物。英国人米勒 1724 年出版了一部《造园词典》，并多次再版、扩编。这本书"与其说是造园著作，不如说对植物学更重要……米勒在 18 世纪造园中的影响微不足道，但他在英国对介绍、研究植物，对其进行认知、分类的影响却是巨大的"。[1] 他 1722 年到 1771 年间主持的切尔西植物园，是 18 世纪植物种类最丰富的园林。

从 18 世纪末到 19 世纪，以最广泛建立海上霸权和海外殖民地的英国为先，美洲、南部非洲、远东，甚至太平洋岛屿上的各种植物引入猛增。[2] 拉马克在 19 世纪初提出了生物依据其生存环境自然进化的观点，阐释了早期的生态学环境意识。1859 年，英国人达尔文经过广泛海外考察，深入研究各种生物及其生存环境发表的《物种起源》，提出了系统的进化论，并使人能够更注意各种物种在不同环境中的生态差异了。这种历史文化背景，对植物园作为一种园林类型的种植布局和景观都产

---

[1]　Christopher Thacker，HISTORY OF GARDENS，Berkely and Los Angeles，University of California Press，1979，第 234 页。

[2]　参见杨滨章，《外国园林史》，哈尔滨：东北林业大学出版社，2003。第 320～323 页详述了英国 19 世纪初广泛搜集外国植物品种的情况。

生了影响，

  在 18 世纪以前的欧洲游赏性园林中，各种植物种植多迎合几何式布局的景观追求，刻意保持既有自然形态的植物，也被种在按照几何形式规划的区域中。最初的植物园很可能没有自己的特有形式，习惯延续了几何布局的传统，帕多瓦植物园就是这样(图 12-31)，但规则的几何布局显然在植物园中有其局限性。"雷登植物标本园 1601 年是按四大洲分为四部分的完整方形，然而到 1720 年，其种植花床已经成了散乱的，在新奇植物的涌入中挣扎"。❶ 这种情况从一个侧面反映了植物园将要发生的变化。17 世纪上半叶的巴黎植物园也是几何式的(图 12-32)，19 世纪 30 年代的平面则反映出，它的扩张部分采用了自由的曲线布局(图 12-33)。

图 12-31　形成于 16 世纪的帕多瓦植物园

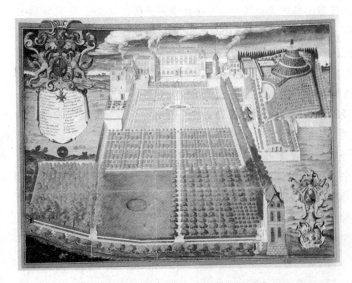

图 12-32　1636 年巴黎植物园图

❶　hittp：//en. wikipedia. org/Botanical_garden.

英国自然风景园肯定对植物园走向自由布局有它的影响。不过，在 18 世纪的这类园林中，包括植物的园景还主要围绕主人要营造的文化气氛，并多联系于历史与人们要追求的自然，如阿尔卡狄亚、中世纪、装饰性农庄、荒野等，大面积种植大多也是用的本地物种。到 19 世纪，异地植物大量引种部分改变了一些园林的面貌。如这个世纪的斯托海德园，树木发生了很大变化，形象、色彩都更丰富了，许多布朗时期的园林也是这样，但景观关系并没有根本的差异。联系于物种分类、生态研究和展示的植物园本身，则可在借鉴自然风景园的变革中，导向另一种园林布局和景观组织。

在自由布局的植物园中，按分类特征、生态习性来布置植物的展示要求和欣赏兴趣突出出来。无论出于让植物生长在原有条件下的研究，普及相关环境知识的展示，还是与它们相关的景观美，不同地区植物生长的自然环境都逐步得到了重视。丛林、草地、池沼、砂石区域以各种生态形象出现的园区组织中，逐步成了植物园所代表的新型园林景观。

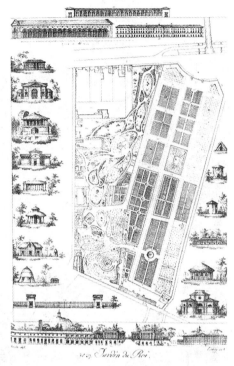

图 12-33　1833 年巴黎植物园平面图

19 世纪后的英国丘园具有此类发展过程的特征。形成于 18 世纪 50 年代的丘园一开始就有植物园的意义，但"并未被着力让新的植物突出生长在'自然的'或欲追求的'崇高'园林中的"。[1] 在钱伯斯等人的导向下，这个园林多年里以各种风格的建筑体现了浪漫主义的异国文化艺术情调。

19 世纪以后，丘园园林植物迅速增加。"1789 年，该园内只有五千到六千种植物，到 1810 年，植物品种成倍增加。这种植物材料种类猛增的趋势，促进了植物学的发展，同时也使人们从中了解到植物地理分布的有关知识。"[2] 1840 年，丘园被确立为国家植物园，并在以后发展过程中渐渐改变了面貌。今天所见的丘园，自由布局，以带状曲径联系着一个个不同的区域，各具不同植物的生态环境特征和意趣（图 12-34，图 12-35）。这类布局和景观，一直到现在都是植物园园景为人称道的，充满独特个性的特征。

植物园进入 19 世纪后的另一个重要特征是玻璃温室。这种设施在东西方都有很长的历史：有加热设施、尽可能大的窗户，或可在温暖日子开启窗户、部分屋顶与墙面的房间，曾主要用于育种和养殖为王室、贵族服务的时鲜花卉、果蔬，进而是种植小尺度的引进植物。但它们规模不大，并不可避免地具有封闭的房屋感。

工业革命后，随着装配式铁骨架玻璃建造技术的进展，现代意义上的大型玻璃温室出现于 19 世纪 20 年代，1833 年巴黎植物园的温室和 1844 年丘园的大型温室，还有这个时代的其他许多温室今天仍在（图 12-36）。

---

❶ Christopher Thacker, HISTORY OF GARDENS, Berkely and Los Angeles, University of California Press, 1979, 第 234 页。

❷ 针之谷钟吉，《西方造园史的变迁》，邹洪灿译，北京：中国建筑工业出版社，2010 年，第 302 页。

图 12-34　丘园岩石园石荒漠植物园景

图 12-35　丘园睡莲池水生湿地植物园景

图 12-36　巴黎植物园温室

　　大型温室成为现代植物园的重要景观。大面积的玻璃从墙到顶,阳光、天光在室内弥漫,热带高大树木也可种植在其中。一些特意考虑观赏环境的种植机环境布置,能让人感到漫游在树丛间的小路上,似乎进入了另一个自然环境。精心的设计,也使它们成为在外部园林环境中可加欣赏的建筑。温室园林环境,还可视为当今许多大型建筑玻璃中庭绿化的前身。

　　这一时期还发明了割草机,保持草皮的平整不再需要大量人工或靠牛羊、鸭鹅啃食了(图 12-37)。

图 12-37　19 世纪的割草机

12.2.2　园林开放与城市公园

　　18 世纪至 19 世纪,是欧洲逐步由贵族社会走向平民化社会的世纪。贵族、王室园林向平民开放,以及建立直接为公众服务的公园,在园林史上是一个反映近代社会文化变革的重要现象。

　　早在文艺复兴的意大利,就盛行私家园林在一些时候向公众开放的风气,并伴随着文艺复兴的传播,在接下来的世纪里影响了其他国家。这种情况迎合了一些大众需求,不过,在人文主义精神还主要体现为一种社会上层精英文化的时候,这种贵族、富豪的慷慨行为,更主要出于显示家族荣耀。同主人别墅结合的小园林,也未必使外人,特别是普通民众感到舒适自在。❶ 到 18 世纪后,许多国家王室大型园林的开放,使原为国家统治者所有的园林具有了公共公园性质。

　　15 世纪后欧洲相继形成的民族君主国家,政治、经济上体现了君主集权与资产阶级的联合、妥协。国王利用资产积极的经济支持削弱旧的封建势力,资产阶级则得到相对公平、稳定的法律和社会秩序。资产阶级革命前,以非贵族资产阶级为代表的平民对平等权利的追求,一些开明君主和贵族对新社会结构的适应,在 17 世纪已经有所体现。各国相继发生资产阶级革命后,大众的利益和需求在社会文化领域的反映就更清晰了,即使是社会政治结构变革过程中的反复时期,或一些革命发生较晚的国家,仍然试图维持王朝的统治者也注意以各种方式缓和社会对立。

　　1667 年,路易十四统治时期的巴黎丢勒里园就向平民开放,到法国大革命时期的 18 世纪末成为城市公园。在 1766 年仍然维持为许多小王国的意大利,佛罗伦萨统治者美第奇家族开放了位于市区

---

　　❶　参见针之谷钟吉,《西方造园变迁史——从伊甸园到天然公园》,邹洪灿译,北京:中国建筑工业出版社,1999,第 311 页。

的波波里园。此类园林向大众提供了消闲环境，更使人们体验到原属社会上层的高贵园林艺术，不过，大规模自然式园林和林苑的开放，对公众生活以及城市发展的影响或许更大。

18世纪70到80年代，在英国霍克斯通园的营建中，具有先进意识的园主就有意使之成为供大众游赏的园林，为此还在园门处建造了旅馆，接待来自各方的游人。在这个贵族乡间领地上，城市居民可以避开当时污浊的城市环境，享受牧场风光，体验险峻的山岭。而大城市及周边自然式园林的开放，更为市民方便地接近和享受一片自然提供了可能。

在中世纪及其后的伦敦城市形成过程中，市中心地带留下了多处曾属王室的狩猎林苑，其中肯辛顿园、海德公园、绿园、圣杰姆士园及摄政园等非常有名。它们总面积达480多公顷，占据着市区中心的重要地段，有几个几乎连成一片 (图12-38)。君主立宪体制下地位仍居于社会最上层的英国王室，18世纪逐步开放了这些林苑，并且经过改造，可供大量民众尽情嬉戏(图12-39)。

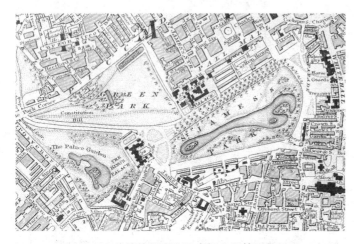

图 12-38　伦敦的绿园和圣杰姆士园等园林平面

图 12-39　19世纪绘画中的伦敦圣杰姆士园

　　法国巴黎市郊的布洛涅林苑曾是中世纪教会地产，16 世纪后逐步成为包括猎苑的一些王室宫殿、林苑所在地，总面积达两千多公顷。大革命后拿破仑三世时期的 1852 年，这处优美的林苑向游人开放。园林得到新的整治，拥有丰富的自然式草地、多种树木的丛林和湖水、瀑布景观，以及跑马场等设施，吸引了大量巴黎居民。1860 年，巴黎的另一处樊尚林苑也被拿破仑三世开放为公园。

　　城市公共绿化环境，在古代许多国家和地区都曾经以各种名义存在。18 世纪一些原属王室的开放园林，体现了时代新潮下的社会平等文化，既吸引了旧贵族和上层社会，也是普通大众活动的场所。园林的服务对象在法律名义上扩大到了整个社会，成为真正意义上的大众园林。

　　此时的公共园林变革，还涉及工业革命和近现代初期城市发展带来的新问题。

　　18 世纪下半叶的工业革命引发了农业文明到工业文明的转折，城市化是这个转折的重要标志。19 世纪欧洲大城市迅速膨胀，最初的过程缺乏秩序或必要的规划。集中于城市的大工厂布局凌乱，产生大量烟尘、污水；城市平民，尤其是工人集中区的居住条件极度拥挤局促，脏乱不堪；在资本原始积累阶段，残酷的剥削也使工业化资本主义社会一开始就充满明显的阶级冲突。

　　在这个历史阶段，力图缓和社会矛盾并回归自然的空想社会主义(也称乌托邦社会主义)产生。随着 1848 年《共产党宣言》、1859 年《资本论》等著作的出现，深刻揭示资本主义社会基本矛盾，指导工人阶级斗争的马克思主义诞生，1871 年发生了无产阶级主导的法国巴黎公社革命。资本主义城市化初期的污染、疾病，以及残酷剥削引起的社会矛盾也危害资产阶级上层，并且不符合他们在推翻君主集权和贵族等级社会中宣扬的平等、自由、博爱精神。这一时期，现有体制内各种改善生活和环境的法规、措施也在建立和实施。例如，英国议会在 1833 年至 1843 年间通过了多项法案，动用税收来进行下水道、环境卫生、城市绿地等基础设施的建设，法国巴黎 1853 年实施大规模改建计划。新建的城市公园也在城市规划走向有序中出现了。

　　英国的塞夫通公园是新公园建设的典型。在英国重要港口和工业城市利物浦，城市的迅速发展一度使一处废弃的王室林苑绿地变成了道路狭窄、空气污浊的贫民街区。得到国家批准的市议会以贷款方式从所有者手里购得土地，开发兴建了这个 1.5 平方公里的公园，1872 年建成开放。法国的苏蒙山公园异曲同工。这里曾主要是巴黎建筑的采石场和石灰供应地，在巴黎的迅速扩张成为城市地带的一部分，在 1853 年的巴黎改建计划中，奥斯曼男爵执行拿破仑三世的城市政策，把这里设计改造为改善城市环境的公园，主要目的是"为劳工阶层提供一个绿色地带"，❶ 1867 年开放。在大量的林木水体间，公园最有特色的是岩石景观(图 12-40，图 12-41)。苏蒙山公园的园林设计被视为这个时代自然风景园林新设计的典范之一，同一时期规划改建的还有蒙苏里公园等。

　　奥斯曼还对保留即将被建筑湮没的市内园林环境做出了贡献。曾是贵族园林的蒙梭公园在 1860 年代被市政府买下进行居住建筑开发，因奥斯曼的坚持，其中一半被保留下来成为公园。事实上，此时的巴黎城市规模已经使布洛涅林苑、樊尚林苑等成为城市地带中的大面积绿地了。

---

❶　http：//en. parisinfo. com /museum-monuments /1285 /buttes-chaumont-parc-des-？ 1.

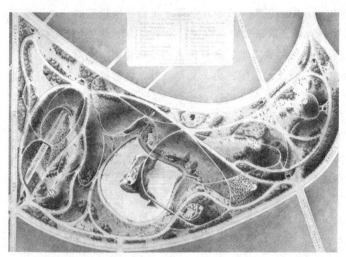

图 12-40　苏蒙山公园平面

图 12-41　苏蒙山公园园景

其实，在城市中兴建公园的活动已经在这之前出现，德国的马格德堡 1824 年兴建的一座公园，在直接为公众营建的园林中可能是最早的。❶ 早在 1847 年，英国伯肯海德市也出现了一座经议会批准，利用公共基金兴建的市民公园(图 12-42)。伯肯海德公园的设计者是 19 世纪著名园艺师帕克斯顿。在历史上，帕克斯顿更因 1850 年伦敦世界博览会而闻名，他以植物园温室方式，设计了博览会位于海德公园的玻璃展览馆——水晶宫。

城市公园在曾是英国殖民地的美国迅速得到反映，最著名的是纽约中央公园。像许多欧美大城市一样，19 世纪的纽约也迅速膨胀，在 1800 年到 1850 年的 50 年间，人口迅速从不到 8 万上升到 69 万多，到这个世纪末，则达 340 多万。这个按照方格网街区规划的城市，多数地区的外部空间狭窄、呆板，喧闹，为数不多的未建造空阔地带对忙碌的人们有巨大吸引力。1811 年，纽约有关市政机构

---

❶　参见杨滨章，《外国园林史》，哈尔滨：东北林业大学出版社，2003，第 295 页。

图 12-42　伯肯海德公园园景

就提出动议，在街区规划中开辟为公众娱乐健康服务的场所，到 1840 年代，许多有识之士，包括被誉为美国风景建筑学之父的道宁，更明确呼吁效仿伦敦等城市中开放的林苑，营建一处大型公园。❶ 1853 年纽约市制订了中央公园计划。主要设计师奥姆斯特德 1850 年曾赴英，参观过伦敦的开放林苑，并非常欣赏帕克斯顿的伯肯海德公园。他与合作者沃克斯在 1858 年的设计竞赛中以"绿草地"方案中标(图 12-43)。

中央公园 1876 年建成，面积达 340 公顷左右。它参照了英国自然风景园的自由布局，有大面积的草皮、湖水与弯曲的小河。各种各样的树丛、不高的堆山，以及丰富的小景点和活动场所，更使这个园林呈现了大型城市公园迎合各种市民需要的丰富环境(图 12-44，图 12-45)。

图 12-43　纽约中央公园平面，周围是方格网街区

图 12-44　纽约中央公园鸟瞰

---

❶　参见杨滨章，《外国园林史》，哈尔滨：东北林业大学出版社，2003，第 295 页。

图 12-45　纽约中央公园内景

此后，在社会的鼓励和政府的政策下，奥姆斯特德等人还设计了许多城市的公园，使 19 世纪中叶到 20 世纪初的美国园林发展，可以称作城市公园时期。

在集中的公园绿地之外，19 世纪的伦敦、巴黎、华盛顿等许多欧美城市还把主要干道建成林荫道，在一些居住街区中设置开放的小园地，加入供人休息的座椅，使城市中随处可见绿色空间。19 世纪中叶以后，城市规划逐步成为一门重要的学科，现代城市规划把城市看作一个综合的机体，将自然引入城市成为先进国家新城市规划的重要目标之一，公园、广场、街道绿化等园林化场所成为不可或缺的重要组成部分。

12.2.3　国家公园的出现

严格意义上，近现代国家公园不属于文艺复兴以来的园林艺术范畴。在大自然和人类活动之间，它的环境类似于可上溯到古西亚《吉尔加麦什史诗》，基督教《圣经》的那类自然恩赐和人类据有。欧洲中世纪的许多大型林苑为贵族私有，但环境上主要也是自然的。另外，国家公园也更多意味着政府对自然环境的保护。

近现代意义上的第一个国家公园，是美国的黄石国家公园。它的出现同美国西部开发的背景有关。

1493 年西班牙在北美建立第一个殖民地，开始了欧洲人殖民美洲的进程。自英国人 1607 年建立殖民据点后，大英帝国的势力迅速在今天的美国大西洋沿岸扩展开来。经过 1775 年到 1783 年的北美独立战争，美国成为最初由其东部 13 个英属殖民地州组成的新国家。进而，这个国家以战争、赎买等方式，逐步兼并了仍属英国、西班牙、荷兰、法国等国的大片领地。早在 1800 年前，欧洲人就逐步向美洲内陆渗透。到这个世纪 50 年代的美国，更越过把美洲腹地同大西洋沿岸隔开的阿巴拉契亚山脉，开始了大规模开发西部的进程。

大量移民引发一系列同印第安原住民间的冲突，曾发生过多次战争，一些地方建立的印第安保留地，实际上有明显民族压迫的意味，各种开发建设也改变了不少地方的原始面貌。

这些情况引起一些有识之士的忧虑。早在 1832 年，以探访、研究和介绍印第安文化而闻名的美国画家、作家和旅行家卡特林就注意到开发西部对原住民文明和自然环境的影响，提出："它们可以被保护起来，只要政府通过一些保护政策设立一个大公园……一个国家公园，其中有人也有野兽，所有的一切都处于原生状态，体现着自然之美"。❶

黄石公园地区大部分位于美国西部怀俄明州西北角，原住民的历史可推到上万年以前，但人口稀少，岩石大峡谷、湖泊、间歇泉、森林等自然地貌和动植物生态景观丰富。进入 19 世纪后，这一地区逐步进入欧洲人后裔的视野，许多探险家造访这里的印第安部落。到 1860 年代，这里同地质景观相连的美丽风景已广为人知，移民开发趋势也呈现出来。1871 年地质学家海登对这里的考察及其完成的报告，直接影响了黄石公园的建立(图 12-46，图 12-47)。

图 12-46　黄石公园大峡谷　　　　　　图 12-47　黄石公园山地草原

海登的报告指出黄石地区是无价的自然珍宝。像卡特林一样，他也坚信，应为了人民享有的利益，把这个地区保留为一片游赏地，并警告：出于商业利益的开发者正准备进入这一地区，如果不建立法规，一个季节的洗掠，就将对大自然千年造就的奇特景象造成难以恢复的破坏。❷ 这个报告促成国会在同年通过法案，建立了黄石国家公园，面积近 8000 平方公里。

在黄石国家公园建立之初，生态目标还不是非常明确。但它以维持真正的大面积自然景观为主，把公民旅游休闲、知识普及、维护自然遗产同生态保护结合到了一起。在其后的近现代城市与乡村发展中，许多国家都注重了这类关系，以各种名义建立了自然保护区，在英文习惯中都可用"公园"一词形容。它们有的就在城市附近或深入城市，在更注重维护原有自然环境的时候成为一种城市公园，为城市提供良好的生态环境，并是市民野游的好去处；有的像黄石公园那样远离城市，具有更大范围的环境意义，并且依据原始生态保护原则，可能限制游人的数量。

---

❶　转引自杨锐，"试论国家公园运动的发展趋势"，《中国园林》，北京，《中国园林》杂志社，2003 年第七期，第 10 页。

❷　参见 http：//en. wikipedia. org/wiki/Yellowstone_National_Park.

12.2.4 风景建筑学的诞生

近代以来基于建筑、园林、城市规划等学科交叉发展起来的风景建筑学，基本意义在于把建筑同周围环境，特别是以自然要素形成或组织的环境视为一体，进行综合设计。作为一个学科，它初步形成于19世纪下半叶的美国，但风景建筑实践却有很长的历史，这个术语本身有也至迟出现于19世纪初，并用于阐述这以前的建筑。风景建筑学自身的形成之初，也具有传统园林同美国早期新哥特式居住建筑相关的痕迹。

从实践上看，风景建筑学是一门古老的艺术。仅就欧洲来说，古希腊并不是园林史所关注的重点，但古希腊神庙、圣地的建筑布局，明显具有风景建筑学的意义。人们把庙宇融入周围环境，以风景衬托建筑，以建筑诠释风景。甚至17世纪的凡尔赛宫等法国建筑和园林设计，也可以被当作一种风景建筑学的体现。建筑和大面积的园林风格一致，组成一个相互陪衬的景观整体。在这层意义上，英国自然风景园同风景建筑学的关系反倒变得有些矛盾了。一方面，它的园林景观直接影响了以后风景建筑学中多见的、师法自然的环境设计。另一方面，与园林所在地产相关的宫殿豪宅，又经常同园林缺乏设计对应，布局上也经常没有刻意的联系。当然，这可能同许多建筑建于风景式园林改造以前有关。到英国自然风景园后期的18世纪末，普赖斯和奈特等人在追求野性的画境园林美时，就非常注重建筑同环境的关系了，在景观格调追求上同他们争论的雷普顿也一样。

1828年，英国人梅森出版《论意大利伟大画家的风景建筑艺术》。他为意大利风景画中的建筑而着迷，以介绍画中的建筑与风景关系为主题，首先使用了风景建筑艺术这一术语。1840年后，英国植物学和园艺家卢顿汇集雷普顿世纪之交前后作品的《雷普顿后期风景造园和风景建筑艺术》等，多次运用这个术语，使它有了更专业的意义。

也就在同一时期，受到英国人包括卢顿影响的道宁结合当地乡土居住文化，在美国发展了他的风景建筑学。

殖民地时期的美国，支撑经济的主要是农业。最初的殖民者受到当地印第安人的善待，也借鉴过当地相对原始的种植活动，但17世纪后移民大量涌入同原住民的冲突剧增，在经济挤压、军事打击下，北美印第安文化到18世纪只在很小范围内保留下来，缺乏自身发展的能力了。

在一个陌生而又得天独厚的世界里，新移民除了开垦大面积的农田，以及实用的菜园、果园外，还常在自己住宅附近围出小庭院，尤其喜欢种植从欧洲带来的花木，营建一种故乡般亲切、熟悉的园林环境。早期美国住宅旁的园林多数自然而然地形成，以较小的规模或较朴素的形态，出现在相对简陋的房舍边，小型菜圃夹杂花卉、香草、树木，给人朴素而优美的乡居感。随着大农庄的日益兴盛和城镇聚居点的发展，欧洲上层社会流行的园林艺术，也逐步出现在富有者和官员的园林中，既表明地位，也追求显示教养的文化品位。从维斯托瓦住宅园林平面和美国国父华盛顿家族的维尔农山庄可以看到，17世纪下半叶以来，几何式花床，自然式园景都出现了在北美殖民地。不过，它们的规模仍然较小，艺术处理相对简单(图12-48～图12-50)。

在弗吉尼亚州首府威廉斯堡，包括原总督府在内的许多殖民地时期城镇住宅和园林得到保护和还原，再现了当年的面貌(图12-51～图12-53)。这些住宅、园林和城市，形成殖民地走向繁荣时期特有的城镇景观。较富有的住宅都有自己的方形或矩形地块，建筑密度不大，房屋背后有私家庭园。

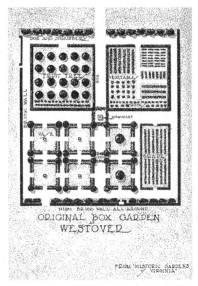

图 12-48　维斯托瓦住宅园林平面

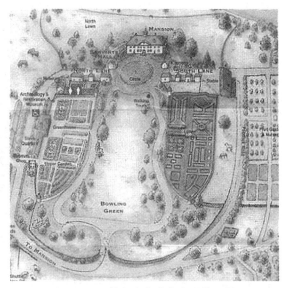

图 12-49　维尔农山庄住宅园林图景

图 12-50　绘画中的维尔农山庄旁地产园林景观

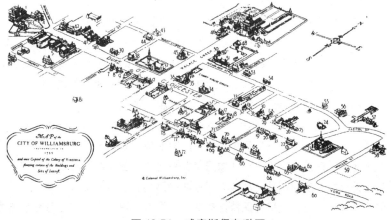

图 12-51　威廉斯堡鸟瞰图

图 12-52　威廉斯堡总督府园林

图 12-53　威廉斯堡的住宅园林

建国以后的美国，借工业革命的影响和远离欧洲国家冲突的条件迅速发展。超越欧洲那种由中世纪到工业社会的城市进程，由小城镇到大都会的城市膨胀过程极为迅速。许多城市核心往往采用方便的方格网式规划，由笔直的街道分出一个个的大小相同街区，密集的建筑往往使街道狭窄而缺乏空间个性。城市中心的拥挤、污浊和铁路等新型交通工具的发达，使有条件的居民移居到大城市周围的原有乡村地带或小镇，形成了郊区居民区。

除了更接近城市或低收入者的联排住宅，郊区居民区的开发通常也以方格网为主。虽然它们的规模不同，但住宅往往是集中式的，周围形成庭院，有同街道过渡的户外空间，后院更大一些。在住宅周围的庭院中，主人往往依据财力和情趣，营建起自己各种各样的后花园，包括实用的园圃或消闲的园林，房前则结合从街道到院内的路径，也铺种草皮，点缀树木、灌木。此类园林布置成几何式的较少，更多让植物保持自然形态，乔木、灌木在草皮上高低稀疏配合，花卉区域也常不规则地融入其间。这些建筑和小园林，在大小范围上都构成一种建筑与自然元素融合的风景。在那个时代，同大城市中心对比，这类住宅都可被通称为乡村住宅或田园式住宅。具有这种条件的居住环境，到今天仍然是大量普通民众美国梦的一部分。

　　被誉为风景建筑学之父的道宁非常欣赏英国自然风景园，同时又极力使之迎合美国的国情，坚信乡村住宅是美国人热爱的居住方式，每个美国人都应享受这样的住宅环境。为结合美国国情并进一步提高生活与环境艺术质量，他 1842 年完成了《论适应北美的风景造园理论与实践》一书，主要以改进美国乡村住宅环境的视野，探讨了指导植物园林栽植，特别是把住宅与园地结合在一起的艺术原则，成为美国自身特有时代园林艺术理论的开拓者。

　　虽然在 18 世纪末到 19 世纪英国艺术争论的影响下，道宁也去关切了诸如优美和画境之类概念，但多少有些老生常谈，只是在美国介绍和继续发挥了欧洲的艺术理论。在一些规模较大的园林设计中，他也明显参照了欧洲的风格。道宁对园林环境艺术的影响，更在于使自然式的风景同普通人的住宅结合在一起。

　　"道宁对美国的乡土风光做出了高度的评价，他提倡从每一个家庭的庭院开始，人人都有美化周围环境的义务。"❶ 这里的乡土风光，并非黄石公园那类自然原野，而是一种乡村般的人文与自然结合，体现在美国城市的郊区居民区中。道宁的风景建筑学主要体现在他的住宅与周围环境一体化。他设计的住宅包括城市富人的豪宅和农庄主的乡居。而最有特色，并在风景建筑学起步中最有影响力的，是中等收入阶层的住宅。

　　道宁设计的中等阶层家居多为借鉴英国传统的乡村式住宅，砖或木墙体，矩形平面有形体凸凹，突出同庭院环境联系的门廊和游廊，其上为交错结合的高坡顶。此类形式是 19 世纪美国新哥特风的一部分，道宁的设计也是其流行原因之一。

　　18 世纪末以来，英国的雷普顿在自然风景园后期就注重乡村式住宅与田园环境的融合性，道宁在美国更把它们用在了建筑相对密集一些的郊区居民区中。把迎合自然的建筑风格同小尺度上借鉴了英国自然风景园的庭园绿化密切结合在一起，建筑园林合为一体，共同维系着他心目中的乡土风景。道宁曾发表汇集设计作品图的《乡村式住宅居住》，房屋形体、外围空间同树木、草皮一体的设计反映了他对美国式居住环境的理想化 (图 12-54)，希望"从那些与我们住宅和周围环境相关的一切事物中，去真切地体验美的感受。"❷

图 12-54　道宁设计的中等收入住宅

❶　针之谷钟吉，《西方造园史的变迁》，邹洪灿译，北京：中国建筑工业出版社，2010 年，第 282 页。
❷　转引自杨滨章，《外国园林史》，哈尔滨：东北林业大学出版社，2003，第 293 页。

这些个独立住宅的地块不大，但可造就建筑与优美自然元素一体的小环境，它们合起来就成为大面积的美丽风景。可以认为，他对园林艺术、自然风景式造园到风景建筑学的贡献主要也是从这里展现出来的。

1852 年，年仅 36 岁的道宁不幸在一次轮船火灾事故中去世，未能施展更多的才华和抱负。他曾呼吁的纽约中央公园，通过深受他影响的奥姆斯特德与沃克斯实现。

狭义来看，奥姆斯特德的纽约中央公园本身还是传统意义的一个园林环境设计，只是更明确实现了近现代城市公园为市民多种需要服务的目标。但对风景建筑学学科发展并成为一个专业领域，奥姆斯特德的作用更直接。

在西方语言的历史传承上，园林这一术语很容易让人想到被围起来的、私人的园地，而中央公园秉承的是近代开放公共绿化、游赏、娱乐环境的理念。另外，无论是道宁的大量小尺度郊区绿色居住环境集合，还是纽约高楼密集城市里的大面积"绿草地"，都突出体现了一种对建筑之间场所的设计，并让建筑和城市规划设计者更多关切建筑周围环境、景观对建筑和人的意义。

在艺术手法上倾向于英国自然风景园，并在美国城市中大量推广了公园建设的奥姆斯特德等人，对沿用风景园林师(或风景造园家)称谓所包含的旧有园林含义不以为然，因为它字面上仅能理解为以自然风景手法来造"园"的人。1863 年以来，他们避开了园林概念，把自己称为风景建筑师，意味着风景设计者，❶ 并得到了社会认可，纽约中央公园也成为近现代风景设计起步的代表。1899 年，奥姆斯特德与一些同道共同组成了美国风景建筑师协会，使风景建筑师成了一种更明确的职业。进入 20 世纪后，这一新的职业也逐步出现在其他国家。

风景建筑学虽然有历史久远的实践，这一术语的出现也早于风景建筑师 30 余年，但在 19 世纪 60 年代以前的意思主要是"风景建筑艺术"。伴着风景建筑师的出现，它也成了一个设计学科名称，❷ 并逐渐扩大涉及范围，在发展中成为传统园林艺术现代化，紧密联系建筑学和城市规划的一个交叉学科。

---

❶ 英文 architect 也有较广义的设计师的意思。
❷ 英文 architecture 有建筑艺术、建筑学等意义。

中英词汇、术语对照

A

阿巴德拉赫曼三世，Abd ar-Rahman III

阿巴拉契亚山脉，Appalachian Mountains

阿拔斯一世，Abbas I

阿拔斯王朝，the Abbasids

阿波罗，Apollo

阿波罗池林，The Bosquet des Bains d'Apollon

阿波罗泉池，the Bassin d'Apollon

阿波罗林荫道，Allée d'Apollon

阿波罗神庙，Temple of Apollo

阿布尔·瓦利德，Abul Walid

阿多尼斯，Adonis

阿多尼斯园，Adonis Garden

阿尔巴迪宫，Al Badi

阿尔班山，Alban Hill

阿尔卑斯山脉，the Alps

阿尔伯蒂，Leno Battista Albert

阿尔德河，Alder River

阿尔多布兰迪尼，Pietro Aldobrandini

阿尔多布兰迪尼别墅，Villa Aldobrandini

阿尔罕布拉宫，the Alhmbra

阿尔卡狄亚，Arcadia

阿尔卡狄亚式，Arcadian

阿尔诺河，Arno

阿尔特弥斯神庙，Temple of Artemis

阿尔扎佛里亚要塞，the Aljaferia

阿尔扎合拉宫，Medina al-Zahra

阿佛勒狄特，Aphrodite

阿富汗，Afghanistan

阿格拉，Agra

阿格拉红堡，the Citadel of Agra 或 the Red Fort
　　at Agra

阿古里园，Anguri Bagh

阿赫曼尼德王朝，the Achaemenids

阿赫迈德·阿尔·曼苏尔，Ahmed al Mansour

阿基努斯，Alcinous

阿卡德米，Academy

阿卡德摩斯，Academus

阿克巴，Akbar

阿克巴陵 Akbar' Tomb

阿拉伯帝国，Arabian Empire

阿拉伯人，Arab

阿拉贡，Aragon

阿拉姆特堡，Alamut

阿剌丁，Ala-eddin

阿玛尔那，Amarna

阿蒙，Amun，Amon

阿蒙赫特普三世，Amenhotep III

阿蒙赫特普四世，Amenhotep IV

阿蒙神庙，Temple of Amun

阿姆斯特丹 Amsterdam

阿内宫，Château d'Anet

阿尼安河，Aniene

阿特拉斯，Atlas

阿提卡，Attca

阿吞，Aten

阿托伊伯爵罗伯特，Earl of Artois, Robert

埃蒂安纳，Charles Etienne

埃赫那吞，Akhetaton

埃及，Egypt

埃里卡普楼亭，Ali qapu

埃涅阿斯，Aeneas

《埃涅阿斯记》，the Aeneid

埃斯特别墅，Villa d'Este

爱奥尼柱式，Ionic Order

迪瓦尼卡亭，Diwan-i-Khas

底比斯，Thebes

底格里斯河，Tigris

蒂比里阿俄斯，Tiberianus

蒂格拉斯皮利泽一世，Tiglath-Pileser Ⅰ

蒂瓦利，Tivoli

蒂瓦利喷泉，Tivoli Fountain

第 90 处，the Ninetieth

帝王广场群，Emperor's Forums

地狱之口，Hell's Mouth

点雪堂，Tensetsu-do

钓殿，tsuri-dono

町屋，machiya

丢勒里宫，Palais des Tuileries

丢勒里园，Tuileries garden

东北亚，Northeast Asia

东对，higashi tainoya

《东方造园论》，Essay on Oriental Gardening 或 Dissertation on Oriental Gardening

东京，Tokyo

东南亚，Southest Aisa

东三条殿，Sanjyo-den

冬室，winter house

东正教会，Orthodox Church

《斗士叁孙》，Samson Agonistes

都铎王朝，the Tudors

独角兽，unicorn

杜贝阿，Étienne du Pérac

杜赛索，Jacques Androuet du Cerceau

渡殿，watadono

多立克柱式，Doric Order

多米尼克·封丹纳，Domenico Fontana

多米尼克教派，Dominican

多莫，Dormer

《惰性城堡》，Castle of Indolence

E

俄狄浦斯，Oedipus

厄麦斯，William Emes

恩赛拉德斯，Enceladus

二条城二之丸，ni-no-maru at Nijo-Castle

F

法国(法兰西)，France

法国古典园林，French Classical Garden

法国式园林，Jardin à la Française

《法国最美的城堡》，Les Plus excellent Bastiments de France

法华寺净土院，Hokke-ji Jyodo-in

法兰克，Frank

法兰西斯·孟莎，François Mansant

法兰西斯一世，François Ⅰ

法老，Pharaoh

《法令集》，Capitulare de Villis

法隆寺，Horyu-ji

法特普尔·西克里，Fatehpur Sikri

藩，Han

凡布娄，John Vanbrugh

梵蒂冈教皇宫，the Papa Palace，Vatican

凡尔耐伊宫，Château de Verneuil

凡尔赛宫，Palais de Versailles

樊尚林苑，Bois de Vincennes

梵维泰里，Luigi Vanvitelli

泛神论，pantheism

方尖碑，obelisk

方尖碑泉池，The Bassin del l'Obélisque

芳汀教堂，Fountains Abbey

菲利普，Phillip

飞鸟宫，Asuka-dera

飞鸟时期，Asuka Period

飞鸟寺，Asuka-dera

飞石径，flying stones，stepping stones

腓特烈大王，Fridrich the Great

费狄南德第二，Ferdinand Ⅱ

费索勒别墅，Villa Fiesole

《关于崇高与优美观念渊源的哲学探究》，Philosophical Enquiry into the origin of our Ideas of sublime and the Beautiful

观月峡，Sogetsu-kyo

灌木丛，bush

广场，agora

龟岛，Kamejima, Turtle Island

规则式，formal

规则式园林，Formal Garden

桂宫家，Katsura-no-Miya

桂离宫，Katsura Imperial Villa

《贵族、绅士和园艺师的修养》，The Nobleman, Gentleman and Gardener's Recreation

滚木球场，the Bowling Green

国，Koku

国风，Kokufu

国家公园，National Park

国王谷，the Kings Valley

果园，orchard

果园墓地，orchard cemetery

H

哈德良宫，Hadrian's Villa

哈夫拉金字塔，Pyramid of Khafre

哈格莱园，Hagley

哈哈沟，the Ha-Ha

哈里发，Caliph

哈利福得郡，Herefordshire

哈伦，Haronar-Rashid

哈姆巴巴，Humbaba

哈特什帕苏女王，Queen Hatshepsut

海德公园，Hyde Park

海登，Ferdinand V. Hayden

海伦豪森宫，Herrenhausen Palace

海神的贝壳洞，Neptune's Seashell Grotto

海神的狂想，Neptune's Whim

海神喷泉，Neptune Fountain

海神泉池，The Bassin du Neptune

海斯汀，Hesdin

海豚喷泉，The Fountain of the Dolphins

韩国英，Pierre Machal Cibot, Pierre-Martial Cibot

汉密尔顿，Charles Hamilton

汉漠拉比法典，Hammurabi Code

汉普顿宫，Hampton Court Palace

壕沟，ditch

豪华别墅，villa urbana

河谷庙，valley temple

荷兰，Netherland

《荷兰东印度公司使节晋见鞑靼大汗》，Het gezantschap der Neerlandtsche Oost-Indische Compagnie, aan den grooten Tartaríschen Cham

荷马，Homer

荷马时期，Homeric Period

荷鲁斯，Horus

河神，gods of rivers

河原院，Kawara-no-in

鹤岛，Tsurujima, Crane island

赫拉，Hera

赫拉庙，Temple of Hera

黑暗年代，Dark Ages

黑色大理石亭，the Baradari

亨利·怀斯，Henry Wise

亨利·霍尔，Henry Hoare

亨利三世，Henry III

亨利四世，Henry IV

亨利一世，Henry I

红城堡山，Red Castle Hill

红海，Red Sea

《红书》，Red Books

红衣主教，cardinal

后倭马亚，Post Umayyad

胡马雍，Humayun

胡马雍陵，Humayun' Tomb

湖亭，the Lake Pavilions

里奇蒙德园，Richmond

里千家，Ura Senke

里瓦克斯岗，Rievaulx Terrace

里瓦克斯修道院，Rievaulx Abbey

利埃博尔，Jean Liébault

利玛窦，Mathew Ricci

立石僧，tateishiso

《历史》，The Histories

利物浦，Liverpool

廉仓幕府，the Kamakura Shogunate

连拱廊，arcade

凉房，summer house

凉廊，Loggia

凉亭，kiosk

凉亭坐凳，alcove seats

两河流域，Mesopotamia

疗养园，infirmary garden

猎苑，hunting park

林地，wood

林间小景，bosquet

林木区，The Grand Couvert

林泉，rinsen

林荫道，avenue

林苑，park

棱堡，bastion

灵魂之园，the Garden of Soul

陵庙，Mausoleum

陵墓园林，tomb garden

六条院，Rokujyo-in

龙安寺，Ryoan-ji

龙门瀑布，Dragon Gate Cascade

龙泉池，The Bassin du Dragon

龙喷泉，Dragon Fountain

卢顿，John Claudius Loudon

卢佛尔宫，Palais du Louvre

卢克莱修，Lucertius

卢库鲁斯，Lucullus

卢森堡宫，Château de Luxembourg

卢梭，J. J. Rousseau

鲁本斯，Rubens

路德派，Lutheranism

路加，Lucca

路径，path

路斯特海姆宫，Lustheim Palace

路易·勒伏，Louis Le Vau

路易十二，Louis XII

路易十三，Louis XIII

路易十四，Louis XIV

路易十五，Louis XV

路易十六，Louis XVI

露天剧场，open theater

露天厅堂，open rooms

露地，Roji

鹿儿岛，Kagoshima

鹿苑，deer park

鹿苑寺，Rokuon-jn

伦勃朗，Rembrandt

伦敦，London

《论崇高》，Peri Hýpsous, On The Sublime

《论雕版画》，Essay on Prints

《论可比照崇高与美的画境》，Essay on the Picturesque, As Compared with the Sublime and the Beautiful

《论适应北美的风景造园理论与实践》，A Treatise on the Theory and Practice of Landscape Gardening, Adapted to North America

《论依据自然和艺术理性的造园》，Traité du Jardinage selon les Raisons de la Nature et de l'Art

《论伊壁鸠鲁的花园》，Upon the Gardens of Epicurus

《论意大利伟大画家的风景建筑艺术》，On The Landscape Architecture of great Painters of Italy

罗兰爵士，Sir Rowland

米勒(18 世纪哥特复兴建筑师)，Sanderson Miller

米勒(造园家词典作者)，Philip Miller

米利都，Miletus

米诺斯，Minos

米诺斯王宫，Palace of King Minos

秘泉，secret fountain

秘园，secret garden

庙堂陵，mortuary temple

冥河，River Styx

名士河，Worthies River

《明月记》，Meigetsuki

明治天皇，Emperor Meiji

明治维新，Meiji Restoration，Meiji Ishin

缪斯，the Muses

墓地，cemetery

幕府，shogunate

目的论，teleology

《牧歌》，the Eclogues

穆格罗村，Mugello

穆格台迪尔，Mugtadir

穆罕默德，Muhammed

穆斯考园，Muskauer Park

穆斯林，Moslem，Muslim

穆塔兹·玛哈尔，Mumtazi Mumtaz

目光吸引者，Eyecatcher

木乃伊，mammy

牧神庙，the Temple of Pan

沐月泉，the Moon Washing Spring

摩尔人，Moor

摩西，Moses

莫莱，Molle

莫卧儿王朝，the Mughals

N

拿破仑，Napoleon

拿破仑三世，Napoleon III

那不勒斯，Napoli，Naples

纳尔逊堂，Nelson's seat

纳兰霍斯大庭园，Patio de los Naranjos

纳斯里德王朝，the Nasrids

南北朝，Nanboku-cho

南亚，South Asia

奈良，Nara

奈良时期，Nara Period

奈特，Richard Payne Knight

能人布朗，Capability Brown

能乐，No

尼布甲尼撒二世，Nebuchadnezzar II

尼卡姆，Alexander Neckam

尼罗河，Nile

尼禄，Nero

尼尼微，Niniveh

尼姆芬堡宫，Nymphenburg Palace

尼夏特园，Nishat Bagh

尼西姆园，Nisim Bagh

鸟舍，aviary

鸟羽离宫，Toba Imperial Villa

牛顿，Newton

牛津，Oxford

牛津郡，Oxfordshire

纽堡宫，Huis ter Nieuwburg

纽霍夫，J. Nieuhof

纽约中央公园，Central Park，New York City

农神池，Fama Basin

农事女神，Fama

农事喷泉，Fontana Rustica

《农学》(老加图)，De Agri Cultura，On Faming

《农学》，Le Théâtre d'agrichlture et measnage des champs

《农业和田园宅邸》，L'Agriculture et Maison Rutique

努特，Nut

诺曼人，Norman

女王庙，the Queen's Temple

情感之园，the Garden of Heart
情人小道，the Lover's Walk
丘园，Kow
《丘园诸园林和建筑的平面、立面、局部及透视图》，Plans, Elevations, Sections and Perspective Views of the Gardens and Buildings at Kew
泉殿，and izumi-dono

R

让，Jean
热那亚，Genoa
人文主义，Humanism
日本，Japan
《日本书纪》，Nihon Shoki, The Chronicles of Japan
日耳曼人，German
瑞谷地，Rye valley
瑞林地，Wray Wood
瑞士桥，the Swiss Bridge
瑞士卫士湖，the Piéce d'Edu des Suisses

S

撒旦，Satan
萨第斯，Sardis
萨非王朝，the Safavids
萨格博鲁夫园，Shugborough Park
萨格博鲁夫园，Shugborough
萨艮王宫，Palace of Sargon
萨拉戈萨，Saragossa
萨马尔罕，Samarkan
萨马拉，Samara
萨珊王朝，Sassanian Dynasty
撒克逊祭坛，Saxon Alter
撒图恩，Saturn
赛车场，Hippodrome
赛恩园，Syon
塞尔，Olivier de Serres
塞尔柱帝国，Seljuk Empire

塞夫通公园，Sefton Park
塞维利亚，Seville
赛莱希德花园组合，Seleucids Gardens
赛利奥，Sebostiano Serlio
塞纳克里布，Sennacherib
塞万提斯，Cervantes
三宝院，Sambo-in
三重县，Mie-ken
三台双飞大阶梯，the double-flight stairway extending over three levels
桑加洛兄弟，Antonio and Battista Sangallo
色列斯，Ceres
色诺芬，Senophon
色托尼俄斯，Suetonius
沙阿，Shah
沙夫茨伯里，A. A. C. Shaftesbury
沙贾汗，Shah Jahan
沙贾汗的园林，Shah Jahan's Garden
沙龙，salon
莎士比亚，Shakespeare
山岳台，Ziggurat
赏花亭，Shoka-tei
蛇麻草园，Hop-Garden
摄政园，Regents Park
神道，Shinto
神庙，temple
神庙园林，temple garden
神社，Shinto Shrine
神圣罗马帝国，Sacrum Romanorum Imperium
神泉苑，Shinsen-en
沈斯通，William Shenstone
生态学，biology
绳文，Jyomon
圣奥古斯丁，St. Augustinus, St. Augustine
圣奥古斯丁洞窟，St Augusting's Cave
圣彼得堡，Saint Peterburg
圣比得大教堂，St. Peter's Basilica

圣地，sanctuary

圣高尔修道院，St. Gall

圣湖，sacred lake

圣杰曼-恩-雷，St-Germain-en-Laye

圣·杰姆士园，St. James's Park

圣林，sacred grove

圣坛，altar

圣托马斯，St. Thomas

圣园，sacred garden

圣詹姆斯园，St. James's Park

盛期文艺复兴，High Renaissance

《失乐园》，Paradise Lost

施罗普郡，Shropshire

狮子院，Patio of Lions

石灯，ishidoro, stone lantern

石蹲踞，tsukubai

石花瓶，stone vase

石瓶瓮，stone urn

石水钵，Chozubachi

石水盘，stone basin, basin

石庭，Seki-tei

实用园，functional garden, utilitarian Garden

《十二凯撒》，The Twelve Caesars

十一亩湖，Eleven-Acre Lake

《十日谈》，Decameron

十字架塔，High Cross

室町幕府，Muromachi Shogunate

始泉，The Bénitier or Tont

使徒，disciple

手法主义，Mannerism

守护大名，shugo-Daimyo

守护石，syugo-ishi

受水石，Mizuuke-ishi

舒特韦尔园，Shotover

书院造，Shoin-zukuri

熟土，turf

树池，pot

树丛，grove

树根屋，root-house

数寄屋，sukiya

树木园，tree garden

树枝凉棚，arbour

水池，pool

水风琴，water organ

水花床，water parterre

水阶梯，water steps

水剧场(哈德良宫)，Natatorium, Maritime Theatre

水剧场，water theatre

水墨山水书画式庭园，suiboku sansuigashiki teien

水盘，basin

水渠，canal

水栅栏，Grille d'Eau

水泽之神，Arethusa

水泽仙女，Nymph

水泽仙女庙，the Temple of Nymph

睡神庙，the Temple of Sleep

斯巴达，Sparta

斯多葛派哲学，Stoics

斯利那加，Srinagar

斯塔德里堂皇园，Studley Royal

斯特拉波，Strabo

斯图亚特王朝，Stuart Dybasty

斯托海德园，Stourhead

斯托河谷，the valley of river Stour

斯陀园，Stowe

斯威泽，Stephen Switzer

司芬克斯，Sphinx

四园划分(四分园)，Chahar Bagh

《四镜》，Shikyo

四面风神庙，the Temple of Four Winds

四十柱宫，Chehel-sotun

四园大道，Avenue of the 'Chaha-bagh'

松琴亭，Shokin-tei

薮内家燕庵，Yabunouchike En-an

苏丹，Sufltan

苏格拉底，Socrates

苏菲教派，Sufst

苏格兰，Scotland

苏里郡，Surrey

苏美尔，Sumer

苏蒙山公园，Parc des Buttes Chaumont

苏斯科特，Philip Southcote

苏我马子，Soga Umako

索罗亚斯特教，Zoroastrianism

T

榻榻米，tatami

塔楼，tower, watchtower

塔门，pylon

塔西提，Tahiti

塔西提场景，The Scene of Otaheite

塔依法王国，Ta'ifah

塔幽谷，Tower Glen

踏脱石，kutsunugi-ishi, foot stone

苔庭，Koke-niwa

台伯河，Tiber

台地，terrace

台地园林，terrace garden

台体，terrace

泰姬陵，Taj Mahal

泰拉斯山，Terrace Hill

泰晤士河，Thames River

泰西封，Ctesiphon

太阳王，the Sun King

坦比埃多，Tempietto

汤姆森，J. Thomson

汤执中，Pierre Nicolas d'incarville

唐招提寺，Toshodai-ji

桃金娘院，Patio of Myrtles

陶花盆，terra-cotta vase

特里波罗，N. Tribolo

特洛伊，Troy

藤户石，Fujito Stone

藤原，Fujiwara

藤原道长，Fujiwara no Michinaga

藤原定家，Fujiwara no Teika

藤原赖通，Fujiwara no Yorimichi

提奥弗拉斯特，Theophrastus

醍醐寺，Daigo-ji

天皇(日)，Emperor

天龙寺，Tenryu-ji

天堂，Heaven

天堂乐土，Elysium

天主教会，Catholic Church

天园，Jannat

天照大神，Amaterasu-ohmikami

田园式住宅，rural house

条田，strips

铁木尔，Timurid

铁木尔帝国，Timurid Dynasty

庭，niwa

庭园，enclosed garden, courtyard garden

庭园，tei-en

庭院，court, courtyard

庭院园林，enclosed garden, courtyard garden

亭子，pavilion

突厥人，Tujue

图拉真浴场，Thermae of Trajan

图腾，totem

土耳其，Turkey

土耳其帐篷，Turkish Tent

土桥，tarf bridge

吐斯奇别墅，Villa Tusci

推古天皇，Emperor Suiko

退肯汉姆，Twichenham

托莱，Giulio della Torre

托莱别墅，Villa Torre

托勒密王朝，Ptolemy Dynasty

托梁，corbel

托斯卡纳，Tuscany

W

瓦罗，Varro

瓦多堡园，Wardour Castle

万神殿，The Pantheon

王冠喷泉，The Bassin de la Couronne

王室广场，Meydan-e Shah，Naqsh-e Jahan Squre

王室林荫大道，Allée Royale

王室清真寺，Masjid-e Shan

王致诚，J. D. Attiret

维尔农山庄，Mount Vernon

威尔士，Welsh

威尔舒冰山园，Bargpark Wihelmshöhe

威尔特郡，Wiltshire

威尔逊，Richard Wilson

威廉，William Aislabie

威廉斯堡，Williamsburg

威廉o坦普尔爵士，Sir William Temple

威尼斯，Venice

威尼斯座椅，Venetian Seat

维多利亚女王，Queen Victoria

维吉尔，Virgil

维吉尔林，Virgil's Grove

维康府邸，Château de Vaux-le-Vicoomte

唯理主义，Rationalism

维利亚丘，Velia

维罗纳，Verona

维纳斯与阿多尼斯喷泉，The Fountain of Venus
and Adonis

维纳斯圆亭庙，the Temple of Venus，the Rotunda

维纳斯溪谷，Venus's Vale

维尼奥拉，Vignola

维斯托瓦，Westover

维苏威火山，Mount Vesuvius

维特鲁威，Vitruvii

围院，enclosure

韦斯巴芗，Vespasian

《卫报》，the Guardian

卫匡国，M. Martini

温莎堡，Windsor Castle

文艺复兴，Renaissance

屋顶花园，roof garden

乌兹别克，Uzbekistan

无忧宫，Sanssouci

五重殿，the Panch Mahal

伍德斯托克，Woodstock

武士，bushi，warrior

武士道，Bushido

舞厅，the Salle de Bal

武者小路千家，Musyanokoji Senke

《物性论》，De Rerum Natura

《物种起源》，On the Origin of Species

倭马亚王朝，the Omayyads

沃本农庄，Woburn Farm

渥大维，Octavius

渥尔波尔，Horace Walpole

沃克，Calvert Vaux

沃克斯，Vaux

沃利兹园，Wörlitzer Park

沃塞斯特郡，Worcestershire

沃特莱，Tomas Whately

X

西班牙，Spain

西比尔，Sibyl

希波克拉底，Hippocrates

希恩，Thomas Hearne

希尔，Hill

希腊谷，Grecian Valley

希腊，Greece

希腊化，Hellenistic

希腊化王国，Hellenistic Kingdom

犹太教，Judaism

犹太人，Jew

尤利乌斯二世，Julius Ⅱ

友谊之庙，The Temple of Frendship

右大臣源融，Minamoto no Toru

幼发拉底河，Euphrates

于·阿·孟莎，Jules Hardouin-Mansart

愉悦、惊惧和奇幻，Pleasing, Horrid and Enchanted

愉悦性园林，pleasure garden

愉悦性林苑，Pleasure Park

《愉悦性园林》，Jardin de plaiser

鱼塘，fish pound

浴场，bath, thermae

浴亭，bath pavilion

预言迷宫，labyrinth

园（日），sono

圆殿，rotunda

圆环柱廊，the Colonnade

圆剧场，amphitheatre

源赖朝，Minamoto no Yoritomo

元老院，senate

园林堂，Enrin-do

园景房，garden room

园境式，gardenesque

《园林理论与实践》，La Théorie et la Pratique du Jardinage

园搂，casino

园路，walk

园亭，pavilion

《源氏物语》，Genji-monogatari, The Tall of Genji

原质之园，the Garden of Essence

原罪，sin

远州流，Ensyu-ryu

约克大道，York Road

约克郡，Yorkshire

约翰·阿什拉比，John Aislabie

约瑟夫·雷恩，Joseph Lane

约西亚，Josiah Lane

乐曲剪裁法，opus topiarium

月波楼，Geppa-ro

月亮湖，Moon-ponds

允恭天皇，Emperor Ingyo

Z

早期文艺复兴，Early Renaissance

《造园词典》，Gardener's Dictionary

《造园技艺》，The Feats of Gardening

《造园理论与实践》（英，詹姆斯），The Theory and Practice of Gardening

《造园理论与实践》（法，德阿格维莱），La Théroie et la Pratique du Jardinage

《造园随想》，Unconnected Thoughts on Gardeng

《造园新原则》，New Principles of Gardening

则拉瓦珊河，Zeravashan

扎哈拉园，Zuhara Bagh

詹姆斯，J. James

詹姆斯·多莫，James Domer

詹姆斯一世，James Ⅰ

占星术，astrology

战国，Sengoku, Civil War

战神园，Field of Mars

折中（汇集），eclectic

折中主义，eclecticism

哲学家园地，The Philosophers' Garden

枕型，reclining

正传寺，Shoden-jn

织田信长，Oda Nobunaga

《植物的历史》，Hisroria Plantarum, On the History of Plants

《植物及园艺的舞台》，Le Théâtre des Plans et Jardinages

植物园，botanic garden

执政官，consul

插 图 来 源

第 1 章

图 1-1　http：//commons. wikimedia. org/wiki/File：TombofNebamun-2. jpg

图 1-2　http：//commons. wikimedia. org/wiki/File：Pond_in_a_garden. jpg

图 1-3　Howard Loxton. THE GARDEN • A World View • History • Evolution • Design • Practice • Plant and Planting • Furniture and Onament [M]. Auckland：Bateman, 1991

图 1-4　http：//oaks. nvg. org/sa5ra5. html

图 1-5　Alix Wilkinson. THE GARDEN IN ANCIENT EGPYT [M]. London：The Rubicon Press, 1998

图 1-6　http：//commons. wikimedia. org/wiki/File：Khephren-complexe-holscher. jpg

图 1-7　http：//commons. wikimedia. org/wiki/File：Tempel_der_Hatschepsut_(Deir-el-Bahari). jpg

图 1-8　Spiro Kostof. A HISTORY OF ARCHITECTURE Settings and Rituals [M]. 第二版. New York：Oxford University Press, 1995

图 1-9　http：//commons. wikimedia. org/wiki/File：Alig_Deir_el_Bahari_314. jpg

图 1-10　Alix Wilkinson, THE GARDEN IN ANCIENT EGPYT, London, The Rubicon Press, 1998

图 1-11　Spiro Kostof. A HISTORY OF ARCHITECTURE Settings and Rituals [M]. 第二版. New York：Oxford University Press, 1995

图 1-12　Alix Wilkinson. THE GARDEN IN ANCIENT EGPYT [M]. London：The Rubicon Press, 1998

图 1-13　Alix Wilkinson. THE GARDEN IN ANCIENT EGPYT [M]. London：The Rubicon Press, 1998

图 1-14　http：//en. wikipedia. org/wiki/File：Temple_Complex_at_Karnak. jpg

图 1-15　Spiro Kostof. A HISTORY OF ARCHITECTURE [M]. New York, Oxford：Oxford University, 1995

图 1-16　http：//zh. wikipedia. org/zh/File：1st_Pylon_Karnak_Temple. JPG

图 1-17　http：//en. wikipedia. org/wiki/File：Hypostyle_hall, _Karnak_temple. jpg

图 1-18　http：//commons. wikimedia. org/wiki/File：%C3%84gypten_Tempel_von_Karnak01. jpg

图 1-19　http：//commons. wikimedia. org/wiki/File：MaruAten. png

第 2 章

图 2-1　http：//en. wikipedia. org/wiki/Ziggurat

图 2-2　http：//commons. wikimedia. org/wiki/File：%C3%87em%C3%AA_Caferi. jpg

图 2-3　http：//commons. wikimedia. org/wiki/File：Adam_and_Eve_by_Lucas_Cranach_(I). jpg

图 2-4　John Michael Hunter. LAND INTO LANDSCAPE [M]. New York：Longman Inc. , 1985

图 2-5　John Michael Hunter. LAND INTO LANDSCAPE [M]. New York：Longman Inc. , 1985

图 2-6　John and Ray Oldham. GARDENS IN TIME [M]. Sydney：Lansdowne Press, 1980

图 2-7　http：//www. livius. org/a/iran/pasargadae/pasargadae_pavillion_b2. jpg

图 2-8　http：//travel. webshots. com/photo/2252254660089153772aYsqoX

图 2-9　http：//commons. wikimedia. org/wiki/File：Persepolis_T_Chipiez. jpg

图 2-10　http：//www. cais-soas. com/CAIS/Architecture/sasanian_palaces_islam. htm

第 3 章

图 3-1　http：//commons. wikimedia. org/wiki/File：Hephaisteion_2. jpg

图 3-2　http：//en. wikipedia. org/wiki/File：Nicolas_Poussin_052. jpg

图 3-3　http：//commons. wikimedia. org/wiki/File：Odysseus_and_Calypso. jpg

图 3-4　http：//commons. wikimedia. org/wiki/File：Caserta-reggia-15-4-05_177. jpg

图 3-5　http：//commons. wikimedia. org/wiki/File：Dionysos_Ariadne_Staatliche_Antikensammlungen_1562. jpg

图 3-6　http：//en. wikipedia. org/wiki/File：Women_Adonia_Louvre_CA1679. jpg

图 3-7　http：//commons. wikimedia. org/wiki/File：AcropolisFromAgora. JPG

图 3-8　http：//commons. wikimedia. org/wiki/File：Blouet_Olympie_1831. jpg

图 3-9　http：//en. wikipedia. org/wiki/File：Delphi_Composite. jpg

图 3-10　http：//commons. wikimedia. org/wiki/File：Olympia_DSC04314. JPG

图 3-11　丹·克鲁克香主编. 《弗莱彻建筑史(20 版原文版)》[M]. 北京：中国知识产权出版社、中国水利水电出版社，2001

图 3-12　丹·克鲁克香主编. 《弗莱彻建筑史(20 版原文版)》[M]. 北京：中国知识产权出版社、中国水利水电出版社，2001

图 3-13　http：//en. wikipedia. org/wiki/Olympia, _Greece

图 3-14　伊丽莎白·巴洛·罗杰斯著. 韩炳越、曹娟等译. 世界景观设计 [M]. 北京：中国林业出版社，2005

图 3-15　http：//commons. wikimedia. org/wiki/File：20090725_olympia21. jpg

图 3-16　http：//en. wikipedia. org/wiki/File：OlympicRaceTrackOlympia. JPG

图 3-17　杰弗瑞·杰里柯，苏珊·杰里柯著. 刘滨谊主译. 图解人类景观——环境塑造史论 [M]. 上海：同济大学出版社，2006

图 3-18　http：//en. wikipedia. org/wiki/File：Ancient_athletics_stadium_at_Delphi. JPG

图 3-19　http：//commons. wikimedia. org/wiki/File：Delphi_01_Ausgrabungsbereich. jpg

图 3-20　http：//commons. wikimedia. org/wiki/File：Athens_Plato_Academy_Archaeological_Site_4. jpg

图 3-21　http：//commons. wikimedia. org/wiki/File：Mosaique_romaine. jpg

图 3-22　http：//en. wikipedia. org/wiki/File：Modell_Pergamonmuseum. jpg

第 4 章

图 4-1　http：//en. wikipedia. org/wiki/File：Pont-du-gard-hubert-robert-1786. jpg

图 4-2　http：//commons. wikimedia. org/wiki/File：Pompeii-Street. jpg

图 4-3　丹·克鲁克香主编. 《弗莱彻建筑史(20 版原文版)》[M]. 北京：中国知识产权出版社、中国水利水电出版社，2001

图 4-4　http：//commons. wikimedia. org/wiki/File：Pompejanischer_Maler_um_10_20_001. jpg

图 4-5　Ehrenfried Kluckert. EUROPEN GARDEN DESIGN [M]. Cologne：Konemann, 2000

图 4-6　Spiro Kostof. A HISTORY OF ARCHITECTURE Settings and Rituals [M]. 第二版. New York：Oxford University Press, 1995

图 4-7　http：//commons. wikimedia. org/wiki/File：Vettii2_modified. jpg

图 4-8　http：//aarome. idra. info/result/id/sysid/472/page/67

图 4-9　http：//www. iona. edu/latin/plinius/plinyvilla. html

图 4-10　http：//www. iona. edu/latin/plinius/plinyvilla. h

图 4-11　John and Ray Oldham. GARDENS IN TIME [M]. Sydney：Lansdowne Press, 1980

图 4-12　Spiro Kostof. A HISTORY OF ARCHITECTURE [M]. New York, Oxford：Oxford University, 1995

图 4-13　约翰·B·沃德-珀金斯. 吴葱等译. 《罗马建筑》[M]. 北京：中国建筑工业出版社，1999

图 4-14   http：//courses. cit. cornell. edu /lanar5240 /EXINFO'10. html

图 4-15   http：//commons. wikimedia. org /wiki /File：Poikile_quadriportico_Villa_Adriana. jpg

图 4-16   http：//commons. wikimedia. org /wiki /File：Thermae_Villa_Adriana. jpg

图 4-17   http：//commons. wikimedia. org /wiki /File：Canope_praetorium_Villa_Adriana. jpg

图 4-18   http：//commons. wikimedia. org /wiki /File：Canopus_richting_serapium. jpg. JPG

图 4-19   http：//en. wikipedia. org /wiki /File：Lazio_Tivoli2_tango7174. jpg

图 4-20   http：//www. livius. org /ro-rz /rome /rome_baths_caracalla1. html

第 5 章

图 5-1   http：//en. wikipedia. org /wiki /File：Notre_Dame_dalla_Senna. jpg

图 5-2   http：//commons. wikimedia. org /wiki /File：Abbaye_de_Fontenay_14. jpg

图 5-3   Ehrenfried Kluckert. EUROPEN GARDEN DESIGN [M]. Cologne：Konemann，2000

图 5-4   http：//en. wikipedia. org /wiki /File：Rahn_Kloster_Sanct_Gallen_nach_Lasius. jpg

图 5-5   http：//commons. wikimedia. org /wiki /File：Canterbury_grass. jpg

图 5-6   http：//slulink. slu. edu /archives /digcoll /mssexhibit07 /manuscripts /eadwine. html

图 5-7   http：//en. wikipedia. org /wiki /File：Tower_1597. PNG

图 5-8   Ehrenfried Kluckert. EUROPEN GARDEN DESIGN [M]. Cologne：Konemann，2000

图 5-9   Howard Loxton. THE GARDEN ・A World View・History・Evolution・Design・Practice・Plant and Planting・Furni-
           ture and Onament [M]. Auckland：Bateman，1991

图 5-10   Ehrenfried Kluckert. EUROPEN GARDEN DESIGN [M]. Cologne：Konemann，2000

图 5-11   Sylvia Landsberg. THE MEDIEVAL GARDEN [M]. New York：Thames and Hudson，1996

图 5-12   Filippo Pizzoni. THE GARDEN A History in Landscape and Art [M]. London：Aurum Press，1999

图 5-13   http：//daintyballerina. blogspot. com /2010_03_01_archive. html

图 5-14   http：//en. wikipedia. org /wiki /Castle

图 5-15   Sylvia Landsberg. THE MEDIEVAL GARDEN [M]. New York：Thames and Hudson，1996

图 5-16   http：//reference. findtarget. com /search /Medieval%20hunting

图 5-17   Sylvia Landsberg. THE MEDIEVAL GARDEN [M]. New York：Thames and Hudson，1996

图 5-18   Howard Loxton. THE GARDEN ・A World View・History・Evolution・Design・Practice・Plant and Planting・Furni-
           ture and Onament [M]. Auckland：Bateman，1991

图 5-19   Filippo Pizzoni. THE GARDEN A History in Landscape and Art [M]. London：Aurum Press，1999

图 5-20   http：//daintyballerina. blogspot. com /2010_03_01_archive. html

图 5-21   Sylvia Landsberg. THE MEDIEVAL GARDEN [M]. New York：Thames and Hudson，1996

图 5-22   Sylvia Landsberg. THE MEDIEVAL GARDEN [M]. New York：Thames and Hudson，1996

第 6 章

图 6-1   http：//commons. wikimedia. org /wiki /File：Raphael_School_of_Athens. jpg

图 6-2   http：//en. wikipedia. org /wiki /File：Cafaggiolo_utens. jpg

图 6-3   http：//en. wikipedia. org /wiki /Villa_di_Careggi

图 6-4   http：//commons. wikimedia. org /wiki /File：Villa_di_Careggi,_giardino_2. JPG

图 6-5   Filippo Pizzoni. THE GARDEN A History in Landscape and Art [M]. London：Aurum Press，1999

图 6-6   http：//courses. cit. cornell. edu /lanar5240 /renaissance. html

图 6-7 http：//commons. wikimedia. org/wiki/File：Villa_Medici_a_Fiesole_1. jpg

图 6-8 http：//commons. wikimedia. org/wiki/File：Giovanni_antonio_dosio,_cortile_del_belvedere_secondo_il_progetto_del_Bramante. jpg

图 6-9 http：//courses. cit. cornell. edu/lanar5240/renaissance. html

图 6-10 Ehrenfried Kluckert. EUROPEN GARDEN DESIGN [M]. Cologne：Konemann, 2000

图 6-11 http：//en. wikipedia. org/wiki/File：Castello_utens. jpg

图 6-12 http：//en. wikipedia. org/wiki/File：Parco_di_Castello_5. JPG

图 6-13 http：//commons. wikimedia. org/wiki/Category：Gardens_of_the_Villa_di_Castello

图 6-14 http：//commons. wikimedia. org/wiki/Category：Grotto_of_animals_(Villa_di_Castello)

图 6-15 http：//commons. wikimedia. org/wiki/Category：Fountain_of_January_(Villa_di_Castello)

图 6-16 http：//commons. wikimedia. org/wiki/File：PICT0036_tivoli_villadeste_acqua. JPG

图 6-17 杰弗瑞·杰里柯，苏珊·杰里柯著. 刘滨谊主译. 图解人类景观——环境塑造史论 [M]. 上海：同济大学出版社，2006

图 6-18 http：//commons. wikimedia. org/wiki/Category：Villa_d%27Este_(Tivoli)

图 6-19 http：//commons. wikimedia. org/wiki/Category：Peschiere_di_Villa_d%27Este_(Tivoli)

图 6-20 http：//commons. wikimedia. org/wiki/File：010609_20_villadestedrago. JPG

图 6-21 http：//commons. wikimedia. org/wiki/Category：Cento_fontane_(Villa_d%27Este)

图 6-22 http：//commons. wikimedia. org/wiki/Category：Fontana_dell%27Ovato_(Villa_d%27Este)

图 6-23 http：//commons. wikimedia. org/wiki/Category：Fontana_della_Rometta_(Villa_d%27Este)

图 6-24 http：//commons. wikimedia. org/wiki/Category：Fontana_dell%27Abbondanza_(Tivoli)

图 6-25 http：//courses. cit. cornell. edu/lanar5240/renaissance. html

图 6-26 http：//commons. wikimedia. org/wiki/File：Villa_Lante_Jardins. jpg

图 6-27 http：//commons. wikimedia. org/wiki/File：Villa_Lante_(1). jpg

图 6-28 Howard Loxton. THE GARDEN ·A World View· History· Evolution· Design· Practice· Plant and Planting· Furniture and Onament [M]. Auckland：Bateman, 1991

图 6-29 http：//commons. wikimedia. org/wiki/File：Jardins_da_Villa_Lante_em_Bagnaia1. jpg

图 6-30 http：//picasaweb. google. com/lh/photo/3r7zcxdA9eWeyBD7WJTcxg

图 6-31 Ehrenfried Kluckert. EUROPEN GARDEN DESIGN [M]. Cologne：Konemann, 2000

图 6-32 Helena Attlee. ITALIAN GARDENS A Cultural History [M]. London：Frances Lincoln, 2006

图 6-33 Helena Attlee. ITALIAN GARDENS A Cultural History [M]. London：Frances Lincoln, 2006

图 6-34 http：//commons. wikimedia. org/wiki/Image：VillaDellaTorreChiesettaFumane. jpg? uselang=it

图 6-35 http：//en. wikipedia. org/wiki/Park_of_the_Monsters

图 6-36 http：//en. wikipedia. org/wiki/Park_of_the_Monsters

图 6-37 http：//en. wikipedia. org/wiki/Park_of_the_Monsters

图 6-38 http：//en. wikipedia. org/wiki/Park_of_the_Monsters

第 7 章

图 7-1 http：//en. wikipedia. org/wiki/File：Leuven_Sint-Michielskerk. jpg

图 7-2 张祖刚. 世界园林发展概论——走向自然的世界园林史图说 [M]. 北京：中国建筑工业出版社，2003

图 7-3 Ehrenfried Kluckert. EUROPEN GARDEN DESIGN [M]. Cologne：Konemann, 2000

图 7-4 http：//en. wikipedia. org/wiki/Saint_Peter's_Square

图 7-5 http：//commons. wikimedia. org/wiki/Maps_(Roma)

图 7-6 Ehrenfried Kluckert. EUROPEN GARDEN DESIGN [M]. Cologne：Konemann, 2000

图 7-7 Helena Attlee. ITALIAN GARDENS A Cultural History [M]. London：Frances Lincoln, 2006

图 7-8 Ehrenfried Kluckert. EUROPEN GARDEN DESIGN [M]. Cologne：Konemann, 2000

图 7-9 Helena Attlee. ITALIAN GARDENS A Cultural History [M]. London：Frances Lincoln, 2006

图 7-10 http：//www. forumviaggiatori. com/nord-italia-diari-e-foto-42/veneto-villa-barbarigo-valsanzibio-pd-2398. html

图 7-11 http：//en. wikipedia. org/wiki/Villa_Barbarigo_(Valsanzibio)

图 7-12 http：//commons. wikimedia. org/wiki/Villa_Doria-Pamphili

图 7-13 Ehrenfried Kluckert. EUROPEN GARDEN DESIGN [M]. Cologne：Konemann, 2000

图 7-14 http：//www. gardenvisit. com/history_theory/library_online_ebooks/ml_gothein_history_garden_art_design/frascati_villas

图 7-15 http：//en. wikipedia. org/wiki/File：Villa_Aldobrandini. jpg

图 7-16 Filippo Pizzoni. THE GARDEN A History in Landscape and Art [M]. London：Aurum Press, 1999

图 7-17 http：//imgpe. trivago. com/uploadimages/50/66/5066294_l. jpeg

图 7-18 http：//commons. wikimedia. org/wiki/Category：Boboli_Gardens

图 7-19 Helena Attlee. ITALIAN GARDENS A Cultural History [M]. London：Frances Lincoln, 2006

图 7-20 http：//commons. wikimedia. org/wiki/Category：Boboli_Gardens

图 7-21 http：//commons. wikimedia. org/wiki/Category：Boboli_Gardens

图 7-22 http：//commons. wikimedia. org/wiki/Category：Boboli_Gardens

图 7-23 Helena Attlee. ITALIAN GARDENS A Cultural History [M]. London：Frances Lincoln, 2006

图 7-24 http：//commons. wikimedia. org/wiki/Category：Boboli_Gardens

图 7-25 Ehrenfried Kluckert. EUROPEN GARDEN DESIGN [M]. Cologne：Konemann, 2000

图 7-26 http：//commons. wikimedia. org/wiki/Category：Villa_Garzoni

图 7-27 http：//commons. wikimedia. org/wiki/Category：Villa_Garzoni

图 7-28 伊丽莎白·巴洛·罗杰斯著. 韩炳越、曹娟等译. 世界景观设计 [M]. 北京：中国林业出版社, 2005

图 7-29 Ehrenfried Kluckert. EUROPEN GARDEN DESIGN [M]. Cologne：Konemann, 2000

图 7-30 Filippo Pizzoni. THE GARDEN A History in Landscape and Art [M]. London：Aurum Press, 1999

图 7-31 http：//commons. wikimedia. org/wiki/Category：Isola_Bella_(Stresa)

图 7-32 http：//commons. wikimedia. org/wiki/Category：Isola_Bella_(Stresa)

图 7-33 Helena Attlee. ITALIAN GARDENS A Cultural History [M]. London：Frances Lincoln, 2006

图 7-34 Filippo Pizzoni. THE GARDEN A History in Landscape and Art [M]. London：Aurum Press, 1999

图 7-35 http：//commons. wikimedia. org/wiki/Reggia_di_Caserta

图 7-36 http：//ale1980italy. wordpress. com/2009/08/16/verde-civilta/

图 7-37 http：//commons. wikimedia. org/wiki/Reggia_di_Caserta

图 7-38 http：//commons. wikimedia. org/wiki/Reggia_di_Caserta

图 7-39 http：//commons. wikimedia. org/wiki/File：Reggia_Caserta_Diana_03-09-08_f03. jpg

图 7-40 张祖刚. 世界园林发展概论——走向自然的世界园林史图说 [M]. 北京：中国建筑工业出版社, 2003

第 8 章

图 8-1 http：//commons. wikimedia. org/wiki/File：Chateau_de_Maions-Laffitte. JPG

图 8-2 http：//en. wikipedia. org/wiki/Louvre_Palace

图 8-3　http：//commons. wikimedia. org/wiki/File：Copie_de_Num%C3%A9riser0002. jpg

图 8-4　http：//commons. wikimedia. org/wiki/Ch%C3%A2teau_de_Chenonceau♯Gardens_and_park

图 8-5　http：//en. wikipedia. org/wiki/File：Chateau. Bury. png

图 8-6　郦芷若、朱建宁. 西方园林 [M]. 郑州：河南科学技术出版社，2002

图 8-7　http：//commons. wikimedia. org/wiki/File：Vaux-le-Vicomte_Garten. jpg

图 8-8　http：//lh4. ggpht. com/_jMkqG-m63-I/SfQyQUF2mNI/AAAAAAAAoLg/qAcIihCyT7A/P1000803. JPG

图 8-9　http：//commons. wikimedia. org/wiki/Category：Park_of_Versailles

图 8-10　伊丽莎白·巴洛·罗杰斯著. 韩炳越、曹娟等译. 世界景观设计 [M]. 北京：中国林业出版社，2005

图 8-11　http：//commons. wikimedia. org/wiki/File：Vase_vaux_le_vicomte. jpg

图 8-12　http：//commons. wikimedia. org/wiki/File：VauxleVicomte21. jpg

图 8-13　http：//commons. wikimedia. org/wiki/File：Vaux_gd_canal_vu_ouest. jpg

图 8-14　http：//commons. wikimedia. org/wiki/File：Fontainebleau_palace_area. jpg

图 8-15　http：//commons. wikimedia. org/wiki/File：Fontainebleau_with_gardens. jpg

图 8-16　http：//commons. wikimedia. org/wiki/File：Chateau_de_Fontainebleau_Pavillon. jpg

图 8-17　张祖刚. 世界园林发展概论——走向自然的世界园林史图说 [M]. 北京：中国建筑工业出版社，2003

图 8-18　http：//commons. wikimedia. org/wiki/Tuileries_Gardens

图 8-19　http：//commons. wikimedia. org/wiki/Tuileries_Gardens

图 8-20　陈志华. 外国造园艺术 [M]. 郑州：河南科学技术出版社，2001

图 8-21　http：//commons. wikimedia. org/wiki/File：Parc_chateau_versailles. jpg

图 8-22　http：//commons. wikimedia. org/wiki/File：Versailles_garden. JPG

图 8-23　http：//commons. wikimedia. org/wiki/File：Bassin_Apollon. jpg

图 8-24　http：//commons. wikimedia. org/wiki/Category：Bassin_de_Saturne,_ou_de_l%27Hiver

图 8-25　http：//commons. wikimedia. org/wiki/Category：Grand_Canal_de_Versailles

图 8-26　http：//commons. wikimedia. org/wiki/File：Midi. jpg

图 8-27　http：//commons. wikimedia. org/wiki/Category：Bassin_de_Neptune

图 8-28　http：//commons. wikimedia. org/wiki/File：Versailles-BosquetSalleBal. jpg

图 8-29　http：//commons. wikimedia. org/wiki/File：Colonnade1. jpg

图 8-30　http：//commons. wikimedia. org/wiki/Category：Bosquet_de_l%27Ob%C3%A9lisque

图 8-31　http：//commons. wikimedia. org/wiki/File：Bosquet_des_bains_d_appolon_du_chateau_de_versailles. jpg

第 9 章

图 9-1　http：//en. wikipedia. org/wiki/File：Shahmosque. jpg

图 9-2　伊丽莎白·巴洛·罗杰斯著. 韩炳越、曹娟等译. 世界景观设计 [M]. 北京：中国林业出版社，2005

图 9-3　Howard Loxton. THE GARDEN · A World View · History · Evolution · Design · Practice · Plant and Planting · Furniture and Onament [M]. Auckland：Bateman，1991

图 9-4　杰弗瑞·杰里柯，苏珊·杰里柯著. 刘滨谊主译. 图解人类景观——环境塑造史论 [M]. 上海：同济大学出版社，2006

图 9-5　http：//www. trekearth. com/gallery/Africa/Morocco/South/Marrakech/Marrakech/photo1001202. htm

图 9-6　http：//commons. wikimedia. org/wiki/Category：Mosque_of_Cordoba

图 9-7　http：//commons. wikimedia. org/wiki/Category：Mosque_of_Cordoba

图 9-8　Dušan Ogrin. THE WORLD HERITAGE OF GARDENS [M]. London, New York：Thames & Hudson，1993

图 9-9   http：//commons. wikimedia. org/wiki/La_Aljafer%C3%ADa，_Zaragoza

图 9-10   http：//commons. wikimedia. org/wiki/La_Aljafer%C3%ADa，_Zaragoza

图 9-11   Christa von Hantelmann. GARDENS OF DELIGHT The Great Islamic Gardens [M]. London：Dumonte Monte, 2001

图 9-12   约翰·D·霍格著. 杨昌鸣等译.《伊斯兰建筑》[M]. 北京：中国建筑工业出版社, 1999

图 9-13   http：//commons. wikimedia. org/wiki/Category：Alhambra

图 9-14   http：//commons. wikimedia. org/wiki/Category：Alhambra

图 9-15   http：//commons. wikimedia. org/wiki/Category：Alhambra

图 9-16   http：//commons. wikimedia. org/wiki/Category：Alhambra

图 9-17   http：//commons. wikimedia. org/wiki/Category：Alhambra

图 9-18   Dušan Ogrin. THE WORLD HERITAGE OF GARDENS [M]. London, New York：Thames & Hudson, 1993

图 9-19   http：//commons. wikimedia. org/wiki/Category：Alhambra

图 9-20   http：//www. iranica. com/articles/garden-ii

图 9-21   http：//tea-and-carpets. blogspot. com/2010_07_01_archive. html

图 9-22   杰弗瑞·杰里柯，苏珊·杰里柯著. 刘滨谊主译. 图解人类景观——环境塑造史论 [M]. 上海：同济大学出版社, 2006

图 9-23   http：//en. wikipedia. org/wiki/File：Naghshe_Jahan_Square_Isfahan_modified. jpg

图 9-24   http：//commons. wikimedia. org/wiki/File：Chehel_Sotoon. jpg

图 9-25   http：//commons. wikimedia. org/wiki/File：Colonnes_chehel_sotoun_esfahan. jpg

图 9-26   张祖刚. 世界园林发展概论——走向自然的世界园林史图说 [M]. 北京：中国建筑工业出版社, 2003

图 9-27   http：//commons. wikimedia. org/wiki/File：Hasht-behesht-1. jpg

图 9-28   约翰·D·霍格著. 杨昌鸣等译.《伊斯兰建筑》[M]. 北京：中国建筑工业出版社, 1999

图 9-29   http：//commons. wikimedia. org/wiki/File：Ankuri_Bagh_of_Agra_Fort. jpg

图 9-30   http：//commons. wikimedia. org/wiki/File：July_9_2005_-_The_Lahore_Fort-Sleeping_chamber_of_Jahangir_panoramic_view. jpg

图 9-31   http：//commons. wikimedia. org/wiki/File：July_9_2005_-_The_Lahore_Fort-Front_center_view_of_hall_of_special_audience. jpg

图 9-32   http：//commons. wikimedia. org/wiki/File：Anup_Talao_04. jpg

图 9-33   http：//commons. wikimedia. org/wiki/File：FatehpurSikriSultanal-20080212-6. jpg

图 9-34   http：//www. columbia. edu/itc/mealac/pritchett/00routesdata/1600_1699/redfortdelhi/redfortdrawings/murray-plan1901. jpg

图 9-35   http：//commons. wikimedia. org/wiki/File：Red_Fort,_Delhi_by_alexfurr. jpg

图 9-36   http：//commons. wikimedia. org/wiki/File：Delhi-redfort310. jpg

图 9-37   http：//en. wikipedia. org/wiki/File：Red_Fort_Delhi. jpg

图 9-38   http：//en. wikipedia. org/wiki/File：RedFortDelhi-Rang-Mahal-20080210-2. jpg

图 9-39   http：//commons. wikimedia. org/wiki/File：Transparent_marble. jpg

图 9-40   Christa von Hantelmann. GARDENS OF DELIGHT The Great Islamic Gardens [M]. London：Dumonte Monte, 2001

图 9-41   Christa von Hantelmann. GARDENS OF DELIGHT The Great Islamic Gardens [M]. London：Dumonte Monte, 2001

图 9-42   http：//commons. wikimedia. org/wiki/File：Shalimar_Gardens,_Kashmir. . jpg

图 9-43   http：//commons. wikimedia. org/wiki/File：Shalimar_gardens. jpg

图 9-44   http：//en. wikipedia. org/wiki/File：India_-_Srinagar_-_023_-_Nishat_Bagh_Mughal_Gardens. jpg

图 9-45   http：//en. wikipedia. org/wiki/File：India_-_Srinagar_-_032_-_sunset_at_Nishat_Bagh_Mughal_Gardens_HDR. jpg

图 9-46　Christa von Hantelmann, GARDENS OF DELIGHT The Great Islamic Gardens, London, Dumonte Monte, 2001

图 9-47　http：//commons. wikimedia. org/wiki /File：Shalamar_Garden_July_14_2005-East_and_west_gardens_of_the_third_level. jpg

图 9-48　http：//commons. wikimedia. org/wiki /File：Shalimar_garden2. JPG

图 9-49　http：//commons. wikimedia. org/wiki /File：Shalamar_Garden_July_14_2005-East_side_red_pavilion_on_second_level. jpg

图 9-50　http：//commons. wikimedia. org/wiki /File：Shalamar_Garden_July_14_2005-Pavilion_1. jpg

图 9-51　http：//en. wikipedia. org/wiki /File：Humayun-tomb. jpg

图 9-52　Dušan Ogrin. THE WORLD HERITAGE OF GARDENS [M]. London, New York：Thames & Hudson, 1993

图 9-53　Dušan Ogrin. THE WORLD HERITAGE OF GARDENS [M]. London, New York：Thames & Hudson, 1993

图 9-54　http：//en. wikipedia. org/wiki /File：Main_entrance_of_Akbar%27s_Tomb_complex_from_inside. jpg

图 9-55　http：//en. wikipedia. org/wiki /File：Jehangir_Tomb3. jpg

图 9-56　张祖刚. 世界园林发展概论——走向自然的世界园林史图说 [M]. 北京：中国建筑工业出版社，2003

图 9-57　http：//en. wikipedia. org/wiki /File：TajMahalbyAmalMongia. jpg

图 9-58　http：//en. wikipedia. org/wiki /File：Taj_Mahal-11. jpg

图 9-59　http：//www. eastwest-tours. com /tours_italy_croatia11. html

第 10 章

图 10-1　http：//en. wikipedia. org/wiki /File：Ch20_asago. jpg

图 10-2　http：//en. wikipedia. org/wiki /File：Seto_Inland_Sea. jpg

图 10-3　http：//commons. wikimedia. org/wiki /File：Naiku_01. JPG

图 10-4　Philip Cave. CREATING JAPANESE GARDENS [M]. London：Aurum Press, 1993

图 10-5　http：//en. wikipedia. org/wiki /File：Toshodaiji_Nara_Nara_pref01s5s4290. jpg

图 10-6　http：//en. wikipedia. org/wiki /File：Miniature_Model_of_HigashiSanjoDono. jpg

图 10-7　Philip Cave. CREATING JAPANESE GARDENS [M]. London：Aurum Press, 1993

图 10-8　日本建筑学会编. 《日本建筑史图集》[M]. 东京：彰国社刊，新订第一版，1980

图 10-9　http：//en. wikipedia. org/wiki /File：Nijo_Castle_1. jpg

图 10-10　http：//en. wikipedia. org/wiki /File：Katsura_Imperial_Villa. jpg

图 10-11　http：//en. wikipedia. org/wiki /File：ItsukushimaTorii7396. jpg

图 10-12　http：//en. wikipedia. org/wiki /File：Byodo-in_in_Uji. jpg

图 10-13　http：//en. wikipedia. org/wiki /File：Oizumi_ga_ike. jpg

图 10-14　张祖刚. 世界园林发展概论——走向自然的世界园林史图说 [M]. 北京：中国建筑工业出版社，2003

图 10-15　http：//en. wikipedia. org/wiki /File：Kinkaku3402CBcropped. jpg

图 10-16　http：//commons. wikimedia. org/wiki /File：Golden_Pavillion_2010_03_29_48. jpg

图 10-17　http：//en. wikipedia. org/wiki /File：Daitokuji_garden_217494652_73050b992a_o. jpg

图 10-18　Marc P. Keane. JAPANESE GARDEN DESIGN [M]. Rutland：C. E. Tuttle, 1996

图 10-19　http：//commons. wikimedia. org/wiki /File：20100717_Kyoto_Nijo_Castle_Garden_2714. jpg

图 10-20　http：//commons. wikimedia. org/wiki /File：Shugakuin_Imperial_Villa. jpg

图 10-21　http：//en. wikipedia. org/wiki /File：Ritsurin_park16s3200. jpg

图 10-22　Mitchell Bring and Josse Wayembergh. JAPANESE GARDENS Design and Meaning [M]. New York：McGraw-Hill Inc. , 1981

图 10-23 http：//en. wikipedia. org/wiki/File：Saihouji-kokedera02. jpg

图 10-24 http：//www. colby. edu/art/AR274/Week_6/Week_6. htm

图 10-25 http：//en. wikipedia. org/wiki/File：Tenryuji_Kyoto02s3s4500. jpg

图 10-26 http：//en. wikipedia. org/wiki/File：Tenryuji_Kyoto05s3s4592. jpg

图 10-27 Philip Cave. CREATING JAPANESE GARDENS [M]. London：Aurum Press, 1993

图 10-28 Philip Cave. CREATING JAPANESE GARDENS [M]. London：Aurum Press, 1993

图 10-29 http：//en. wikipedia. org/wiki/File：Golden_Pavillion_2010_03_29_32. jpg

图 10-30 http：//commons. wikimedia. org/wiki/File：Kinkakujiryumonnotaki. jpg

图 10-31 Mitchell Bring and Josse Wayembergh. JAPANESE GARDENS Design and Meaning [M]. New York：McGraw-Hill Inc. , 1981

图 10-32 http：//commons. wikimedia. org/wiki/File：Ginkakuji-M1981. jpg

图 10-33 http：//travel. webshots. com/photo/1465772462079195331fFcHcF

图 10-34 Marc P. Keane. JAPANESE GARDEN DESIGN [M]. Rutland：C. E. Tuttle, 1996

图 10-35 Dušan Ogrin. THE WORLD HERITAGE OF GARDENS [M]. London, New York：Thames & Hudson, 1993

图 10-36 http：//en. wikipedia. org/wiki/File：Ryoanji3361. jpg

图 10-37 http：//en. wikipedia. org/wiki/File：Ryoanji_rock_garden_close_up. jpg

图 10-38 Dušan Ogrin. THE WORLD HERITAGE OF GARDENS [M]. London, New York：Thames & Hudson, 1993

图 10-39 http：//www. japanfocus. org/-Vivian-Blaxell/3386

图 10-40 Dušan Ogrin. THE WORLD HERITAGE OF GARDENS [M]. London, New York：Thames & Hudson, 1993

图 10-41 http：//nob-asai. cocolog-nifty. com/blog/cat20304716/index. html

图 10-42 1981 Mitchell Bring and Josse Wayembergh. JAPANESE GARDENS Design and Meaning [M]. New York：McGraw-Hill Inc. , 1981

图 10-43 http：//en. wikipedia. org/wiki/File：Daisen-in2. jpg

图 10-44 http：//donnawatsonart. blogspot. com/2009_11_01_archive. html

图 10-45 http：//www. flickr. com/photos/lao_ren100/2529907728/

图 10-46 http：//commons. wikimedia. org/wiki/File：Daisen-in2_(1). jpg

图 10-47 大桥治三、斋藤中一编. 黎雪梅译. 日本庭园设计 105 例 [M]. 北京：中国建筑工业出版社, 2004

图 10-48 http：//www. omotesenke. jp/chanoyu/4_1_10. html

图 10-49 http：//www. omotesenke. com/

图 10-50 日本建筑学会编. 《日本建筑史图集》[M]. 东京：彰国社刊, 新订第一版, 1980

图 10-51 大桥治三、斋藤中一编. 黎雪梅译. 日本庭园设计 105 例 [M]. 北京：中国建筑工业出版社, 2004

图 10-52 Marc P. Keane. JAPANESE GARDEN DESIGN [M]. Rutland：C. E. Tuttle, 1996

图 10-53 日本建筑学会编. 《日本建筑史图集》[M]. 东京：彰国社刊, 新订第一版, 1980

图 10-54 http：//en. wikipedia. org/wiki/File：Katsura_Imperial_Villa_in_Spring. JPG

图 10-55 http：//en. wikipedia. org/wiki/File：Katsura_Imperial_Villa. jpg

图 10-56 http：//en. wikipedia. org/wiki/File：Katsurarikyu01. jpg

图 10-57 http：//en. wikipedia. org/wiki/File：Geppa-ro. jpg

图 10-58 http：//en. wikipedia. org/wiki/File：Daisen-in. JPG

图 10-59 Dušan Ogrin. THE WORLD HERITAGE OF GARDENS [M]. London, New York：Thames & Hudson, 1993

图 10-60 Dušan Ogrin. THE WORLD HERITAGE OF GARDENS [M]. London, New York：Thames & Hudson, 1993

图 10-61 Dušan Ogrin. THE WORLD HERITAGE OF GARDENS [M]. London, New York：Thames & Hudson, 1993

图 10-62 http：//commons. wikimedia. org/wiki/File：Kinkaku-ji_pagode_genoemd_naar_de_witte_slang. JPG

图 10-63 Philip Cave. CREATING JAPANESE GARDENS [M]. London：Aurum Press, 1993

图 10-64 Marc P. Keane. JAPANESE GARDEN DESIGN [M]. Rutland：C. E. Tuttle, 1996

图 10-65 Philip Cave. CREATING JAPANESE GARDENS [M]. London：Aurum Press, 1993

第 11 章

图 11-1 张祖刚. 世界园林发展概论——走向自然的世界园林史图说 [M]. 北京：中国建筑工业出版社, 2003

图 11-2 http：//commons. wikimedia. org/wiki/File：Huis_ter_Nieuburg. jpg

图 11-3 http：//en. wikipedia. org/wiki/File：Plan_mediaeval_manor. jpg

图 11-4 http：//commons. wikimedia. org/wiki/File：Widecombe_in_the_Moor,_Devon. jpg

图 11-5 http：//commons. wikimedia. org/wiki/File：Claude_Lorrain_013. jpg

图 11-6 http：//en. wikipedia. org/wiki/File：Cottonopolis1. jpg

图 11-7 http：//uwdc. library. wisc. edu/collections/DLDecArts/TextAbout

图 11-8 http：//commons. wikimedia. org/wiki/File：Villa_Durazzo-Pallavicini_-_Chinese_pagoda. JPG

图 11-9 http：//commons. wikimedia. org/wiki/File：Pawilon_Chi%C5%84ski_Tirregaille. jpg

图 11-10 http：//en. wikipedia. org/wiki/File：Matteo_Ripa001_-_Morning_Glow_on_the_Western_Ridge. jpg

图 11-11 Timothy Mowl. GENTLEMEN AND PLAYERS Gardeners of the English Landscape [M]. Stroud：Sutton Publishing, 2000

图 11-12 Andrea Wulf and Emma Gieben-Gamal. THIS OTHER EDEN Seven Great Gardens and Three Hundred Years of English History [M]. London：Little Brown, 2005

图 11-13 http：//sisu. typepad. com/sisu/2006/04/royal_crescent_. html

图 11-14 http：//en. wikipedia. org/wiki/File：The_Rotunda,_Stowe_-_geograph. org. uk_-_886659. jpg

图 11-15 http：//en. wikipedia. org/wiki/File：The_Cascade,_Chiswick_House_-_geograph. org. uk_-_8982. jpg

图 11-16 陈志华. 外国造园艺术 [M]. 郑州：河南科学技术出版社, 2001

图 11-17 http：//commons. wikimedia. org/wiki/File：The_Temple_of_Ancient_Virtue,_Stowe_Landscape_Garden,_Buckinghamshire_-_geograph. org. uk_-_308683. jpg

图 11-18 John Dixon Hunt. THE PICTURESQUE GARDEN IN EUROPE [M]. London：Thames & Hudson, 2002

图 11-19 http：//www. proprofs. com/flashcards/cardshowall. php? title=art-history-slide-id

图 11-20 http：//en. wikipedia. org/wiki/File：Stourhead_Bridge3. jpg

图 11-21 http：//www. chinaoilpainting. com/htmlimg/image-48606. htm

图 11-22 http：//www. bl. uk/onlinegallery/features/gardens/shenstonelge. html

图 11-23 http：//en. wikipedia. org/wiki/File：Blenheim_cascade. jpg

图 11-24 郦芷若、朱建宁. 西方园林 [M]. 郑州：河南科学技术出版社, 2002

图 11-25 http：//upload. wikimedia. org/wikipedia/commons/d/d3/Grand_Bridge_and_Blenheim_Palace_from_the_North-west._-_geograph. org. uk_-_138101. jpg

图 11-26 http：//en. wikipedia. org/wiki/File：Sheffield_Park_Panorama. jpg

图 11-27 http：//commons. wikimedia. org/wiki/File：Bowood_House_2_(1). jpg

图 11-28 张祖刚. 世界园林发展概论——走向自然的世界园林史图说 [M]. 北京：中国建筑工业出版社, 2003

图 11-29 Ehrenfried Kluckert. EUROPEN GARDEN DESIGN [M]. Cologne：Konemann, 2000

图 11-30 http：//commons. wikimedia. org/wiki/File：Stowe_Gothic_Temple. jpg

图 11-31 http：//en. wikipedia. org/wiki/File：Painshill-Abbey. jpg

图 11-32   Roger Phillips and Nick Foy. A PHOTOGAPHIC GARDEN HISTORY [M]. London：Macmillan, 1995

图 11-33   http：//en. wikipedia. org/wiki/File：Painshill_Park_013_Grotto. JPG

图 11-34   John Dixon Hunt. THE PICTURESQUE GARDEN IN EUROPE [M]. London：Thames & Hudson, 2002

图 11-35   http：//en. wikipedia. org/wiki/File：Dido%27s_Cave, _Stowe_Landscape_Gardens_-_geograph. org. uk_-_837813. jpg

图 11-36   John Dixon Hunt. THE PICTURESQUE GARDEN IN EUROPE [M]. London：Thames & Hudson, 2002

图 11-37   Patrick Taylor. THE GARDENS OF BRITAIN & IRELAND [M]. London：Dorling Kindersley, 2003

图 11-38   John Dixon Hunt. THE PICTURESQUE GARDEN IN EUROPE [M]. London：Thames & Hudson, 2002

图 11-39   http：//en. wikipedia. org/wiki/File：Kew_Gardens_Pagoda. jpg

图 11-40   http：//commons. wikimedia. org/wiki/File：Salvator_Rosa, _Jacob%E2%80%99s_Dream, _c. _1665, _oil_on_canvas. jpg

图 11-41   Timothy Mowl. GENTLEMEN AND PLAYERS Gardeners of the English Landscape [M]. Stroud：Sutton Publishing, 2000

图 11-42   Timothy Mowl. GENTLEMEN AND PLAYERS Gardeners of the English Landscape [M]. Stroud：Sutton Publishing, 2000

图 11-43   Timothy Mowl. GENTLEMEN AND PLAYERS Gardeners of the English Landscape [M]. Stroud：Sutton Publishing, 2000

图 11-44   http：//commons. wikimedia. org/wiki/File：Grotto_Hill, _Hawkstone_Park_-_geograph. org. uk_-_1505731. jpg

图 11-45   http：//en. wikipedia. org/wiki/File：Bolwick_Hall_Lake. JPG

图 11-46   http：//commons. wikimedia. org/wiki/File：Bolwick_Hall_1. JPG

图 11-47   伊丽莎白·巴洛·罗杰斯著. 韩炳越、曹娟等译. 世界景观设计 [M]. 北京：中国林业出版社, 2005

图 11-48   伊丽莎白·巴洛·罗杰斯著. 韩炳越、曹娟等译. 世界景观设计 [M]. 北京：中国林业出版社, 2005

图 11-49   John Dixon Hunt. THE PICTURESQUE GARDEN IN EUROPE [M]. London：Thames & Hudson, 2002

图 11-50   http：//www. infobritain. co. uk/alexander_pope_biography_and_visits. htm

图 11-51   http：//www. americangardening. net/blog1/? p = 1190

图 11-52   杰弗瑞·杰里柯, 苏珊·杰里柯著. 刘滨谊主译. 图解人类景观——环境塑造史论 [M]. 上海：同济大学出版社, 2006

图 11-53   http：//commons. wikimedia. org/wiki/File：The_Carrmire_Gate, _Castle_Howard_-_geograph. org. uk_-_210908. jpg

图 11-54   http：//commons. wikimedia. org/wiki/File：England1_144. jpg

图 11-55   http：//commons. wikimedia. org/wiki/File：The_Temple_of_the_Four_Winds_-_geograph. org. uk_-_1197910. jpg

图 11-56   http：//commons. wikimedia. org/wiki/File：The_Pyramid, _Castle_Howard_-_geograph. org. uk_-_1134429. jpg

图 11-57   John Dixon Hunt. THE PICTURESQUE GARDEN IN EUROPE [M]. London：Thames & Hudson, 2002

图 11-58   John Dixon Hunt. THE PICTURESQUE GARDEN IN EUROPE [M]. London：Thames & Hudson, 2002

图 11-59   http：//en. wikipedia. org/wiki/File：Stowe_Park_Palladian_bridge. jpg

图 11-60   伊丽莎白·巴洛·罗杰斯著. 韩炳越、曹娟等译. 世界景观设计 [M]. 北京：中国林业出版社, 2005

图 11-61   http：//en. wikipedia. org/wiki/File：Stowe_House_03. jpg

图 11-62   Andrea Wulf and Emma Gieben-Gamal. THIS OTHER EDEN Seven Great Gardens and Three Hundred Years of English History [M]. London：Little Brown, 2005

图 11-63   编者参有关书籍插图绘制

图 11-64   http：//www. geograph. org. uk/photo/1180732

图 11-65   http：//commons. wikimedia. org/wiki/File：Rousham_House_7. jpg

图 11-66   Timothy Mowl. GENTLEMEN AND PLAYERS Gardeners of the English Landscape [M]. Stroud：Sutton

Publishing，2000

图 11-67　http：//images. francisfrith. com /townmaps /600 /HOSM71088. jpg

图 11-68　编者参有关书籍插图绘制

图 11-69　http：//commons. wikimedia. org /wiki /File：Stourhead_Gardens_in_the_spring_-_geograph. org. uk_-_65781. jpg

图 11-70　http：//commons. wikimedia. org /wiki /File：The_Turf_Bridge，_Stourhead_-_geograph. org. uk_-_206992. jpg

图 11-71　http：//commons. wikimedia. org /wiki /File：Stourhead_-_Pont_pal％C2％B7ladi％C3％A0. JPG

图 11-72　http：//commons. wikimedia. org /wiki /File：Stourhead05. jpg

图 11-73　编者参有关书籍插图绘制

图 11-74　http：//www. search. secretshropshire. org. uk /engine /resource /default. asp? theme ＝ & originator ＝ ％ 2Fengine ％ 2Ftheme％ 2Fdefault. asp & page ＝ 8 & records ＝ 9610 & direction ＝ 2 & pointer ＝ 14531 & text ＝ 0 & resource ＝ 15843

图 11-75　http：//www. romtext. cf. ac. uk /articles /cc05_n01. html

图 11-76　Andrea Wulf and Emma Gieben-Gamal. THIS OTHER EDEN Seven Great Gardens and Three Hundred Years of English History [M]. London：Little Brown，2005

图 11-77　http：//commons. wikimedia. org /wiki /File：Hawkstone_Park_-_geograph. org. uk_-_1498733. jpg

图 11-78　http：//commons. wikimedia. org /wiki /File：Hawkstone_Park_-_geograph. org. uk_-_1502272. jpg

图 11-79　http：//commons. wikimedia. org /wiki /File：Grotto_Hill，_Hawkstone_Park_-_geograph. org. uk_-_1501558. jpg

图 11-80　http：//commons. wikimedia. org /wiki /File：The _ Swiss _ Bridge _ from _ below，_ Hawkstone _ Park _ - _ geograph. org. uk_-_1502277. jpg

图 11-81　http：//commons. wikimedia. org /wiki /File：The_Grotto，_Hawkstone_Park_-_geograph. org. uk_-_1505717. jpg

图 11-82　Andrea Wulf and Emma Gieben-Gamal. THIS OTHER EDEN Seven Great Gardens and Three Hundred Years of English History [M]. London：Little Brown，2005

第 12 章

图 12-1　http：//commons. wikimedia. org /wiki /File：Versailles，_studio_del_delfino_01. JPG

图 12-2　http：//www. barcelonaphotoblog. com /2006 /09 /parc-del-laberint-or-laberynth-park-in. html

图 12-3　http：//en. wikipedia. org /wiki /File：General_Map_-_Parc_del_Laberint_d％E2％80％99Horta_-_Barcelona. svg

图 12-4　http：//commons. wikimedia. org /wiki /File：Staircase_-_Parc_del_Laberint_d％E2％80％99Horta_-_Barcelona. jpg

图 12-5　http：//www. flickr. com /photos /9848108@N06 /5351545189 /

图 12-6　http：//commons. wikimedia. org /wiki /File：1001. Schlo％C3％9F_Sanssouci(frz. sans_souci_％3D_ohne_Sorge)_am_Hang_eines_Weinberg_1745-1747_Steffen_Heilfort. JPG

图 12-7　http：//commons. wikimedia. org /wiki /File：2001. Gitterpavillon_ verziert _mit_ vergoldeten _ Sonnen _ und _ Instrumenten(1775)-Sanssouci-Steffen_Heilfort. JPG

图 12-8　http：//en. wikipedia. org /wiki /File：Chinesisches_Haus_Sanssouci. jpg

图 12-9　截取自陈志华. 外国造园艺术 [M]. 郑州：河南科学技术出版社，2001

图 12-10　杰弗瑞·杰里柯，苏珊·杰里柯著. 刘滨谊主译. 图解人类景观——环境塑造史论 [M]. 上海：同济大学出版社，2006

图 12-11　http：//commons. wikimedia. org /wiki /File：Marie_Antoinette_amusement_at_Versailles. JPG

图 12-12　http：//en. wikipedia. org /wiki /File：Bowood_House. jpg

图 12-13　http：//commons. wikimedia. org /wiki /File：Bowood_House_1. jpg

图 12-14 http：//commons. wikimedia. org/wiki/File：Herrenhausen_Kupferstich. jpg

图 12-15 http：//commons. wikimedia. org/wiki/File：Nymphenburg_Gesamtplan_-_nach_Cuvillies_d. J. , _1772

图 12-16 http：//commons. wikimedia. org/wiki/File：Nymphenburg_Plan_Landschaftspark, _Emmert, _um_1837. jpg

图 12-17 http：//en. wikipedia. org/wiki/File：Park_Nymphenburg. JPG

图 12-18 http：//commons. wikimedia. org/wiki/File：Saltzmann-Plan_Sanssouci. jpg

图 12-19 杰弗瑞·杰里柯，苏珊·杰里柯著. 刘滨谊主译. 图解人类景观——环境塑造史论 [M]. 上海：同济大学出版社，2006

图 12-20 http：//en. wikipedia. org/wiki/File：Bergpark_wilhelmshoehe_talblick_ds_05_2006. jpg

图 12-21 http：//en. wikipedia. org/wiki/File：Petergof_canal. JPG

图 12-22 http：//en. wikipedia. org/wiki/File：PeterhofGrandCascade. JPG

图 12-23 http：//commons. wikimedia. org/wiki/File：Peterhof_interior_sleeping_room_20021011. jpg

图 12-24 http：//commons. wikimedia. org/wiki/File：Peterhof_East_Chapel_01. jpg

图 12-25 http：//en. wikipedia. org/wiki/File：Summer_Garden_(Zubov). jpg

图 12-26 http：//en. wikipedia. org/wiki/File：Field_of_Mars_(Saint_Petersburg)_overhead. JPG

图 12-27 http：//en. wikipedia. org/wiki/File：Martynov_Summer_Palace_of_Peter_I_1809. jpg

图 12-28 http：//en. wikipedia. org/wiki/File：Autumn_and_yellow_birch_and_still_river_Pavlovsk. jpg

图 12-29 http：//en. wikipedia. org/wiki/File：PavlovskPalace_temple. jpg

图 12-30 http：//en. wikipedia. org/wiki/File：SPB_Admiralty_1890-1900. jpg

图 12-31 http：//en. wikipedia. org/wiki/File：Orto_dei_semplici_PD_01. jpg

图 12-32 http：//commons. wikimedia. org/wiki/File：Jardin_du_roi_1636. png

图 12-33 http：//en. wikipedia. org/wiki/File：Jardin_des_plantes. jpg

图 12-34 http：//commons. wikimedia. org/wiki/File：Kew_Szikla. jpg

图 12-35 http：//commons. wikimedia. org/wiki/File：Water_lily_pond, _Kew_Gardens_-_geograph. org. uk_-_176645. jpg

图 12-36 http：//commons. wikimedia. org/wiki/File：Serres_jardin_des_plantes. JPG

图 12-37 伊丽莎白·巴洛·罗杰斯著. 韩炳越、曹娟等译. 世界景观设计 [M]. 北京：中国林业出版社，2005

图 12-38 http：//en. wikipedia. org/wiki/File：Green_Park_and_St. _James%27s_Park_London_from_1833_Sc

图 12-39 http：//en. wikipedia. org/wiki/File：St_James%27s_Park_mall1745. jpg

图 12-40 杰弗瑞·杰里柯，苏珊·杰里柯著. 刘滨谊主译. 图解人类景观——环境塑造史论 [M]. 上海：同济大学出版社，2006

图 12-41 http：//commons. wikimedia. org/wiki/File：Buttes_Chaumont_GC. JPG

图 12-42 http：//en. wikipedia. org/wiki/File：Birkenhead_Park. jpg

图 12-43 杰弗瑞·杰里柯，苏珊·杰里柯著. 刘滨谊主译. 图解人类景观——环境塑造史论 [M]. 上海：同济大学出版社，2006

图 12-44 http：//en. wikipedia. org/wiki/File：Rockefeller_Center_view_panoramic. jpg

图 12-45 http：//upload. wikimedia. org/wikipedia/commons/f/f5/Centralpark_20040520_121402_1. 1504. jpg

图 12-46 http：//en. wikipedia. org/wiki/File：Grand_canyon_of_yellowstone. JPG

图 12-47 http：//en. wikipedia. org/wiki/File：Mountain_meadow_at_Yellowstone_National_Park_Picture_1196. jpg

图 12-48 http：//www. gardenvisit. com/history_theory/library_online_ebooks/ml_gothein_history_garden_art_design/american_colonial_gardens_nineteenth_century

图 12-49 http：//www. archeologymapping. com/mtvernon. htm

图 12-50 http：//commons. wikimedia. org/wiki/File：Victor_DeGrailly-Tomb_at_Mt_Vernon. jpg

图 12-51　杨滨章. 外国园林史 [M]. 哈尔滨：东北林业大学出版社，2003
图 12-52　http：//commons. wikimedia. org/wiki/File：Backpalace_Williamsburg_Virginia. jpg
图 12-53　http：//www. gardenvisit. com/garden/colonial_williamsburg_gardens
图 12-54　http：//en. wikipedia. org/wiki/File：Andrew_Jackson_Downing_-_Cottage_Residences_（1842），_Design_II. jpg
　　　　　以及 http：//wikipedia. org/wiki/File：Andrew_Jackson _ Dowring_-_Cottage_Residences_Design_Vi. jpg

主 要 参 考 文 献

[1] 阿尔伯蒂著. 王贵祥，赵复三译. 建筑论——阿尔伯蒂建筑十书 [M]. 北京：中国建筑工业出版社，2009.

[2] Alix Wilkinson. THE GARDEN IN ANCIENT EGPYT [M]. London：The Rubicon Press，1998.

[3] Andrea Wulf and Emma Gieben-Gamal. THIS OTHER EDEN Seven Great Gardens and Three Hundred Years of English History [M]. London：Little Brown，2005.

[4] Beatrix Saule. VAERSAILLES GARDENS [M]. New York：Vedome Press，2002.

[5] 彼得·李伯庚著. 赵复三译. 欧洲文化史 [M]. 上海：上海社会科学出版社，2003.

[6] 布克哈特著. 何新译. 意大利文艺复兴时期的文化 [M]. 北京：商务印书馆，1979.

[7] 薄伽丘著. 王永年译. 十日谈 [M]. 北京：人民美术出版社，1994.

[8] 陈志华. 外国古代建筑史 [M]. 第三版. 北京：中国建筑工业出版社，2004.

[9] 陈志华. 外国造园艺术 [M]. 郑州：河南科学技术出版社，2001.

[10] Christa von Hantelmann. GARDENS OF DELIGHT The Great Islamic Gardens [M]. London：Dumonte Monte，2001.

[11] Christopher Thacker. HISTORY OF GARDENS [M]. Berkely and Los Angeles：University of California Press，1979.

[12] 大桥治三、斋藤中一编. 黎雪梅译. 日本庭园设计105例 [M]. 北京：中国建筑工业出版社，2004.

[13] 丹·克鲁克香主编.《弗莱彻建筑史(20版原文版)》[M]. 北京：中国知识产权出版社、中国水利水电出版社，2001.

[14] 丹·克鲁克香主编.《弗莱彻建筑史(20版原文版)》[M]. 北京：中国知识产权出版社、中国水利水电出版社，2001.

[15] 丹纳著. 傅雷译. 艺术哲学 [M]. 北京：人民文学出版社，1983.

[16] Dušan Ogrin. THE WORLD HERITAGE OF GARDENS [M]. London，New York：Thames & Hudson，1993.

[17] Edith Wharton and Maxfield Parrish. ITALIAN VILLAS AND THEIR GARDENS [M]. New York：Capo Press，1988.

[18] Ehrenfried Kluckert. EUROPEN GARDEN DESIGN [M]. Cologne：Konemann，2000.

[19] 范明生. 西方美学通史(第三卷，十七～十八世纪美学) [M]. 上海：上海文艺出版社，1999.

[20] Filippo Pizzoni. THE GARDEN A History in Landscape and Art [M]. London：Aurum Press，1999.

[21] 弗朗西斯·D·K·钦著. 邹德侬、方千里译. 建筑：形式·空间和秩序 [M]. 北京：中国建筑工业出版社，1987.

[22] 葛桂录. 雾外的远音——英国作家与中国文化 [M]. 银川：宁夏人民出版社，2002.

[23] 荷马著. 陈中梅译. 奥德赛 [M]. 广州：花城出版社，1994.

[24] 荷马. 陈中梅译. 伊利亚特 [M]. 广州：花城出版社，1994.

[25] Helena Attlee. ITALIAN GARDENS A Cultural History [M]. London：Frances Lincoln，2006.

[26] 赫德逊著. 王遵仲等译. 欧洲与中国 [M]. 北京：中华书局，1995.

[27] Howard Loxton. THE GARDEN · A World View · History · Evolution · Design · Practice · Plant and Planting · Furniture and Onament [M]. Auckland：Bateman，1991.

[28] 胡家峦. 文艺复兴时期英国诗歌与园林传统 [M]. 北京：北京大学出版社，2008.

[29] Ian Thompson. THE SUN KING'S GARDEN Louis XIV，Andre Le Notre and the Creation of the Gardens of Versailles [M]. London：Bloomsbury，2006.

[30] Jean-Pierre Babelon and Hic Chamblas-Ploton. CLASSIC GARDENS The French Style [M]. London：Thames & Hudson，2000.

[31] Geoffrey Alan Jellicoe and Susan Jellicoe. THE LANDSCAPE OF MAN Shaping the Environment from Prehistory to the Present Day [M]. London：Thames and Hudson，1987.

[32] 杰弗瑞·杰里柯，苏珊·杰里柯著. 刘滨谊主译. 图解人类景观——环境塑造史论 [M]. 上海：同济大学出版社，2006（[31] 的中译本）.

[33] John and Ray Oldham. GARDENS IN TIME [M]. Sydney：Lansdowne Press，1980.

[34] John Michael Hunter. LAND INTO LANDSCAPE [M]. New York：Longman Inc.，1985.

[35] John Dixon Hunt. THE PICTURESQUE GARDEN IN EUROPE [M]. London：Thames & Hudson，2002.

[36] Julia Berrall. THE GARDEN，An Illustrated History [M]. New York：The Viking Press，1966.

[37] Laurence Fleming and Alan Gore. THE ENGLISH GARDEN [M]. London：Michele Joseph Ltd.，1979.

[38] 郦芷若、朱建宁. 西方园林 [M]. 郑州：河南科学技术出版社，2002.

[39] 利奇温著. 朱杰勤译. 十八世纪中国与欧洲文化的接触 [M]. 北京：商务印书馆，1991.

[40] 刘庭风. 日本园林教程 [M]. 天津：天津大学出版社，2005.

[41] 罗素. 崔权醴译. 西方的智慧 [M]. 北京：文化艺术出版社，2004.

[42] 罗照辉等. 东方佛教文化 [M]. 西安：陕西人民出版社，1986.

[43] 马德琳·梅因斯通、罗兰·梅因斯通、斯蒂芬·琼斯著. 钱乘旦、罗通秀译. 剑桥艺术史（2） [M]. 北京：中国青年出版社，1994.

[44] 马坚译. 古兰经 [M]. 北京：中国社会科学出版社，1996.

[45] 马可波罗著. 冯承钧译. 马可波罗行记 [M]. 北京：东方出版社，2007.

[46] Marc P. Keane. JAPANESE GARDEN DESIGN [M]. Rutland：C. E. Tuttle，1996.

[47] 弥尔顿. 朱维之译. 失乐园 [M]. 长春：吉林出版集团有限公司，2007.

[48] Mitchell Bring and Josse Wayembergh. JAPANESE GARDENS Design and Meaning [M].

New York：McGraw-Hill Inc.，1981.

[49] Monique Mosser and Georges Teyssot. THE HISTORY OF GARDEN DESIGN The Western Tradition From The Renaissance To The Present Day ［M］. London：Thames & Hudson，2000.

[50] 帕瑞克·纽金斯著. 世界建筑艺术史. 顾孟潮等译. ［M］. 合肥：安徽科学技术出版社，1990.

[51] Patrick Taylor. THE GARDENS OF BRITAIN & IRELAND［M］. London：Dorling Kindersley，2003.

[52] 培根著. 东旭等译. 培根论说文集［M］. 海口：海南出版社，1995.

[53] 培根著. 许宝骙译. 新工具［M］. 北京：商务印书馆，2005.

[54] Penelope Hobhous. THE STORY OF GARDENING［M］. London：Dorling Kin5ersley，2002.

[55] 彭一刚. 建筑空间组合论［M］. 北京：中国建筑工业出版社，1983.

[56] 彭一刚. 中国古典园林分析［M］. 北京：中国建筑工业出版社，1986.

[57] Philip Cave. CREATING JAPANESE GARDENS［M］. London：Aurum Press，1993.

[58] Roger Phillips and Nick Foy. A PHOTOGAPHIC GARDEN HISTORY［M］. London：Macmillan，1995.

[59] Roy Hay and Patrick M. Synge. THE COLOUR DICTIONARY OF GARDEN PLANTS［M］. London：Penguin Books，1969.

[60] Spiro Kostof. A HISTORY OF ARCHITECTURE Settings and Rituals［M］. New York，Oxford：Oxford University Press，1995.

[61] 斯塔夫里阿诺. 吴象婴等译. 全球通史，从史前史到21世纪［M］. 北京：北京大学出版社，2006.

[62] 苏珊·伍德、安尼·谢弗-克兰德尔、罗莎·玛丽亚·莱茨著. 钱乘旦、罗通秀译. 剑桥艺术史(1)［M］. 北京：中国青年出版社，1994.

[63] 苏雪痕. 植物造景［M］. 北京：中国林业出版，1994.

[64] Sylvia Landsberg. THE MEDIEVAL GARDEN［M］. New York：Thames and Hudson，1996.

[65] 唐纳德·雷诺兹、罗斯玛丽·兰伯特、苏珊·伍德著. 钱乘旦、罗通秀译. 剑桥艺术史(3)［M］. 北京：中国青年出版社，1994.

[66] Timothy Mowl. GENTLEMEN AND PLAYERS Gardeners of the English Landscape［M］. Stroud：Sutton Publishing，2000.

[67] 樋口清之. 王彦良等译. 日本人与日本文化［M］. 天津：南开大学出版社，1989.

[68] 托伯特·哈特林著. 邹德侬译. 建筑形式美的原则［M］. 北京：中国建筑工业出版社，1982.

[69] 维特鲁威著. 高履泰译. 建筑十书［M］. 北京：中国建筑工业出版社，1986.

[70] 杨滨章. 外国园林史［M］. 哈尔滨：东北林业大学出版社，2003.

[71] 杨俊明、李枫. 古埃及文化［M］. 广州：广东人民出版社，2004.

[72] 阎照祥. 英国史［M］. 北京：人民出版社，2003.

[73] 叶维廉著. 温如敏等编. 寻求跨中西文化的共同文学规律——叶维廉比较文学论文选 [C]. 北京：北京大学出版社，1986.

[74] 伊丽莎白·巴洛·罗杰斯著. 韩炳越、曹娟等译. 世界景观设计——文化与建筑的历史 [M]. 北京：中国林业出版社，2005.

[75] 尹吉光. 图解园林植物造景 [M]. 北京：机械工业出版社，2007.

[76] Yves Porter and Arthur Thévenar. PALACES AND GARDENS OF PERSIA [M]. Paris：Flammarion，2003.

[77] 张祖刚. 世界园林发展概论——走向自然的世界园林史图说 [M]. 北京：中国建筑工业出版社，2003.

[78] 针之谷钟吉. 邹洪灿译. 西方造园变迁史——从伊甸园到天然公园 [M]. 北京：中国建筑工业出版社，1999.

[79] 中国基督教协会印发. 新旧约全书 [M]. 南京：1989.

[80] 仲跻昆等译. 天方夜谭 [M]. 桂林：漓江出版社，1998.

[81] 周煦良主编. 外用文学作品选 [C]. 上海：上海译文出版社，1979.

[82] 朱光潜. 西方美学史(上、下) [M]. 第二版. 北京：人民文学出版社，1979.